带式输送机实用技术

编　著　金丰民　王　瑀　张荣建　陈　富
　　　　邢　军　薛　成　金铁兴
主　审　宋伟刚

北　京
冶金工业出版社
2014

内 容 提 要

本书是由国内带式输送机生产规模最大的北方重工输送设备分公司组织编写的工业技术类专著。全书由3大部分组成：第1部分是带式输送机各组成部件——输送带、托辊组、滚筒组、驱动装置、拉紧装置、清扫器和附属装置等的结构原理、种类及设计方法；第2部分是带式输送机的重要技术参数计算、竖向曲线段和加卸料轨迹的计算；第3部分是带式输送机的布置设计、机架选型、安装调试、操作使用与维修保养等知识。

本书可供相关专业工程技术人员进行带式输送机系统设计、制造与应用时参考，也可供高等学校相关专业的师生阅读。

图书在版编目(CIP)数据

带式输送机实用技术/金丰民等编著.—北京：冶金工业出版社，2012.2（2014.6 重印）

ISBN 978-7-5024-5828-7

Ⅰ.①带… Ⅱ.①金… Ⅲ.①带式输送机—基本知识 Ⅳ.①TH222

中国版本图书馆 CIP 数据核字(2012)第 008050 号

出 版 人 谭学余

地　　址 北京北河沿大街嵩祝院北巷 39 号，邮编 100009

电　　话 (010)64027926 电子信箱 yjcbs@cnmip.com.cn

责任编辑 宋 良 张耀辉 美术编辑 彭子赫 版式设计 葛新霞

责任校对 石 静 责任印制 李玉山

ISBN 978-7-5024-5828-7

冶金工业出版社出版发行；各地新华书店经销；三河市双峰印刷装订有限公司印刷

2012 年 2 月第 1 版，2014 年 6 月第 3 次印刷

787mm×1092mm 1/16；20.5 印张；488 千字；310 页

59.00 元

冶金工业出版社投稿电话：(010)64027932 投稿信箱：tougao@cnmip.com.cn

冶金工业出版社发行部 电话：(010)64044283 传真：(010)64027893

冶金书店 地址：北京东四西大街 46 号(100010) 电话：(010)65289081(兼传真)

序

带式输送机是散状物料输送中最重要的连续输送设备，广泛应用于矿山(特别是大型露天矿)、冶金、电力、建材、化工、粮食及港口等部门。近年来，随着科学技术的迅猛发展以及国民经济发展的需要，长距离、大带宽、高带速、大运量的带式输送机已成为带式输送机发展的主流。与其他运输设备相比，带式输送机作为散状物料运输设备具有输送距离长、运量大、效率高、能耗低、运营成本低等优势，而且易于实现自动化和集中控制，因此已在许多场合替代了其他运输工具。例如：大型露天矿采用半连续开采工艺，用带式输送机替代了汽车；在水电站建设中采用带式输送机输送砂石料，建设成本大大降低；而大型高产高效煤矿的井下开采，带式输送机则已成为煤炭综采机电一体化技术与装备中的关键一环。

北方重工集团公司是我国带式输送机生产规模最大的制造企业，掌握了带式输送机核心设计和制造技术，拥有先进的加工制造和检验设备，先后为宝钢二、三、四期工程，日照港煤码头二期工程，小龙潭露天煤矿，秦皇岛港煤码头五期工程，大渡河水电站和龙滩水电站等数十个国家重点建设工程装备了带式输送机设备；为印度 Reliance 电厂设计和制造了单机长度达 14.2km 的长距离带式输送机，是目前国内自行设计和制造的单机长度最大的带式输送机，为我国散料输送行业的发展和技术进步做出了应有贡献。

本书由北方重工集团公司输送设备分公司组织编写，参加编写的人员长期从事带式输送机设计和制造工作，具有丰富的带式输送机设计、制造、安装与维护经验。本书对带式输送机多年的设计及制造经验进行了归纳总结，汇集了国外带式输送机的设计计算方法和国内最先进的研究成果。书中除了讲述带式输送机组成部件的结构原理、种类以及选择与设计计算方法等，还介绍了带式输送机的布置设计、安装与调试以及操作、使用和维护等内容，是一本内容比较全面的著作。

相信本书的出版，将会丰富我国相关领域的专业技术资源，对从事带式输送机系统设计、制造与应用的工程技术人员不无裨益，同时，对于高等学校相关专业的师生，也是一部比较适用的参考书。

中国重型机械协会　带式输送机分会　副理事长
中国机械工程学会物流工程分会连续输送技术专业委员会　主任委员　王鹰
太原科技大学教授

2011 年 11 月

前　言

散料输送与装卸设备是现代工业和现代物流业不可或缺的技术装备，是国家装备制造业的重点产品。带式输送机是散料输送与装卸的重要设备，已广泛应用于大型露天煤矿和金属矿、煤炭和矿石码头、火电站、水电站建设工程、钢铁厂原料场以及建材、化工、粮食等众多国民经济行业，是上述行业国家重点建设工程的重大技术装备之一。带式输送机与其他散状物料运输设备相比，具有输送距离长、运量大、效率高、能耗小、运营成本低等优势，而且易于实现自动化和集中控制，因此在许多场合替代了其他运输工具。带式输送机已成为煤炭综采机电一体化技术与装备中的关键设备，是当前急需重点突破的重大技术装备。

本书是由国内带式输送机生产规模最大的制造厂（北方重工输送设备分公司）组织编写的专著。全书由3篇16章构成。第1篇介绍带式输送机的部件，包括带式输送机系统概述，散状物料的特性和可输送性，输送带、托辊组、滚筒组、驱动装置、拉紧装置、清扫器和附属装置等的结构原理、种类以及选择与设计方法；第2篇是带式输送机的设计计算，包括带宽、带速和输送量计算，带式输送机的功率与张力计算，竖向曲线段、带式输送机的加料和卸料轨迹的计算；第3篇是带式输送机的应用，包括带式输送机的布置设计、机架的种类与选择、输送机的安装与调试、带式输送机的操作、使用与保养。

本书包含了北方重工输送设备分公司多年的带式输送机设计、制造、安装与运行的经验，由金丰民、王瑀、张荣建、陈富、邢军、薛成和金铁兴共同编写。德国福伊特驱动技术有限公司北京代表处经理唐民也参加了本书的编写。

需要提醒读者注意的是：本书除给出推荐的参数选择与设计计算方法外，还介绍了带式输送机发展过程中有影响的设计计算方法，为保持原始文献的准确性，未对书中的符号做统一处理。

东北大学宋伟刚教授审阅了全书，并提出了许多宝贵意见，同时对本书的编排进行了指导。在此向其表示感谢。在本书编写过程中，参考了大量相关著作，对所引用文献的作者表示感谢。

由于作者水平所限，疏漏之处难免，恳请读者批评指正。

作　者

2011年12月

目　录

第1篇　带式输送机的部件

第1篇

带式输送机的

部　件

1　带式输送机系统概述

1.1　带式输送机系统的组成

带式输送机是最重要的散状物料输送与装卸设备，广泛用于矿山、冶金、建材、化工、电力、食品加工等工业领域。在煤矿、金属矿、钢铁企业、港口、水泥厂等地点都可以看到带式输送机的大量应用。带式输送机不仅能够输送散状物料，还可以输送成件物料。依使用地点、工作环境、输送物料种类等的不同，带式输送机的设计和应用也有很大的差别。图 1－1 是典型的带式输送机系统的组成。

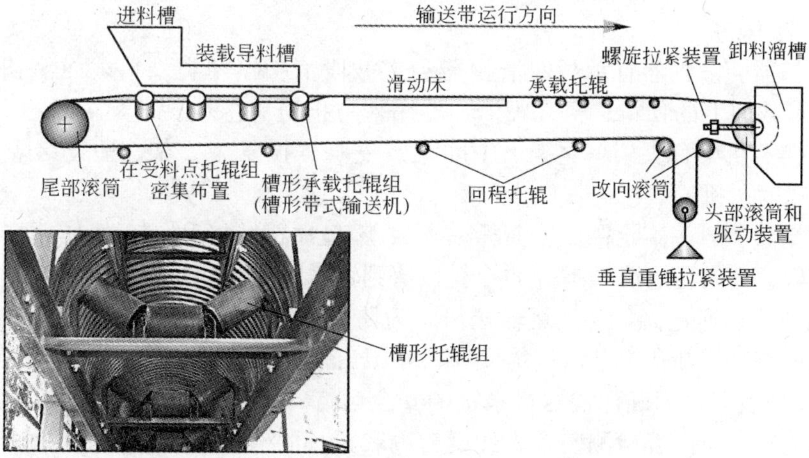

图 1－1　典型带式输送机系统的组成

输送带作为带式输送机的牵引和承载构件，绕经头部传动滚筒和改向滚筒形成一个环形，上下输送带由托辊支承以限制挠曲垂度，拉紧装置（重锤或螺旋拉紧）为其正常运行提供所需的张力。工作时驱动装置驱动传动滚筒，通过传动滚筒和输送带之间的摩擦力带动输送带运行，物料装在输送带上和输送带一起运动。带式输送机一般是在端部卸载，当采用专门的卸载装置时，也可在中间卸载。

槽形带式输送机的上段输送带利用槽形托辊支承，称为上分支或承载段或重段。下段输送带由平托辊（或 V 形托辊）组支承，称为下分支或回程段或空段。根据使用需要，输送机上、下分支都可用来完成输送工作。为减小物料对输送带的冲击，保持料流平稳，近年来也使用缓冲床及滑动床。通常，带式输送机还设有进料槽、导料槽、卸载溜槽以实现对装载和卸料时的物料导流。

带式输送机各主要组成部件及其基本功能为：

（1）驱动装置。驱动装置是给输送机系统提供驱动力的装置，有开式和闭式两种。开式驱动装置由电动机通过高速联轴器（或液力偶合器）、制动器、减速器、低速联轴器、逆止器等组成；闭式驱动装置采用电动滚筒驱动，将电动机、减速器均放置在滚筒空腔内。

（2）滚筒。滚筒分传动滚筒和改向滚筒两类。传动滚筒一般采用光面滚筒，但长距离输送机多采用胶面滚筒，它是传递动力的主要部件；改向滚筒用来改变输送带的运行方向和增加传动滚筒的围包角。

（3）输送带。作为物料的承载件和牵引件，输送带承受物料的区段称为承载段，返回区段称为空载段。常用的带芯材料有棉帆布、尼龙帆布、钢丝绳。

（4）托辊。托辊分承载托辊、空载托辊、过渡托辊、调心托辊及缓冲托辊等几类。承载托辊用来支承输送带及其物料，使之稳定运行；空载托辊用来支承空载段输送带；过渡托辊设置在滚筒与第一组承载托辊之间，使输送带从槽形过渡到平形，以减少输送带的附加应力；调心托辊用来调节输送带的跑偏；缓冲托辊安装在装料处，以减少物料对输送带的冲击，从而提高输送带的使用寿命。

（5）拉紧装置。常用的拉紧装置有螺杆拉紧、重锤拉紧、自动和固定绞车拉紧、液压张紧装置等几种，其作用是使输送带保持必要的张力，以防止输送带与传动滚筒打滑，并控制输送带的挠度。

（6）清扫器。清扫器有承载面清扫器和空载段清扫器两类。承载面清扫器用来清扫粘在输送带承载面上的物料；空载段清扫器用来防止物料卷入滚筒。

（7）机架。机架分头架、尾架、中间架及支腿、拉紧装置架、驱动装置架等几大部分。它是带式输送机的骨架。

（8）溜槽（料斗）、导料板。溜槽（料斗）起物料转接和储存的作用，可容纳停机时堆积的物料，物料通过溜槽下方的导料板落到输送带上。

（9）制动器、逆止器。对上运输送机，为防止有载状态停车时逆行，输送机上设有制动器和逆止器。另外在工艺流程需要时，也设有制动器。

（10）保护装置。为确保输送机系统的安全运行，各机均设有电流保护装置、温度检测装置、输送带纵向撕裂检测装置、速度检测装置、溜槽堵塞开关、跑偏保护装置、输送带打滑检测装置、紧急停机开关、拉紧重锤限位开关、金属检测装置、清除混入物料中铁件的带式除铁器、各种行程限位开关以及启动电铃等多种电气保护装置。

有的输送系统要求各机根据工艺流程需要，在有载时进行流程切换。为此，系统设有卸料小车、旋转溜槽和切换挡板。在控制上，由中央控制室集中流程控制和监视，并根据装卸工艺流程的组合实现联动运转、顺序延时停机和故障紧急停机。为维修调整方便，在机侧设有操作箱，箱内设有“联动－单机”转换开关。当转入“单机”状态时，可由操作人员对单机直接启动。

现代化的输送机系统对防尘具有更高的要求。为此，在各转接处设有洒水、集尘装置，输送机沿线设有防风罩或挡风板。系统是由单机组成的，对在输送机系统中工作的操作工和修理工来说，既要立足于自己分管的单机，又要了解系统间的相互联系。单机又是由许多部件组成的，只有做好各部件的日常维护保养，使其处于良好的工作状态，才能确保设备安全运行。

1.2　带式输送机的种类和特点

1.2.1　带式输送机的种类

根据带式输送机使用场所、工作环境、技术性能及输送物料种类等方面的不同，现场所采用的输送机种类也不同。目前除较多采用的通用带式输送机外，还有多种新型结构的特种带式输送机，其中具有代表性的主要有：大倾角带式输送机（深槽带式输送机、花纹带输送机、波纹挡边带式输送机以及压带式输送机等）、管状带式输送机、气垫带式输送机、平面转弯带式输送机、线摩擦带式输送机等。

带式输送机有多种分类方式，具体如下：

（1）按用途分类，有通用输送机、移动式输送机、井下输送机、露天矿用固定式和移动式输送机、特种结构输送机（移置式输送机、装载机用转载输送机、大倾角输送机）等。图 1－2 为短距离厂内输送机，其可以完成水平，上运或下运；图 1－3 为可逆带式输送机，其用于双向输送物料；图 1－4 为悬臂输送机，其通常安装在堆料机上，并可回转，以实现排土或布料；图 1－5 为门架支撑的高架输送机，其通常配合其他散料处理设备共同使用，例如在水电建设中的应用；图 1－6 为可移置带式输送机的标准中间架，该机架设置在轨枕上，便于移置。

（2）按运输物料的类别分类，有一般松散物料用的输送机、坚硬物料用的输送机以及单件物料用的输送机等。

（3）按运输输送带承载段的位置分类，有输送带承载段在上面的输送机、输送带承载

图 1－2　短距离厂内输送机

图 1－3　可逆带式输送机

图 1－4　悬臂输送机

图 1－5　门架支撑的高架输送机

段在下面的输送机、输送带承载段在上下面的双向输送机三种。图1-7为双向输送机，分别在上分支和下分支输送物料，为了保持物料接触面不变，需要对输送带进行翻转。

图1-6　可移置带式输送机

(4) 按输送带的形式分类，有光面输送带输送机、花纹带输送机、波纹挡边输送带等。

(5) 按输送带的带芯材料分类，有棉帆布输送带、尼龙帆布输送带、聚酯帆布输送带和钢丝绳芯输送带等。

(6) 按卸载方法分类，有末端滚筒卸料和利用滚筒式卸料小车或犁式卸料器进行中间卸料两种。

(7) 按驱动装置类型分类，分为具有一个驱动滚筒、具有两个或三个驱动滚筒、具有传动带的中间驱动装置和带有磁力驱动装置等几种，图1-8为中间助力驱动带式输送机。

图1-7　双向输送机

图1-8　中间助力驱动带式输送机

(8) 按驱动装置数量分类，有单驱动与多驱动、单点驱动与多点驱动等。

(9) 按输送机机架的形式分类，有刚性机架和钢绳机架两种，具体有固定式、移动式、半固定式、移置式和吊挂式等。

(10) 按输送机的倾角分类，有水平、倾斜（倾角在18°~20°以内）、大倾角（特殊的高达35°~45°）三种。

(11) 按输送机的线路情况分类，有直线、纵断面含有凸弧或凹弧的曲线、平面转弯等。

此外，输送机还可按个别部件的结构进行分类。

《运输机械术语　带式输送机》（GB/T 14521.4—93）中列出了各种带式输送机的基本含义，如表1-1所示。

表1-1 各种带式输送机的标准术语

种 类	简要描述
织物芯带式输送机 fabric belt conveyor	用纺织物作输送带芯层的带式输送机
钢绳芯带式输送机 wire cord belt conveyor	用钢丝绳作输送带芯层的带式输送机
织物带式输送机 solid woven belt conveyor	用织物编织带作输送带的带式输送机
钢带输送机 steel band belt conveyor	用薄的挠性钢带作输送带的带式输送机
钢丝网带输送机 wire mesh belt conveyor	用金属丝网带作输送带的带式输送机
钢丝绳牵引带式输送机 cable belt conveyor	用钢丝绳作牵引件，输送带作承载件的带式输送机
链牵引带式输送机 chain driven belt conveyor	用链条作牵引件，输送带作承载件的带式输送机
可伸缩带式输送机 telescopic belt conveyor	具有卸料头和一个能改变输送机长度的装置的带式输送机
固定带式输送机 fixed belt conveyor	按指定线路固定安装的带式输送机
移动带式输送机 mobile belt conveyor	具有移动机构可以移动工作地点的带式输送机
携带带式输送机 portable belt conveyor	人力可移动的带式输送机
移置带式输送机 movable belt conveyor	可随工作场地的变化靠自身行走机构或借助其他机械进行横向移置的带式输送机
大倾角带式输送机 steeply inclined belt conveyor	输送倾角大于22°的带式输送机
花纹带式输送机 ribbed belt conveyor	输送带工作表面具有花纹的带式输送机
横隔板带式输送机 belt conveyor with cross cleats	输送带工作表面具有横隔板的带式输送机
波状挡边带式输送机 walled belt conveyor	输送带具有波状挡边的带式输送机
压带式输送机 sandwich belt conveyor	承载带上覆盖压带物料在两输送带间被输送的带式输送机
圆管带式输送机 pipe belt conveyor	用数个托辊组成多边形强制输送带成管状断面输送物料的带式输送机

续表 1-1

种　类	简 要 描 述
吊挂带式输送机 suspension belt conveyor	用刚性构件或柔性构件吊挂在支承装置上的带式输送机
管状吊挂带式输送机 suspension pipe belt conveyor	输送带成管状的吊挂带式输送机
弯曲带式输送机 curved belt conveyor	输送带可实现水平曲线输送的带式输送机
直线摩擦驱动带式输送机 belt conveyor driven by line friction	靠布置在主带式输送机上、下分支间的短带式输送机输送带与主输送机输送带之间的摩擦力驱动主输送机的带式输送机
气垫带式输送机 air cushion belt conveyor	用薄气膜支承输送带的带式输送机
磁垫带式输送机 magnetic belt conveyor	用磁力支承输送带的带式输送机
水垫带式输送机 water supported belt conveyor	用薄水膜支承输送带的带式输送机
直线电机驱动带式输送机 belt conveyor driven by linearmotor	以输送带作为直线电动机次级驱动的带式输送机
带式抛料机 belt thrower	可将物料抛向预定目标的带式输送机
可逆带式输送机 reversible belt conveyor	可双向运行输送物料的带式输送机
可逆配仓带式输送机 reversible belt conveyor with hopper	用于料仓配料的可逆带式输送机
手选带式输送机 hand choose belt conveyor	手选物料使用的带式输送机

我国工矿企业中常用的有通用带式输送机、钢绳芯带式输送机和钢绳牵引带式输送机。

（1）通用带式输送机是由挠性输送带作为物料承载件和牵引件的连续输送设备，它由传动滚筒依靠摩擦力带动输送带运行。输送带的带芯材料为棉帆布。

（2）钢绳芯带式输送机与通用带式输送机的结构基本相同，但它采用高强度的钢绳芯输送带。钢绳芯输送带的每一根钢绳，都经过特殊处理后嵌在橡胶输送带里面，保证在输送带的使用期内输送带与金属相互粘合。钢绳芯带式输送机常用于长距离、大运量的输送机上。

（3）钢绳牵引带式输送机的最大特点是牵引与承载构件分开，钢绳作牵引件，输送带作承载构件。钢绳和输送带各自形成闭合回路，有各自独立的拉紧装置，在输送机尾部有分绳装置，使钢绳与输送带嵌合或分离。驱动轮依靠摩擦力驱动牵引钢绳，输送带承托在牵引钢绳上，再依靠与钢绳的摩擦力带动输送带及其上的物料，把物料从一端运到另一端。钢绳牵引带式输送机主要用于煤矿，特别是在人员和货物双运的场合。

1.2.2 带式输送机的特点

带式输送机与其他散状物料输送设备以及汽车、铁路运输相比，有以下优点：

（1）输送物料种类广泛。输送物料的范围可以从各种很细的粉状物质到大块的矿石、石块、煤或纸浆木料，能以最小的落差输送精细筛分过的或易碎的物料。由于橡胶输送带具有较高的抗腐蚀性，在输送强腐蚀性或强磨损性物料时维修费用比较低。带式输送机还可以输送碱性物料和具有一定温度的热料，也可以运送成件物品。

（2）输送能力范围宽。通用带式输送机的宽度分为500mm、650mm、1000mm、1200mm和1400mm等几种。轻型带式输送机和钢丝绳芯输送带的宽度可以在更窄或更宽的范围内应用。输送带宽度范围可以满足带式输送机的任何输送能力要求。

（3）输送线路的适应性强。输送机线路可以适应各种地形，借助在空间和水平面上弯曲从而降低基建投资，并能避免在厂内和其他拥挤地区内的铁路、公路以及河流等对运输的干扰。带式输送机的运输线路十分灵活，线路长度可根据需要延长。

在倾斜向上输送物料时，由于受到物料与输送带间摩擦力的限制，过大的倾角会造成物料在输送带上下滑。通用带式输送机的输送最大倾角可达18°~20°左右，而采用特殊结构形式的带式输送机的输送倾角则可达30°~60°（深槽带式输送机、花纹带输送机），甚至可以垂直提升（波状挡边、压带、口袋式）。

（4）灵活的装卸料。带式输送机可根据工艺流程要求灵活地从一点或多点受料，也可以向多点或几个区段卸料，如采用犁式卸料器或卸料车即可实现在输送机非端部位置卸载。

（5）可靠性强。带式输送机的可靠性已为所有工业领域中的使用经验所证实，如发电厂内煤的输送，钢铁厂和水泥厂散状物料的输送以及港口内船舶装卸散状物料等。

（6）安全性高。带式输送机具有很高的安全性，需要的生产管理人员很少，与其他运输方式相比发生事故的机率比较小，不会因大块物料掉落砸伤人员或由于大型笨重的车辆操纵失灵而引起事故。

（7）费用低。带式输送机系统运送散状物料每吨所需的劳动工时和能耗，在所有运输散状物料工具中通常是最低的。而且它所占用维修人员的时间少，较小零件的维修和更换可在现场很快地完成，维修费用低。

1.3 设计依据、布置形式与装卸载方式

我国通用带式输送机的发展经历了TD62、TD75、DX、DT Ⅱ、DTⅡ(A)型等系列，目前采用较多的是DT Ⅱ型和DT Ⅱ(A)型，而TD75、DX型应用逐渐减少。设计时，设计者需要根据输送物料的输送线路、物料种类、环境条件、装卸地点要求等因素进行设计计算，按照部件型谱确定其主要部件，通过对输送机可能出现的各种工况分析，验证系统的可用性，对主要部件的强度验算合格后最终完成整机。

1.3.1 设计依据

带式输送机的设计有两大类，一是输送机本身的结构设计，二是根据使用现场的具体

条件进行输送机的选型设计。

根据设备的不同，选型设计也有两种：一是成套设备的选择；二是系列设备的选择。成套设备的选择是验算设备各部件是否符合使用条件，并通过计算确定某些运转参数。系列设备的选择是根据具体条件选择各个部件组成一台整体设备，并确定某些运转参数。

选型设计可分为两步：首先是初步设计，用以确定主要参数与总体布置方案；然后是施工设计，具体选择部件和提供安装图纸。后者虽工作量大，但比较简单。

不论是结构设计还是选型设计，都需要确定一些带式输送机的基本参数，即进行相关参数的基本计算。设计所需资料应有：

（1）散料的特性与参数，包括块度与块度分布、自然堆积角、密度、硬度、温度、湿度；

（2）工作环境，如地面、井下、严寒、高温、淋水、矿尘、气体、建筑物内外、露天；

（3）所需小时输送量；

（4）线路原始尺寸与布置上的限制，包括各段长度、倾角、转角、起始点具体位置与周围环境、前后衔接；

（5）装卸点的数量与位置及相应各点的小时输送量。

1.3.2　带式输送机的布置形式

带式输送机可布置成许多种形式的运行线路，可以根据实际需要进行运行线路设计，它只受输送带的强度、上倾或下倾角度及有效空间的限制。其中有些输送机是水平的，有些是向上倾斜的或向下倾斜的，还有带有凸弧或凹弧曲线段或各种形式的组合。向带式输送机加料或由带式输送机卸料也有多种布置形式。输送机的基本布置（输送路径）如图1－9所示。

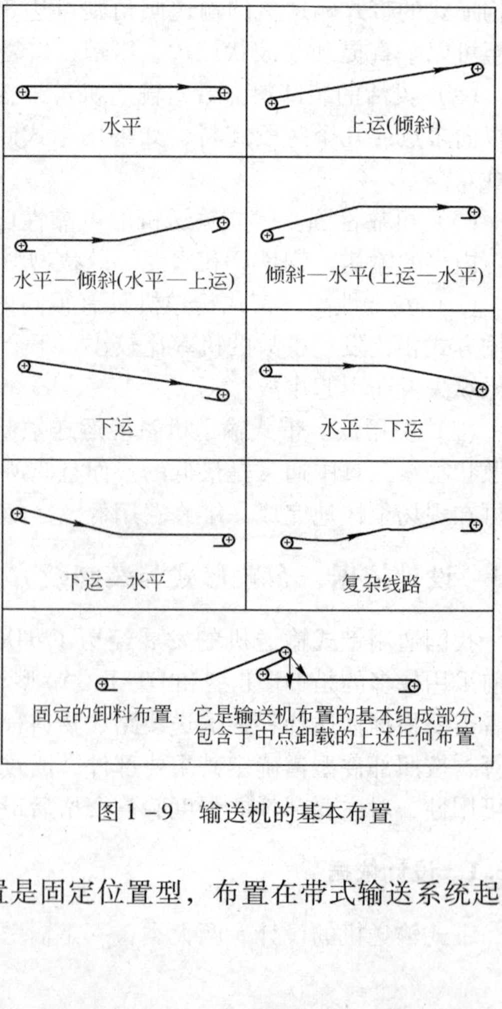

图1－9　输送机的基本布置

1.3.3　装卸载方式

1.3.3.1　给料方式

通常，输送机可以有下面几种供料方式：

（1）由储料仓下的给料机给料。储料仓可以高于地面，或者在地面水平存储。给料机按照一定速度从储料仓提取物料，供给输送机。给料机有多种类型，如振动给料机、带式给料机、板式给料机等。图1－10为给料机的典型安装示意图。该给料布置是固定位置型，布置在带式输送系统起始点的适当位置。

（2）带式输送机转载给料。前一条输送机的卸料直接变成为后一个输送机供料。通常，这种给料方式也是固定布置方式，用于物料的转向、分流或合流，给料的方向通过转载溜槽来导向。典型布置如图1－11所示。

（3）散料加工设备下的转运。散料加工设备，如破碎机、筛分等设备通过控制卸料速度，可直接变成输送机的供给装置。这种情况一般采用固定布置。图1－12为破碎机给带式输送机供料。

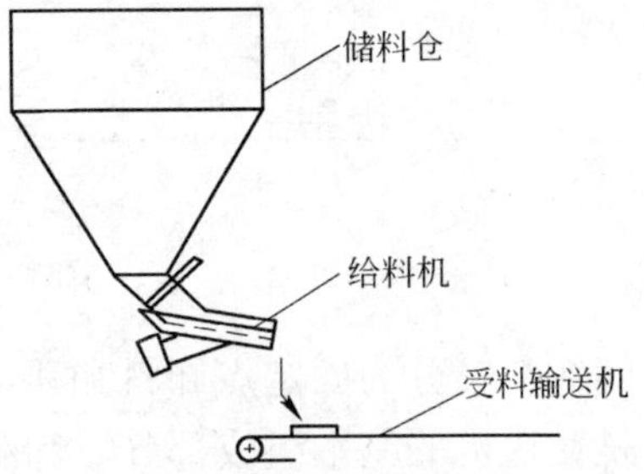

图1－10 储料仓给料

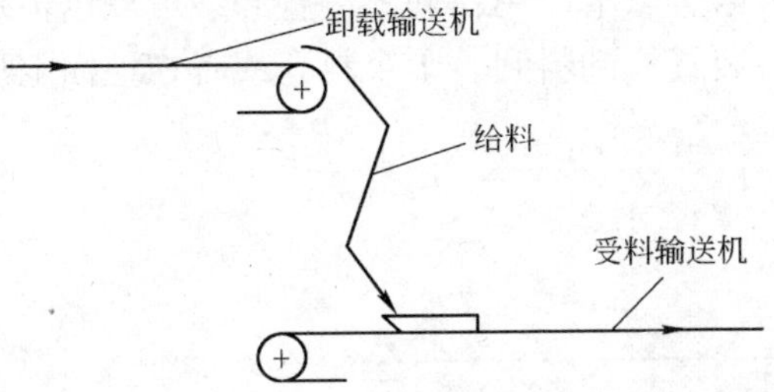

图1－11 带式输送机转载给料

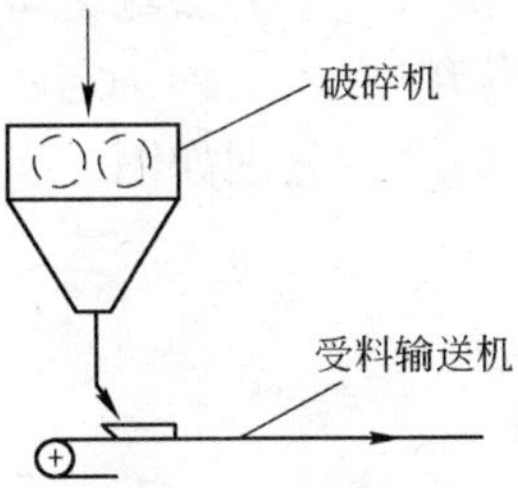

图1－12 破碎机给料

（4）移动设备给料。斗轮取料机，叶片式给料机，移动式料斗等配备卸料－给料的移动设备与固定输送机共同运行，保持设备持续连接，并使移动设备以一定速度将物料提供给输送机。输送带的落料点将来回稳定地或者逐渐地改变。给料布置在带式输送系统起始点的特定位置。

1.3.3.2 *卸料方法*

带式输送机的物料卸载有以下几种方法：

（1）头部滚筒卸料。它是将物料从输送带上卸载时使用最广泛的自然卸载方法，如图1－13所示，物料可卸载到下一个输送机或设备，或者卸载到地面形成料堆。

（2）两端卸料。可逆输送机可在两端部卸载。这种卸载方式的布置如图1－14所示。卸载到下一个输送机或设备，或者卸载到地面形成料堆。

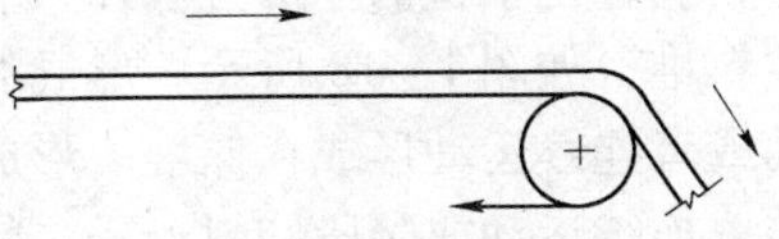
图1－13 头部卸料

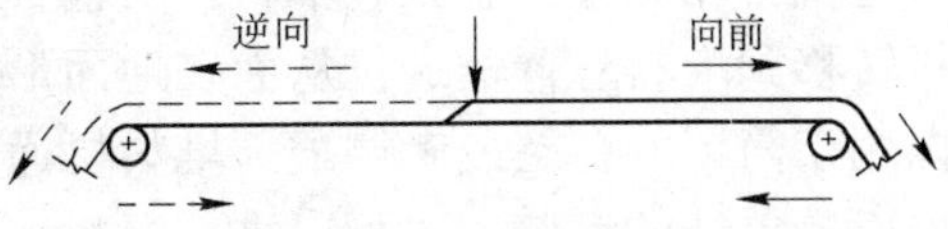

图1－14 两端卸载

（3）中间卸载。这是一种非常普遍的在输送机头部滚筒前（中间卸载）进行物料卸载的方法。卸料机布置在承载运行中通过滚筒形成的输送带回路，如图1－15所示。卸料滚筒处的卸载可用于所需目的。卸料机可以在输送带的一侧/两侧卸载，或者在头部卸载供料给下层输送机。充足数量的物料可流向上述任何路径之一，但通过溜槽的分流不能确保一致的比例，特别是对散状物料，因此不能被用于特殊的分流。卸料机的布置有固定卸料机和移动式卸料机两种类型。

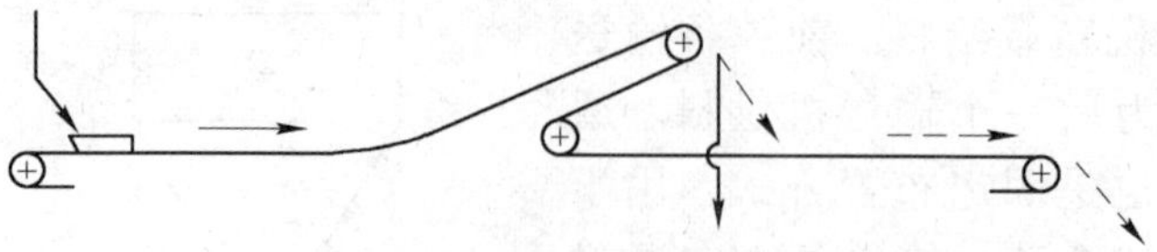

图1－15　卸料车中间卸载

中间卸料又分为固定点卸料和移动卸料。1）固定卸料机：这种卸料机布置在固定的位置，是输送机的基本组成部分。卸载可以在输送带的单侧/双侧，或者在头部卸载供料给下层输送机。2）移动式卸料机：料场带式输送机的一部分，带有轮子，可在沿着输送机长度方向安装的轨道上运行。卸料机沿着输送带长度（水平）方向移动，同时与带式输送机中心位置一直保持连续地衔接。卸料装置可以在输送带的单侧/双侧卸载，或者在头部卸载供料给下部层输送机。卸料机卸载可以有以下应用：卸料装置卸载可以以恒定的速度移动卸料或运动到特定的位置卸料。卸料装置能卸料到若干个料仓或者在地面上形成大型直线料堆，分别如图1－16和图1－17所示。

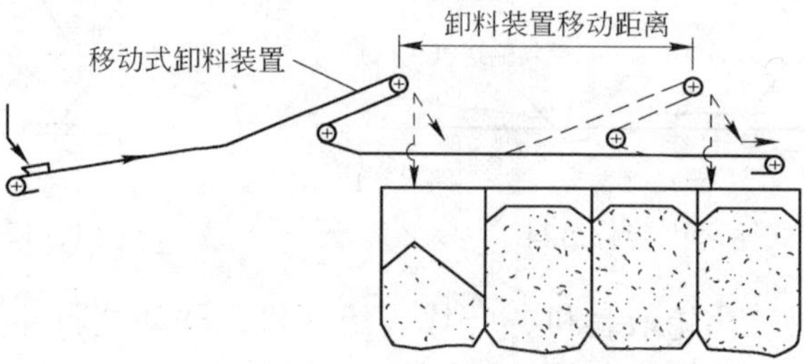

图1－16　向料仓卸料

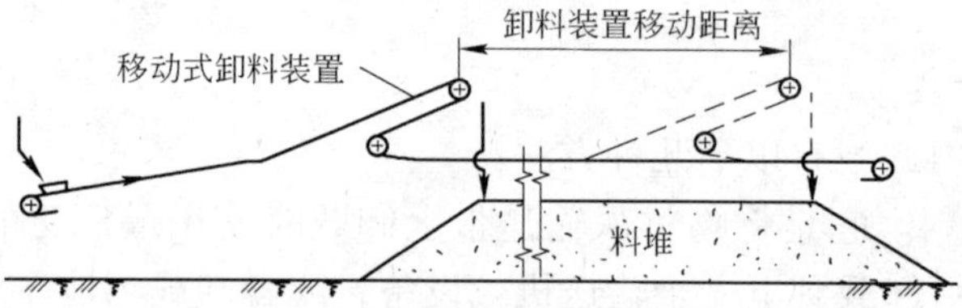

图1－17　堆料

直线移动式卸料装置和堆料机所包含的移动式卸料装置是整机的一部分。卸料装置的卸料转移到堆料悬臂输送机从而在地面形成大型直线料堆，如图1－18所示。形成的堆料可以用于简单的存储或者调配。堆料机通过逐渐移动或者连续运动形成存储堆。形成的料堆可以是单纯的存储，也可以进行混料。根据堆料装置连续运动或阶段卸料形式，料堆可以是自由的形状，或者按照逻辑程序形成特定的形状。广泛使用的料堆形式有人字形、长料堆、层堆、锥堆等。

（4）犁式卸载。对于小输送量低速的平带输送机，犁式卸载是一种实现中间卸载的经济方法，如图1－19所示。犁式卸料器将物料从输送带的一侧刮落来转移物料，可以定位在不同位置实现进/出卸料。犁式卸料器也可以是移动式类型。犁式卸料器会加速带的磨损，因此，它多用于低速运转的输送机输送低研磨物料。犁式卸料也可以根据需求用于在地面形成料堆。

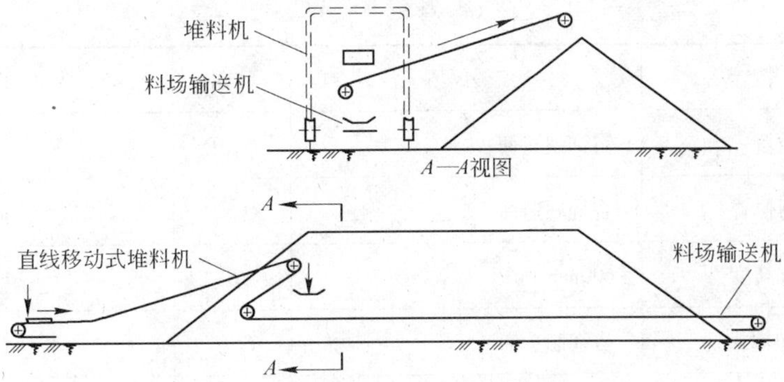

图1-18 堆料原理

1.3.4 带式输送机外围空间

带式输送机的布置因考虑人员的安全和维护与更换零部件的方便而留有一定的空间，但空间过大，又会使系统的成本增加，推荐设备布置的最小净空和通道需求见表1-2。表中的各个尺寸见相应的图1-20~图1-25。

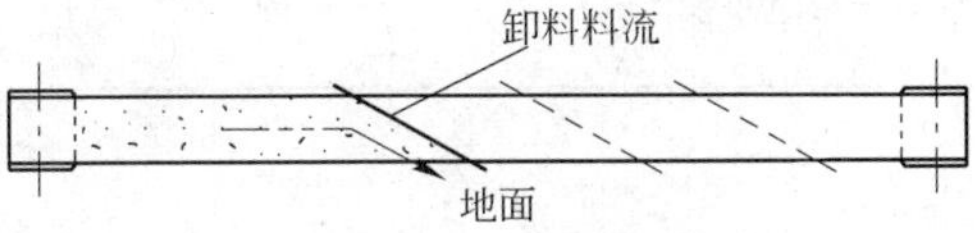

图1-19 犁式卸料

表1-2 最小推荐净空和通道需求

净空要求	最小值	尺寸	见图
滚筒更换	带宽+300mm，最小750mm	*A*	1-20
主通道侧托辊更换	带宽，最小750mm	*B*	1-21
次通道侧托辊更换	1/2带宽，最小600mm	*C*	1-20
输送机清扫器下净空	600mm	*D*	1-21
清扫器维修-移动	带宽	*E*	1-23
清扫器维修-检查高度	最小600mm或$S+M$或R	*F*	1-23
人行通道	750mm	*G*	1-22，1-23，1-24
裙板更换通道高度	225mm	*H*	1-20
裙板调整	150mm	*I*	1-20
卸料溜槽人员通道高	600mm	*J*	1-22，1-23
卸料溜槽人员通道宽	600mm	*K*	1-22，1-23
输送机上面的净高	1200mm	*L*	1-20，1-21，1-23，1-24，1-25
主输送带清扫器位置	咨询制造商	*M*，*N*	1-22

续表 1－2

净空要求	最小值	尺寸	见图
次输送带清扫器位置	咨询制造商	*O*，*P*	1－22
第3输送带清扫器位置	咨询制造商	*Q*，*R*	1－22
工作平台上的检查高度	600mm	*S*	1－22
空段清扫器净高（犁式）	咨询制造商	*T*，*U*	1－24
漏料溜槽到滚筒净距	300mm	*V*	1－22
输送带修理区	3倍带宽，至少3m	*W*	1－25
管线和管路布置区	见图		1－20，1－21，1－22，1－23，1－24，1－25

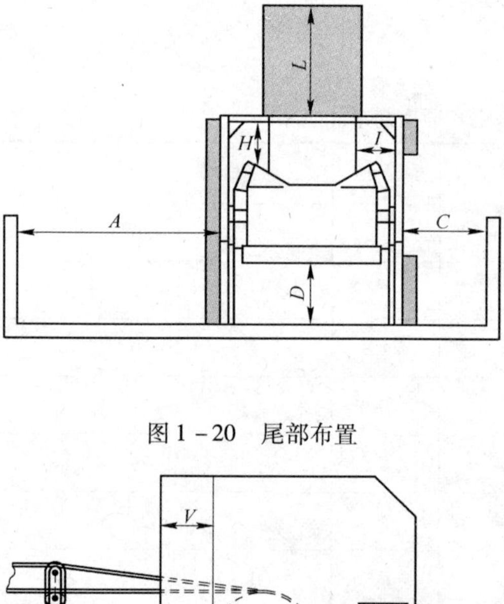

图1－20　尾部布置

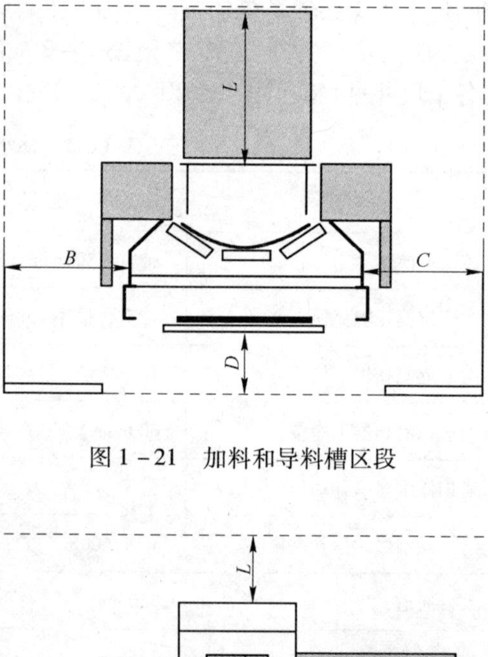

图1－21　加料和导料槽区段

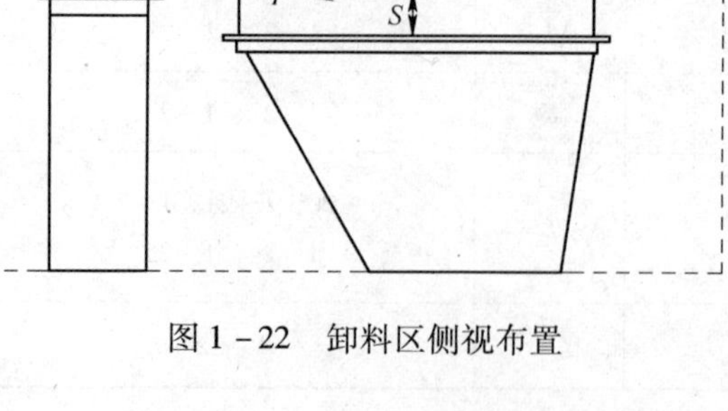

图1－22　卸料区侧视布置

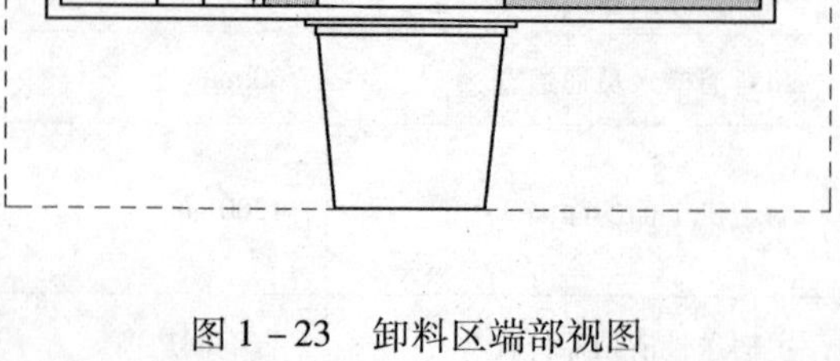

图1－23　卸料区端部视图

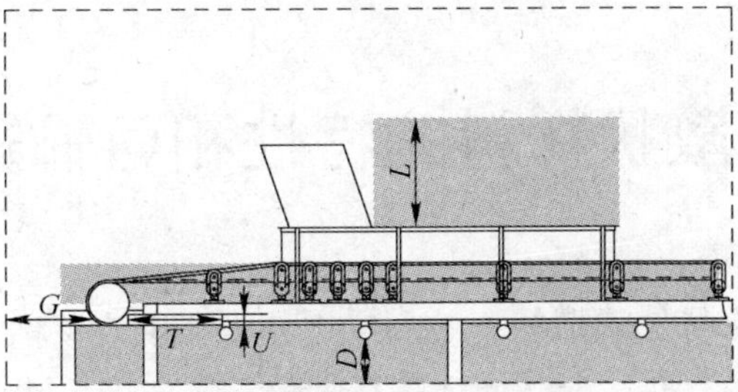

图 1－24 受料区侧视图

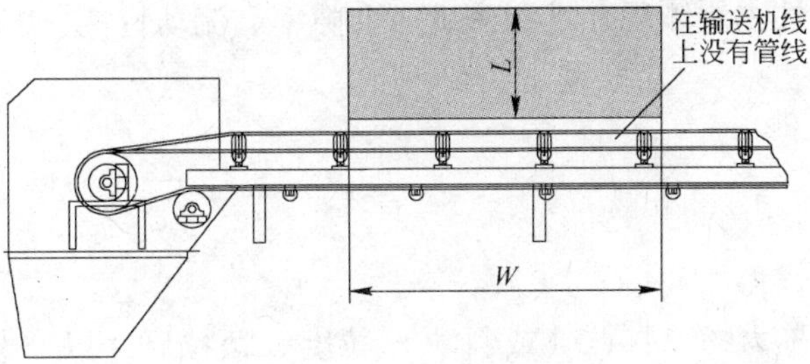

图 1－25 维修区

2　散状物料的特性和可输送性

带式输送机输送的物料是“散状”物料，严格意义上应该称为“散状颗粒物料”，是指各种未经包装的块状、粒状、粉状固体物料颗粒，例如煤、砂、谷物、水泥和糖块等。

散状物料的特性与带式输送机的选择和运行状态有着密切的关系。颗粒的特性可以通过单个颗粒和颗粒体的集合来表征。单个颗粒的特性包括颗粒的尺寸、密度、形状、脆性和硬度等。散料的特性主要体现在堆积密度、孔隙率、流动特性、摩擦角、粒径分布、黏性、腐蚀性等。

2.1　颗粒性质

2.1.1　颗粒的尺寸

颗粒的尺寸大小称为物料颗粒（或料块）粒度。颗粒尺寸以“粒径”表示，它既同单个颗粒有关也与散料特性有关。粒径可分为代表单个颗粒的单一粒径和代表许多不同尺寸颗粒组合成的颗粒群的平均粒径。平均粒径需要先求出各个颗粒的单一粒径再加以平均，其计算方法有多种。对球形颗粒可直接按其直径清楚定义，但对不规则颗粒的粒径则要按以下当量来定义，故又称为当量直径。

（1）按二维当量来定义，分为内接圆直径、外接圆直径、具有相同圆周长度的圆的直径。

（2）按三维当量来定义，分为具有相同表面积的球的直径、具有相同体积或质量的球的直径、颗粒刚好通过的孔（圆形或方形）的尺寸。

（3）按统计直径定义，分为：1）Feret 直径（又称 Green 直径），即在一固定方向测出的颗粒两极端点间的距离；2）Martin 直径，即将三维颗粒在固定方向分割成两个相等面积的直线长度，或者沿固定方向将颗粒投影面积二等分线的长度。

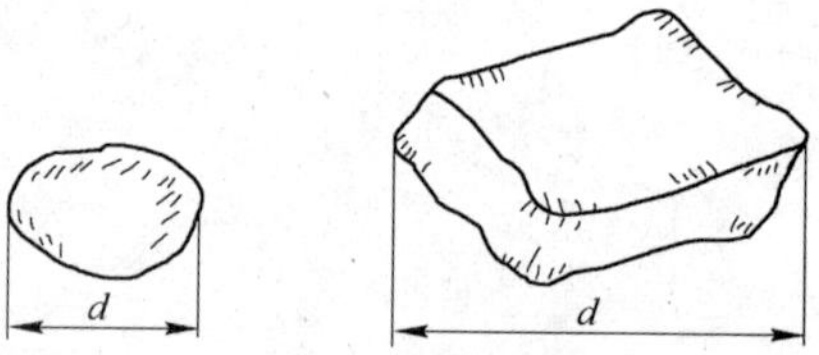

图 2－1　颗粒粒度

典型颗粒粒度用 d_0 表示，且按下述原则确定（如图 2－1 所示）：

对分选物料
$$d_0=\frac{d_{max}+d_{min}}{2}$$

对原装物料
$$d_0=0.8d_{max}\quad 或\quad d_0=d_{max}$$

在原装物料中，粒度级别为 0.8～1 倍最大颗粒 d_{max} 的物料料组，称为物料的最大颗粒料组。

当最大颗粒料组的物料质量大于取样物料质量的 10% 时，典型颗粒粒度为：

$$d_0=d_{max}$$

当最大颗粒料组的物料质量小于或等于取料物料质量的 10% 时，典型颗粒粒度为：

$$d_0 = 0.8d_{max}$$

原装物料要求进行完整的粒度分析。在粒度分析中，各料组内的粒度极限比值不应超过2.5。

在标定典型颗粒粒度时应同时给出物料的最大颗粒粒度，并说明典型颗粒粒度是否可以认为是该物料的正常的粒度特征值。

如果物料粒度在输送过程中会发生变化，特别是大颗粒（或大料块）有可能会反复集中地出现，则必须说明这种变化原因及其持续时间。

颗粒按典型颗粒粒度的分类见表2-1。

表2-1　颗粒按典型颗粒粒度的分类

粒度类别	类别代号	粒度级别 d/mm
特大块	T	>100~300
大　块	D	>50~100
中　块	Z	>25~50
小　块	X	>13~25
颗粒状	K	>6~13
小颗粒状	XK	>3~6
粒　状	L	>0.5~3
粉尘状	C	>0~0.5

粒度极限比值是指在整批物料中，最大颗粒（或料块）的粒度 d_{max} 和最小粒度（或料块）的粒度 d_{min} 的比值。按物料的粒度极限比值，可将物料分为：分选物料和原装物料。物料的粒度极限比值小于或等于2.5的物料（亦含单一尺寸的物料）称为分选物料；物料的粒度极限比值大于2.5的物料，称为原装物料。

物料中所含的不同粒度的颗粒（或料块）的质量分布状况，称为物料的颗粒组成。物料的颗粒组成用颗粒级配百分率和物料典型颗粒粒度表示。

颗粒级配百分率是指物料中各个不同粒度级别的颗粒料组的质量占整批取样物料的质量的百分比。颗粒级配百分率有分计级配百分率和累计级配百分率两种表示方法。物料中大于某粒度的物料颗粒（或料块）的累计质量占整批取样物料质量的百分比，称为物料在该粒度级别以上的累计级配百分率，用 A_i(%) 表示。例如，粒度大于20mm的物料质量占整批取样物料质量的15%，则表示为 $A_{20}=15\%$。某相邻粒度大小之间的物料颗粒（或料块）的质量占整批取样物料质量的百分比，称为物料在该粒度级别的分计级配百分率，用 A_{i-j} 表示。例如，粒度在20~40mm之间的物料占整批取样物料质量的10%，则表示为 $A_{20-40}=10\%$。分计级配百分率和累计级配百分率用列表法或曲线法表示。

2.1.2　散状物料的密度

对于特定散料的密度可细分成流化、倒出、沉积、轻敲和紧实等五种。

堆积密度是散料质量除以该散料所占体积的值。由于散料是由许多无规律集合的物料颗粒组成，包含颗粒的体积和颗粒间的空隙，因此它具有的表观堆积密度，取决于颗粒密度、形状，颗粒装填方法和颗粒彼此的配位。

对于特定散料，堆积密度并不具有单一数值。它随物料的密集程度不同而有很大变化，也与颗粒装填于容器的方法有关，通常更为妥当的是提供堆积密度的范围而不是单一数值。在做任何散料堆积密度测量时，试验条件应模拟或尽量接近实际情况。测定散料堆积密度的大多数方法中，散料体积均随其紧实状态而改变。对于已知质量的散料，采用先测出倒出或充气体积，然后测出去气后或沉积体积，才是测量散料堆积密度的恰当方法。公认常用的有以下三种方法：

（1）倒出状态堆积密度。此堆积密度是将散料倒成一堆或倒入容器中，但不施加任何外力紧实而得出的。

（2）填实（轻敲）堆积密度。这是施加了紧实力，如撞击或振动容器后得出的堆积密度。由于施加了紧实力，故盛粉料的容器可以相对小些。

（3）充气堆积密度。这是颗粒由于空气膜而彼此分开时的堆积密度，仅用于细、干的粉料。对于大颗粒散料因空气可能穿过间隙而不会将颗粒分开；对于湿的或很黏的散料则不会被充气或流态化。充气堆积密度可以简单地测出，即将已知质量散料装满玻璃量筒的一部分，倒转量筒尽快读出膨胀了的料面高度便可。如需要精确值则可以采用特殊的器具，通过多孔板通入空气使容器内的料层膨胀，再读出料面高度而得到。

在带式输送机输送散状物料过程中，物料下落到输送带上时处于倒出状态的堆积密度，而随着输送机的运行，便逐渐向填实状态的堆积密度变化。

需要说明的是：在自然堆积下，物料的堆积密度将会非常高，故这种密度值不适用于输送机的设计。与堆积密度相比，因为没有考虑颗粒间的空隙，单个块或者颗粒的密度相当高。所以单个块或者颗粒的密度也不应用于输送机的设计。

2.1.3　物料的堆积角

在四周无容器侧壁限制条件下，颗粒物料具有向四周流动的性质称为物料的流动性。影响散料流动性的主要因素是颗粒尺寸和尺寸分布、颗粒形状、含水量和静电荷，其他还有温度和化学成分等。

（1）颗粒尺寸。颗粒之间存在自然吸引力并随颗粒尺寸减小而增大，所以一种散料即使其他方面均不变而随颗粒尺寸减小其流动性也会变差。

（2）颗粒形状。有规则形状的颗粒不可能填充在一起形成机械连接，故不会妨碍一个颗粒相对其邻近颗粒自由移动。形状高度不规则或纤维状颗粒能相互连锁，因而增大了散料流动的阻力。

（3）含水量。可以在以下几个方面影响到流动性能：1）易潮解物料，在颗粒表面形成水化物而结块，使散料不再剪切和流动，例如糖；2）不吸水物料，黏附在颗粒表面的水分会形成水键将颗粒拉在一起，因此加湿能提高散料的黏聚能力直到最高值，例如砂；3）易吸水物料，任何含水将被吸入颗粒内部直到饱和，这种形式的含水并不会使黏性增大，但一旦水分过多，就会以表面含水出现而促成黏性增大。

（4）静电荷。实践证明即使流动性很好的散料，也会由于带静电荷而表现出黏性。特别对一些聚合物、树脂类物料，随着时间延长静电荷会逐渐消失而恢复散料原来的流动性。此外，静电荷还会使管道内压损增加。

堆积角是指物料从一个规定的高处自由均匀地落下时，所形成的能保持稳定的锥形料堆的最大坡角（即自然坡度表面与水平面之间的夹角）。通常此角度越小表示散料越容易流动。但也发现同一种散料有不同的堆积角，这主要同形成料堆的方法有关，而且料堆整个表面的角度往往并不恒定。此外，堆积角还同粒径和颗粒形状有关，颗粒越小堆积角越大，而颗粒形状越接近球形，则堆积角越小。测量堆积角的方法有多种，常用的是以下两种：

1）倒出堆积角（自然堆积角）φ。从一定的高度将试料倒在平面上形成的料堆斜面的角度。出料点可以固定，也可随料堆上升以相同速率抬起。

2）注出堆积角（逆止角）β。试料通过平底容器底部小孔流出时形成料堆的斜面角，此角度还可用其他方法获得。通过对散料进行振动，其堆积角将减小而流动性随之增加；颗粒越近乎球形、粒径越大则振动效果越明显。往粉料中充气，使其呈现流化状态，堆积角显著减小，甚至会趋于零而出现液体的特征。

当物料处于没有内部振荡静止表面时，物料取决于静堆积角。若表面处于振动状态，每次实验均显示物料趋于下沉和蔓延，并且会在水平面形成较小的表面倾角。这种减少的倾角被称作动堆积角（请注意：动堆积角在其他工程领域可能会有不同的含义）。

输送带输送时，物料位于移动的输送带上。输送带由有间距的托辊支持，在两个托辊之间和通过托辊上升时输送带下垂。因此，随着输送带的向前运动，输送带上的物料颗粒沿着输送带上下运动。这将在散状物料体内产生垂直波动的惯性力。同样，输送带在两个托辊之间会有略微张开，在通过托辊时会闭合。所以，观察者会看到物料颗粒的水平振荡。水平振荡的振幅取决于散状物料体内颗粒的位置和输送机的设计。对于带速3m/s，托辊间距为1.5m的输送机，垂直平面的惯性力和水平振荡的交替将以120次/分的频率进行。这种现象使输送带上物料产生内部振荡，因此物料外表面应当呈现动堆积角的倾斜。故输送带承载物料的能力由动堆积角而不是静堆积角决定。

经验表明，动堆积角一般比静堆积角小10°~15°。在长距离输送中，物料从装载开始到卸载结束将承受更长时间的振荡，所以物料有更大的蔓延范围。另外，由于这种应用带速很高，因此建议考虑比动堆积角正常值小约20%的动堆积角作为设计计算依据。

2.1.4　物料的其他特性

物料除具有前述性质外，还有如下特性：

（1）磨琢性。具有尖锐棱边和尖角的物料，在输送过程中由于撞击、划割等原因而使输送设备构件损伤的特性称为物料的磨琢性。物料的磨琢性用其颗粒的莫氏硬度等级来表示。

（2）磨损性。物料和与其接触的固体表面做相对运动时，其接触的固体表面被磨损的性质，称为物料的磨损性。物料的磨损性以被接触材料表面的磨损量来标定。

在一定温度、压力条件下，物料以一定的速度与某固体材料表面相对运动时，在规定时间内单位面积的固体材料表面被磨损的质量，称为物料对该材料的磨损量。

（3）研磨性。研磨性是物料的又一个参数，它影响输送带和其他与物料接触元件的磨损程度。输送机输送研磨性越强的物料，带速就应该越低，以保障元件的经济寿命。而研磨性越小的物料，输送的带速越高。

输送的物料总是包括粉尘。物料粉尘黏着在输送带上会使输送带和托辊/滚筒之间产生摩擦引起磨损。同样，在落料点，进料速度不同于带速，物料耗费一定时间达到带速，导致物料在输送带上的短暂滑移，这会导致输送带磨损。物料从落料点到卸料点的不断振荡也会引起输送带表面的磨损。

（4）腐蚀性。物料与接触的某种固体表面发生化学反应而使该固体被腐蚀的性质，称为物料的腐蚀性。具有对被接触固体材料产生腐蚀作用的物料，称为腐蚀性物料。

物料的腐蚀性用在规定的温度、湿度条件下，物料与固体材料表面以一定速度做相对运动时，在规定时间内单位面积的固体材料表面被腐蚀的质量来标定。

（5）吸湿性。物料在堆放或输送过程中，从周围空气中吸收水分而改变其湿度（含水率）的性质，称为物料的吸湿性。物料吸湿性的强弱以在规定的湿度、温度、压力条件下，单位质量的干燥物料在规定时间内所吸收水分的质量来标定。

（6）黏附性。物料在连续输送设备中输送时，物料黏附在输送设备的某些与之接触的构件上的性质，称为物料的黏附性。

物料的黏附性以在规定的湿度、压力条件下，用某种规定形状的构件以规定速度和方式穿过物料后构件表面所黏附的物料质量来标定。

（7）有毒性。物料对环境或人体产生毒害影响的性质称为物料的有毒性，具有该性质的物料称为有毒性物料。

（8）破碎性。在输送过程中，由于物料颗粒（或料块）受到碰撞、摩擦、剪切或拉伸等外力作用而引起物料颗粒（或料块）破碎的性质，称为物料的破碎性。物料的破碎性用破碎率来标定，破碎率是指物料经输送后，被破碎的物料质量占被输送物料质量的百分比。

（9）自燃性和爆炸危险性。物料在堆放或输送过程中，因发热或其他原因而引起自燃的性质，称为物料的自燃性。物料在输送过程中有发生爆炸危险的性质，称为物料的爆炸危险性。具有爆炸危险的物料（如硝石、火药、面粉等），称为爆炸危险性物料。

（10）冻结性。物料在低温条件下发生冻结成块的性质，称为物料的冻结性。具有冻结性的物料，称为冻结性物料。

2.2　散状物料参数

物料的流动性是通过安息角和动堆积角测定的，它决定了在输送带上能安全运输的物料负荷的截面积，是带式输送机安全倾斜角度的一个指标。

物料的流动性是由物料特性（如粒度、细颗粒及大块的形状、物料颗粒表面的粗糙度或光滑度、细颗粒和大块的比例及物料的含水量）决定的。

表2－2是物料各性能之间的一般关系及其一般特性的说明和规定。

分析物料的特性时，对每立方米物料的质量、物料的起尘性、温度、粘结性、磨损性、化学腐蚀性以及湿度等均应予以考虑。表2－3给出了物料的物理性能和分类代号名称的清单。表2－4为众多物料相关性能的一般资料。必须知道，表所给出的数据仅适用于正常条件和一般物料。在特定条件下，物料的各种特性，特别是安息角和输送最大倾角，是可能变化的。对于那些在搬运、大气湿度影响、陈化或长期储存等各种条件下特性会发生变化的物料，必须给以适当的考虑。为取得精确数据，必须在要求的条件下仔细进行试验，以确定物料的特性。

对于未列入表2－4中的物料和特性，可通过与表中列出的同类型物料进行对比予以粗略估计。

表 2-2　流动性-动堆积角-安息角

流动性极好（1）	流动性好（2）	流动性一般（3）		流动性差（4）
动堆积角 5°	动堆积角 10°	动堆积角 20°	动堆积角 25°	动堆积角 30°
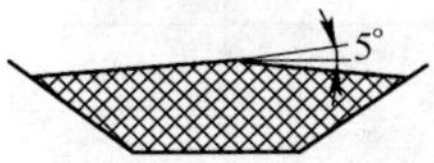	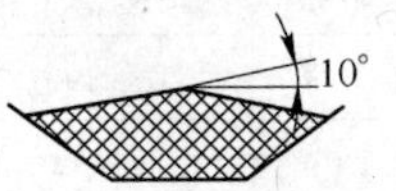	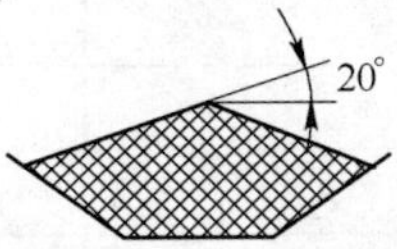	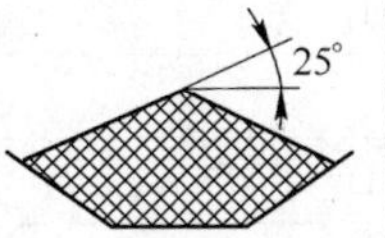	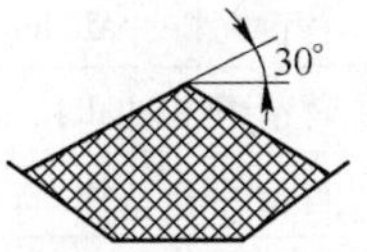
安息角 0°~19°	安息角 20°~29°	安息角 30°~34°	安息角 35°~39°	安息角 40°以上
物　料　特　性				
粒度均匀，颗粒很小呈圆形，物料很湿或很干，如干硅砂、水泥、湿的混凝土	中等质量，表面光滑干燥的圆颗粒，如所有的谷物和豆类	中等质量，不规则的颗粒或块状物料，如无烟煤、棉籽饼、黏土	典型的普通物料，如烟煤、石块、大多数矿石等	连接在一起的不规则的细丝纤维状物，如木屑、甘蔗渣、煅烧过的铸造型砂

注：表中所使用代号与表 2-3 物料分类说明相符。

表 2-3　物料分类说明

项　目	物　料　特　性	代　号
粒　度	极细的粉末——0. 15mm 和 0. 15mm 以下 细粉——3mm 和 3mm 以下 颗粒状——12mm 以下 块状——含有 12mm 以上的大块 不规则形状——缠结在一起的纤维质	A B C D E
流动性 安息角	流动性极好——安息角小于 19° 流动性好——安息角为 20°~29° 流动性一般——安息角为 30°~39° 流动性差——安息角为 40°和 40°以上	1 2 3 4
磨损性	非磨损性 磨损性 强磨损性 非常锋利——能划破或擦伤输送带的覆盖胶层	5 6 7 8
其他特性（有时也适用于具有上述特性一种以上的物料）	灰尘很多 充气后具有流体性质 含有易爆性粉尘 能被污染，污染后影响使用和销售 易分解，分解后影响使用和销售 能散发有害烟气和粉尘 强腐蚀性 中等腐蚀性 吸湿 联结或缠结的 含有能影响橡胶产品性能的油或化学物质 可在压力下打捆 非常轻且松软——能被风吹走的 高温的	L M N P Q R S T U V W X Y Z
举　例	流动性好、有磨损性并含有易爆性粉尘的极细粒物料，可标明为 A26N 类	

表 2-4　物料特性和堆积密度

物　　料	平均堆积密度 /t · m^{-3}	安息角/(°)	推荐最大倾斜角度/(°)	代　码
苜蓿饲料（Alfalfa meal）	0.3	45		B46Y
苜蓿团（Alfalfa pellets）	0.6~0.7	20~29		C25
苜蓿种子（Alfalfa seed）	0.2	29		B26N
杏核（整的或碎的）（Almonds）	0.4~0.5	30~44		C36Q
粉状明矾（Alum）	0.7~0.8	30~44		B35
块状明矾（Alum）	0.8~1.0	30~44		D35
铝矾土（Alumina）	0.8~1.0	22	10~12	B27M
铝屑*（Aluminum chips）	0.1~0.2	45		E46Y
氢氧化铝（Aluminum hydrate）	0.3	34	20~24	C35
铝矿石（见铝矾土）（Aluminum ore）	—			—
氧化铝（Aluminum oxide）	1.1~1.9	29		A27M
硅酸铝（Aluminum silicate）	0.8	30~44		B35S
硫酸铝（Aluminum sulphate）	0.9	32	17	D35
氯化铵晶体（Ammonium chloride，crystalline）	0.7~0.8	30~44		B36S
硝酸铵（Ammonium nitrate）	0.7	30~44		C36NUS*
硫酸铵（粒状）（Ammonium sulphate）	0.7~1.0	44		C35TU*
金属锑粉末（Antimony）	1.0	30~44		A36
细晶岩（Aplite）	1.1~1.3	30~44		A35
粉状砷（Arsenic）	0.5	20~29		A26*
砷的氧化物（Arsenic oxide）	1.6~1.8	30~44		A35R
石棉矿或石棉岩矿（Asbestos，ore or rock）	1.3	30~44		D37R
石棉片（Asbestos）	0.3~0.4	45		E46XY
磨细的黑灰（Ash）	1.7	32	17	B35*
干煤灰（80mm及以下）（Ashes，coal）	0.6	45		D46T
湿煤灰（80mm及以下）（Ashes，coal）	0.7~0.8	45		D46T
飞灰（Ashes）	0.6~0.7	42	20~25	A37
煤气发生器的湿灰（Ashes）	1.3			D47T
铺路用沥青（Asphalt）	1.3~1.4			C45
破碎成12mm及以下的沥青（Asphalt）	0.7	30~44		C35
甘蔗渣（Bagasse）	0.1~0.2	45		E45Y
酚醛塑料和类似的塑料粉（Bakelite & plastics）	0.6~0.7	45		B45
重晶石（硫酸钡）（Barite）	2.9	30~44		B36
碳酸钡（Barium carbonate）	1.2	45		A45
碳酸钡滤饼*（Barium carbonate filter cake）	1.2	32		A36
氢氧化钡（Barium hydrate）	1.0	43		A36

续表 2-4

物　料	平均堆积密度 /t·m^{-3}	安息角/(°)	推荐最大倾斜角度/(°)	代　码
钡的氧化物（Barium oxide）	2.4~3.2			A46
树皮、碎木料*（Bake，wood）	0.2~0.3	45	27	E45VY
大麦（Barley）	0.6~0.8	23	10~15	B25N
玄武岩（Basalt）	1.3~1.6	20~28		B26
磨碎的干燥铝矾土（Bauxite）	1.1	20~29	20	B26
矿山开采的铝矾土（Bauxite）	1.3~1.4	31	17	E37
破碎成80mm及以下的铝矾土（Bauxite）	1.2~1.4	30~44	20	D37
整粒蓖麻籽（Beans，castor）	0.6	20~29	8~10	C25W
加工后未筛过的蓖麻籽粉（Beans，castor）	0.6			B15W
干燥的海军豆（Beans，navy）	0.8	29		C25
浸泡过的海军豆（Beans，navy）	1.0	35~40		C35
干的甜菜废丝（Beet pulp）	0.2			E45
湿的甜菜废丝（Beet pulp）	0.4~0.7			E46
整棵甜菜（Beets）	0.8	50		D45
未加工膨润土*（Bentonite）	0.6	42~44		D36X
0.15mm及以下的膨润土（Bentonite）	0.8~1.0	42	20	A36XY
骨头（Bones）	0.6	45		C46*
0.15mm及以下的骨黑（Boneblack）	0.3~0.4	20~29		A25Y
骨粉（Bonemeal）	0.8~1.0	30~44		B36
骨炭（Bonechar）	0.4~0.6	30~44		B36
硼酸钙（Borate of lime）	1.0	30~44		A35
硼砂（12mm筛下物）（Borax）	0.9~1.0	30~44		C36
硼砂（80mm及以下）（Borax）	1.0~1.1	30~44		D35
硼酸（细粉）（Boric acid，fine）	0.9	20~29		B26T
糠、麸皮（Bran）	0.2~0.3	30~44		B35NY
干啤酒糟（Brewer's grain，spent）	0.4~0.5	45		C45
湿啤酒糟（Brewer's grain，spent）	0.9~1.0	45		C45T
干青铜屑（Bronze chips）	0.5~0.8	44~57		B47
荞麦（Buckwheat）	0.6~0.7	25	11~13	B25N
电石（破碎过）（Calcium carbide）	1.1~1.3	30~44		D36N
干燥的活性炭细粉（Carbon，activated，fine）	0.1~0.3	20~29		B26Y
粒状炭黑（Carbon，black）	0.3~0.4	25		B25Q
炭黑粉（Carbon，black）	0.1	30~44		A35Y*
碳化硅（80mm及以下的）（Carborundum）	1.6	20~29		D27
干酪素（Casein）	0.6	30~44		B35

续表2-4

物　料	平均堆积密度/t·m^{-3}	安息角/(°)	推荐最大倾斜角度/(°)	代　码
铸铁碎屑（Cast iron chips）	1.4~1.9	45		C46
苛性钠（烧碱，氢氧化钠）（Caustic soda）	1.4	29~43		A36
硅酸盐水泥（Cement，Portland）	1.1~1.6	30~44	20~23	A36M
疏松的硅酸盐水泥（Cement，Portland）	1.0~1.2			A16M
水泥岩块（见石灰石）（Cement，rock）	1.6~1.8			D36
水泥熟料（Cement clinker）	1.2~1.5	30~40	18~20	D37
块状白垩（Chalk）	1.2~1.4	45		D46
木炭*（Charcoal）	0.3~0.4	35	20~25	D36Q
铬矿石（铬铁矿）（Chrome ore（chromite））	2.0~2.2	30~44		D37
高炉渣（Cinders，blast furnace）	0.9	35	18~20	D37T*
煤渣（Cinders，coal）	0.6	35	20	D37T*
黏土（见膨润土、硅藻土、高岭土和泥灰岩）（Clay）	—			—
煅烧过的黏土（Clay）	1.3~1.6			B37
干燥的制陶黏土粉（Clay，ceramic，fines）	1.0~1.3	30~44		A35
干燥的黏土细粉（Clay，fines）	1.6~1.9	35	20~22	C37
干黏土块（Clay，lumpy）	1.0~1.2	35	18~20	D36
熟料，水泥（见水泥熟料）（Clinker，cement）	—			—
三叶草籽（Clover seed）	0.8	28	15	B25N
小块无烟煤（3mm及以下）（Coal，anthracite）	1.0	35	18	B35TY
筛分过的无烟煤（Coal，anthracite）	0.9~1.0	27	16	C26
烟煤（坑道内采出的0.3mm及以下）（Coal，bituminous）	0.8~0.9	45	24	B45T
烟煤（坑道内采出和筛分过）（Coal，bituminous）	0.7~0.9	35	16	D35T
原烟煤（坑道采出的，井下运输）（Coal，bituminous）	0.7~0.9	38	18	D35T
烟煤粉末（坑道内采出的12mm及以下）*（Coal，bituminous）	0.7~0.8	40	22	C35T
烟煤（露天采出的未清洗）（Coal，bituminous）	0.8~1.0			D36T
褐煤（Coal，lignite）	0.6~0.7	38	22	D36T
可可豆（Cocoa beans）	0.5~0.7	30~44		C35Q
可可豆的碎粒（Cocoa nibs）	0.6	30~44		C35
咖啡壳（Coffee，chaff）	0.3	20~29		B25MY
咖啡、绿豆（Coffee，green bean）	0.5~0.7	30~44	10~15	C35Q
磨碎的咖啡（Coffee）	0.4	23	10	B25
烘烤过的咖啡豆*（Coffee bean）	0.3~0.4			C25PQU
可溶的咖啡（Coffee）	0.3			B45PQ
疏松的焦炭（Coke）	0.3~0.6	30~44	18	B37QVT

续表 2-4

物　料	平均堆积密度/t·m^-3	安息角/(°)	推荐最大倾斜角度/(°)	代　码
石油炼成的焦炭（Coke）	0.6~0.7	30~44	20	D36Y
焦炭（6mm 及以下的）（Coke breeze）	0.4~0.6	30~44	20~22	C37Y
混合肥料（Compost）	0.5~0.8			E45ST
炉渣混凝土（Concrete，cinder）	1.4~1.6		12~30	D46
铜矿石（Copper ore）	1.9~2.4	30~44	20	D37*
硫酸铜（Copper sulfate）	1.2~1.4	31	17	D36
粒状软木（Cork）	0.2			C45
磨碎的粮食（Corn）	0.7~0.8			C35W
谷物穗（Corn，ear）	0.9			
脱粒的谷物（Corn）	0.7	21	10	C25NW
玉米葡萄糖（Corn sugar）	0.5	30~44		B35
麦芽（Corn germs）	0.3			B35W
去壳谷物（Corn grits）	0.6~0.7	30~44		B35W
麦片、玉米粉（Cornmeal）	0.5~0.6	35	22	B35W
脱掉纤维的干棉籽（Cottonseed）	0.3~0.6	29	16	C35W
未脱掉纤维的干棉籽（Cottonseed）	0.3~0.4	35	19	C35W
破碎后的棉籽饼（Cottonseed cake）	0.6~0.7	30~44		B35
块状的棉籽饼（Cottonseed cake）	0.6~0.7	30~44		B35W
棉籽壳（Cottonseed hulls）	0.2	45		B45Y*
棉籽粗粉（Cottonseed meal）	0.6	35	22	B35W
棉籽粉（去麸皮）（Cottonseed meats）	0.6	30~44		B35W
脆脂（破碎到 80mm 及以下）（Cracklings）	0.6~0.8	45		D45
冰晶石粉尘（Cryolite，dust）	1.2~1.4	30~44		A36
冰晶石块（Cryolite，lumpy）	1.4~1.6	30~44		D36
碎玻璃（Cullet）	1.3~1.9	30~44	20	D37Z
硅藻土（Diatomaceous earth）	0.2	30~44		A36MY
磷酸二钙（Dicalcium phosphate）	0.6~0.8	45		A45
磷酸二钠（Disodium phosphate）	0.4~0.5	30~44		B36QT
白云石块（Dolomite，lumpy）	1.3~1.6	30~44	22	D36
白云石粉（Dolomite，pulverized）	0.7	41		B36
挖掘出来后干燥的泥土（Earth）	1.1~1.3	35	20	B36
含有黏土的湿泥土（Earth）	1.6~1.8	45	23	B46
硬橡胶（破碎成 12mm 及以下的）（Ebonite）	1.1	30~44		C35
金刚砂（Emery）	3.7	20~29		A27
硫酸镁（泻盐）（Epsom salts）	0.6~0.8	30~44		B35

续表 2-4

物　料	平均堆积密度 /t·m^{-3}	安息角/(°)	推荐最大倾斜角度/(°)	代　码
12mm 筛下的长石（Feldspar）	1.1~1.4	38	18	B36
40~80mm 的块状长石（Feldspar）	1.4~1.8	34	17	D36
0.075mm 的长石粉（Feldspar）	1.6	30~44		A37
碳酸亚铁（Ferrous carbonate）	1.4	30~44		B36
硫酸亚铁（Ferrous sulfate）	0.8~1.2			C36
亚硫酸铁（Ferrous sulfide）	1.9~2.2	20~29		C36
糖厂的压滤渣（Filter press mud）	1.1			A15
鱼粉（Fish meal）	0.6			B45W
鱼片（Fish scrap）	0.6~0.8			E45W
亚麻籽（Flaxseed）	0.7	21	12	B25NW
亚麻籽粉（Flaxseed meal）	0.4	30~44		B35W
小麦粉（Flour，wheat）	0.6	45	21	A45PN
锅炉的干烟道灰尘（Flue dust）	0.6	20		A17MTY
萤石块（12mm 筛下的）（Fluorspar）	1.4~1.7	45		C46
40~80mm 的萤石块（Fluorspar）	1.8~1.9	45		D46
铸造车间废料如旧砂芯等（Foundry refuse，old sand cores，etc.）	1.1~1.6	30~44		D37Z
干硅藻土（Fuller's earth）	0.5~0.6	23		B26
含油硅藻土（Fuller's earth）	1.0	20~29		B26
硅藻土（油过滤器，经过焙烧）（Fuller's earth，oil filter）	0.6	20~29		B26
硅藻土（油过滤器，未经过加工）（Fuller's earth，oil filter）	0.6	35	20	B26*
方铅矿（硫化铅）（Galena（lead sulfide））	3.8~4.2	30~44		A36
明胶颗粒（Gelatin）	0.5	20~29		C25Q
玻璃炉料（织物玻璃纤维）（Glass batch（textile fiber glass））	0.7~0.9	0~10		A16LM
玻璃炉料（片状纤维和容器）（Glass batch（wool and container））	1.3~1.6	30~44	20~22	D38Z
颗粒状的动物胶（Gelatin）	0.5	0~10		C25Q
胶体（磨成3mm 及以下的）（Glue）	0.6	30~44		B36
胶体、珍珠（Glue，pearl）	0.6	25	11	C25
粉末状的树胶（Glue，vegetable）	0.6	30~44		
面粉（Gluten meal）	0.6	30~44		B35P
干酒糟（Grain，distillery，spent）	0.5	30~44		E35WY
湿酒糟（Grain，distillery，spent）	0.6~1.0	30~44		C45V
花岗岩（12mm 筛下）（Granite）	1.3~1.4	20~29		C27

续表 2-4

物　料	平均堆积密度 /t·m^{-3}	安息角/(°)	推荐最大倾斜角度/(°)	代　码
花岗岩（40~80mm）（Granite）	1.4	20~29		D27
破碎后的花岗岩（Granite）	1.5~1.6	30~44		D37
石墨片（Graphite, flake）	0.6	30~44		C35
石墨粉（Graphite, flour）	0.4	20~29		A25
石墨矿（Graphite ore）	1.0~1.2	30~44		D37
草籽（Grass seed）	0.2	30~44		B35NY
河岸边取的砾石（Gravel）	1.4~1.6	38	20	
干燥、带尖角的砾石（Gravel）	1.4~1.6	30~44	15~17	D37
鹅卵石（Gravel, pebbles）	1.4~1.6	30	12	D36
石膏（12mm 筛下）（Gypsum）	1.1~1.4	40	21	C36
石膏块（40~80mm）（Gypsum）	1.1~1.4	30	15	D36
干的肥料（Guano）	1.1	20~29	21	B26
玉米片（Hominy）	0.6~0.8	30~44		C35
干蛇麻子（Hops, spent）	0.6	45		E45
湿蛇麻子（Hops, spent）	0.8~0.9	45		E45T
破碎的冰（Ice）	0.6~0.7	19		D16
钛铁矿石（Limenite ore）	2.2~2.6	30~44		B37
铁矿石（Iron ore）	1.6~3.2	35	18~20	D36*
铁矿石球团（Iron ore pellets）	1.8~2.1	30~44	13~15	D37Q
海绵铁（Iron sponge）	1.6~2.2	30~44		
硫酸铁（Iron sulphate）	0.8~1.2	30~44		C35
硫化铁（Iron sulfide）	1.9~2.2	30~44		D36
高岭土（80mm 及以下的）（Kaolin clay）	1.0	35	19	D36
乳糖（Lactose）	0.5	30~44		A35PX
砷酸铅（Lead arsenate）	1.1	45		B45R
碳酸铅（Lead carbonate）	3.8~4.2	30~44		A36MR
铅矿石（Lead ores）	3.2~4.3	30	15	B36RT*
氧化铅（Lead oxides）	1.0~2.4	45		B45
氧化铅粉（Lead oxides, pulverized）	3.2~4.0	30~44		A36
粉状硅酸铅（Lead silicate）	3.7	40		B36
硫酸铅粉（Lead sulfate, pulverized）	3.0	45		B46
硫化铅（Lead sulfide）	3.8~4.2	30~44		A36
在空气中干燥的褐煤（Lignite）	0.7~0.9	30~44		D35*
石灰（破碎成3mm 及以下的）（Lime）	1.0	43	23	B35X
熟石灰（3mm 及以下）*（Lime, hydrated）	0.6	40	21	B35MX

续表 2-4

物　　料	平均堆积密度 /t · m^{-3}	安息角/(°)	推荐最大倾斜角度/(°)	代　码
粉状氢氧化钙（Lime，hydrated）	0.5~0.6	42	22	A35MXY
石灰块（lime，pebble）	0.8	30	17	D35
石灰石（3.175mm 及以下的，农业用）（Limestone）	1.1	30~44	20	B36
破碎的石灰石（Limestone）	1.4	38	18	C36X
豆粒大小的亚麻籽饼（Linseed cake）	0.8	30~44		C35W
亚麻籽粉（Linseed meal）	0.4	34	20	B35
氯化镁（Magnesium chloride）	0.5	40		C45
硫酸镁（Magnesium sulfate）	0.6~0.8	30~44		
干麦芽（磨成3mm 及以下）*（Malt）	0.3	30~44		B35NR
整粒的干麦芽（Malt）	0.4~0.5	20~29		C25N
湿的或绿的麦芽（Malt）	1.0	45		C45
麦芽（麦乳精）粉（Malt meal）	0.6	30~44		B35
二氧化锰（Manganese dioxide）	1.3			*
锰矿石（Manganese ore）	2.0~2.2	39	20	D37*
氧化锰（Manganese oxide）	1.9	30~44		A36
硫酸锰（Manganese sulfate）	1.1	30~44		C37
大理石（破碎成12.7mm 及以下）（Marble）	1.3~1.5	30~44		D37
泥灰岩（Marl）	1.3	30~44		C37
肉块（Meat scraps）	0.8~0.9	30~44		E35VW
片状云母（Mica）	0.3	19		B16MY
磨碎的云母（Mica）	0.2	34	23	B36*
干燥的片状乳制品（Milk）	0.1	30~44		B35MPY
干燥的奶粉（Milk）	0.6	45		B45P
麦乳精奶粉（Milk，malted）	0.5~0.6	45		A45PX
粉状乳制品（Milk）	0.3	30~44		B35PUXY
磨碎的鱼鳞（Milk scale）	1.6~2.0	45		E46T
黍类（Milo maize）	0.9	30~44		C35N
辉钼矿粉*（Molybdenite）	1.7	40	25	B35
钼矿石（Molybdenum ore）	1.7	40		B36
磷酸一钠（Monosodium phosphate）	0.8	30~44		B36
芥籽（Mustard seed）	0.7~0.8	20~29		B25N
黑花岗岩（Nephelene syenite）	1.4~1.7	30~44		B36
烟酸（Niacin）	0.6	30~44		B36
镍-钴硫酸盐矿石（Nickel-cobalt，sulfate ore）	1.3~2.4	30~44		D37T*
燕麦（Oats）	0.4~0.6	21	10	C25M

续表 2－4

物　　料	平均堆积密度 /t·m^{-3}	安息角/(°)	推荐最大倾斜角度/(°)	代　码
碾压过燕麦（Oats）	0.3～0.4	30～44		C35NY
油渣饼（Oil cake）	0.8	45		D45W
草酸晶粒（Oxalic acid crystals）	1.0	30～44		B35SU
牡蛎壳（磨碎到 12mm 以下）（Oyster shells）	0.8～1.0	30～44		C36T
整的牡蛎壳（Oyster shells）	1.3	30～44		D36TV
纸浆原料（Paper pulp stock）	0.6～1.0	19		E15MV*
带壳花生（Peanuts，in shells）	0.2～0.3	30～44		D35Q
花生仁（Peanuts，shelled）	0.6～0.7	30～44		C35Q
干豌豆（Peas）	0.7～0.8			C15NQ
石油焦炭（见石油沥青焦炭）（Petroleum coke）	—			—
磷酸盐酸性肥料（Phosphate，acid，fertilizer）	1.0	26	13	B25T
磨细的高级磷酸盐肥料（Phosphate，triple super）	0.8～0.9	45	30	B45T
经过破碎的干磷酸盐岩石（Phosphate rock）	1.2～1.4	25～29	12～15	D26
粉状磷酸盐岩（Phosphate rock）	1.0	40	25	B36
聚乙烯颗粒（Polyethylene pellets）	0.6	23		B25PQ
聚苯乙烯颗粒（Polystyrene pellets）	0.6	23		B25PQ
聚氯乙烯（Polyvinyl chloride）	0.3～0.5	45		A45KT
干氯化钾（Potash（muriate））	1.1	20～29		B27
矿山开采的氯化钾（Potash（muriate））	1.2	30～44		D37
钾盐、天然氯化钾等（Potash salts，sylvite，etc）	1.3	20～29		B25T
碳酸钾（Potassium carbonate）	0.8	20～29		B26
氯化钾球团（Potassium chloride，pellets）	1.9～2.1	30～44		C36T
硝酸钾（Potassium nitrate）	1.2～1.3	20～29		C26T
硫酸钾（Potassium sulfate）	0.7～0.8	45		B36X
浮石（泡沫石）（3mm 及以下）（Pumice）	0.6～0.7	45		B47
块状黄铁矿（50～80mm）（Pyrites，iron）	2.2～2.3	20～29		D26T
黄铁矿球团（Pyrites，pellets）	1.9～2.1	30～44		C36T
石英（12mm 筛下）（Quartz）	1.3～1.4	20～29		C27Z
石英（40～80mm）（Quartz）	1.4～1.5	20～29		D27Z
去糠或碾制的精米（Rice）	0.7～0.8	19	8	B15
粗大米（Rice）	0.6	30～44		B35M
去壳但未碾制的米（Rice）	0.7	30～44		B35
破碎的岩石（Rock）	2.0～2.3	20～29		D26
用单斗挖掘机挖掘的软岩石（Rock）	1.6～1.8	30～44	22	D36
粒状的橡胶（Rubber）	0.8～0.9	35	22	D35

续表 2－4

物　料	平均堆积密度 /t·m^{-3}	安息角/(°)	推荐最大倾斜角度/(°)	代　码
再生橡胶（Rubber，reclaim）	0.4～0.5	32	18	D35
黑麦（Rye）	0.7	23	8	B25N
黑麦粉（Rye meal）	0.6	19		B15
红花饼（Safflower cake）	0.8	30～44		D35
红花粉（Safflower meal）	0.8	30～44		B35
红花籽（Safflower seed）	0.7	20～29		B25N
水杨酸（Salicylic acid）	0.5			B25U
一般干燥的粗粒盐（Salt）	0.6～0.9		18～22	C36TU
一般干燥的细粒食盐（Salt）	1.1～1.3	25	11	D26TUW
干燥的粗粒芒硝（Salt cake）	1.4	36	21	B36TW
干燥的粉状芒硝（Salt cake）	1.0～1.4	20～29		B26NT
硝酸钾（硝石）（Saltpeter）	1.3	30～44		A35T
湿河砂（Sand，bank）	1.7～2.1	45	20～22	B47
干河砂（Sand，bank）	1.4～1.8	35	16～18	B37
型芯砂（铸造砂型用）（Sand，core）	1.0	41	26	B35X
铸造用砂型（使用前）（Sand，foundry）	1.3～1.4	30～44	24	B37
铸造脱模的落砂（Sand，foundry）	1.4～1.6	39	22	D37
干燥的硅砂（Sand，silica）	1.4～1.6	20～29	10～15	B27
破碎的砂石（Sandstone）	1.4	30～44		D37
锯末（Sawdust）	0.2	36	22	B35 *
干燥的芝麻（Sesame seed）	0.4～0.6	20～29		B25N
矿泥、泥煤、污泥等（Sewage（sludge））	0.6～0.8	20～29		E25TW
干燥的矿泥、泥煤、污泥等（Sewage sludge）	0.7～0.9	30～44		B36
含水的矿泥、泥煤、污泥等（Sewage sludge）	0.9	30～44		B36
碎裂的页岩（Shale）	1.4～1.6	20～29		D26QZ
破碎的页岩（Shale）	1.4	39	22	C36
虫胶（Shellac）	1.3	45		C45
粒状或粉状的虫胶（Shellac）	0.5			B35PY
干燥的硅胶（硅酸）（Silica gel（silica acid））	0.7	30～44		C37U
烧结矿（Sinter）	1.6～2.2	35		D37 *
破碎的炉渣（Slag，blast furnace）	1.3～1.4	25	10	A27
干的粒化炉渣（Slag，furnace）	1.0	25	13～16	C27
湿的粒化炉渣（Slag，furnace）	1.4～1.6	45	20～22	B47

续表 2-4

物 料	平均堆积密度 /t·m^{-3}	安息角/(°)	推荐最大倾斜角度/(°)	代 码
片石（破碎成 12mm 及以下的）（Slate）	1.3~1.4	28	15	C36
片石块（40~80mm）（Slate，lumps）	1.4~1.5			D26
肥皂球或肥皂粒（Soap beads or granules）	0.2~0.4	30~44		C35Q
无水苏打块（Soda ash）	0.8	22	7	C26
重质的苏打灰（Soda ash）	0.9~1.0	32	19	B36
轻质的苏打灰（Soda ash）	0.3~0.6	37	22	A36Y
铝酸钠粉（Sodium aluminate）	1.1	30~44		B36
钠铝硫酸盐（Sodium aluminum sulfate）	1.2	30~44		A36
破碎的锑酸钠（Sodium antimonite）	0.9	31		C36
硝酸钠（Sodium nitrate）	1.1~1.3	24	11	D25 *
磷酸钠（Sodium phosphate）	0.8~1.0	37		B36
干燥的硫酸钠（Sodium sulfite）	1.5	45		B45X
高粱种子（Sorghum seed）	0.5~0.8	30~44		B36
碎裂的大豆（Soybeans）	0.5~0.6	35	15~18	C36NW
整粒大豆（Soybeans）	0.7~0.8	21~28	12~16	C27NW
豆饼（大于 12mm）（Soybean cake）	0.6~0.7	32	17	D35W
未经加工的大豆片（Soybean flakes）	0.3~0.4	30~44		C35Y
冷大豆粉（Soybean meal）	0.6	32~37	16~20	B35
热大豆粉（Soybean meal）	0.6	30~44		B35T
淀粉（Starch）	0.4~0.8	24	12	B25 *
经破碎的钢屑（Steel chips）	1.6~2.4	30~44		D37WZ
钢边角料（Steel trimmings）	1.2~2.4	35	18	E37V
甘蔗糖（Sugar，raw，cane）	0.9~1.0	45		B46TX
干的精制粒糖（Sugar，refined，granulated）	0.8~0.9	30~44		B35PU
湿的精制粒糖（Sugar，refined，granulated）	0.9~1.0	30~44		C35X
干燥的甜菜糖（Sugar，beet pulp）	0.2	20~29		C26
湿的甜菜糖（Sugar，beet pulp）	0.4~0.7	20~29		C26X
切碎的甘蔗（Sugar cane）	0.2~0.3	45		E45V
硫酸盐（破碎成 12mm 及以下）（Sulfate）	0.8~1.0	30~44	20	C35NS
粉状硫酸盐（Sulfate）	0.8~1.0	30~44	21	B35NW
硫酸盐（80mm 及以下）（Sulfate）	1.3~1.4	30~44	18	D35NS
葵花籽（Sunflower seed）	0.3~0.6	20		C25
铁燧岩球团矿（Taconite，pellets）	1.8~2.1	30~44	13~15	D37Q

续表 2－4

物　料	平均堆积密度 /t·m^{-3}	安息角/(°)	推荐最大倾斜角度/(°)	代　码
滑石（12mm 筛下）（Talc）	1.3～1.4	20～29		C25
滑石块（40～80mm）（Talc）	1.4～1.5	20～29		D25
梯牧草籽（Timothy seed）	0.6	20～29		B25NY
二氧化钛（Titanium dioxide）	2.2	30～44		B36
海绵钛（Titanium sponge）	1.1	45		E47
干的烟叶（Tobacco leaves）	0.2	45		E45QY
碎烟叶（Tobacco scraps）	0.2～0.4	45		D45Y
烟叶梗（Tobacco stems）	0.2	45		E45Y
暗色岩（12mm 筛下）（Traprock）	1.4～1.6	30～44		C37
暗色岩块（50～80mm）（Traprock）	1.6～1.8	30～44		D37
磷酸三钙（Tricalcium phosphate）	0.3～0.8	45＋		A45
磷酸三钠（Trisodium phosphate）	1.0			D36
粒状的磷酸三钠（Trisodium phosphate）	1.0	30～44	11	B35
粉状的磷酸三钠（Trisodium phosphate）	0.8	40	25	B35
干颗粒状尿素*（Urea pills）	0.7	25		B25
膨胀的蛭石（Vermiculite）	0.2	45		C45Y
蛭石矿（Vermiculite）	1.1～1.3		20	D36Y
破碎的胡桃壳（Wheat）	0.6～0.7	30～44		B37
小麦（Wheat）	0.7～0.8	28	12	C25N
碾碎的小麦（Wheat）	0.6～0.7	30～44		B35N
干的小麦芽（Wheat germ）	0.3～0.4	20～29		B25
铅白（White lead）	1.2～1.6	30～44		A36MR
木屑（Wood chips）	0.2～0.5	45	27	E45WY
压型后的木屑燃料（Wood chips，fuel）	0.2～0.4	45		D45
木刨花（Wood shavings）	0.2			E45V
锌精矿（Zinc concentrates）	1.2～1.3			B26
破碎的锌矿石（Zinc ore）	2.6	38	22	*
焙烧过的碎矿石（Zinc ore）	1.8	38		C36
重的氧化锌（Zinc oxide）	0.5～0.6	45～55		A45X
轻的氧化锌（Zinc oxide）	10～5	45		A45XY

注：＊表示数值变化可能较大，详尽数值可参阅有关专业资料。

附注：其他资料给出的物料特性参数

汇总其他资料给出的物料特性参数如表2-5～表2-9所示。

表2-5　各种物料最大输送倾角β

物料名称	$\beta/(°)$	物料名称	$\beta/(°)$	物料名称	$\beta/(°)$
无烟煤（块）	15～16	水洗矿石（含水10%～15%）	12	未筛分的石块	18
无烟煤（细）	18	干精矿粉	18	筛分后砾石	12
烟煤块	18	湿精矿粉（含水约12%）	20～22	干松泥土	20
褐煤块	18	焦炭（筛分后块状）	17	湿　土	20～23
粉煤、小块煤、水洗后产品（如精煤、中煤、尾煤）	20～21	0～25mm焦炭	18	块状干黏土	15～18
		0～3mm焦炭	20	粉状干黏土	22
0～350mm矿石	14～16	干　砂	15	40～80mm油母页岩	18
0～120mm矿石	16～18	湿　砂	23	20～40 mm油母页岩	20
0～60mm矿石	18～20	采石场的砂	20～22	0～20 mm油母页岩（细多块少）	22
0～10mm矿石	20	混有砾石的砂	18～22	原　煤	18～20

表2-6　常用材料堆积角（日本石桥公司）

堆积角/(°)	形式和材料条件
10	干细材料
20	在通常条件下，用通常的设备运输大容积材料（煤炭、砂砾、矿砂）
30	材料比较大，运输设备有适当安排，材料可以均匀不断地装载在传送带上

表2-7　各种物料的容重γ及动堆积角ρ

物料名称	$\gamma/t\cdot m^{-3}$	$\rho/(°)$	物料名称	$\gamma/t\cdot m^{-3}$	$\rho/(°)$
无烟煤（块）	0.9～1.0	20	黄铁矿	2.0	25
无烟煤（细碎）	1.0	25	富铁矿	2.5	25
烟煤（块）	0.7～0.9	27	贫铁矿	2.0	25
褐煤（块）	0.8～0.85	30	铁精矿	1.6～2.5	30
褐煤（风干、小）	0.6～0.8	27	烧结混合物	1.6	20～30
粉煤（湿）	0.6～0.85	30	石灰石（大块）	1.6～2.0	25
焦　炭	0.5～0.7	30	石灰石（小块）	1.2～1.5	25
锰　矿	1.7～1.8	25	砂	1.6	30
碎石和砾石	1.5～1.8	20	白云石（块）	1.2～2.0	35
干松泥土	1.2～1.4	20	白云石（碎）	1.8～1.9	35
湿松泥土	1.7～2.0	30	原　煤	0.8～1.0	30
黏　土	1.8～2.0	35	油母页岩	1.4	20

注：动堆积角ρ一般取为静堆积角ρ_0的0.7倍或更小，$\rho=0.7\rho_0$或$\rho=0.5\rho_0$。

一般输送机允许最大倾角与散状物料对输送带的摩擦系数f有关，两者的关系式是

$f=\tan\rho$，同时静摩擦系数值与动摩擦系数值是有区别的。一般光面输送带输送机采取的额定倾角比摩擦角小 10°～15°。实际上由于输送带在托辊组之间下垂，使输送带在驱入托辊组的倾角大于设计值，所以输送机采取的额定倾角大大低于物料对输送带的摩擦角。

表 2－8 为各种物料对输送带静摩擦系数的平均值，表 2－9 为德国大陆公司推荐的物料的特性值。

表 2－8　各种物料对输送带静摩擦系数的平均值

物料名称	f_0		物料名称	f_0	
	对橡胶	对钢		对橡胶	对钢
干细的小块无烟煤	0.84	—	干　砂	0.56	0.8
干精煤	0.63	0.58	焙烧的苏打	0.45～0.68	0.3～0.4
小块石膏	0.82	0.78	未筛分的烟煤	0.6	0.45～0.8
干的小块泥土	—	0.75	干水泥	0.64	0.65
未筛分的圆形砾石	—	0.8	干的烟煤渣	0.66	1.0
干土壤	—	0.8	干碎石	0.6	0.74
锯　末	0.65	0.8			

表 2－9　物料的特性（指导值）

物料种类	堆积密度/t·m^{-3}	堆积角/(°)	最大倾角 δ/(°)	可能的影响		
				力学的	化学的	温度
硫酸铵	0.75～0.95		22	+	++	
化　肥	0.9～1.2	12	12～15			
灰末（干燥）	0.65～0.75		16			
灰末（潮湿）	0.9	15	18			
沥青（碾碎的）	0.7		22			
铝土矿（粉碎的）	1.2～1.4		18～20	++		
铝土矿（精制的）	1.9～2.0		18	+		
贝里和洛林铁精制的	3.2	15	18			
甜　菜	0.65～0.75	10	15～17			
甜菜片（湿的）	0.5	18	15～17		+	
高炉矿渣	1.2～1.4		18	++		+
水　泥	1.2～1.5	0～10	15～20			++
谷类（无燕麦）	0.7～0.85	10～12	14		+	
黏土（潮湿的）	1.8	15～18	18～20			
熔　渣	1.2～1.5	10～15	18	++		++
煤（精煤）	0.8～0.9	10	18～20			
煤（粗煤）	0.75～0.85	18	18	+		
焦　煤	0.45～0.6	15	17～18	++		++
混凝土（湿的）	1.8～2.4	0～5	16～22	++		
铜　矿	1.9～2.4	15	18	++		
碎　石	1.5～1.8	10～15	16～20	++		
长石（粉碎的）	1.6		18	++		
鱼　粉	0.55～0.65		25			

续表 2-9

物料种类	堆积密度/t · m^{-3}	堆积角/(°)	最大倾角 δ/(°)	可能的影响		
				力学的	化学的	温度
面　粉	0.5 ~ 0.6	15	15 ~ 18			
铸造砂	1.2 ~ 1.3		20	+		+ +
铸造废弃物	1.2 ~ 1.6		16	+ +		+
水　果	0.35	10	12 ~ 15		+	
玻璃（粉碎的）	1.3 ~ 1.6		12 ~ 15	+ +		+
花岗岩（粉碎的）	1.5 ~ 1.6		20	+ +		
石墨（粉状）	0.5		20			
碎石和沙子（湿的）	2.0 ~ 2.4	15	20			
碎石（分级的、洗过的）	1.5 ~ 2.5	18	12 ~ 15			
碎石（未分级的）	1.8	15	18 ~ 20			
石膏（粉碎的）	1.35		18			
石膏（粉末状）	0.95 ~ 1.0		23			
生活垃圾	0.6		18 ~ 20	+	+	
铁矿石	1.7 ~ 2.5	15	18	+ +		
铁矿石（圆球状）	2.5 ~ 3.0	12	15			
椭圆形褐煤	0.7 ~ 0.85	15	12 ~ 13			
褐煤（干燥）	0.5 ~ 0.9	15	15 ~ 17			
褐煤（潮湿）	0.9	15 ~ 20	18 ~ 20			
石灰（块状）	1.0 ~ 1.4	15	15 ~ 20			+
石灰石（粉碎的）	1.3 ~ 1.6	15	16 ~ 18	+		
玉　米	0.7 ~ 0.75	12	15		+	
锰矿石	2.0 ~ 2.2	15	18 ~ 22	+ +		
碎木片	0.2 ~ 0.35		22 ~ 24			
油　饼	0.7 ~ 0.8	10	15		+ +	
油　砂	1.6 ~ 1.8	15	20		+ +	
地层表土	1.6 ~ 1.7	15	17	+ +		
泥　煤	0.4 ~ 0.6		16			
磷酸矿物（粉碎的）	1.2 ~ 1.4	15	18 ~ 20	+ +		
磷酸矿物（精制的）	2.0	12 ~ 15	18	+		
碳酸钾	1.1 ~ 1.6	15	18	+		+
岩盐橡胶（球状）	1.2 0.8 ~ 0.9	15	18 12	+		+
盐（粗糙的）	1.2	15	18 ~ 20			
盐（精制的）	1.2 ~ 1.3	15	15 ~ 18			
沙子（干燥的）	1.3 ~ 1.4	15	16 ~ 20	+ +		

续表 2-9

物料种类	堆积密度/t·m^{-3}	堆积角/(°)	最大倾角 δ/(°)	可能的影响		
				力学的	化学的	温度
沙子（湿的）	1.4~1.9	15	20~25	+		
砂岩（碾碎的）	1.3~1.5			++		
碎金属	1.2~2.0			++	+	
矿　渣	1.3		18	++		+
页岩（碾碎的）	1.4~1.6			+		
泥状物	1.0	0				
雪花状的肥皂粉	0.15~0.35		15			
泥土（潮湿的）	1.5~1.9	15~20	18~20	+		
甘　蔗	0.2~0.3					
糖（粗糖）	0.9~1.1		15		+	
糖（精糖）	0.8~1.9		20			
木材（根状）	0.25~10.5		20~25			

注：+表示中等磨损，有化学腐蚀作用，温度高于70℃；

　　++表示严重磨损，高化学侵蚀，温度高于120℃。

3 输 送 带

3.1 输送带的结构与种类

输送带是带式输送机上的关键部件，是带式输送机的牵引构件和承载构件，应有较高的抗拉强度。输送带由弹性体（覆盖胶和带芯胶）和骨架材料组成，其基本形态为平形，是一种国际标准化的产品。

输送带的总体技术水平状况可概括为：拉伸强度50～8000N/mm；带厚0.5～40mm；带宽100～4000mm；工作温度－50～＋250℃；单卷带最大质量58t；织物芯输送带设计使用寿命大于5年；钢丝绳芯输送带设计使用寿命15～20年。

3.1.1 输送带的结构

输送带品种繁多，结构形式多样，常见的分类法有：按骨架材料分，有织物芯带、钢丝绳芯带和芳纶芯带等；按外观形态分，有光面带、浅花纹带、深花纹带、挡边带、挡板带、有轨导向带、管形带和扇形带等，图3－1是几种输送带的典型结构形式；按特性分，

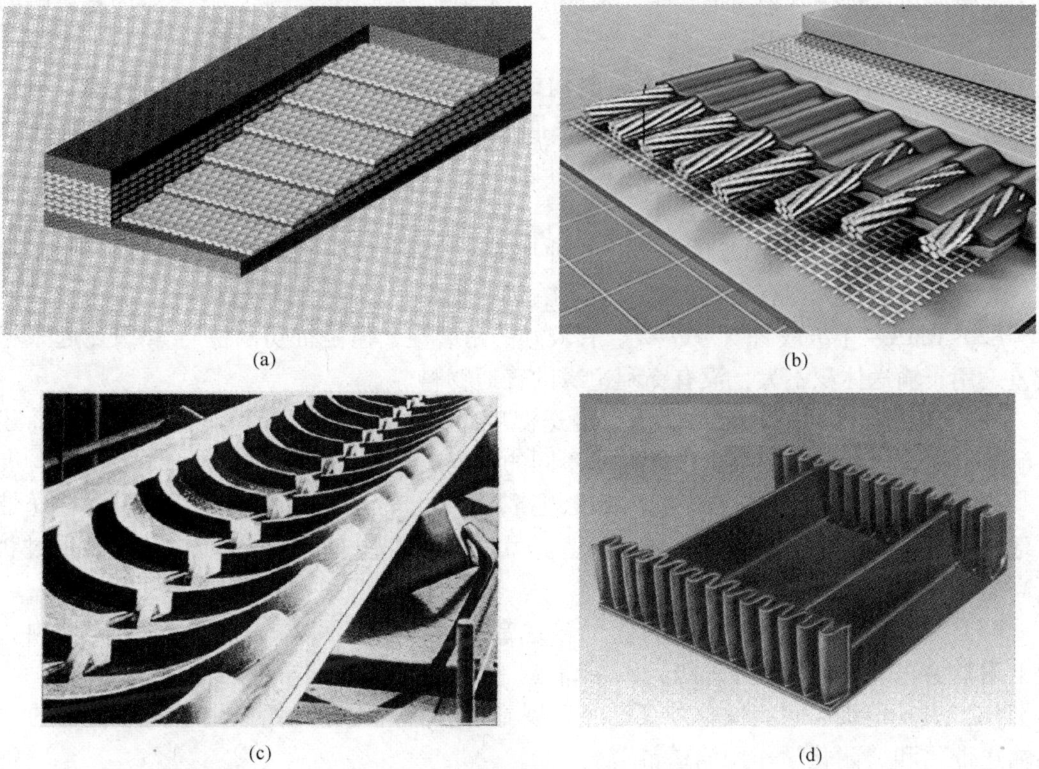

(a) (b) (c) (d)

图3－1 输送带典型结构形式

（a）织物芯输送带；（b）钢丝绳芯输送带；（c）花纹输送带；（d）波状挡边输送带

有普通带、耐寒带、耐热带、耐油带、耐酸碱带、导静电带、阻燃带和食品用带等；按织物层数分，有单层带、双层夹芯带、多层夹芯带和整芯带等；按拉伸强度等级分，有低于500N/mm 的轻型带、630～2000N/mm 的中等强度带、大于 2000N/mm 的高强度带和大于5000N/mm 的超高强度带。

早期的输送带是用皮革之类的材料制成，或用皮革加纤维织物制造，现代输送带则由弹性体（覆盖胶和带芯胶）和骨架所组成。

带芯（骨架）是输送带的主体部分，带芯支撑着覆盖层实现物料的输送；输送带所受作用力主要由带芯承担，包括沿输送带纵向的张力和受料点处物料下落到输送带上时的力的作用（受料点物料的冲击）；带芯同时为输送带提供纵向和横向刚度，以保证输送带支承物料。

覆盖层的功能为：物料被卸载到输送带上后，在很短的时间内物料和输送带覆盖层之间存在摩擦，直到物料的速度和输送带的速度一致；被卸载的物料下落到输送带上，有锐利棱角的物料可能会划伤撕裂输送带，上覆盖层则可以起到保护带芯的作用，同时物料的冲击作用将分布在上覆盖层和下覆盖层等较广的区域，从而达到保护带芯的目的；下覆盖层和驱动滚筒接触，牵引作用从驱动滚筒通过下覆盖层传到带芯，因此，驱动力通过下覆盖层从驱动滚筒传递到带芯；承载段输送带在上托辊上运行，保证下覆盖层和托辊接触，同样，回程段输送带在下托辊上运行，保证上覆盖层与托辊接触，由于物料的污染和托辊的可见的或不可见的相对滑动，输送带在托辊上运行时，存在轻微但是连续的摩擦作用，上下覆盖层可以抵御这种摩擦作用。覆盖层也起到使带芯不受气候、化学等因素影响的作用。

覆盖层由橡胶和 PVC 两种基本材料构成。一般情况下，如果没有提到其他材料，覆盖层由橡胶构成。不同等级的橡胶有着不同的特性，被应用于不同的场合。PVC 在光照条件下容易老化，所以主要用于井下输送机。

被广泛应用的覆盖层等级如下：

（1）RMA－Ⅱ级或者 M－24 级。这种材料具有很强的抗切割性和耐磨性。用于输送重载、块状、磨损大和有尖锐边缘等较难输送的物料。

（2）RMA－Ⅰ级或者 N－17 级。有较好的耐磨性，但是抗切割性与 M 级比起来相对较差。用于输送体积不大，没有锋利边缘的普通物料。

（3）HR 级（耐热输送带）。用于输送温度可达 180℃的材料。输送带制造厂商建议将耐热输送带再向下分等级，以便适应不同的温度场合。

（4）FR 级。阻燃输送带有多种标准规格，可减小火灾的发生和蔓延。阻燃输送带用于地下采矿工程，严格按照标准规定制造。另外，阻燃输送带有进一步的分级，通过获得更高质量以满足平均或更严格的需要。

（5）耐油输送带。这种橡胶材料的输送带用于输送有污染的油类或油脂类物料，工业上耐油输送带被进一步分等级，以便满足一般或者更严格的需求场合。

（6）其他等级。这些橡胶等级已经发展到适应其他工况，例如用于输送食物的“食品输送带”和“耐化学作用输送带”。

（7）聚氯乙烯等级。这种覆盖层由聚氯乙烯材料制成，具有耐磨、抗冲击、阻燃、耐油等混合性能。然而，覆盖层与物料和托辊的摩擦系数很低，并且在阳光下会老化。这种覆盖层已经在地下采矿工程中广泛应用。

具有阻燃、耐油等特殊功能的输送带一般都有较低的耐磨性和抗冲击性，因而要根据工况的需求而应用。一般说来，与常用的 M 级和 N 级相比，这种覆盖层磨损快、更换早、成本高。

3.1.2 输送带的种类

3.1.2.1 帆布芯输送带

图 3－1（a）所示为通用带式输送机输送带主要结构形式，带芯由数层织物构成。层与层之间靠橡胶黏结，上下用橡胶覆盖层加以保护。一般，织物带的宽度为 300～2200mm，织物层数为 2～8 层（早期的棉帆布输送带为 3～12 层），上覆盖层厚度为3.0～6.0mm，下覆盖层厚度为 1.4～4.5mm。表 3－1 是织物输送带规格及技术参数，其中 CC 型骨架的经向和纬向都是棉纤维，NN 型骨架的经向和纬向都是 Nylon－66（或聚酰胺），EP 型骨架的经向为聚酯（Polyester）、纬向为 Nylon－66（或聚酰胺）。

表 3－1 织物输送带的规格及技术参数

抗拉体材料	输送带型号	扯断强度 /N·mm^{-1}	每层质量 /kg·m^{-2}	每层厚度 /mm	伸长率（定负荷）/%	带宽范围 /mm	层数范围	覆盖胶厚度（质量）/mm(kg·m^{-2}) 上	下
棉帆布	CC－56	56	1.5	1.36	1.5～2	500～1400	3～8	1.5(1.70)	
尼龙帆布	NN－100	100	1.0	1.02	1.5～2	500～1200	2～4	3.0(3.40)	1.5(1.70)
	NN－150	150	1.1	1.12	1.5～2	650～1600	3～6		
	NN－200	200	1.2	1.22	1.5～2	650～1800	3～6	4.5	
	NN－250	250	1.3	1.32	1.5～2	650～2200	3～6		
	NN－300	300	1.4	1.42	1.5～2	650～2200	3～6	5.10	
聚酯帆布	EP－100	100	1.2	1.22	～1.5	500～1000	2～4	6.0(6.80)	3.0(3.40)
	EP－200	200	1.3	1.32	～1.5	650～2200	3～6		
	EP－300	300	1.5	1.52	～1.5	650～2200	3～6	8.0(9.50)	

橡胶保护层因所运物料而异，运送煤炭的输送带可采用上层厚度为 3mm，下层厚度为 1.5mm 的输送带。整芯输送带的带芯为整体编织，带芯多为化学纤维制成，其优点是厚度小、弹性较大，耐冲击性能好、柔性较好，而且由于不分层，在受到较大弯曲时不会产生层间开裂现象。这些特点满足矿井下繁重的运输要求。

棉帆布织物输送带一般用于小型带式输送机，当带芯的层数过多时其成槽性能差。但是，它的横向强度一般比钢绳芯输送带大，因而，当输送物料可能冲击输送带进而造成输送带击穿和撕裂时，一般应优先采用织物输送带。

为减缓物料对输送带的冲击通常在覆盖层内设缓冲层或在输送带横向增设缓冲横向绳。

图 3－2 为输送带覆盖层内带有缓冲层的结构，当输送带受到大块物料冲击时，用来提高输送带抵抗冲击的能力。缓冲层减缓到达带芯的冲击力，提高带芯和覆盖层的黏着力。缓冲层的纱和编织形式与输送带的主要织物层不同，适用于抵抗冲击；与主覆盖层使

用的橡胶相比，缓冲层用相对较软的橡胶。

下覆盖层同样可增设缓冲层，以提高覆盖层和带芯的黏着性。很大的牵引驱动力从驱动滚筒传到带芯时，缓冲层可以有效提高输送带的使用寿命。

提高抗冲击性的一种新方法是在上覆盖层上添加横向织物（图3-3），织物是由直径为1.5mm或者3mm的尼龙或者其他相同弹性的材料构成，其不影响滚筒的最小直径。尼龙因其弹性和空间间隔形式，对成槽的影响也很小。这种结构可以显著地提高抗冲击性，按一定间距地布置尼龙既保证了橡胶的强度，同时也具有防撕裂作用。

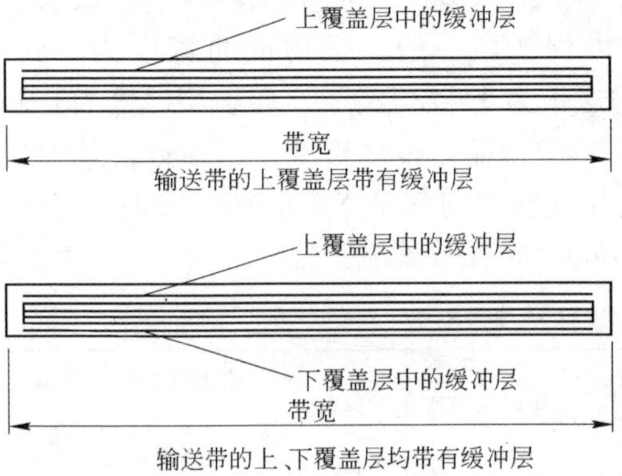

图3-2　带缓冲层的输送带截面

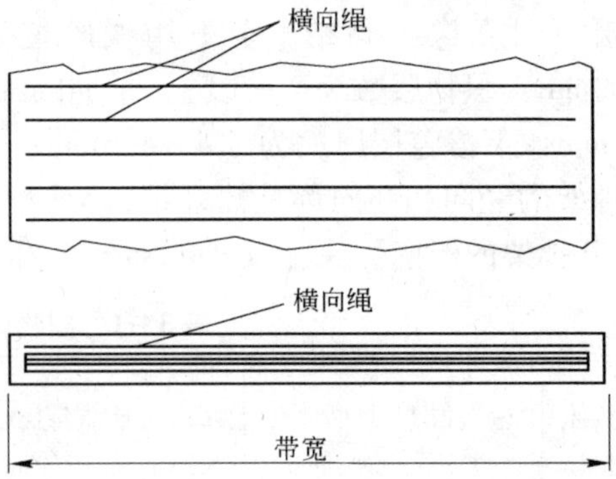

图3-3　在覆盖层上增设横向绳

输送带还可分为模压边结构和切边结构。模压边结构的带芯距输送带边缘有很小的距离，使带芯不直接和外界接触。棉织物输送带常采用这种结构，可避免棉织物中的水分扩散，进而造成带芯性能的削弱。如果没有环境和材料的影响，模压边也是同样需要的。切边结构是对生产制造后输送带的边缘进行修剪，这样，很宽的输送带可以很容易地被切成小带宽以满足快速供货的需要。合成织物与橡胶的黏着作用很好，不易产生生物效应，因此带芯暴露在输送带的边缘也不会给输送带造成不利的影响。其优点是加工速度快，输送带强度较好，在边缘也有较好的力学性能，可以防止输送带运行失稳时发生破坏。

3.1.2.2　钢丝绳芯输送带

钢丝绳芯输送带用于强力带式输送机。如图3-1（b）所示，它是由细钢丝绳作为带芯、外加覆盖胶制成的输送带。普通钢丝绳芯输送带由于横向强度较低，在外界的因素作用下具有横向撕裂的可能。为提高输送带的横向刚度，有的输送带在上下覆盖层下铺设钢网，即可起到缓冲作用，也具有防止横向撕裂的作用。另一种防撕裂方法是在上覆盖层下设横向合成芯以提高防撕裂性能，如图3-4所示。

图3-4　防撕裂钢丝绳芯输送带

钢丝绳芯由七股（或更适宜的股数）的钢丝绳制成，每一股钢丝绳由7根或更适合的根数的钢线制成。首先把钢线捻在一起形成一股钢丝绳，然后把钢丝绳捻在一起形成钢丝绳芯。钢丝绳表面被镀锌，用来防止输送带在长期使用中的腐蚀。

在钢丝绳芯输送带中，钢丝绳的质量是决定输送带使用寿命的关键因素之一。它应满足以下条件：

（1）应具有较高的破断强度。一方面，高强度的钢丝绳芯可增高输送带的强度；另一方面，钢丝绳芯的强度高，可减小绳的直径，输送带也可以相应减小厚度，以达到减小输送机尺寸，降低设备投资的目的。

（2）钢丝绳芯与橡胶具有较高的黏着力。这对于采用硫化接头的输送带具有重大意义。提高钢丝绳与橡胶间的黏着力的主要措施是在钢丝绳表面电镀黄铜及采用硬质橡胶等。

（3）应具有较高的耐疲劳强度，以提高使用寿命。

（4）应具有较好的柔韧性，以利于输送带经过滚筒时运行变向弯曲。

表3－2为钢丝绳芯输送带规格及技术参数。

表3－2　钢丝绳芯输送带规格及技术参数

项目＼规格	630	800	1000	1250	1600	2000	2500	3150	4000	4500	5000
纵向拉伸强度/N·mm^{-1}	630	800	1000	1250	1600	2000	2500	3150	4000	4500	5000
钢丝绳最大直径/mm	3.0	3.5	4.0	4.5	5.0	6.0	7.5	8.1	8.6	9.1	10
钢丝绳间距/mm	10	10	12	12	12	12	15	15	17	17	18
带厚/mm	13	14	16	17	17	20	22	25	25	30	30
上覆盖胶厚度/mm	5	5	6	6	6	8	8	8	8	10	10
上覆盖胶厚度/mm	5	5	6	6	6	6	6	8	8	10	10
带宽/mm	钢丝绳根数										
800	75	75	63	63	63	63	50	50			
1000	95	95	79	79	79	79	64	64	56	57	53
1200	113	113	94	94	94	94	76	76	68	68	64
1400	113	113	111	111	111	111	89	89	89	80	75
1600	151	151	126	126	126	126	101	101	91	91	85
1800		171	143	143	143	143	114	114	103	102	96
2000			159	159	159	159	128	128	114	114	107
2200			176	176	176	176	141	141	125	125	118
2400			192	192	192	192	153	153	136	136	129
输送带质量/kg·m^{-2}	19	20.5	23.1	24.7	27	34	36.8	42	49	53	58

钢丝绳芯输送带与普通帆布输送带相比有以下优点：

（1）输送带的强度高，可应用于大运量、长距离输送机。

（2）伸长量小，可减小拉紧行程。钢丝绳芯输送带的伸长量约为织物带的十分之一。

（3）钢丝绳芯输送带的弹性模量高，因而张力传播速度快，启制动较帆布带式输送机容易。

（4）成槽性好。由于钢丝绳芯是沿输送带纵向排列的，而且只有一层，因此可形成较大的槽角。

（5）抗冲击性及抗弯曲疲劳性能好，使用寿命长。

（6）接头寿命长。

3.1.2.3　PVC 型和 PVG 型输送带

整芯阻燃输送带可分为 PVC 型和 PVG 型。PVC 型上下覆盖层均为 PVC 覆盖胶，单面胶不小于 0.8mm，PVG 型上下覆盖层均为丁腈橡胶和 PVC 并用，单面厚为 1.5～4.5mm。PVC 输送带运输倾角小于 16°，PVG 型输送带因具有与物料之间更大的摩擦系数，适合于倾角较大的场合。

重型 PVG 输送带与传统钢丝绳芯输送带相比具有下列特点：

（1）带体轻，重型 PVG 输送带比同级钢芯带要轻得多，消耗功率也低。这一优点对较长的传输系统来说非常重要。它可以允许选用较小的动力驱动，并且可以长期节省能源。

（2）重型 PVG 输送带具有较好的柔韧性，带体薄，输送机可选用较小直径的滚筒。

（3）重型 PVG 输送带纬向强度高（MT 668—1997 标准中不限制纬向强度），纬向抗撕裂性能高。

（4）接头强度高；接头方式灵活快捷，即可采用带扣连接方式，又可采用胶接方式。

（5）重型 PVG 输送带覆盖胶耐磨性好、撕裂强度高，阻燃、抗静电等安全性能优异；覆盖胶厚度与形状可任意选择。

3.1.2.4　减层织物输送带

随着对输送带抗拉强度的要求不断提高，一方面，当采用多层织物输送带时，因输送带的层数增加，造成输送带刚度过大，绕经滚筒困难；另一方面，新的高强度织物骨架的应用可以采用层数更少的输送带，但简单使用单层或双层的输送带又会带来输送带刚度过低的问题，为此提出了减层织物输送带的概念。

减层输送带具有的特征为：使用高强度的纤维，使输送带的横向和纵向具有更高的强度；在经向使用高强度的纤维、在纬向使用较厚的纤维来满足性能要求；在层间使用较厚的橡胶，获得需要的刚度以支承物料，具有缓冲能力；采用整体骨架以达到较高的强度、刚度和其他性能。典型的减层织物输送带结构有：单层编织结构、单层整体骨架结构、双层结构、双层整体结构等。

3.1.3　输送带型号的表示

输送带型号的表示可参照《输送带标志》（GB/T 5752—2002）给出，常用的输送带表示方法如下：

织物芯输送带示例：

1000m　DIN 22102　AB　1000　EP 630/4　6/2　Y

其中，1000m，长度；DIN 22102，运用标准；AB，制造商缩写；1000，输送带宽度，mm；EP，.骨架材料（经向为聚酯/纬向为聚酰胺）；630，输送带最小抗拉强度，N/mm；4，层数；6，上覆盖层厚度 mm；2，下覆盖层厚度，mm；Y，覆盖橡胶等级。

钢丝绳芯输送带示例：

2000m DIN 22131 PH 1200 St 1600 7T/5 X

其中，2000m，长度；DIN 22131，运用标准；PH，制造商缩写；1200，输送带宽度，mm；St，骨架材料（钢丝绳）；1600，输送带最小抗拉强度，N/mm；7，上覆盖层厚度mm；T，在上覆盖层下织物增强；5，下覆盖层厚度，mm；X，覆盖橡胶等级。

3.2 输送带的性能与选择

3.2.1 刚度/负载支承

输送带要有足够的刚度来支承物料，保证在有间距的托辊上变形尽量小，这对保证输送带和物料在托辊上顺利移动是非常必要的。一定的刚度也可以保证输送带在横向发生较小弯曲变形，这种性质与成槽性相反。

托辊间距已经标准化，承载载荷的能力随着输送带宽度的增加和物料重量的增加而减小。对于较宽的输送带，应用较强的带芯承载物料，因为负载的增加和加大带宽其效果相当。对于重量比较大的材料有必要应用强度较大的带芯，因为负载量会更大。

因此，若已知输送带带宽和物料密度，即可以从带芯选择表中选择出所需的带芯最小强度，而在层结构和中间橡胶层厚度方面则可以有不同选择。

3.2.2 抗冲击性能

输送带带芯的选择也要受到受料处对输送带抗冲击性要求的影响。输送带每运行一周都要经过导料槽，都要受到冲击作用。如果只有一个受料点，则输送带循环周期为 $2L/v$，根据输送带长度和带速的不同其周期可以从几秒到几分钟不等。

粒状物料的冲击作用最小，一般不影响输送带的选择。体积较大的重物料冲击作用较大，冲击由单独块状物料产生。大块物料碰到输送带或者缓冲装置后，竖向运动很快停止，并跟随输送带一起运动。在这种情况下，输送带受到冲击作用，导致局部产生应力应变；若能够限制输送带的变形，并将块状物料的动能扩散到输送带、物料和缓冲装置中，则可以避免输送带受损。

输送机所用的每一种带芯都有能力承受一定的冲击动能，其原因在于带芯的抗拉强度以及输送带的结构。通常，输送带的结构基本相同，所以抗冲击能力主要依赖于强度等级。因此，将最低等级的带芯强度与物料冲击动能联系在一起考虑是有必要的。表 3－3 给出了实验研究数据，可根据不同的冲击动能选择合适的带芯。另外，带芯承受冲击的能力还与缓冲托辊的类型、带芯上覆盖层的厚度以及现场的保护设施等有关。

表 3－3 冲击能量要求的输送带强度

冲击能量 E_f/N·m	物料表面特征					
	光滑，柔软（例如褐煤）		不规则，有棱角（例如石灰石）		锋利，坚硬（例如花岗岩）	
	EP	St	EP	St	EP	St
<10	<300		<400	<630	<630	<1000
10～100	315～400		400～630	630～800	630～800	1000～3150
100～500	400～630	<630	630～1000	800～1250	800～2000	3150～4000

续表 3－3

冲击能量 E_f/N · m	物料表面特征					
	光滑，柔软（例如褐煤）		不规则，有棱角（例如石灰石）		锋利，坚硬（例如花岗岩）	
	EP	St	EP	St	EP	St
500～1000	630～800	630～800	1000～1600	1250～2000	2000～2500	>4000
1000～2000	800～1250	800～1250	1600～2500	2000～3150		
2000～4000	1250～2000	1250～2000		3150～4000		
4000～6000	2000～2500	2000～2500		>4000		
6000～8000		2500～3150				
>10000		>3150				

输送带抗冲击的能力可用自由垂直下落的能量块的所有能量来表示。能量 E_f 为

$$E_f = Mh_f g \tag{3-1}$$

式中　M——物料块质量，kg；

h_f——物料块自由下落高度，m。

在对 E_f 的计算中，M 和 h_f 的值要准确测量，以便得到合适的计算结果。

上面的数据通常是在加料时有橡胶缓冲托辊固定于支架上的情况，橡胶的覆盖层厚度则都是按照标准数据选择的。

要提高带芯的抗冲击能力，可以通过使用性能好的缓冲托辊、采取良好的保护设施、加料前先铺盖一层细料和加厚覆盖层等措施来实现。

EP 型输送带的数据通常也可以用于其他织物材料，按照同等抗冲击能力的要求来进行选择。

3.2.3　成槽性

即使是在空载的情况下，输送带也可以在托辊上形成槽形。输送带一定要有一定的成槽性。按照一般规定，即使在空载的情况下，输送带带宽至少应有 35% 或者 40% 与托辊接触，则输送带足以形成槽形。在这种情况下，输送带必须与中间托辊接触。随着输送带带宽的增加，输送带越易成槽；而输送带带芯的厚度越大，输送带越不容易成槽；强度越大的输送带厚度越大，因此，相同类型的输送带强度越大，则成槽性越差。

对于某种具体结构的输送带，只有到达某一最小带宽时，输送带才会成槽，即所用的输送带宽度不能比这个成槽时最小输送带带宽小。成槽性只有在输送带带芯最后被选定后才能被检测。带芯要满足适当的负载支承、抗冲击能力和最大张力的强度等级等要求。成槽性的要求则与负载支承的要求恰相反。

成槽性是通过挠度 f 与运输带宽度 B 之比来表示的，如图 3－5 所示。表 3－4 为 DIN 22131 规定的输送带成槽性的规定值（GB/T 7984—2001 所规定的数值与其相同）。

3.2.4　环境因素对输送带性能的影响

表 3－5 为输送带带芯伸长性能；表 3－6、表 3－7、表 3－8 分别为湿度、化学腐蚀和温度对带芯性能的影响。

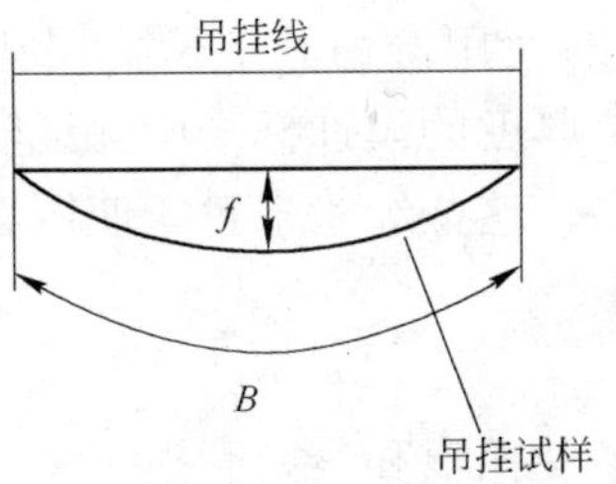

图3-5 成槽性测试方法简图

表3-4 不同槽角下要求的成槽性

侧面支承辊的成槽角度/(°)	f/B（最小值）
20	0.08
25	0.10
30	0.12
35	0.14
40	0.16
45	0.18
50	0.20
55	0.23
60	0.26

表3-5 带芯伸长性能

输送带类型	永久伸长率/%	弹性伸长率/%	总伸长率/%
织物输送带（棉帆布）	0.2~0.4	1.5~2.0	1.7~2.4
织物输送带（达到EP200）	0.5~0.8	0.6~0.9	1.1~1.5
织物输送带（EP250或更高）	0.8~1.6	0.9~2.1	1.6~2.8
钢丝绳芯输送带		0.1~0.3	0.1~0.3

表3-6 湿度对带芯的影响

输送带类型	收缩率/%	湿度吸收/%	强度（相对于正常状态）	伸长（相对于正常状态）	保持与水接触
棉帆布（B）	2~3	7.5~8	10%~15%以上	接近10%或以上	可能腐烂
聚酯纤维（E）	0	0	没有变化①	没有变化	不腐烂
聚酰胺（P）	0	4	接近10%及以下	接近10%及以上	使用镀锌防腐（直接与水接触会有生锈）
钢丝绳（St）	0	0	没有变化	没有变化	
黏胶纤维（Z）	接近4	13	接近30%~35%及以下	接近10%及以上	

①如果输送带材料同时受到湿度的影响，在温度很低（大约从90℃开始）就会有很大的下降。

表3-7 化学腐蚀对带芯的影响

输送带材料	酸性物质的反应	碱性物质的反应	有机溶液的反应
棉帆布（B）	会被经过热水稀释的浓酸破坏	膨胀但不会破坏	有抵抗性
聚酯纤维（E）	对于无机酸有很高的抵抗性	在强热碱中溶解	一般抵抗性，在一些酚类混合物中溶解
聚酰胺（P）	会被盐酸、甲酸和乙酸破坏	好的抵抗性	一般抵抗性，在一些酚类混合物中溶解
钢丝绳（St）	会被酸性物质破坏		有抵抗性

表3-8 温度对带芯的影响

输送带材料	承受高温时的伸长率和强度变化趋势
棉帆布（B）	120℃以上开始降低
聚酯纤维（E）	直到120~180℃都是轻微降低，180℃以上开始很快降低
聚酰胺（P）	80~170℃之间没有降低，强度从170℃开始下降
钢丝绳（St）	对钢丝绳本身没有影响，但钢丝绳的覆盖胶会下降

3.2.5 输送带覆盖层厚度

上下覆盖层可防止输送带带芯受损而减少输送带的使用寿命。上覆盖层比下覆盖层厚，因为上覆盖层承受更大的变形和磨损。上下覆盖层厚度的设计标准应保证输送带具有合理的使用寿命。覆盖层的厚度主要根据经验数据得出，这些经验来自于使用者、设计者和输送带供应商。

3.2.5.1 下覆盖层厚度

当输送带在承载托辊和滚筒上运行时，下覆盖层经受托辊和滚筒磨损。物料的粉尘颗粒落在托辊或滚筒上将会加快下覆盖层的磨损。因此，在承载磨损物料时，稍微加厚下覆盖层的厚度是有必要的。对于硫化接头的输送带，下覆盖层厚度也应满足一定要求。

钢丝绳芯输送带由于其内部结构特性，所以要有相对较厚的下覆盖层，以使力在钢丝绳和橡胶之间扩散均匀，获得更好的横向刚度。

对于织物芯输送带，推荐的下覆盖层厚度为：

非摩擦物料（如谷物）1.0mm；

正常摩擦物料（如煤、褐煤、石灰石等，不含大块）1.5mm；

正常摩擦物料（如煤、褐煤、石灰石等，含大块）2.0～2.5mm；

高摩擦性物料（如焦炭、碎玻璃等，不含大块）2.5mm；

高摩擦性物料（如焦炭、碎玻璃等，含大块）2.5～3.0mm；

对于输送带强度而言，抗拉强度为630N/mm和800N/mm时，下覆盖层厚度最小1.5mm；抗拉强度为1000N/mm及以上时，下覆盖层厚度最小2.0mm；

对于通常应用的输送带（除了类似谷物的物料），下覆盖层通常为2.0mm；当含有缓冲层时，为3.0mm。

输送带上的加载频率越快即加载周期越短，下覆盖层的厚度应越大。

3.2.5.2 上覆盖层厚度

上覆盖层的厚度直接受到物料的磨损性、块度、边缘的尖利程度、输送带的循环周期等因素的影响。上覆盖层的厚度与下列条件有关：

（1）物料的磨琢性增加，覆盖层的厚度要增加；

（2）物料块重量的增加需要增加厚度以缓冲和避免撕裂输送带；

（3）输送带覆盖层的厚度随输送带循环周期的减少而增加；

（4）需要具有一定的厚度以便于接头的硫化。

一般而言，重载物料、边缘锋利的物料、磨损较大的物料和高速短距离输送的物料都要求上覆盖层有最大厚度。相反，粒状物料、无磨损物料和低速长距离输送要求上覆盖层有最小的厚度。

织物输送带上覆盖层的厚度通常从生产商给出的选择表中选取。带芯强度为800N/mm的输送带的上覆盖层厚度不得小于1.5mm，带芯强度为1000N/mm的输送带的上覆盖层厚度不得小于2mm。在断路保护层中最小厚度可能达到3mm。对于上覆盖层中有横向加强层的输送带，上覆盖层的最小厚度与尼龙绳的直径有关。

为了避免织物带产生起拱，承载面上下两层的厚度之比应不大于3∶1，对于钢丝绳芯带一般不限制这个比值。

覆盖层的磨损情况归因于受料情况与物料冲击性的结合。受料情况从好到坏可分为三种类型，即较好、一般、较差。物料的冲击性由小到大分为三个等级，分别是一级、二级、三级（物料的冲击性由磨损性物料的尺寸大小与边缘锋利程度共同决定）。

A 受料情况

（1）较好。下落高度为0.5m，相对速度较低；所给物料有缓冲性；有额外的减磨措施。

（2）一般。下落高度为0.5～2.5m，中等速度；最佳物料控制。

（3）较差。下落高度超过2.5m；高带速；无缓冲；无控制方法。

B 物料的冲击性

（1）一级。物料颗粒尺寸为0～50mm，物料中的细物料比例高，物料密度较低，磨损性最小。

（2）二级。物料颗粒尺寸为50～150mm，中等尺寸分布；中等物料密度。

（3）三级。物料颗粒尺寸为150～400mm，经过筛分；物料密度较大；有尖角；有磨损性。

根据德国经验数据，磨损补偿厚度 t_0 按如下公式给出

$$t_0 = \frac{3.6 v S_W t}{200L} \tag{3-2}$$

式中 v——带速，m/s；

S_W——输送带循环10000个周期后的磨损量，mm，S_W 的值从相关列表中获得，见表3－9；

t——输送带运行的实际时间，h；

L——输送机长度，m。

表3－9 S_W 的取值

受料情况	物料的冲击性		
	一 级	二 级	三 级
较 好	0.4	0.6	1.4
一 般	0.8	1.4	2.4
较 差	1.6	2.6	4.0

附注：几种覆盖层厚度的确定方法

A DIN 22101—2002的确定方法

覆盖层厚度应该依据材料选择，使其在考虑输送带计划使用期内的磨损时，还能保证其保护功率，在任何情况下，输送载体的表面组织必须被充分覆盖。

在DIN标准或其他规范尚无相应数据时，可以采用表3－10所列的参考值来确定面层的最小厚度，并按表3－11确定相对应的承载面层的附加厚度；当面层内有输送带保护装置时，最小厚度用表3－11确定评价值，最后用表3－12确定附加厚度。

B 日本石桥公司的确定方法

运输机输送带橡胶覆盖层厚度的确定必须考虑到很多因素，如运输材料类型、块度、操作循环时间、输送带进料系统、斜槽的高度以及系统中是否包括刮板等。

表 3 - 10　承载侧和回程侧覆盖层最小厚度标准值

芯层材料	标　准　值
B（棉织物） P（尼龙） E（聚酯）	根据不同织物分别为 1 ~ 2mm
St（钢丝绳）	0.7d（钢丝绳直径），最小 4mm

表 3 - 11　相应于表 3 - 10 的最小厚度的承载面附加厚度标准值

有影响的参数和估价值					
载荷情况	有　利	1	密　度	轻	1
	正　常	2		正　常	2
	不　利	3		重	3
载荷频繁度	少	1	过载度	少	1
	正　常	2		正　常	2
	频　繁	3		强	3
粒　度	细	1	评价值合计		
	正　常	2			
	粗	3			

表 3 - 12　附加厚度的确定

评价值合计	附加厚度标准值/mm
5 ~ 6	0 ~ 1
7 ~ 8	1 ~ 3
9 ~ 11	3 ~ 6
12 ~ 13	6 ~ 10
14 ~ 15	≥10

棉帆布输送带和钢丝绳芯输送带的上覆盖层的厚度分别由表 3 - 13 和表 3 - 14 确定。

表 3 - 13　棉帆布输送带

物料类型	块度/mm	操作循环时间/min		
		<1.0	1.0 ~ 10.0	>10.0
A①	<50	5.5 ~ 6.0	5.5 ~ 6.0	5.5 ~ 6.0
	50 ~ 150	5.5 ~ 6.0	5.5 ~ 6.0	5.5 ~ 6.0
	>150	5.5 ~ 6.0	5.5 ~ 6.0	5.5 ~ 6.0
B②	<50	5.5 ~ 6.0	5.5 ~ 6.0	5.5 ~ 6.0
	50 ~ 150	5.5 ~ 6.0	5.5 ~ 6.0	5.5 ~ 6.0
	>150	6.0 ~ 6.5	5.5 ~ 6.0	5.5 ~ 6.0
C③	<50	5.5 ~ 6.0	5.5 ~ 6.0	5.5 ~ 6.0
	50 ~ 150	6.0 ~ 6.5	5.5 ~ 6.0	5.5 ~ 6.0
	>150	7.0 ~ 9.0	6.0 ~ 8.0	6.0 ~ 8.0

①谷物、纸、纸浆、木屑、苏打灰、陶工用黏土、活性炭、石灰；

②砂、型砂、盐、水泥、煤片、岩屑、硼砂；

③石灰石、砂砾、铁渣、碎石、铜矿、铁矿、磷肥块、锰矿、白云石、烧结矿石、熔渣、焦炭、花岗岩、碳硅砂、玻璃片（碎玻璃）。

表 3-14 钢丝绳芯输送带

物料类型	块度/mm	操作循环时间/min			
		<0.2	0.2~0.4	0.4~1.0	>1.0
A	<15	1.5~2.5	1.5~2.5	1.5~2.5	1.5~2.5
	15~50	3.0~4.5	2.0~3.5	2.0~3.5	2.0~3.5
	50~150	4.0~5.5	4.0~5.5	3.0~4.5	3.0~4.5
	>150	5.0~6.5	4.0~5.5	4.0~5.5	4.0~5.5
B	<15	2.0~3.5	2.0~3.5	2.0~3.5	2.0~3.5
	15~50	3.0~4.5	3.0~4.5	3.0~4.5	3.0~4.5
	50~150	4.0~5.5	4.0~5.5	3.5~5.0	3.5~5.0
	>150	6.0~8.0	5.0~6.5	4.0~5.5	4.0~5.5
C	<15	3.5~5.0	3.0~4.5	3.0~4.5	3.0~4.5
	15~50	5.0~6.5	4.0~5.5	3.5~5.0	3.5~5.0
	50~150	6.0~8.0	5.0~6.5	5.0~6.5	4.0~5.5
	>150	8.0~10.0	7.0~9.0	7.0~9.0	6.0~8.0

注：表中物料类型同表 3-13。

一般来说，下覆盖层的厚度，应取上覆盖层厚度的 30%~70%，对于钢丝绳输送带，下覆盖层厚度最小应取 4mm，标准厚度为上覆盖层厚度的 60%~100%。

在最终确定覆盖层厚度时，可取以上数值作为标准数值，并须考虑其他因素，例如输送机的操作条件等，如必要可增加或减少 1~2mm。

对于用于抗热、抗油、粗顶及用楔子加固等特殊类型的运输机输送带的下覆盖橡胶层厚度还必须特别考虑。

C DX 型带式输送机输送带厚度的确定

覆盖层厚度 δ_j 与钢丝绳直径 d 有关：

（1）当 $d \leqslant 6.75$mm 时，$\delta_j = d + 1$；

（2）当 $d > 6.75$mm 时，$\delta_j = d + 1.5$。

3.2.6 输送带的安全系数

安全系数是指输送带的额定抗拉强度与稳态工况时输送带最大工作张力之比，是一个经验数据。从安全、可靠、寿命长的角度出发应取较大值，从经济角度考虑则应取较小值。

3.2.6.1 确定安全系数的一般方法

安全系数分静安全系数（简称安全系数）和动安全系数，在带式输送机设计中通常采用静安全系数 SF，需要根据输送带类型、工作条件、接头特性、输送机启制动性能等因素确定，输送带额定抗拉强度 σ_N，可按下列公式计算：

$$\sigma_N \geqslant \sigma_{max} SF \tag{3-3}$$

式中 σ_N——输送带额定抗拉强度，N/mm；

σ_{max}——输送带稳定运行的最大静应力，N；

SF——输送带安全系数。

按照 DIN 22101—2002，输送带的安全系数可以表达为

$$SF = \frac{S_0 S_1}{k_{t,rel}} \tag{3-4}$$

式中 S_0——各种环境情况下，与运行条件相关的误差通过安全系数，可由表 3－15 确定；

S_1——化学和物理方面的应力，自然老化的影响以及较大拉力和弯曲应力的频率的安全系数，可由表 3－16 确定；

$k_{t,rel}$——相对基准疲劳强度，可从表 3－17 得出。

表 3－15　根据输送带接头特征分类，确定安全系数 S_0

鉴于接头的特征	特征分类		
大　气	标　准	无　尘	漂浮灰尘的
防　晒	标　准	良　好	适度的
温　度	适　度	18～22℃	<10℃或>30℃
工作场所	标　准	宽敞的	窄小的
工人技能	标　准	优	适度的
连接材料质量	标　准	新　的	达到使用性极限
硫化装置质量	标　准	优	适度的
安全系数 S_0	1.1	有效安全系数	
		低	高
		1.0	1.2

表 3－16　取决于运行条件分类的安全系数 S_1

鉴于输送带和接头动性能的分类	特征分类		
寿命期望值	标　准	低	高
失灵时引起的连续故障	标　准	低	高
化学/物理方面的应力	标　准	低	高
启动/停止过程	>3/d　<30/d	≤3/d	≥30/d
回转频率	>2/h，<1/min	≤2/h	≥1/min
安全系数 S_1	1.7	有效安全系数	
		低	高
		1.5	1.9

表 3－17　相对基准疲劳强度 $k_{t,rel}$ 的参数

输送带类型	输送带结构参照标准	最低拉断力 k_N /N·mm^{-1}	接头结构参照标准	相对基准疲劳强度 $k_{t,rel}$
单层织物芯输送带	DIN 22102—1	630～3150	DIN 22102—3 按指接头	0.35
双层或厚芯层织物芯输送带	DIN 22101—1	200～2000	DIN 22102—3 中间拉力构件	0.35

续表 3－17

输送带类型	输送带结构参照标准	最低拉断力 k_N /N · mm^{-1}	接头结构参照标准	相对基准疲劳强度 $k_{t,rel}$
两层以上织物芯输送带	DIN 22102—1	315～3150	DIN 22102—3 阶梯接头	0.30
单层织物芯输送带	DIN 22109—1	800～3150	DIN 22121	0.35
双层织物芯输送带	DIN 22109—2	800～1600	DIN 22121 中间拉力构件（B）	0.30
钢丝绳芯输送带	DIN 22129—1 DIN 22131—1	1000～5400	DIN 22129—4	0.45
钢丝绳芯输送带	DIN 22129—1 DIN 22131—1	<1000 >5400	DIN 22129－4	0.45

按此方法，在正常条件下钢丝绳芯输送带的安全系数为4.16，在有利条件下为3.33，在不利条件下为5.07。需要指出的是，采用此方法时，需要计算在输送带宽度方向上的最大应力，包括曲线段、过渡段和翻转段。

附注：确定安全系数的其他方法

A　DIN 22101—1982 的确定方法

此方法将输送带的安全系数分为静安全系数 SF_S 和动安全系数 SF_D，分别为

$$SF_S \geqslant \frac{S_S}{1 - r_V} \tag{3-5}$$

$$SF_D \geqslant \frac{S_D}{1 - r_V} \tag{3-6}$$

其中，r_V 为接头形式不同所产生的强度损失系数，见表 3－18；S_S 和 S_D 为与接头抗拉强度有关的安全系数，该附加应力以表 3－19 所给出抗拉强度的折减系数 r_0、r_1、r_2 的方式加以考虑。

$$S_S = \frac{1}{1 - (r_0 + r_1 + r_2)} \tag{3-7}$$

$$S_D = \frac{1}{1 - (r_0 + r_1)} \tag{3-8}$$

系数 r_0 是一个基本折减系数，主要考虑输送带的疲劳强度特性及其动应力。具有低值 r_0 的有利工作情况的特点是输送负荷引起的附加应力（如物理性能、化学性能、转载高度等）小，接通频率小，维护简单以及没有极端环境影响引起的应力。低值 r_0 也可以用于设计使用期限相对来说比较短的输送带。

系数 r_1 考虑输送带内附加伸长的影响，附加伸长是由于输送带绕过滚筒、进出槽形段、转弯以及在过渡弧段出现的。通常在确定滚筒直径以及过渡弧半径和长度时，没有转弯的带式输送机可采用表 3－19 所列的 r_1 值。

该方法虽然已经被2002年版标准所替代，但在其他国家（公司）还在沿用，我国的一些标准计算方法也借鉴了此方法。

表 3－18　静应力时输送带接头处抗拉强度的损失系数

带芯材料	接头形式	r_V
棉织物 尼　龙 聚　酯	不可拆卸接头 简单阶段接头（多层带） 无层间损失接头 单层带	 1/z（z 为层数） 0 ≤0.3
	可拆接头	
钢丝绳	阶段套入式接头 段数 $n \leqslant 2$ 段数 $n \leqslant 3$	 0 0.05(n～2)

表 3－19　输送带接头有关的安全系数和折减系数的最小值

带芯材料	工作情况	安全系数和折减系数					
		基本折减系数	不经常出现的峰值载荷		在稳定工况下的最大载荷		
		r_0	r_1	S_D	r_1	r_2	S_S
棉织物	有　利	≥0.691		≥4.8			≥6.7
尼　龙	正　常	≥0.715	≥0.100	≥5.4	≥0.100	≥0.060	≥8.0
聚　酯	不　利	≥0.734		≥6.0			≥9.5
	有　利	≥0.641		≥4.8			≥6.5
钢丝绳	正　常	≥0.665	≥0.150	≥5.4	≥0.150	≥0.060	≥8.0
	不　利	≥0.684		≥6.0			≥9.5

注：r_2 是在稳定工况下的最大载荷时，考虑一般的启动和制动设备时的抗拉强度损失系数。

B　日本方法

日本的石桥轮胎、横滨橡胶、阪东化学等输送带制造商所给出的安全系数略有差异，但基本原理相同。确定输送带带芯安全系数是根据过去的操作经验，以及运输物料的种类、块度、循环时间等。一般采用的数值是在 6.7～20 之间。石桥轮胎的安全系数确定方法如下。

a　输送带安全系数的分类

（1）第 1 安全系数。为正常负载下的输送带处于最大张力时的安全系数。

对于钢丝绳芯输送带

$$SF_1 = \frac{mT}{F_{\max}} \tag{3-9}$$

对于织物芯输送带

$$SF_1 = \frac{nT_s}{F_{\max}} \tag{3-10}$$

式中　m——钢丝绳的根数；

T——每根钢丝绳的抗拉强度，N/根；

n——织物芯的层数；

T_s——每层织物芯的抗拉强度，N/mm；

F_{max}——稳定运行条件下的输送带最大张力，N。

（2）第3安全系数。这是考虑到启动、制动和弯曲应力等因素的总负载安全系数，第3安全系数用于高抗拉强度的钢丝绳芯输送带，计算公式为

$$SF_1=\frac{mT}{F_{max}+F_s+F_b} \tag{3-11}$$

式中 F_s——启动或制动的附加张力，N；

F_b——输送带经过滚筒弯曲所产生的输送带附加张力，N，其关系式为：

$$F_b=\frac{d}{D}EBm$$

d——钢丝绳直径，mm；

D——滚筒直径，mm；

E——输送带弹性模量，N/mm；（注：原文弹性模量为单位面积上的力，为统一起见，这里将其变换成单位宽度上的力）

B——带宽，mm。

（3）最小安全系数。这是考虑存在启动和弯曲附加张力的输送机在满载启动时的接头安全系数，应用于高抗拉强度的钢丝绳芯输送带，一般的标准值小于3.0。计算公式为

$$SF_{min}=SF_3\eta_E \tag{3-12}$$

式中 η_E——接头效率，其关系式为：

$$\eta_E=\eta_1\eta_2 \tag{3-13}$$

η_1——接头效率计算值；

η_2——接头工作效率。

b 设计用的标准安全系数

设计用的标准安全系数由表3－20～表3－22给出。其中表3－20为钢丝绳芯输送带；表3－21为多层织物芯输送带；表3－22为整芯织物芯输送带。

表3－20 钢丝绳芯输送带

物料种类及块度 / 运行循环时间/min	A－S A类物料，粒度小	A－L A类物料，粒度大	B－S B类物料，粒度小	B－L B类物料，粒度大
<3.0	8	8	8	9
3.0～10.0	7	7	7	7
>10.0	6.7	6.7	6.7	6.7

表3－21 多层织物芯输送带

物料种类及块度 / 运行循环时间/min	A－S A类物料，粒度小	A－L A类物料，粒度大	B－S B类物料，粒度小	B－L B类物料，粒度大
<1.0	11	11	11	12
1.0～3.0	10	11	11	11
3.0～10.0	9	9	10	10
>10.0	8	8	8	8

表3-22 整芯织物芯输送带

运行循环时间/min \ 物料种类及块度	A-S A类物料，粒度小	A-L A类物料，粒度大	B-S B类物料，粒度小	B-L B类物料，粒度大
<1.0	13	14	14	15
1.0~3.0	12	13	13	14
3.0~10.0	11	11	12	12
>10.0	10	10	10	10

注：1. 考虑到物料的冲击特性和性质将输送的物料分为A、B两类。
A类：谷类、纸浆、纸、木屑、苏打灰、煤灰、陶土、黏土、活性炭、石灰、泥沙、盐、型砂、水泥、硼砂；
B类：煤、木料、石灰石、砂砾、熔渣（冷）、焦煤、碎玻璃、矿渣、铁矿石、白云石、烧结矿石。
2. 粒度大小：S（小），小于30mm；L（大），超过30mm。
3. 输送热物料和斗式提升机用输送带的安全系数应大于20，不考虑运行循环时间。
4. 对于织物芯输送带，当采用机械接头时，安全系数应大于12，并且要采用具有横向纬线加强的输送带。

表3-20~表3-22中的安全系数是针对第1安全系数所给出的。按照石桥定义的第3安全系数和最小安全系数设计时，需要详细计算张力。

C Goodyear和Dunlop方法

Dunlop-Enerka的安全系数确定方法与德国标准方法相同。Goodyear和Dunlop没有给出安全系数值，而是在输送带规格表中直接给出推荐的输送带工作许用强度。对于钢丝绳芯输送带是基于安全系数为6.7给出的许用强度。Goodyear将织物带许用强度分为一般输送和提升两种情况。表3-23为钢丝绳芯输送带参数，表3-24为织物芯输送带参数，其中安全系数是通过名义抗拉强度和工作抗拉强度折算出的。值得注意的是，这里所折算出的安全系数小于通常所推荐的安全系数，其原因在于织物芯输送带的实际带芯强度要比名义强度大得多。另外，为保证安全，对于提升工作条件给出的工作强度比通常工作条件下的工作强度低。

表3-23 钢丝绳芯输送带参数

输送带规格	最小极限抗拉强度/$kN \cdot m^{-1}$	工作许用强度/$kN \cdot m^{-1}$	钢丝绳直径/mm	近似间距/mm	输送带弹性模量/$kN \cdot m^{-1}$
ST800	800	120	3.8	17.5	58000
ST1000	1000	150	3.8	13.9	72000
ST1250	1250	187	5.4	21.7	90000
ST1600	1600	240	5.4	16.9	115000
ST2000	2000	300	5.4	13.5	144000
ST2500	2500	375	5.4	11.4	180000
ST3150	3150	472	8.3	19.5	227000
ST3500	3500	525	8.3	17.5	252000
ST4000	4000	600	9.6	20.1	288000
ST4500	4500	675	10.6	20.4	324000
ST5000	5000	750	12.0	27.9	360000
ST5400	5400	810	12.0	26.0	389000

表 3-24 织物芯输送带参数

参 数 项	参 数 值								
名义抗拉强度/kN·m^{-1}	250	330	375	400	500	500	600	600	625
输送带层数	2	2	3	2	3	4	3	4	5
织物类型	N/N	N/N	N/N	P/N	N/N	N/N	P/N	N/N	N/N
硫化或机械接头强度/kN·m^{-1}	44	58	66	70	88	88	105	105	109
安全系数	5.68	5.69	5.68	5.71	5.68	5.68	5.71	5.71	5.73
提升条件下/kN·m^{-1}	34	45	51	54	67	67	81	81	85
安全系数	7.35	7.33	7.35	7.41	7.46	7.46	7.41	7.41	7.35
弹性模量/kN·m^{-1}	3260	3490	4890	7320	5230	6520	10980	6690	8150
参 数 项	参 数 值								
名义抗拉强度/kN·m^{-1}	750	800	900	1000	1000	1200	1250	1350	1800
输送带层数	3	4	2	4	5	6	5	3	4
织物类型	P/N	P/N	P/N	P/N	P/N	P/N	P/N	P/N	P/N
硫化或机械接头强度/kN·m^{-1}	131	140	158	175	175	210	219	236	315
安全系数	5.73	5.71	5.70	5.71	5.71	5.71	5.71	5.72	5.71
提升条件下/kN·m^{-1}	102	109	122	136	136	163	170	184	245
安全系数	7.35	7.34	7.38	7.35	7.35	7.36	7.35	7.34	7.35
弹性模量/kN·m^{-1}	9720	14640	10950	12960	18300	21960	16200	16430	21900

D 我国的安全系数规定

我国的输送带安全系数的选用，受前苏联的影响较大，2006 年以前所遵循的标准，基本上是原德国工业标准 DIN 22101—1982 的规定。

（1）《煤矿安全规程》的露天煤矿部分和《露天煤矿工程设计规范》（GB 50197—1994）的规定：钢丝绳芯输送带的静安全系数，采用一级或二级接头形式的输送机为 7.0～9.5；采用三级接头形式的输送机为 7.4～10.0。

（2）MT/T 467—1996 中规定输送带安全系数为

$$SF = m_0 \frac{K_a C_w}{\eta_0} \tag{3-14}$$

式中 m_0 ——基本安全系数；

K_a ——动载荷系数；

C_w ——附加弯曲伸长折算系数，见表 3-25；

η_0 ——输送带接头效率，符合 ZBD93008 中的规定，见表 3-26。

表 3-25 输送带的基本安全系数和附加弯曲伸长折算系数

带芯材料	工作条件	基本安全系数 m_0	附加弯曲伸长折算系数 C_w
织物芯带（帆布、尼龙、聚酯）	有 利	3.2	1.5
	正 常	3.5	
	不 利	3.8	

续表 3-25

带芯材料	工作条件	基本安全系数 m_0	附加弯曲伸长折算系数 C_w
钢丝绳芯带	有 利	2.8	1.8
	正 常	3.0	
	不 利	3.2	

表 3-26 输送带的接头效率

输送带种类	机械接头	硫化接头
帆布层输送带	≥35%	≥85%
尼龙整芯输送带	≥70%	≥90%
钢丝绳芯输送带		≥75%

由于当时对安全系数和接头效率的认识不足，此方法不符合实际工作条件，且所得安全系数很大，不建议在设计中采用。

（3）DTII（A）手册推荐的安全系数：棉帆布为8~9；尼龙、聚酯帆布芯带为10~12；使用条件恶劣或要求特别安全时应大于12；钢丝绳芯输送带安全系数一般为7~9。

（4）《煤炭工业露天矿设计规范》（GB 50197—2005）规定：钢丝绳芯输送带安全系数为7~9.5，采用软启动或启动平稳的输送机可取小值。对有较好启制动性能的输送机可取较小的安全系数，如采用动态分析并采取可靠的软启动性能措施时，钢丝绳芯输送带安全系数可降至7以下。

（5）《带式输送机工程设计规范》（GB 50431—2008）规定：输送带安全系数，应根据输送带类型、工作条件、接头特性以及带式输送机启制动性能等因素确定。钢丝绳芯输送带安全系数可取7~9；当对带式输送机采取可控软启动和制动措施时，可取5~7。

3.2.7 输送带的选择依据

输送带的正确选择是关系到输送机技术经济的一个重要指标，由于输送带是输送机的承载构件和牵引构件。因此它的承拉构件和面层应按照工作条件选定，其确定主要受所输送的散状物料的性质（物理的、化学的、粒度构成）以及该输送带的使用条件（环境影响、设计寿命、机械应力、运行部位例如装料处）等影响，具体选择时还应对输送机系统进行全面分析。

（1）输送的物料。物料的一般特性包括密度、粒度、有无油或化学药品、热料的最高温度、耐火要求。

（2）最大装载量或所需的最大输送能力。

（3）带宽与带速。

（4）输送机侧形。输送机头尾滚筒用的线路侧形距离；提升或向下输送的高度（向上为正，向下为负）；向上或向下倾斜输送机的顶部和底部标高；所有向上或向下倾斜输送机的倾角；所有竖向曲线的位置和半径。

（5）驱动装置。单滚筒或双滚筒驱动，如为双滚筒驱动，电机总功率在Ⅰ、Ⅱ级传动滚筒上的分配；输送带在传动滚筒上的包角；驱动装置位置；滚筒表面（光面或胶面，胶面形式)；采用的启动形式。

(6) 滚筒直径。滚筒直径需要依据输送带要求来确定。

(7) 拉紧装置的形式和位置。

(8) 托辊的形式、辊子直径、槽角、间距（包括头部和尾部的过渡段长度)。

(9) 加料装置的形式，包括溜槽结构、块料对输送带的自由落下高度和导料槽长度。

(10) 在寒冷气候下使用时，预计的最低工作温度。

(11) 采用的输送带接头形式。

3.2.8 输送带的选择过程

在设计决定输送带的规格之前，带宽、带速和被输送物料的数据均应已知。设计可以按照下面的介绍对输送带的规格做出选择。

(1) 确定带芯类型，选择钢丝绳芯输送带或者织物输送带，使其适合已知工况。

(2) 织物芯输送带可根据应用条件进行选择。

(3) 根据支承负载的需要，选择最小等级的带芯，可以从输送带供应商处获得参考数据。

(4) 为满足冲击能量的要求，选择等级最低的输送带带芯。

(5) 决定覆盖层等级。

(6) 确定是否需要缓冲层或横向加强层。在通常情况下，物料尺寸大于175mm，密度大于1000kg/m^3 时选择其中一种。

(7) 选择下覆盖层厚度。

(8) 选择上覆盖层厚度。

(9) 通过输送带张力计算验算抗拉强度。

3.2.9 输送带的寿命估算

输送带使用年限可由下式估算

$$T=\frac{Q_n\sum k}{Q} \tag{3-15}$$

式中 T——使用年限，年；

Q_n——许用运输量，万吨；

Q——年运输量；

$\sum k$——系数。

其中，k_1 为覆盖胶强度系数，如表3-27所示；k_2 为上覆盖胶厚度系数，如表3-28所示；k_3 为运输物料系数，如表3-29所示；k_4 为使用条件系数，如表3-30所示。

表3-27 覆盖胶强度系数 k_1

覆盖胶强度/N · mm^{-2}	系数/%
10~14	100
18~21.5	120
25~28.5	140

表3-28 上覆盖胶厚度系数 k_2

上覆盖胶厚度/mm	系数/%
3.2	100
4.8	120
6.4	140

表 3－29　物料系数 k_3

运输物料种类	系数/%
煤（大块）	100
煤（小块）	120
煤（粉）	130
焦炭（大块）	50
焦炭（小块）	60
焦炭（热）	10
矿石（200mm 以下）	60
矿石（50mm 以下）	80
矿石（粉矿）	90
石（大块）	70
石（小块）	80

表 3－30　使用条件系数 k_4

	使用条件	系数/%
$k_{4.1}$	装载个数 1 个	100
	装载个数 2 个	80
	卸料车 1 台	80
	倾斜皮带机	90
$k_{4.2}$	室外露天	100
	室　内	120
	室外有保护	100
$k_{4.3}$	头部单驱动	100
	尾部或中间驱动	90
	串联驱动	80
$k_{4.4}$	螺旋拉紧装置	100
	重锤拉紧装置	100

3.3　输送带的接头方法

输送带很少是一次加工制成工作状态下的无端环形带，绝大多数是以连续生产方式制成大长度的有端开口带，然后成卷运至工作现场后再依输送机工况对输送带的需要连接成环形带。即使是轻型输送带，在工厂也是生产成大宽度、大长度的胶带，再切割加工连接成所需长度的环形带。因此，输送带的可连接性是其必需的特性之一。输送带的连接工艺必须尽可能保持带的最大强度和耐屈挠性能，还需操作简便，能尽快安装使用。就整条输送带而言，连接处的强度无疑是整条带中最薄弱的环节。

织物芯输送带的连接方法有机械法、热粘接法和冷粘接法 3 种，其中以热粘接法最为可靠。钢丝绳芯输送带只能采用硫化接头。

机械连接法（图 3－6）使用铰链销杆或钣扣将输送带的两个连接端扣紧并连接起来。机械连接法是传统的输送带接头方式。虽然采用这种方法接头强度损失较大，使用寿命较短，但其操作简便、接头迅速并可及时处理输送带的塑性伸长问题，因此至今仍在使用。整芯带以其特殊的编织结构对机械接头法有较强的适应性。为获得较好的机械接头强度，开发了多品种的接头紧固件，供不同带厚和带强的输送带选择使用。适合的接头件品种、类型、尺寸及正确的安装方法很重要，提高带芯织物纬向密度、强度和层间粘合力亦是提高机械接头强度的有效措施。

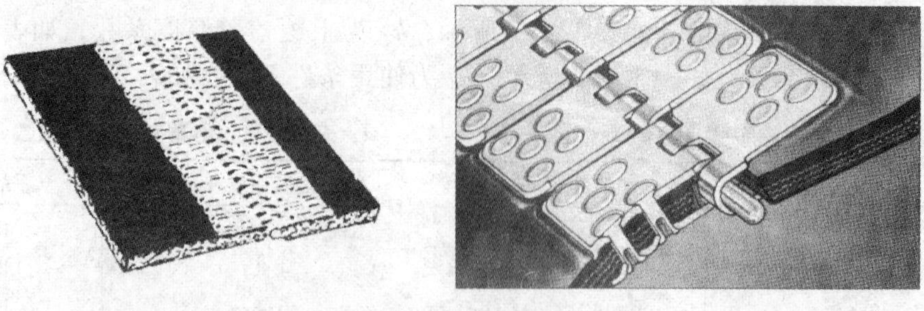

图 3－6　机械接头

热粘接法是将输送带骨架沿长度方向剥离，然后用粘合材料将两端的骨架搭接粘合后再加热加压硫化（固化）的接头方法。此法接头强度高，稳定可靠。影响接头强度的主要技术参数有粘合面的剪切强度、搭接长度和阶梯数。搭接长度与骨架（布层）的断裂强度成正比，即织物的强度越高，搭接的长度越需适当加长。由于输送带用织物强度已标准化，故接头的搭接长度亦标准化（DIN 22102 第 3 部分）。

输送带的接头形式和结构形式有单层式、双层夹芯式、多层式和整芯式以及轻、中、重型之分（见图 3－7）。多层带阶梯式接头强度达不到输送带带体的强度，如 4 层带接头强度只有带体强度的 3/4，这需要在设计中从输送带的安全因数方面来补偿。整体芯输送带因其无法分层剥离，故只能采用指形交叉热粘接，如图 3－8 所示。指形热粘接的接头效果很好，但操作技术要求高，国内尚未推广开来。

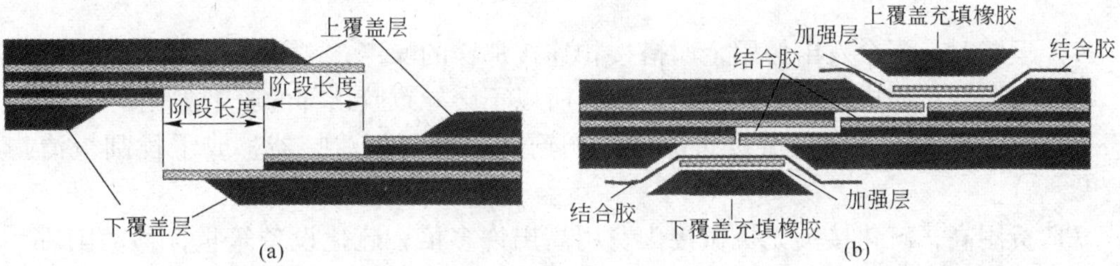

图 3－7　硫化接头的制作和接头方法

（a）制作的接头；（b）接头方法

钢丝绳芯输送带的连接只能用热硫化法来实现。它不是将钢丝一根根地接起来，而是通过介于钢丝绳之间的胶料与钢丝绳的粘合剪切力来获取接头强度。钢丝绳埋裹在胶料中，胶料与钢丝绳的粘合力随粘合长度增大而增大，甚至超过钢丝绳的断裂强度，这就是钢丝绳芯带接头的理论基础。世界各国对钢丝绳芯带接头的设计基本上都是按 DIN 22131 标准进行的。现在还采用了有限元分析法以改进提高。图 3－9 为钢丝绳芯输送带的 1 阶接头和 3 阶接头。

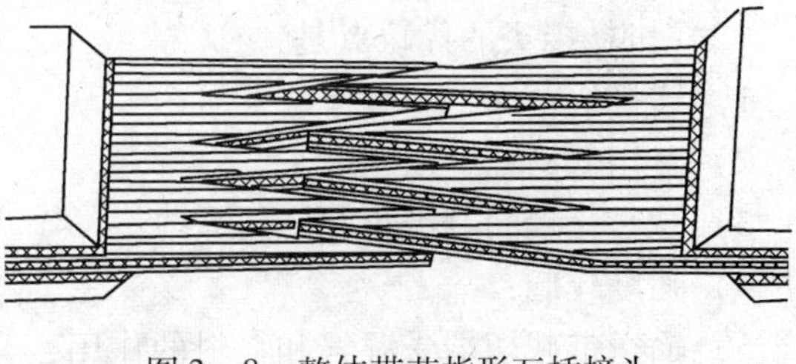

图 3－8　整体带芯指形互插接头

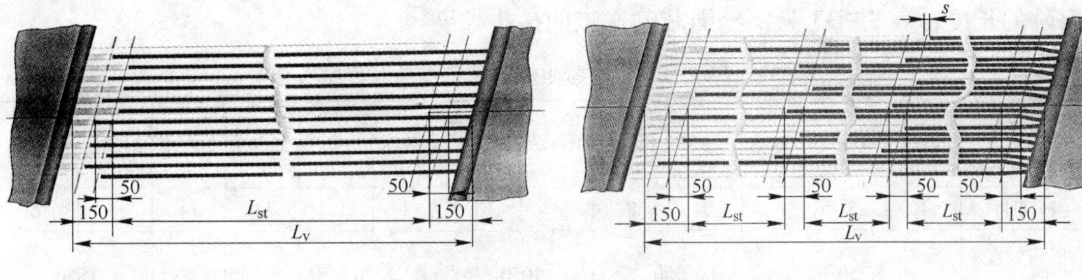

图 3－9　钢丝绳芯输送带的 1 阶接头和 3 阶接头

如果输送带钢丝绳间距内可以置入另一端的钢丝绳并保持必要的中间胶厚（最少 1.5mm，2.0mm 以上较合理）即可采用一阶搭接；如果不够放置一根钢丝绳并保持一定的中间胶厚度，就要采用二阶、三阶甚至是四阶搭接。阶数越多，总的接头长度就越大，强度降低的相对因素也就越多。但总的来说，在各种输送带的接头中，钢丝绳芯输送带的接头是最可靠的。

输送带通常是在工作现场用机械接头或硫化接头方式连接成环形带。硫化接头牢固，而且具有较长的使用寿命，但是在许多场合仍采用机械接头。在某些情况下，优先使用机械接头。硫化接头和机械接头的优缺点比较如下：

（1）硫化接头的主要优缺点是：

1）胶结部分的结合率高；

2）输送物料不会从胶结部溢出；

3）由于胶结部几乎与本体胶带相同，所以无论是长度还是宽度方向，其挠曲性都很好；

4）运转时，不会发出像用金属搭接扣连接那样的噪声；

5）不会像金属搭接扣那样引起传热，所以不会导致胶结部的胶带劣化；

6）硫化接头不会像机械接头那样损伤输送带的刮板清扫器，或干扰刮板清扫器工作；

7）费用高，硫化接头比机械接头费用高出许多倍；硫化设备笨重，移动困难，并且需要用支架来支承；

8）拉紧装置较贵，为了保证足够的拉紧行程，以适应输送带长度的弹性变形和永久变形，必须提供较长的拉紧行程，更换硫化接头费时多，费用高。

（2）机械接头的优缺点是：

1）连接快；

2）费用低；

3）拉紧行程问题极小；

4）强度较低；

5）输送带截切端受湿气和物料的作用，会给织物芯带来有害的影响；

6）表面不平，会使清扫工作十分困难；

7）输送热料时，金属接头会蓄热，并把热能传递给带芯，从而使带芯局部损坏或接头过早失效。

表3－31为PVC/PVG整芯阻燃输送带接头长度的推荐值；表3－32为分层带制作接头每阶的长度；表3－33为钢丝绳芯输送带的接头长度。

表3－31 PVC/PVG整芯阻燃输送带接头长度推荐值

输送带强度 /N·mm^{-1}	680S	800S	1000S	1250S	1400S	1600S	1800S	2000S	2240S	2500S	2800S	3150S	3400S
级 别	4	5	6	7	8	9	10	11	12	13	14	15	16
指形齿长度 /mm	750			900		1050		1270		1500		1850	
胶结接头总长度/mm	900			1050		1200		1420		1650		2000	

表 3-32 分层带制作接头每阶的长度

单层织物强度/N·mm^{-1}	100	125	150	200	250	300	350	400	500
热粘接每阶长度/mm	100	125	150	200	250	300	350	400	500
冷粘接每阶长度/mm	150	175	200	250	300	350	400	450	550

表 3-33 钢丝绳芯输送带的接头长度

输送带规格	接头阶数	最小接头长度 L_v/m
ST630	1 阶	0.55
ST800	1 阶	0.60
ST1000	1 阶	0.60
ST1250	1 阶	0.65
ST1600	2 阶	1.05
ST2000	2 阶	1.15
ST2500	2 阶	1.35
ST3150	2 阶	1.65
ST3500	3 阶	2.35
ST4000	3 阶	2.65
ST4500	3 阶	2.80
ST5000	4 阶	4.05
ST5400	4 阶	4.45

4 托 辊 组

4.1 托辊组的结构和种类

4.1.1 托辊组的作用和结构

为减小输送带的运行阻力和限制输送带的垂度，输送带需要通过托辊组进行支承。托辊组通常由若干个辊子构成，辊子由轴、轴承、密封、端盖和管体等构成，如图 4 - 1 所示。对辊子的基本要求是：使用可靠，回转阻力小，成本低，辊子表面光滑，径向跳动小，功率消耗低。国内生产的辊子的轴承座和防尘盖采用冲压件，外筒为有缝钢管，因而质量轻，阻力小；采用托辊专用轴承和锂基润滑脂；采用内、外密封形式，外密封为径向双道迷宫式密封，内密封用来防止管体内壁氧化物和脱落的油漆块进入轴承，同时防止润滑脂流失；管体与轴承座之间采用焊接。这种辊子使用寿命较长，运转平稳灵活。轴承采用大游隙、深沟槽的减摩轴承。减摩轴承是从英文词“antifriction bearing”直译过来的，其实就是指滚动轴承。深沟球轴承（deep groove ball bearings）是滚动轴承中最为普通的一种类型。基本型的深沟球轴承由一个外圈，一个内圈、一组钢球和一组保持架构成。深沟球轴承类型有单列和双列两种，单列深沟球轴承类型代号为 6。

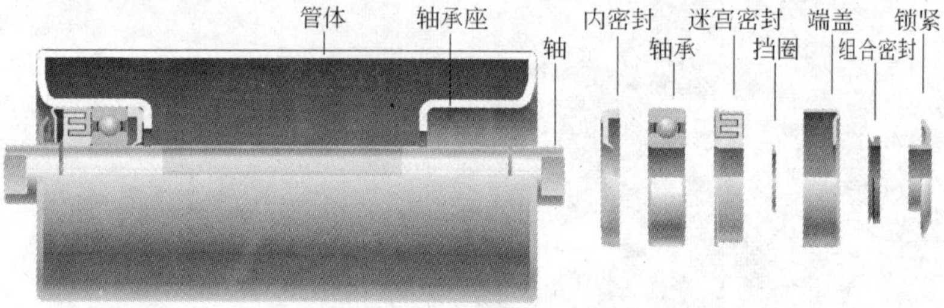

图 4 - 1　托辊的结构

（1）非接触式密封。非接触式密封就是密封件和与其相对运动的零件不接触，且有适当间隙的密封。这种形式的密封，在工作中几乎不产生摩擦热，没有磨损，特别适用于高速和高温场合。非接触式密封常用的有间隙式、迷宫式和垫圈式等结构形式，分别应用于不同场合。非接触式密封的间隙以尽可能小为佳。

（2）接触式密封。接触式密封就是密封和与其相对运动的零件相接触且没有间隙的密封。这种密封由于密封件与配合件直接接触，在工作中摩擦较大，发热量亦大，易造成润滑不良，接触面易磨损，从而导致密封效果与性能下降。因此，它只适用于中、低速的工作条件。接触式密封常用的有毛毡密封、皮碗密封等结构形式，分别应用于不同场合。

4.1.2 托辊组的种类

托辊按用途不同可分为普通承载托辊和专用托辊。普遍承载托辊是正常段的上分支和下分支托辊，它们的作用是支承输送带和物料；专用托辊是用于输送带的过渡导向、输送带运行的防偏以及缓冲等。

托辊成组地安装在输送机上。上托辊组可以由单个辊子的平形托辊或两个、三个辊子的槽形托辊组组成。槽形托辊组的中间托辊水平布置，侧托辊的槽角一般为35°和45°。最常用的托辊组是由三个等长辊子组成并布置在同一竖向平面内的槽形托辊组，如图4－2所示。三个辊子不在同一竖向面的槽形托辊是将侧托辊安装在与水平辊子靠近的另一竖向平面内，这种托辊组的优点是：可以降低托辊架的高度，减小等效的托辊组间距，可用于输送带的刚度较小和空间较小的地方，如图4－3所示。图4－4是一种节能托辊组，采用两个中间托辊以加强对输送带的支承，从而减小输送带的弯曲和压陷。

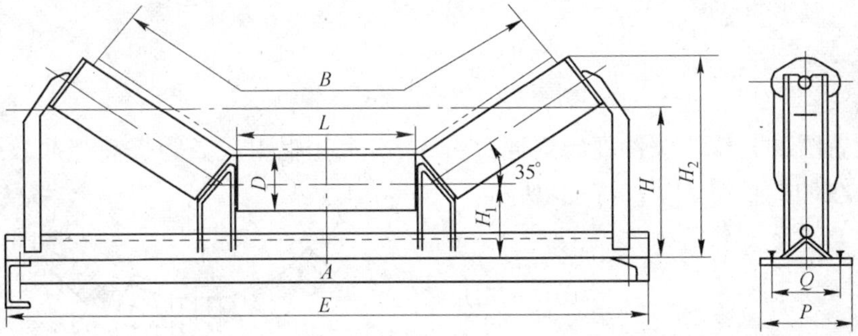

图4－2 槽形托辊组

图4－3 偏移布置35°槽形托辊组

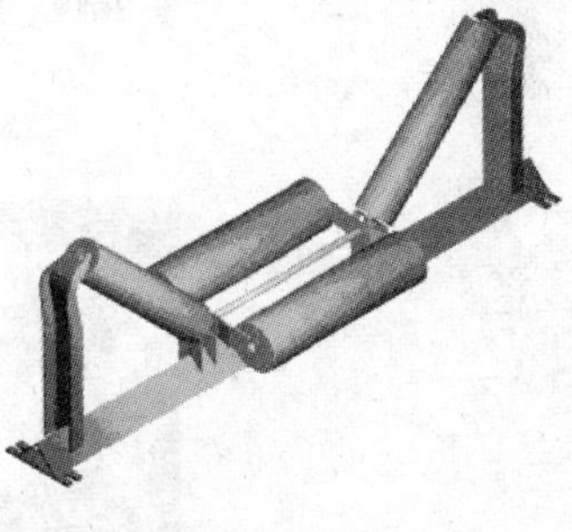

图4－4 设置两个中间托辊的托辊组

悬挂托辊组是将三个（或五个）辊子铰接在一起悬挂在输送机中间架上。悬挂托辊常用于重载工作的移置式输送机。三辊的悬挂托辊组常用在承载段（图4－5），五辊的托辊组可用在受料点。采用悬挂托辊组的优点是：

（1）便于托辊的更换。一个托辊损坏时，托辊组可以在不间断运输工作的情况下与输送带脱离接触，随时进行更换。如用刚性固定的托辊，更换托辊时必须停机。

（2）有利于输送带的运行。在充分利用弹性托辊垂直移动特性的情况下，托辊组可以适应任意载荷。如果地面不平使支架出现横向倾斜，托辊组可以达到平衡。

（3）降低运行噪声。由于托辊间是挠性连接，可以通过托辊组中托辊位置的相对变化来吸收消除振动和冲击，使运行趋于平稳。

缓冲托辊安装在输送机的受料处用以保护输送带。它的每个辊子由具有一定间隔的弹性圆盘制成，其额定负荷和标准托辊相同。在运输沉重和大块物料的情况下，有时需沿输

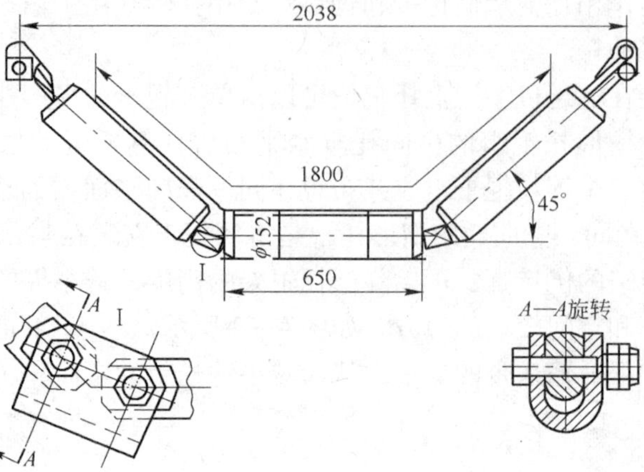

图4－5　铰接式悬挂托辊组

送机全线设置缓冲托辊。缓冲托辊组通常由3～5个托辊组成。为提高缓冲效果，目前已研制出多种缓冲托辊组，如图4－6所示。

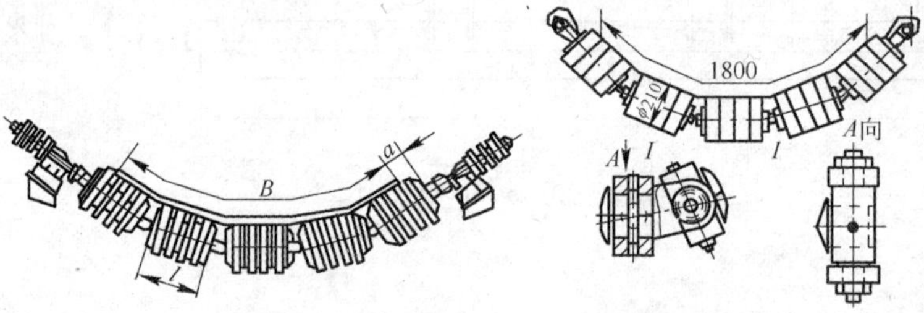

(a)　　(b)

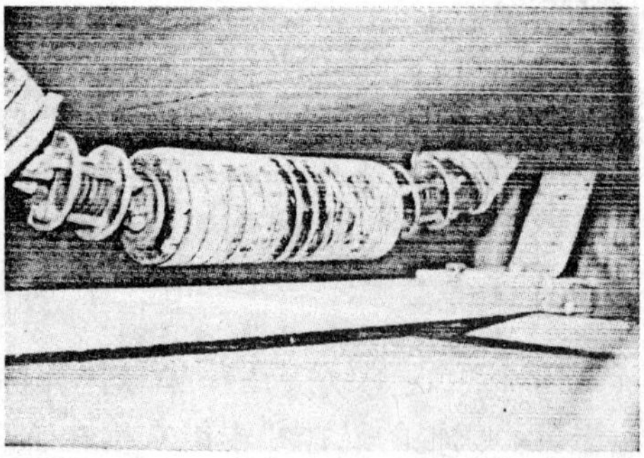

(c)

图4－6　几种形式的缓冲托辊组

（a）由橡胶缓冲托辊铰接构成的悬挂托辊组；（b）悬挂在钢丝绳上的铰接悬挂托辊组；（c）托辊间用弹簧连接的缓冲托辊组

下托辊组通常是单个水平托辊，大型输送机也可采用两个辊子，两个辊子布置成V形，用以防止跑偏和提高承载能力。

输送带运行时由于输送带制造的偏差、物料偏心堆积、机架变形、托辊轴承缺陷、风载荷作用以及输送带张力分布不均匀等，可能引起输送带跑偏。为防止跑偏多采用调心托辊组。常用的调心托辊组（图4－7）有一个支承托辊组的托架，该托架通过一个可以旋转的支点装在机架上，当输送带跑偏时，可以使支架上安装的托辊相对于输送机中心线偏转，将输送带推移到输送机的中心线上来。调心托辊组多在侧边上设立辊，虽然可以起到强制性纠偏作用，但是由于立辊和输送带的边缘连续接触，会加大输送带边缘的磨损，降低输送带的使用寿命。

调心托辊组也可以采用侧托辊是锥形的或将两侧托辊设置成前倾的形式。下托辊组为二辊时，也可以采用上述的方法对输送带运行进行纠偏。

螺旋自清扫回程托辊的应用可以增加纠偏能力，同时具有一定的清扫作用，如图4-8所示。

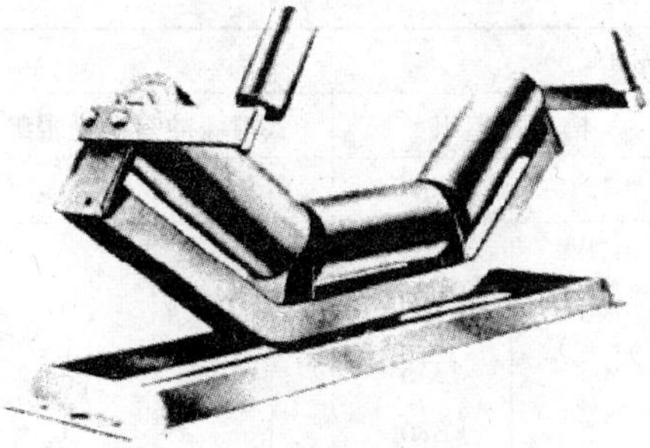

图4-7 调心托辊组

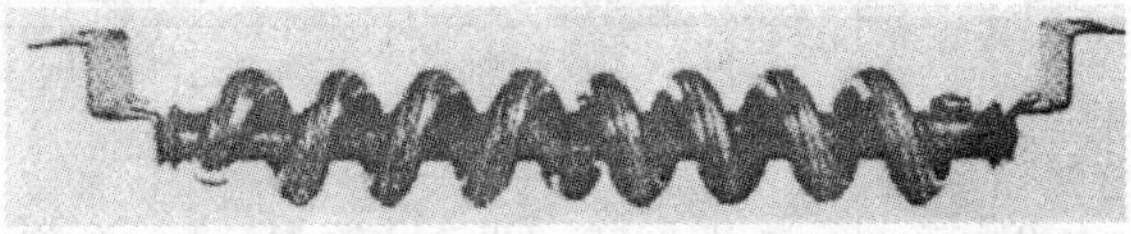

图4-8 螺旋自清扫回程托辊

4.1.3 前倾托辊组的防跑偏原理

为了防止输送带跑偏，经常采用托辊组中的侧辊前向倾斜布置，即侧辊的外侧向输送带运行方向倾斜1°~2°（三辊托辊组的两侧辊子、二辊托辊组的两个辊子）。如图4-9所示，ε 为前倾角，v 为输送带的速度，v_R 为辊子周边的线速度，辊子相对于输送带的速度为 v_{RB}，因而侧辊与输送带的摩擦力 F_R 的方向沿着辊子的轴向；对于左侧辊子，将 F_R 分解为与输送带中心线平行和垂直方向的力，分别为 $F_{\varepsilon 1}$ 和 F_{R1}，右侧辊子的垂直于输送带中心线方向的摩擦力分量为 F_{R2}（其他力未画出），当输送带对中运行时，$F_{R1}=F_{R2}$；当输送带向左侧跑偏时，输送带偏移侧的重力增大，导致 F_{R1} 增大，$F_{R1}>F_{R2}$，产生向右侧的合力，实现纠偏，反之亦然。值得注意的是，采用前倾托辊组纠偏的同时，由于有 $F_{\varepsilon 1}$ 的作用，输送带的运行将产生前倾阻力，并加速输送带和辊子的磨损。从原理上讲，前倾角的大小应该是在安装后不出现后倾（即 $\varepsilon>0$）的情况下越小越好。而当 $\varepsilon<0$ 时，不仅不能起到纠偏的作用，还会起到助偏的作用。

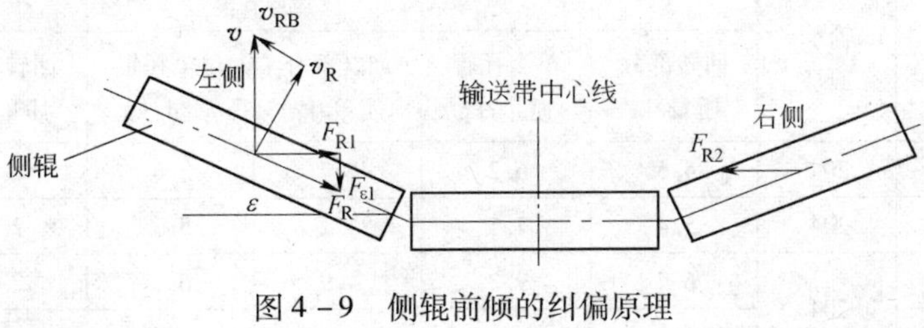

图4-9 侧辊前倾的纠偏原理

4.1.4 与带宽对应的辊长

通用带式输送机的辊长已经采用系列化参数，在系列带宽下的辊子长度如表4-1所示。表4－2为国际和国内带宽与辊长关系对比。

表4－1　与带宽对应的辊长

辊长 L /mm	带宽 B/mm													
	500	650	800	1000	1200	1400	1600	1800	2000	2200	2400	2600	2800	3000
三辊	200	250	315	380	465	530	600	670	750	800	900	950	1050	1120
二辊	315	380	465	600	700	800	900	1000	1100	1250	1400	1500	1600	1700
一辊	600	750	950	1150	1400	1600	1800	2000	2200	2500	2800	3000	3150	3350

表4－2　带宽与辊长关系

带宽 B/mm	辊长 L/mm							
	平形托辊组		V形托辊组		槽形托辊组		五辊缓冲受料托辊组	
	国内	国际	国内	国际	国内	国际	国内	国际
500	600	600	305	315	190	200		
650	750	750	375	380	240	250		
800	950	950	455	465	305	315		
1000	1150	1150	600	600	375	380		205
1200	1400	1400	700	700	455	465		205
1400	1600	1600	790	800	525	530		290
1600		1800		900		600		340
1800		2000		1000		670		380
2000		2200		1100		750		420
2200		2500		1250		800		460
2400		2800		1400		900		500
2600		3000		1500		950		540
2800		3150		1600		1050		580
3000		3350		1700		1120		640

4.1.5　托辊的回转部分质量

托辊的回转部分质量是设计计算中的重要参数，表4－3～表4－6所列为常用值。

表4－3　支架式 ϕ89

带宽 B /mm	轴径 d /mm	轴承型号	一节辊		二节辊		三节辊	
			回转部分质量/kg	单个托辊质量/kg	回转部分质量/kg	单个托辊质量/kg	回转部分质量/kg	单个托辊质量/kg
500	20	204	4.5	6.2	2.7	3.6	2.0	2.6
650	20	204	5.4	7.5	4.2	5.3	2.2	3.0
800	20	204	6.7	9.2	4.9	6.2	2.7	3.6
	25/20		6.7	10.4	—	—	—	—
1000	20	204	—	—	4.5	6.2	3.13	4.25
	25/20		7.9	12.4	—	—	—	—

表 4-4 支架式 ϕ108

带宽 B /mm	轴径 d /mm	轴承型号	一节辊		二节辊		三节辊	
			回转部分质量/kg	单个托辊质量/kg	回转部分质量/kg	单个托辊质量/kg	回转部分质量/kg	单个托辊质量/kg
500	25	205	6.55	9.13	3.55	4.96	2.6	3.57
		305	6.84	9.52	3.75	5.26	2.79	3.86
650	25	205	8.04	11.2	4.13	6.12	3.0	4.17
		305	8.16	11.42	4.33	6.82	3.2	4.47
800	25	205	10.0	13.83	4.8	6.79	3.6	4.96
		305	10.2	14.13	5.0	7.1	3.8	5.26
1000	25	205	11.7	16.4	6.55	9.13	4.1	5.82
		305	12.0	16.85	6.84	9.52	4.3	6.12
	30	206	—	—	—	—	5.4	7.1
1200	25	205	14.1	19.8	7.6	10.6	4.8	6.79
		305	14.4	20.2	7.9	10.94	5.0	7.1
	30	206	—	—	—	—	6.1	8.13
1400	25	205	16.0	22.5	8.5	11.2	5.4	7.65
		305	16.3	22.9	8.8	11.8	5.6	7.95
	30	206	—	—	—	—	8.5	11.0

表 4-5 支架式 ϕ133

带宽 B /mm	轴径 d /mm	轴承型号	一节辊		二节辊		三节辊	
			回转部分质量/kg	单个托辊质量/kg	回转部分质量/kg	单个托辊质量/kg	回转部分质量/kg	单个托辊质量/kg
800	25	305	13.6	17.63	—	—	5.4	6.87
1000	25	305	—	—	9.12	11.82	6.25	8.04
	30/25	305	16.1	22.75	—	—	—	—
	30	306	17.6	24.32	10.4	14.3	7.0	9.62
1200	25	305	19.4	25.1	10.4	13.48	7.3	9.37
	30/25	305	19.4	27.33	—	—	—	—
	30	306	23.0	32.54	11.7	16.1	8.99	12.5
1400	25	305	21.9	28.2	11.5	14.9	8.16	10.53
	30/25	305	21.9	30.99	—	—	—	—
	30	306	23.0	32.54	12.9	17.9	9.5	13.0

表 4-6　支架式 $\phi159$

带宽 B /mm	轴径 d /mm	轴承型号	一节辊		二节辊		三节辊	
			回转部分质量/kg	单个托辊质量/kg	回转部分质量/kg	单个托辊质量/kg	回转部分质量/kg	单个托辊质量/kg
1000	25	205	21.52	26.2	12.04	14.6	8.29	10.0
	25	305	21.72	26.5	12.34	15.0	8.69	10.5
	30	206	21.74	28.5	12.29	16.0	8.72	11.2
	30	306	22.84	29.8	13.47	17.34	9.66	12.3
1200	25	205	25.76	31.4	13.75	16.7	9.77	11.8
	25	305	26.06	31.8	14.05	17.1	10.07	12.2
	30	206	26.05	34.2	14.04	18.3	10.05	13.0
	30	306	27.09	35.4	15.08	19.5	11.09	14.2
1400	25	205	29.19	35.6	15.47	18.8	10.92	13.2
	25	305	29.49	36.0	15.77	19.2	11.32	13.7
	30	206	29.44	38.7	15.68	20.5	11.29	14.6
	30	306	30.58	40.0	16.86	21.84	12.23	15.7
	40	308	31.74	48.5	17.90	26.8	14.02	20.2

4.2　托辊的布置设计

选择托辊的间距时，需要考虑的因素有输送带重量、物料重量、托辊额定负荷、垂度、托辊寿命、输送带额定负荷和输送带张力。如果两个托辊之间的载料槽形输送带的垂度太大，物料就可能从输送带边上溢出。垂度过大还将导致输送机的运行阻力增大。确定托辊组间距大小的原则是使输送带承载分支的纵横方向保持适当的悬曲度。决定这个参数的主要因素是带宽和被运物料的性质。

4.2.1　垂度

输送带的垂度是在两组支承托辊间输送带的下垂量与托辊间距的比值。

ISO 5048—1989 规定输送带的最大垂度为 $f_{max}=0.5\% \sim 2\%$；DIN 22101—2002 的规定值为 $f_{max} \leqslant 1\%$；DTⅡ手册推荐值为 $f_{max} \leqslant 1\%$。

需要指出的是，上面的推荐值是针对于正常运行工况的数值，对于非正常运行工况，为了降低输送带张力，垂度最大应限制在3%以下，以避免撒料。在实际设计中需要考虑对于不同规格的带式输送机采用不同的数值，当输送带的最小拉紧力由输送带垂度决定时（主要是短距离输送机）可适当选用较大的垂度以降低输送带运行张力；当输送带最小张力由传动滚筒不打滑条件决定时，垂度以限制在1%以下为宜（大型带式输送机）。

4.2.2　托辊组间输送带垂度的计算

由于输送带是挠性元件，在输送带和物料的重力作用下要产生下垂，当把输送带简化为弦时，输送带的任意截面不受弯矩，假设输送带和承载的物料均匀分布，取由两组托辊支承的区段，输送带的受力情况如图 4－10 所示。在平衡状态下，根据平衡条件 $\Sigma M_K=0$，有

$$F_V x - F(f_x - x\tan\delta) - \frac{(q_G+q_B)gx^2}{2\cos\delta}=0$$

由 $\Sigma M_B=0$，有

$$F_V a\cos\delta - Fh - \frac{(q_G+q_B)gx^2}{2}\cos\delta=0$$

从而

$$F_V=\frac{(q_G+q_B)ga}{2}-F\tan\delta$$

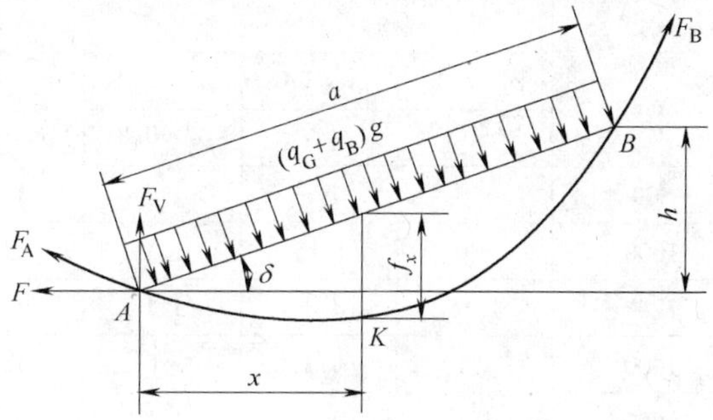

图 4－10　输送带下垂的受力状态

将其带入前式，得

$$f_x=\frac{(q_G+q_B)gax}{2F}-\frac{(q_G+q_B)gx^2}{2F\cos\delta}$$

为求极值，对其求导为 0，即

$$f'_x=\frac{df_x}{dx}=\frac{(q_G+q_B)ga}{2F}-\frac{(q_G+q_B)gx}{F\cos\delta}=0$$

得

$$x=\frac{a}{2}\cos\delta$$

所以，输送带最大下垂值为

$$f_{max}=\frac{(q_G+q_B)ga^2}{8F}\cos\delta$$

可见，输送带的下垂大小与输送带张力成反比，与物料和输送带的重力成正比，托辊间距越大下垂量越大，而影响输送带运行的因素主要来自于下垂值的变化率，因而，定义垂度为

$$h_r=\frac{f_{max}}{a}$$

所以，当给定垂度的限制值时，所需要的输送带最小张力为

$$F_{min}>\frac{g(q_B+q_G)a}{8h_r}\cos\delta \tag{4-1}$$

作为近似计算，一般取 $\cos\delta\approx1$。

对于回程段，则有

$$F_{min}>\frac{gq_Ba}{8h_r}\cos\delta \tag{4-2}$$

4.2.3　托辊间距的推荐值

托辊间距受到输送带的张力及垂度限制条件、辊子轴承的承载能力与寿命要求、输送带支承物料能力等方面的影响，一般承载托辊组间距的推荐值如表 4－7 所示。当运输物料为尺寸大于 300mm 的大块物料时，按表 4－7 所取的托辊间距应大约再减小 20%。表

4－8为 CEMA 推荐的托辊间距。

表4－7　由带宽和被运物料松散密度确定的托辊间距

带宽/mm	承载托辊的间距/m							
	$\rho_1=0.8$	$\rho_1=1.0$	$\rho_1=1.2$	$\rho_1=1.5$	$\rho_1=2.0$	$\rho_1=2.5$	—	—
	—	—	$\rho_2=0.8$	$\rho_2=1.0$	$\rho_2=1.2$	$\rho_2=1.5$	$\rho_2=2.0$	$\rho_2=2.5$
800	1.3	1.3	1.2	1.2	1.1	1.1	1.0	0.9
1000	1.0	1.15	1.1	1.0	1.0	1.0	0.9	0.9
1200	1.15	1.1	1.1	1.0	1.0	0.9	0.9	0.8
1400	1.1	1.1	1.0	1.0	1.0	0.8	0.8	0.7
1600	1.1	1.1	1.0	0.9	0.9	0.7	0.7	0.6

注：ρ_1 为细块物料的松散密度，t/m^3；ρ_2 为大块物料的松散密度，t/m^3。

表4－8　CEMA 推荐的输送带托辊正常间距

带宽/mm	承载托辊间距/m						下托辊间距/m
	$\rho=0.48$	$\rho=0.8$	$\rho=1.2$	$\rho=1.6$	$\rho=2.4$	$\rho=3.2$	
450	1.7	1.5	1.5	1.5	1.4	1.4	3.0
600	1.5	1.4	1.4	1.2	1.2	1.2	3.0
750	1.5	1.4	1.4	1.2	1.2	1.2	3.0
900	1.5	1.4	1.2	1.2	1.1	1.1	3.0
1050	1.4	1.4	1.2	1.1	0.9	0.9	3.0
1200	1.4	1.2	1.2	1.1	0.9	0.9	3.0
1400	1.4	1.2	1.1	1.1	0.9	0.9	3.0
1600	1.2	1.2	1.1	0.9	0.9	0.9	3.0
1800	1.2	1.1	1.1	0.9	0.8	0.8	2.4
2000	1.1	1.1	0.9	0.8	0.8	0.6	2.4
2400	1.1	1.1	0.9	0.8	0.6	0.6	2.4

注：ρ 为槽形托辊被运物料的密度，t/m^3。

在输送机线路凸起区段上供输送带改向用托辊组的间距按下式计算

$$a_c=0.5a_o \tag{4-3}$$

式中　a_c——凸弧段托辊组间距；

a_o——承载托辊组间距。

大块物料装料段缓冲托辊组的间距由下式计算

$$a_{ut}=d+(100\sim200) \tag{4-4}$$

式中　d——缓冲托辊直径，mm。

在一般情况下，空载分支间距按下式计算

$$a_o=(2\sim3)a_u \tag{4-5}$$

4.2.4　按轴承承载能力计算托辊间距

一般地，在设计手册中会给出托辊许用载荷，从而，可以通过托辊的许用载荷来确定托辊组间距，一组托辊承载应小于许用载荷，即

$$p_t \geqslant g(q_G + q_B)a_o\cos\beta + G_o g \tag{4-6}$$

式中 p_t——托辊组许用载荷，N；

G_o——承载托辊组的旋转部分质量，kg；

β——输送机倾角。

于是

$$a_o = \frac{p_t - gG_o}{g(q_G + q_B)\cos\beta} \tag{4-7}$$

4.2.5 按等垂度原则计算托辊组间距

由于输送带的张力在输送机沿线上是变化的，从保证输送带垂度的角度来看，在低张力区，为满足输送带垂度限制条件，可能需要较大的张力，而在高张力区段的垂度又很小，一种设计计算法就是以等垂度设计原则进行。一般地，从系统可实现的角度，可将输送机沿线分成几个托辊间距等级，根据托辊的承载能力及输送带张力条件确定托辊组间距。下面是相邻托辊组按等垂度原则计算托辊间距的理论关系式。

设两相邻托辊组的间距分别为 $a_{o,i}$ 和 $a_{o,(i+1)}$，对应点的张力为 F_i 和 $F_{(i+1)}$，根据垂度相等的关系，有

$$h_r = \frac{g(q_G + q_B)a_{o,i}\cos\beta}{8F_i} = \frac{g(q_G + q_B)a_{o,(i+1)}\cos\beta}{8F_{(i+1)}}$$

从而

$$F_{(i+1)} = \frac{a_{o,(i+1)}}{a_{o,i}}F_i$$

式中 $a_{o,i}$，$a_{o,(i+1)}$——分别为第 i 个与（$i+1$）个托辊间距，m；

F_i，$F_{(i+1)}$——分别为对应于 i 与（$i+1$）托辊处的输送带张力，N，第（$i+1$）个托辊间距上输送带的张力与第 i 个托辊间距上输送带的张力之间的关系为

$$F_{(i+1)} = F_i + F_z a_{o,(i+1)}$$

则有

$$F_z a_{o,(i+1)} = \left(\frac{a_{o,(i+1)} - a_{o,i}}{a_{o,i}}\right)F_i$$

式中 F_z——承载分支单位长度上的阻力，N/m。

据等垂度这一前提，任意 F_i 必须满足下式

$$F_i = \frac{g(q_G + q_B)a_{o,i}\cos\beta}{8h_r}$$

所以

$$F_z a_{o,(i+1)} = (a_{o,(i+1)} - a_{o,i})\frac{g(q_G + q_B)\cos\beta}{8h_r}$$

经整理得出邻接托辊间距为

$$a_{o,(i+1)} = C_t a_{o,i}$$

其中

$$C_t = \frac{1}{1 - \frac{8h_r}{g(q_G + q_B)\cos\beta}F_z}$$

$$F_z = f[(q_G + q_B)\cos\beta + q_{ro}]g + (q_G + q_B)g\sin\beta$$

代入 F_z，并整理得

$$C_t = \frac{1}{1 - \frac{8h_r}{g(q_G + q_B)\cos\beta}\{f[(q_G + q_B)\cos\beta + q_{ro}]g + (q_G + q_B)g\sin\beta\}}$$

$$= \frac{1}{1 - 8h_r(f + \tan\beta) - \frac{8h_r q_{ro} f}{(q_G + q_B)\cos\beta}}$$

$$f + \tan\beta >> \frac{q_{ro} f}{(q_G + q_B)\cos\beta}$$

可将上式简化为

$$C_t = \frac{1}{1 - 8h_r(f + \tan\beta)}$$

从而可知，各托辊的等垂度托辊间距仅与 h_r、f、β 有关，一般地

$$a_{o,1} = C_t^0 a_{o,1},\ a_{o,2} = C_t^1 a_{o,1},\ \cdots,\ a_{o,(i+1)} = C_t^i a_{o,1} \tag{4-8}$$

式中　$a_{o,1}$——起始托辊组间距，m。

设第 i 个托辊间距为正常性托辊间距 a_o，则等垂度托辊间距个数 i 为：

$$i = \ln\left(\frac{a_o}{a_{o,1}}\right)(\ln C_t)^{-1}$$

注：F_z 中 β 是有正、负的，因而对于下坡输送同样适用，只不过应注意托辊间距的关系。爬坡输送时由下向上计算，取 $a_{o,1}$ 为最小容许值。逐渐计算到正常值。而下坡输送则是由上到下，由正常值（取 a_o 为正常值）计算到最小容许值。下坡输送时：$\beta \leqslant 0$，$\sin\beta < 0$，$C_t < 1$，$a_{o,(i-1)} > a_{o,i}$。

4.2.6　头尾过渡段托辊间距确定

过渡段是在输送机的头部或尾部将输送带由平形过渡到槽形或由槽形过渡到平形的区段。ISO5293—2004 给出确定输送带过渡段长度的计算式为

$$L_1 = \frac{h}{\sin\lambda}\left[\frac{M}{\Delta T}(1 - \cos\lambda)\right]^{0.5} \tag{4-9}$$

式中　L_1——过渡段长度，m，如图 4－11 所示；

　　　h——过渡段滚筒表面与输送带边缘的高差，m；

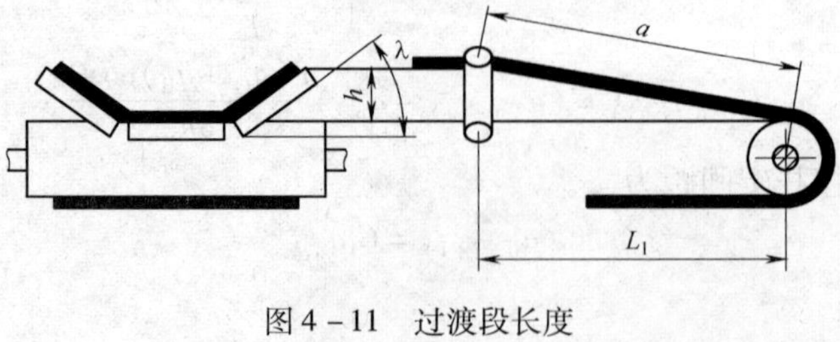

图 4－11　过渡段长度

λ——托辊组槽角；

M——在张力 T_R 下的输送带弹性模量（对于稳定运行条件下，T_R 为推荐的过渡段的最大接头张力），N/m；

ΔT——在平均张力基础上在过渡段输送带边缘产生的附加张力，N/m。

图 4－12 为过渡段的截面参数与应力分布，其中 b 为输送带宽度（$b=2b_1+b_2$）、T 为过渡段上输送带平均应力、T_e 为边缘的最大应力、T'为输送带中部的应力，ΔT 为输送带边缘相对于中部的应力增量。应力增量 ΔT 的关系式为

$$\Delta T=\frac{b}{b_1+b_2}(F-C)T_R \quad (4-10)$$

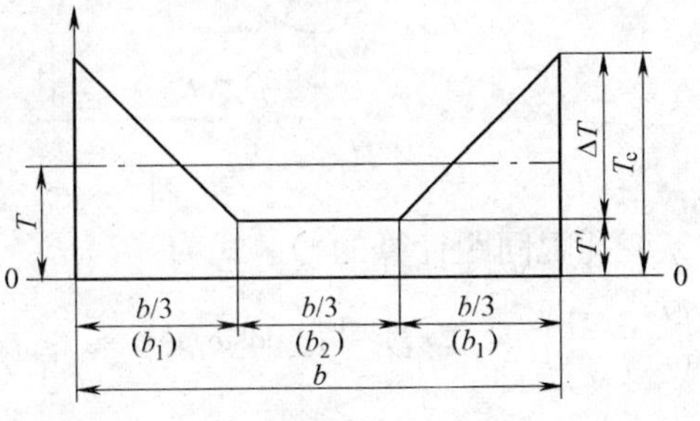

图 4－12 过渡段的截面参数与应力分布

式中 F——稳定运行安全系数与最小安全系数比，即

$$F=\frac{S_{sta}}{S} \quad (4-11)$$

S_{sta}——输送带在稳定运行条件下接头的安全系数，$S_{sta}=8$；

S——输送带边缘允许的瞬时最大应力条件下的安全系数（对于织物芯输送带，$S>4$，对于钢丝绳芯输送带，$S=3$）；

C——过渡段处输送带的平均应力与推荐的输送带最大应力的比值；

T_R——稳定运行条件下输送带或输送带接头的最大推荐应力，一般取 100%。

为避免输送带中部不打皱，需满足

$$T'>0 \quad (4-12)$$

或者

$$T>\frac{b_1\Delta T}{2b_1+b_2} \quad (4-13)$$

4.2.7 多托辊组过渡段的计算

当输送带许用拉伸应变很小（例如钢丝绳芯输送带）和输送带宽度较大时，若用单托辊组过渡，有可能托辊间距过大，导致输送带垂度过大或所需输送带张力过大。为避免用单托辊组过渡时托辊间距过大，可采取如图 4－13 所示的措施，从滚筒一端开始，成槽角 φ 按 5°的差值逐渐加大，直至正常的 30°槽角为止。或者如图 4－14 所示，从滚筒一端开始，托辊间距逐渐加大，即 $L_{t1}<L_{t2}<L_{t3}<L_{t4}<L_{t5}$，而后转入正常托辊间距。

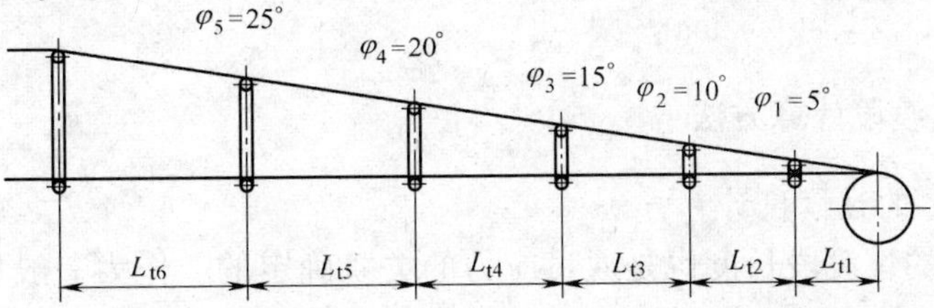

图 4－13 变槽角过渡段

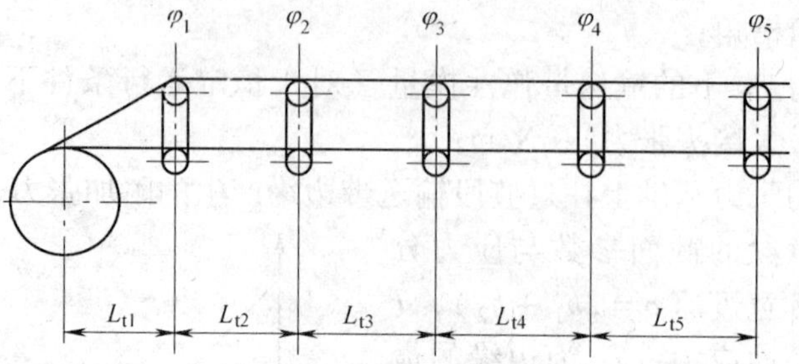

图4-14　变托辊间距与成槽角

变托辊间距计算的普遍式为

$$\left(\frac{L_{t(i+1)}}{L_g}\right)^2=(2\varepsilon_f)^{-1}\left\{(\cos\varphi_i-\cos\varphi_{(i+1)})^2+\left[(\sin\varphi_{(i+1)}-\sin\varphi_i)-\frac{1}{L_g}(h_{(i+1)}-h_i)\right]^2\right\} \tag{4-14}$$

式中　L_g——辊长，m；

$L_{t(i+1)}$——过渡段距离，m；

$\varphi_{(i+1)}$，φ_i——托辊组 $i+1$ 与 i 的成槽角；

$h_{(i+1)}$，h_i——托辊组 $i+1$、i 与滚筒母线高；

ε_f——输送带侧边附加应变。

为计算便利，讨论如下：

（1）多托辊组过渡，取滚筒母线高为零，即

$$h_{(i+1)}=h_i=0$$

则上式可简化为

$$L_{t(i+1)}=L_g\sqrt{\frac{1-\cos\left(\varphi_{(i+1)}-\varphi_i\right)}{\varepsilon_f}}$$

如果 $\varphi_i=0$，则上式可简化为单托辊过渡。

（2）为了便于施工，可取托辊距相等，即 $L_{t(i+1)}=L_{ti}=L_t$，于是式（4-14）变为

$$\cos(\varphi_{(i+1)}-\varphi_i)=1-\left(\frac{L_t}{L_g}\right)^2\varepsilon_f$$

（3）设计时，可给定成槽角差 $\varphi_{(i+1)}-\varphi_i$，求出过渡段各托辊间距 L_t，也可给定托辊间距，求出成槽角。

$$\varepsilon_f=\varepsilon_m-\varepsilon_o=(m_\gamma-1)\varepsilon_o \tag{4-15}$$

式中　ε_m——输送带侧边总应变；

ε_o——滚筒母线平面内输送带应变。

关于 ε_f 的取值，在低张力区，可取 $m_\gamma=2$；在高张力区，应取 $m_\gamma=1.5$，以降低输送带的附加张力。

附注：其他几种过渡段计算方法

A　DIN 22101 的过渡段计算方法

DIN 22101 中的过渡段长度也是通过应力的关系确定的。作为一般规定，过渡段长度的确定如下：

如果没有提出特殊要求，槽形过渡的最小长度标准值为：

$$l_{\ddot{u},\min} = c_{\ddot{u}} h_{k,1} \tag{4-16}$$

式中，EP 织物芯输送带，$c_{\ddot{u}}=8.5$；钢丝绳芯输送带，$c_{\ddot{u}}=14$；$h_{k,1}=h_{k,0}-h_{Tr}$，是输送带的带边与滚筒表面平面之间的间距（见图 4-15）。

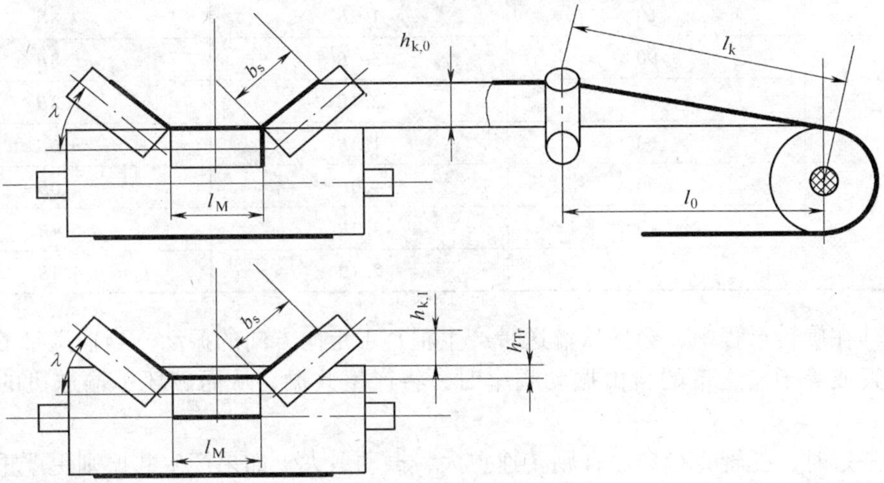

图 4-15 槽形过渡段

提升滚筒允许减小槽形过渡的长度或减小输送带张力。滚筒最大提升标准值为

$$h_{Tr,\max} = \frac{h_{k,0}}{3}$$

滚筒下降时需要较长的槽形过渡段，并提高了带边的输送带张力，而降低了带中心范围的输送带张力。

B CEMA 推荐的过渡段长度

表 4-9 和表 4-10 为 CEMA 推荐的过渡段长度。

表 4-9 当滚筒面在槽形深度的 1/2 时

托辊槽角/(°)	额定张力/%	纤维织物输送带	钢丝绳芯输送带
20	>90	0.9B	2.0B
	60~90	0.8B	1.6B
	<60	0.6B	1.0B
35	>90	1.6B	3.4B
	60~90	1.3B	2.6B
	<60	1.0B	1.8B
45	>90	2.0B	4.0B
	60~90	1.6B	3.2B
	<60	1.3B	2.3B

C 按共振条件确定托辊间距

托辊的直径与托辊的转速有关。由于加工精度不够和辊体材料的不均匀，托辊本身存在着一个偏心距，转速愈大，则托辊振动愈大。由于加工精度的原因，托辊存在着一定的

表 4 – 10　当滚筒面与槽形底面处于同一位置时

托辊槽角/(°)	额定张力/%	纤维织物输送带	钢丝绳芯输送带
20	>90	1.8*B*	4.0*B*
	60 ~ 90	1.6*B*	3.2*B*
	<60	1.2*B*	2.8*B*
35	>90	3.2*B*	6.8*B*
	60 ~ 90	2.4*B*	5.2*B*
	<60	1.8*B*	3.6*B*
45	>90	4.0*B*	8.0*B*
	60 ~ 90	3.2*B*	6.4*B*
	<60	2.4*B*	4.4*B*

椭圆度，其在旋转过程中，会导致输送带产生垂直于走向方向的振动。当输送带的强迫振动频率接近或等于输送带的自由振动频率时，将产生共振，从而破坏了输送机的正常工作。

带速一定时，托辊直径愈小，则转速愈大，振动愈大，如果产生共振则更严重。为了避免过大的振动，克虏伯公司建议托辊转速 $n_g \leqslant 600\text{r/min}$。日本 IHI 则根据托辊椭圆度的不同，推荐转速为 $n_g = 740\text{r/min}$ 和 $n_g = 610\text{r/min}$。

托辊直径 d、带速 v 及托辊转速 n_g 之间的关系为

$$d = \frac{60v}{\pi n_g}$$

如果把输送带看成张紧弹性绳，则输送带的自振频率为

$$f_1 = \frac{1}{2a}\sqrt{\frac{F}{q_B + q_G}} \tag{4-17}$$

辊子的强迫振动频率为

$$f_2 = \frac{v}{\pi d}$$

则共振托辊直径为

$$d_1 = \frac{2av}{\pi}\left(\frac{F}{q_G + q_B}\right)^{-\frac{1}{2}}$$

式中　a——托辊间距，m；

F——输送带张力，N；

q_G——物料线密度，kg/m，对于回程分支，$q_G = 0$；

q_B——输送带单位长度质量，kg/m。

由于托辊直径已知，故可通过调节托辊间距，避免共振点。由于上面的计算式是假设输送带为弦，故计算值为近似值。

另外，德国普莱西斯梅卡公司提供按共振条件确定托辊间距的计算式如下：

（1）下托辊间距临界值。

$$a_k = \frac{30}{n_g}\sqrt{\frac{9.81F}{q_B}}$$

（2）上托辊间距临界值。

$$a_{\mathrm{kmax}}=\frac{F}{0.746v(q_{\mathrm{G}}+q_{\mathrm{B}})}\times\sqrt{0.012\times9.81}=0.46\frac{F}{v(q_{\mathrm{B}}+q_{\mathrm{G}})}$$

（3）受料处托辊间距。

1）吊挂式托辊为避免托辊间发生碰撞现象，一般取 $a=400\mathrm{mm}$；

2）采用固定式支架缓冲托辊时，一般取 $a=2d$，即 $a=250\sim400\mathrm{mm}$。

（4）下分支（无载分支）间距。

带宽：$B=800\mathrm{mm}$、$1000\mathrm{mm}$　　$a_{\mathrm{u}}=3\mathrm{m}$

带宽：$B=1200\mathrm{mm}$、$1400\mathrm{mm}$、$1600\mathrm{mm}$　　$a_{\mathrm{u}}=2.5\mathrm{m}$

4.3 托辊的选择计算

槽形托辊组的托辊设计是按中间托辊所受载荷计算的，中间托辊的受力按物料重量的70%和输送带重量的40%计算。

在带宽和带速确定后，就需要选择适当的托辊级别。托辊的级别选择受三个已知的条件限制：作业类型、输送物料的特性和带速。

（1）平形托辊组。一节托辊支承输送带，带上的物料全部由一节辊承受，其受力值为

上分支：

$$p=[(q\varphi+q_0)a+q_{\mathrm{r}}]g$$

式中 p——托辊受力值，N；

φ——上分支冲击系数（见表 4-11）；

q——物料单位长度质量，kg/m；

q_0——输送带单位长度质量，kg/m；

q_{r}——托辊单位长度质量回转质量，kg/m；

a——托辊间距，m。

下分支：

$$p=(q_0\varphi a+q_{\mathrm{r}})g$$

式中 φ——下分支冲击系数，取 $\varphi=1.4$。

单辊承载能力如表 4-12 和表 4-13 所示。

表 4-11 上分支冲击系数 φ 与 C_{a} 及 v 值的关系

C_{a}	细粒料		个别小块		小块缓冲层上有大块		大块下面没有缓冲层		纯大块，自重 100kg	
	0	0	0.005	0	0.009	0.005	0.014	0.009	0.050	0.02
$v/\mathrm{m\cdot s^{-1}}$	支架	吊挂	支架	吊挂	支架	吊挂	支架	吊挂	支架	吊挂
0.42	1	1	1	1	1.002	1	1.003	1.002	1.009	1.004
0.52	1	1	1.001	1	1.003	1.001	1.004	1.003	1.014	1.005
0.66	1	1	1.003	1	1.004	1.003	1.006	1.004	1.022	1.009
0.84	1	1	1.004	1	1.007	1.004	1.010	1.007	1.035	1.014

续表 4 - 11

C_a	细粒料		个别小块		小块缓冲层上有大块		大块下面没有缓冲层		纯大块，自重 100kg	
	0	0	0.005	0	0.009	0.005	0.014	0.009	0.050	0.02
v/m · s^{-1}	支架	吊挂	支架	吊挂	支架	吊挂	支架	吊挂	支架	吊挂
1.05	1	1	1.006	1	1.010	1.006	1.016	1.010	1.055	1.022
1.31	1	1	1.009	1	1.016	1.009	1.024	1.016	1.086	1.034
1.68	1	1	1.014	1	1.026	1.014	1.040	1.026	1.141	1.056
2.09	1	1	1.022	1	1.039	1.022	1.061	1.039	1.219	1.087
2.62	1	1	1.034	1	1.062	1.034	1.096	1.062	1.343	1.137
3.35	1	1	1.056	1	1.101	1.056	1.157	1.101	1.561	1.224
4.19	1	1	1.088	1	1.158	1.088	1.246	1.158	1.878	1.351
5.20	1	1	1.135	1	1.244	1.135	1.379	1.244	2.352	1.541
6.00	1	1	1.180	1	1.324	1.180	1.504	1.324	2.800	1.720

注：上分支冲击系数 φ 按表 4 - 11 查出，下分支冲击系数 $\varphi = 1.4$。

表 4 - 12 单辊承载能力（支架式） （N）

辊长/mm	轴承（转角 15′时）									
	204 304	204 304	205 305	205 305	206 306	206 306	308	308	310	310
	轴径 ϕ/mm									
	20	25/20	25	30/25	30	35/30	40	45/40	50	60/50
160	3020		5900		9630					
200	3020		5900		9630		20260		38330	
250	3020		5900		9630		20260		38330	
315	2510	3020	5900		9630		20260		38330	
380	1950	3020	4720	5900	9410	9630	20260		38330	
465	1500	3020	3650	5900	7250	9630	20260		38330	
500	1370	3020	3340	5900	6620	9630	19140	20260	38330	
530	1270	3020	3110	5900	6160	9630	17770	20260	38330	
600	1090	2670	2670	5530	5290	9630	15230	20260	36230	38330
670	950	2330	2330	4840	4630	8580	13300	20260	31660	38330
700	900	2210	2210	4590	4390	8140	12610	20260	30020	38330
750	820	2030	2030	4230	4030	7490	11600	18590	27630	38330
800	750	1870	1870	3910	3730	6930	10730	17210	25580	38330
900	640	1600	1600	3380	3220	6010	9310	14950	22230	38330
950	590	1490	1490	3150	3000	5630	8710	14010	20850	38330
1000	540	1390	1390	2950	2810	5280	8180	13180	19610	38330
1050	500	1300	1300	2770	2640	4960	7700	12420	18500	38330
1100	460	1210	1210	2600	2470	4680	7270	11740	17490	36520
1120	450	1180	1180	2540	2410	4570	7100	11480	17120	35750
1150	420	1130	1130	2450	2330	4410	6870	11110	16580	34650

续表 4－12

辊长/mm	轴承（转角15′时）									
	204 304	204 304	205 305	205 305	206 306	206 306	308	308	310	310
	轴径 ϕ/mm									
	20	25/20	25	30/25	30	35/30	40	45/40	50	60/50
1250	360	980	980	2170	2060	3940	6170	10010	14970	31390
1400	270	790	790	1810	1720	3350	5280	8640	12970	27380
1500		680	680	1600	1520	3000	4780	7860	11850	25140
1600		570	570	1400	1330	2690	4330	7170	10860	23170
1700		470	470	1220	1160	2400	3920	6540	9960	21410
1800		380	380	1050	1000	2140	3540	5970	9150	19820
2000				730	700	1640	2850	4940	7710	17040
2200				430	410	1190	2230	4030	6450	14660
2500						550	1390	2810	4780	11590
2800							590	1690	3280	8910
3000								970	2340	7260

表 4－13　单辊承载能力（吊挂式）　（N）

辊长/mm	轴承（转角15′时）									
	204 304	204 304	205 305	205 305	206 306	206 306	308	308	310	310
	轴径 ϕ/mm									
	20	25/20	25	30/25	30	35/30	40	45/40	50	60/50
160	2660		4950		7570					
200	2660		4950		7570		16530		28860	
250	2660		4950		7570		16530		28860	
315	2350	2660	4950		7570		16530		28860	
380	1800	2660	4250	4950	7570		16530		28860	
465	1370	2660	3230	4950	6190	7570	16530		28860	
500	1250	2660	2940	4950	5610	7570	16530		28860	
530	1160	2660	2730	4950	5190	7570	15520	16530	28860	
600	990	2420	2330	4830	4420	7570	13160	16530	28860	
670	860	2100	2020	4200	3830	7110	11410	16530	25760	28860
700	810	1990	1910	3950	3620	6720	10790	16530	24330	28860
750	740	1820	1750	3650	3320	6170	9890	15860	22260	28860
800	670	1680	1610	3370	3060	5690	9120	14630	20500	28860
900	570	1440	1380	2900	2630	4910	7870	12640	17680	28860
950	530	1340	1280	2710	2450	4580	7350	11820	16520	28860

续表 4 - 13

辊长/mm	轴承（转角15′时）									
	204 304	204 304	205 305	205 305	206 306	206 306	308	308	310	310
	轴径 ϕ/mm									
	20	25/20	25	30/25	30	35/30	40	45/40	50	60/50
1000	480	1240	1190	2530	2280	4290	6890	11100	15500	28860
1050	450	1160	1110	2370	2140	4030	6480	10440	14580	28860
1100	410	1080	1040	2230	2000	3790	6100	9630	13750	28710
1120	400	1050	1010	2170	1950	3700	5960	9310	13450	28080
1150	380	1010	970	2090	1880	3570	5760	8370	13010	27190
1250	320	880	840	1850	1560	3180	5160	7200	11700	24540
1400		710	680	1540	1380	2690	4410	6540	10100	21310
1500		610	580	1360	1220	2410	3980	5960	9200	19520
1600		510	490	1190	1070	2160	3600	5430	8410	17950
1700		420	400	1040	930	1920	3250	4950	7700	16550
1800		330	320	890	800	1710	2930	4090	7060	15300
2000				620	560	1310	2360	3330	5930	13120
2200				370	330	950	1850	2320	4950	11260
2500						440	1140	1390	3660	8880
2800							490	800	2510	6810
3000								370	1790	5550

（2）两节托辊支承输送带。带上的物料由两节辊承受，为了安全可靠，可以认为其中一个辊承受63%的载荷，故其值为

上分支：

$$p=[0.63(q\varphi+q_0)a+q_r]g$$

式中　φ——上分支冲击系数（见表4-11）。

下分支：

$$p=[0.63(q_0\varphi a)+q_r]g$$

式中　φ——下分支冲击系数，取 $\varphi=1.4$。

（3）三节辊槽形支承。中间托辊受力最大，其受力值为

水平段槽形托辊受力：

$$p=[(q\varphi+q_0)ae+q_r]g$$

式中　q_r——托辊的单位长度回转部分的质量，kg；

e——中间辊的载荷系数，e 值与槽比 $\frac{m}{b}$ 值有关，可在图4-16中查出。$\frac{m}{b}$ 中，$b=0.9B-0.05$（B 为输送带宽度）；$m=L_M+0.02$（L_M 为中间辊子长度，m）。

即

$$\frac{m}{b}=\frac{L_M+0.02}{0.9B-0.05}$$

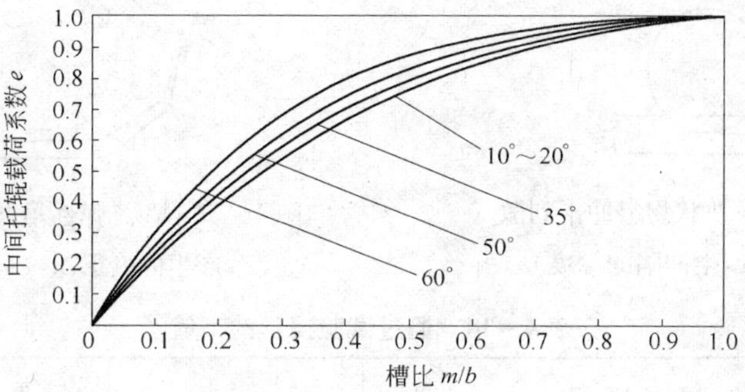

图 4－16 中间托辊载荷系数

求出槽比$\frac{m}{b}$值，再从图 4－16 中查出 e 值。

（4）凸弧段槽形托辊受力计算。

$$p=[(q\varphi+q_0)ae+q_r]\times 9.8+F_r\frac{L_M+0.02}{B}$$

式中 F_r——托辊组所受的合力值，N，其关系式为：

$$F_r=\frac{a}{R}T$$

a ——托辊组间距，m；

R ——凸弧段曲率半径，m；

T ——凸弧段输送带张力（见图 4－17），N。

令
$$M_r=F_r\frac{L+0.02}{B}$$

M_r 即为凸弧段输送带张力对中间托辊产生的负荷。

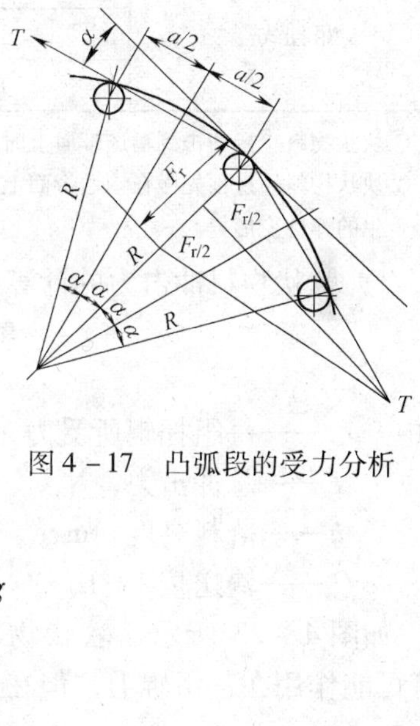

图 4－17 凸弧段的受力分析

（5）受料段冲击力的计算。

1）块状物料冲击力的计算式为：

$$p_k=\frac{1}{2}G\left[1+\sqrt{\frac{4(xh+h^2)}{x^2}}\right]g$$

式中 p_k ——大块物料的冲击力，N；

G——最大块度物料的质量，kg；

h——落料高度，m；

x ——弹性变形量，m。

式中弹性变形量 x 由以下五部分组成，如图 4－18～图 4－22 所示。$x=x_1+x_2+x_3+x_4+x_5$，x 值通过试验得到，其值如表 4－14 所示。

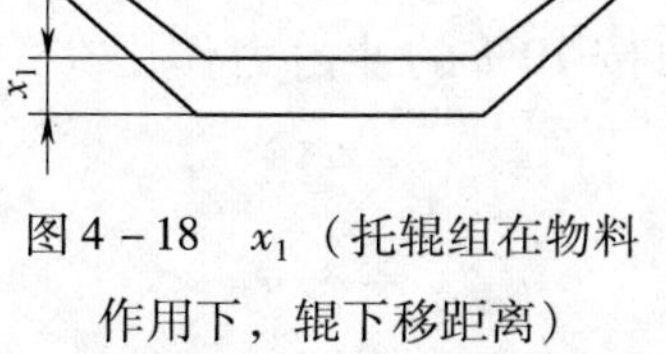

图 4－18 x_1（托辊组在物料作用下，辊下移距离）

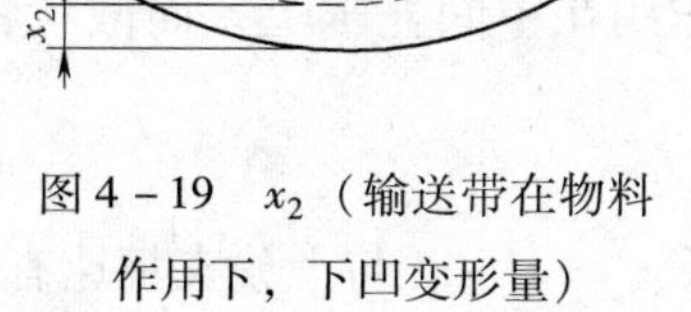

图 4－19 x_2（输送带在物料作用下，下凹变形量）

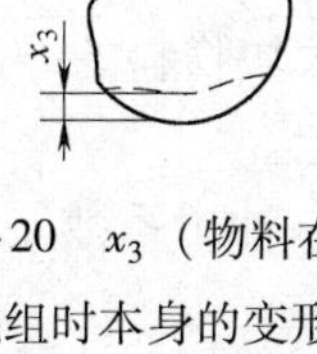

图 4－20 x_3（物料在冲击托辊组时本身的变形量）

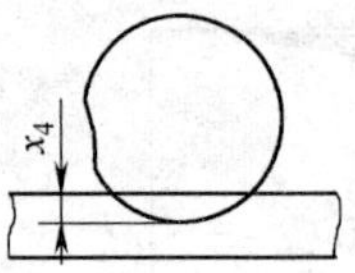

图 4－21　x_4（块状物料冲击到散状物料层时产生凹陷的深度）

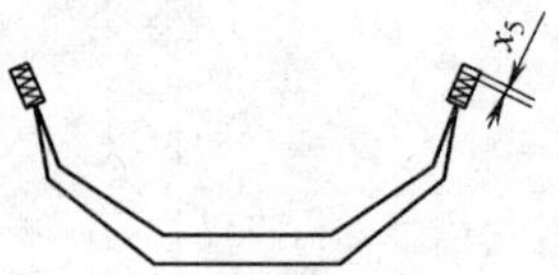

图 4－22　x_5（弹性吊挂装置在物料冲击时产生的变形量（弹簧压缩量））

表 4－14　通过试验得到的 *x* 值

支承方式	托辊形式	x/m	
		a①	b②
支架式	三节光辊	0.02	0.08
	五节光辊		
	三节胶圈辊	0.04	0.10
	五节胶圈辊		
吊挂式	三节光辊	0.06	0.12
	三节胶圈辊	0.08	0.14
	五节光辊	0.08	0.14

①块状物料直接冲击到输送带面上时所产生的弹性变形量；

②块状物料通过预先撒在输送带面上的细料层后再冲击下来（细料层是通过落料之处的格筛筛分所形成的）所产生的弹性变形量。

2）散状物料冲击力的计算式为：

$$p_{st}=\frac{1}{2}F,\ F=\frac{Q\sqrt{h}}{8}$$

式中　p_{st}——每组托辊所受力，N；

F——总冲击力，N；

h——落料高度，m；

Q——输送量，t/h。

如图 4－23 所示，散状物料的冲击力按两组辊承受（有可能作用在一组辊上，但在此不考虑）计算，则：

$$\bar{p}_{st}=\frac{1}{2}\bar{F}$$

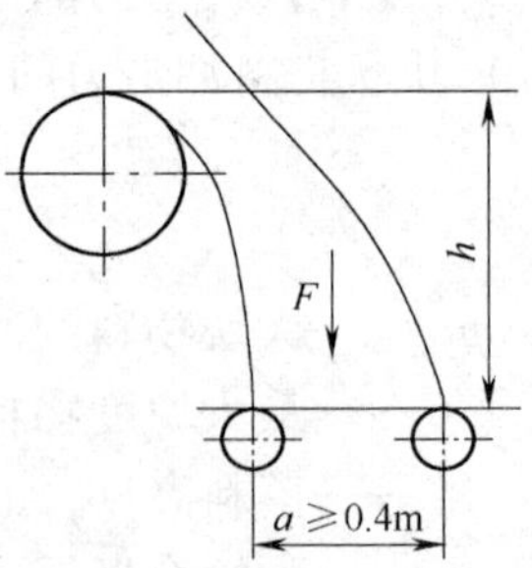

图 4－23　两组托辊承受冲击力

对于托辊所受的冲击力，受大块料冲击力时取 100% F，按作用在一组托辊组上计算；受散状料冲击力时取 50% F，按作用在两组托辊组上计算。计算时，p_k 和 p_{st} 值必须考虑，哪个值大取哪个值。

对于每组受料托辊组来讲，冲击力作用在中间托辊上大小为：

$$p_1=p_k,\ p_2=0.7p_{st}$$

即大块物料的冲击力全部作用在中间托辊上，而散状物料按 70% 的冲击力作用在中间托辊上。

（6）冲击系数 φ。

$$\varphi=C_a v^2+1\quad（与上分支带速有关）$$

式中 C_a——系数（见表4－15）；

v——带速，m/s。

表4－15 C_a 系数的规定

输送的物料	支架式托辊	吊挂式托辊
细粒料	0	0
个别小块	0.005	0
小块缓冲层上有大块	0.009	0.005
大块下面没有缓冲层	0.014	0.009
纯大块、自重100kg	0.050	0.02①

①没有测定（推算值）。

附注：托辊组支架钢板切割角度计算

如图4－24所示，图中各参数的几何关系为：

$$AB=\frac{\sqrt{2}L}{2\cos\alpha},\ CB'=\sqrt{2}L,\ \tan\frac{\theta}{2}=\frac{\frac{\sqrt{2}}{2}L}{\frac{\sqrt{2}L}{2\cos\alpha}}=\cos\alpha$$

则有
$$\theta=2\arctan\cos\alpha$$

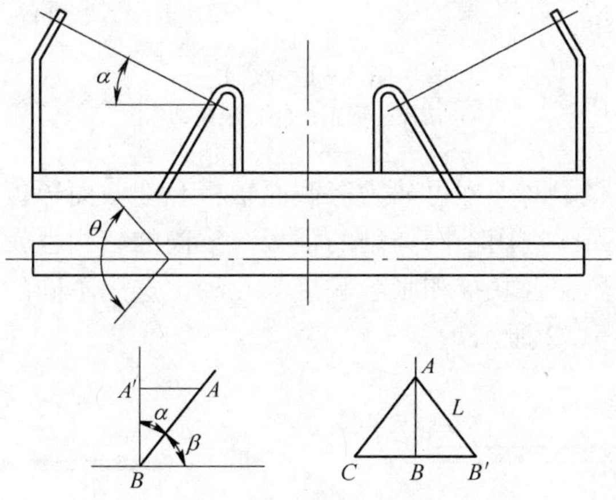

图4－24 托辊组支架钢板切割角度计算

5 滚　筒　组

5.1　滚筒组的结构和尺寸

滚筒组是带式输送机的重要部件，一般由轴、轴承座、轮毂、辐板、筒壳等组成，如图5－1所示，有的滚筒在轮毂和轴之间还使用胀套联接。驱动滚筒的表面通过覆盖橡胶或陶瓷来增加滚筒筒壳表面和输送带间的摩擦系数。

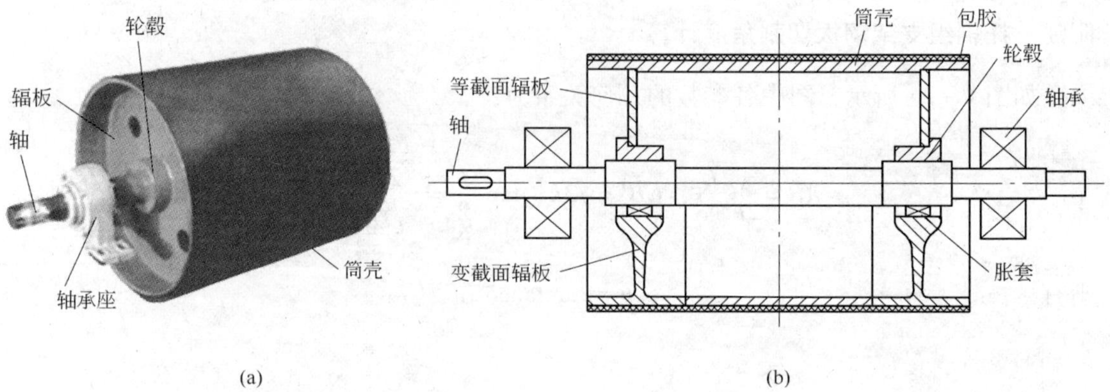

图5－1　滚筒

（a）滚筒外形图；（b）滚筒结构图

滚筒辐板的类型按照截面类型可分为等截面辐板和变截面辐板，按照制造工艺可分为全焊辐板和铸焊辐板，因此选用不同类型的辐板，滚筒的结构也就不同。轮毂和滚筒轴的联接方式有键联接、过盈配合联接和胀套联接等几种，选用不同的联接方法也会使得滚筒的结构发生变化，如图5－2所示。

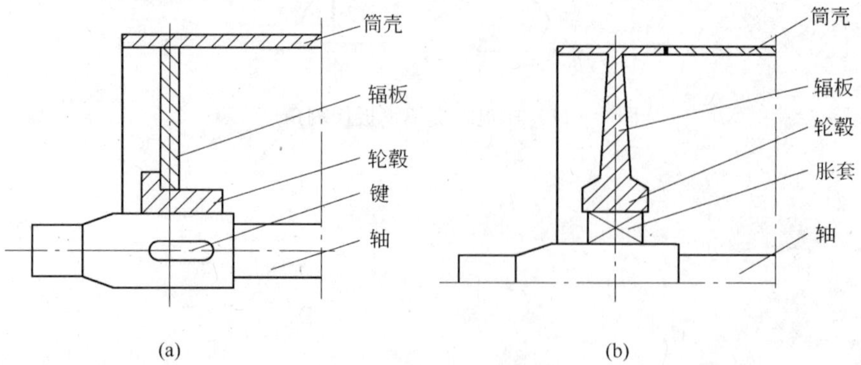

图5－2　滚筒结构简图

（a）等截面全焊辐板键联接滚筒结构图；（b）变截面全铸辐板胀套联接滚筒结构图

按其承受载荷及所选轴承座形式又可分为：

（1）轻型滚筒组结构。轴与轮毂过盈配合（或配单键），接盘与筒皮全焊（轮毂外轴径 $d \leqslant 250$mm）。

（2）中型滚筒组结构。轴与轮毂胀套联接，接盘与筒皮全焊（轮毂外轴径 $280\text{mm} \geqslant d > 200\text{mm}$）。

（3）重型结构滚筒组。轴与轮毂胀套联接铸焊接盘与筒皮铸焊（轮毂处轴径 $d > 250$mm）。

图5-3～图5-7为常用的全焊结构滚筒和铸焊结构滚筒的联接方式。图5-8为传动滚筒和改向滚筒的分类。

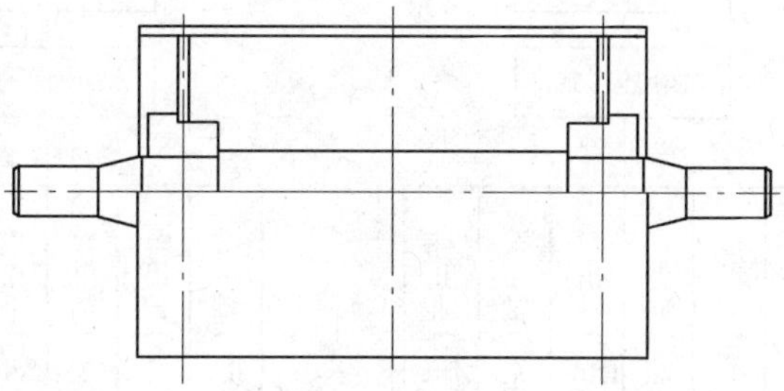

图5-3 全焊结构的轮毂与轴过盈联接
（用于改向滚筒组）

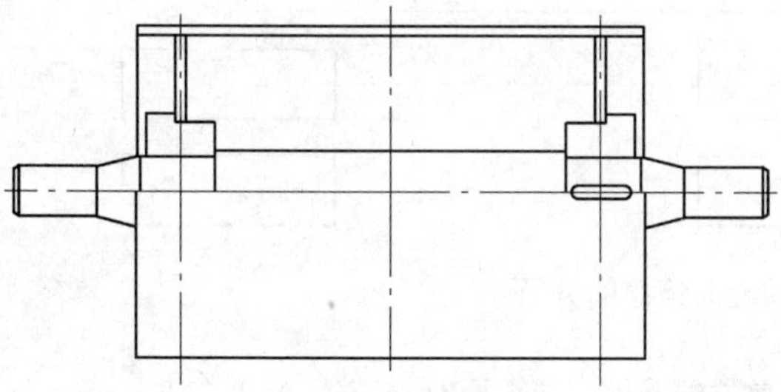

图5-4 全焊结构的轮毂与轴键联接
（用于传动滚筒组）

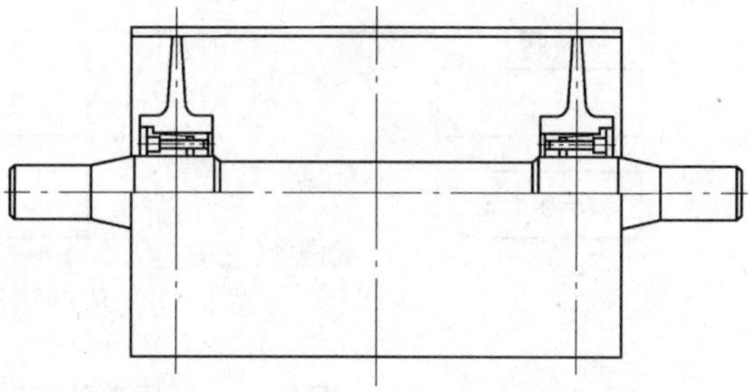

图5-5 全焊结构的轮毂与轴胀套联接

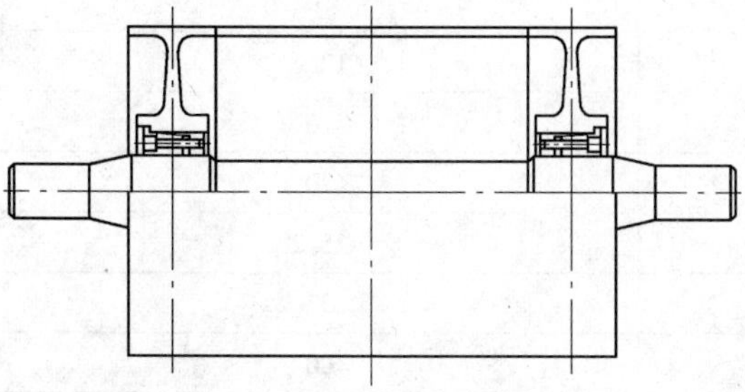

图5-6 铸焊结构的轮毂与轴胀套联接

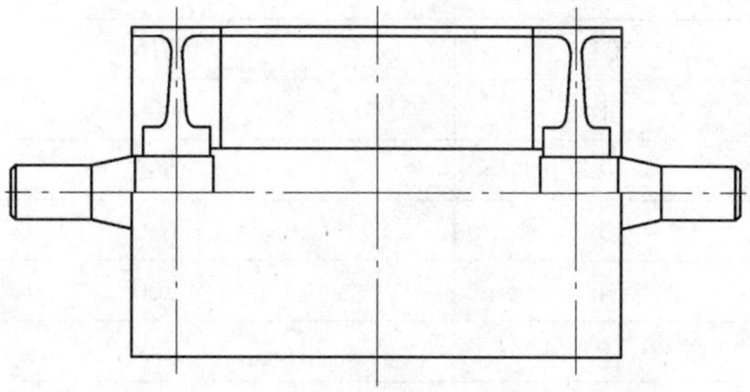

图5-7 铸焊结构的轮毂与轴过盈联接
（用于改向滚筒组）

滚筒组的设计与计算均应满足带式输送机输送带的动力传递功能。滚筒的设计须考虑其与输送带间的内在联系，所以要对滚筒组的筒宽进行设计和计算。根据筒径与带宽的关系着手确定滚筒组的外部几何参数，并通过确定滚筒所需承担的载荷等参数，对滚筒组进行详细设计。

（1）滚筒的直径。滚筒组是标准部件，国际上对其筒宽及筒径均有规定。滚筒的标准直径如表5-1所示。

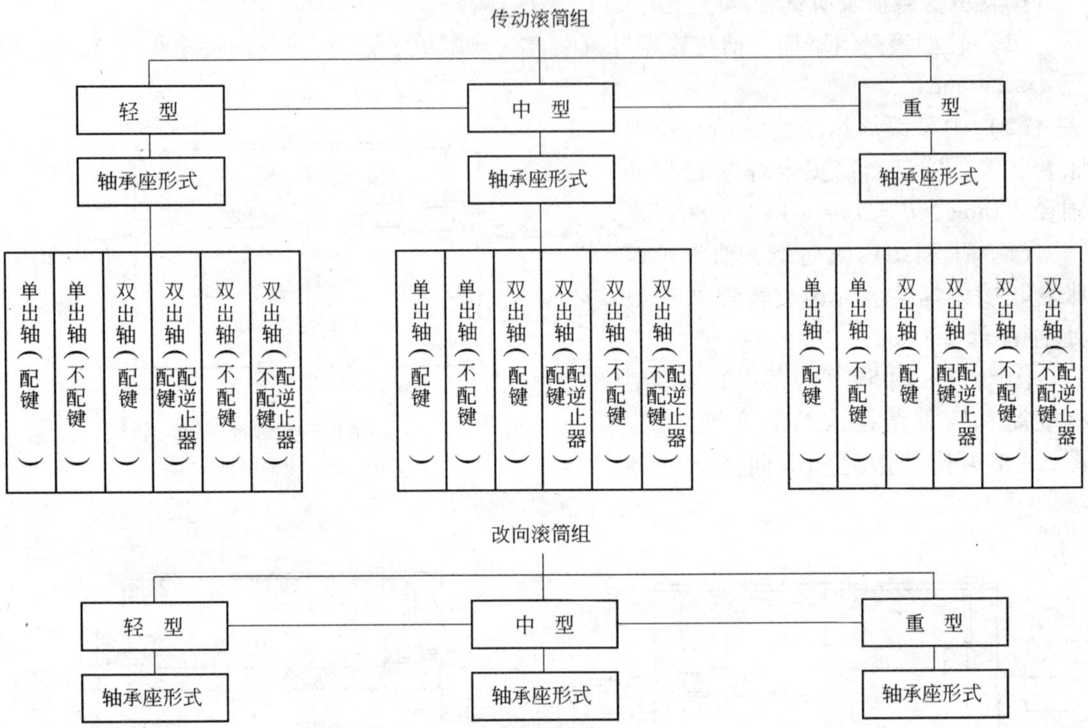

图 5－8　传动滚筒和改向滚筒的分类

表 5－1　国际单位和英制单位的滚筒标准直径 D

顺序号	滚筒直径 D/mm	滚筒直径 D/in
01	200	8
02	250	10
03	315	12. 6
1	400	16
2	500	20
3	630	25. 2
4	800	32
5	1000	40
6	1250	50
7	1400	56
8	1600	64
9	1800	72

表 5－1 中的滚筒直径规定可简化滚筒规格数量，改向滚筒设计与选型时最好按上述 1～9 中选取；传动滚筒组，由于带速与减速机、电机匹配关系，可以允许其直径不满足上述标准直径值，但是在设计中应尽可能靠近标准直径，校核时满足带速差不超过 ±5% 以内即可。

（2）带宽 B 与筒宽（B_0）的关系。

表 5－2 为国际标准带宽 B 与筒宽 B_0 的关系。

表 5－2　ISO 国际标准带宽与筒宽的关系

带宽 B/mm	筒宽 B_0/mm	宽度差 B_0-B/mm	带宽 B/mm	筒宽 B_0/mm	宽度差 B_0-B/mm
500	600	100	1600	1800	200
650	750		1800	2000	
800	950	150	2000	2200	
1000	1150		2200	2500	300
1200	1400	200	2400	2700	
1400	1600		2600	2900	

5.2　滚筒组直径确定

5.2.1　滚筒组直径确定原则

滚筒直径，即滚筒外形直径，不包括由橡胶、陶瓷或类似材质制作的承受磨损的保护层，凸面滚筒的最小直径必须至少等于规定的最小值。

滚筒组直径确定，受输送机的用途，滚筒的用途，输送带类型、层数、钢丝绳芯直径，输送带的抗拉强度，包胶面压以及输送带许用强度利用率等因素影响。因此，在选滚筒时要对滚筒处于带式输送机的位置和承担的作用有所了解。在国际标准（ISO）中将滚筒组按承担作用分成以下三种类型。

A 型：传动滚筒组和承受输送带高张力的滚筒组，即输送机头部和尾部的主传动滚筒组、传递全张力的滚筒、卸料小车上的改向滚筒、尾部驱动时的终端头部滚筒等。

B 型：输送机返回运行时张力较低的改向滚筒。即头部驱动时的终端尾部滚筒、下行输送机的终端头部滚筒组、张紧装置的改向滚筒组和弯向滚筒。

C 型：弯向滚筒，输送带的方向改变小于 30°。

5.2.2　最小推荐滚筒直径确定

滚筒直径 D 由下式确定：

$$D=Cd \tag{5-1}$$

式中　C——与输送带芯层材质挠曲有关的系数，如表 5－3 所示；

　　　d——输送带芯层厚度或钢丝绳芯直径，mm。

表 5－3　系数 C

输送带芯层材质	棉	聚酰胺	棉/聚酰胺	棉/聚酯	聚　酯	人造丝	钢丝绳芯
系数 C	80	90	90	98	108	118	145

按上述参数式计算出的最小滚筒直径必须圆整为最近且较大的滚筒直径值。并且要考虑如下影响滚筒直径的因素：

（1）附加弯曲应力；

（2）输送带许用强度利用率（输送带许用强度利用率简称 RMBT 百分数，即输送机的输送带最大张力与输送带的许用张力之比的百分数）；

（3）输送带承受弯曲载荷的频率（与导绕方式、绕过滚筒数目、运距和速度有关）；

（4）输送带表面的面比压；

（5）使用地点与条件（地面、井下、移动、固定等）；

（6）覆盖胶或其上的高花纹的变形量。

倘若输送带的拉伸应力大、则附加弯曲压力不能太大，倘若输送带的拉伸应力小，则附加弯曲应力可大一些，以此来减少滚筒弯曲半径。表 5－4 为各种类型滚筒直径的关系。

表 5－4　各种类型滚筒直径的关系

滚筒直径 D		A 型	B 型	C 型
最小滚筒直径		$D_1 = D$	$D_2 = 0.8D$	$D_3 = 0.6D$
适用范围	滚筒形式	驱动滚筒 探头滚筒 卸料小车滚筒	张紧滚筒 尾卸滚筒	缓冲滚筒 弯曲滚筒
	RMBT 值	60%～100%	30%～60%	<30%

根据上述关系，滚筒直径按如下几项原则确定：

（1）由 RMBT 值确定 A 型滚筒直径。

1）当 RMBT＝60%～100%时，由式（5－1）确定的标准滚筒直径作 A 型；

2）当 RMBT＝30%～60%时，按比 1）项小一级的滚筒标准直径作 A 型；

3）当 RMBT<30%时，按比 1）项小二级的滚筒标准直径作 A 型。

（2）高张力区导向滚筒直径与驱动滚筒直径相同。

（3）包角较大的低张力区的导向滚筒取为 B 级，但不能比 1）项小二级以上。

（4）包角小于 30°的低张力区的导向滚筒取为 C 级，但不能比 1）项小三级以上。

A、B、C 型滚筒最小直径按其在稳定工况下允许的最高输送带张力利用率确定。由前述计算可得滚筒最小直径如表 5－5 所示。

表 5－5　滚筒的最小直径

按式（5－1）确定的传动滚筒直径 /mm	最小直径 D（无摩擦面层）/mm								
	允许最高输送带张力利用率 $\frac{8F_{max}}{FB_w} \times 100\%$								
	>60%～100%			≥30%～60%			<30%		
	滚筒组别			滚筒组别			滚筒组别		
	A	B	C	A	B	C	A	B	C
200	200								
250	250	200		200					
315	315	250	200	250	200		200	200	
400	400	315	250	315	250	200	250	250	200

续表 5-5

按式（5-1）确定的传动滚筒直径/mm	最小直径 D（无摩擦面层）/mm								
	允许最高输送带张力利用率$\frac{8F_{max}}{FB_w}\times 100\%$								
	>60%~100%			≥30%~60%			<30%		
	滚筒组别			滚筒组别			滚筒组别		
	A	B	C	A	B	C	A	B	C
500	500	400	315	400	315	250	315	315	250
630	630	500	400	500	400	315	400	400	315
800	800	630	500	630	500	400	500	500	400
1000	1000	800	630	800	630	500	630	630	500
1250	1250	1000	800	1000	800	630	800	800	630
1400	1400	1250	1000	1250	1000	800	1000	1000	800
1600	1600	1400	1000	1250	1000	800	1000	1000	800
1800	1800	1600	1250	1400	1250	1000	1250	1250	1000

5.2.3 输送带面压要求的最小滚筒直径

最小滚筒直径除了按上述最小挠曲强度确定外还要根据输送带最大面压确定。

（1）根据钢丝绳芯输送带的许用面压确定直径 D。

$$D_1=\frac{2F_{max}}{[p]B} \tag{5-2}$$

$$D_2=\frac{2F_{max}}{[p]^1B}\cdot\frac{P}{d} \tag{5-3}$$

式中 D_1——与平均面压有关的最小滚筒直径，mm；

D_2——与钢丝绳下的面压有关的最小滚筒直径，mm；

F_{max}——稳定工况下输送带的最大工作张力，N；

$[p]$——平均接触面压，N/mm^2，对钢丝绳芯带取$[p]\leqslant 0.6N/mm^2$，对织物带取$[p]\leqslant 0.4N/mm^2$；

$[p]^1$——钢丝绳下的面压，N/mm^2，$[p]'\leqslant 1.2N/mm^2$；

d——钢丝绳直径，mm；

P——钢丝绳间距，mm；

B——输送带宽度，mm。

（2）根据织物带的许用面压确定直径 D_1。

$$D_1=\frac{2F_{max}}{[p]B} \tag{5-4}$$

式中，各符号意义与前述同；$[p]\leqslant 0.4N/mm^2$。

（3）为防止覆盖胶龟裂根据覆盖胶厚度确定直径 D_3。

$$D_3=35t \tag{5-5}$$

式中　t——覆盖胶厚度（上盖胶或下盖胶中取大值 + 芯体总厚度或钢丝绳直径的 1/2）。

附注：DTⅡ及钢丝绳芯输送带设计所需的直径，可按照 ISO、DIN 标准对应确定数据。表 5 - 6 为钢丝绳芯输送带所对应的最小传动滚筒直径及改向滚筒直径。表 5 - 7 为帆布芯层输送带的传动滚筒最小直径与层数关系。表 5 - 8 为改向滚筒直径匹配关系。

表 5 - 6　钢丝绳芯输送带所对应的最小传动滚筒直径及改向滚筒直径

传动滚筒直径 D/mm			800				1000		1250	1400		1600		1800
钢丝绳直径 d/mm			3.1	3.5	4.0	4.5	5.1	6.1	7.5	8.1	9.1	10.0	10.5	11
输送带强度/N · mm⁻¹			630	800	1000	1250	1600	2000	2500	3150	4000	4500	5000	5400
带宽 B/mm	输送带许用强度利用率/%（RMBT）	滚筒围包角/(°)	改向滚筒直径 D/mm											
800 1000	60 ~ 100	180	800				1000		1250	1400		1600		1800
		90	630				800		800	1000		1250		1400
		30	500				630		630	800		1000		1000
	30 ~ 60	180	630				1000		1000	1250		1400		1600
		90	500				630		630	800		1000		1250
		30	400				500		500	630		800		1000
	<30	180	500				800		800	100		1250		1400
		90	400				500		630	630		800		1000
		30	400				400		500	500		630		800
1200 1400	60 ~ 100	180	800				1000		1250	1400		1600		1800
		90	500				630		800	1000		1250		1400
		30	400				500		630	800		1000		1250
	30 ~ 60	180	630				1000		1000	1250		1400		1600
		90	400				500		630	800		1000		1250
		30	400				500		500	630		800		1000
	<30	180	500				800		800	1000		1250		1400
		90	400				500		630	630		800		1000
		30	400				400		500	500		630		800
1600 1800	60 ~ 100	180	800				1000		1250	1400		1600		1800
		90	630				630		800	1000		1250		1400
		30	400				500		630	800		1000		1250
	30 ~ 60	180	800				1000		1000	1250		1400		1600
		90	500				630		630	800		1000		1250
		30	400				500		500	500		800		1000
	<30	180	630				800		800	800		1250		1400
		90	400				630		630	630		800		1000
		30	400				500		500	500		630		800

续表 5－6

带宽 B/mm	输送带许用强度利用率/%（RMBT）	滚筒围包角/（°）	改向滚筒直径 D/mm					
2000 2200	60～100	180	800	1000	1250	1250	1600	1800
		90	630	800	1000	1000	1250	1400
		30	500	630	630	630	1000	150
	30～60	180	800	1000	1000	1000	1400	1600
		90	630	630	800	800	1000	1250
		30	500	630	630	630	800	1000
	<30	180	630	800	1000	1000	1250	1400
		90	500	630	800	800	800	1000
		30	400	500	630	630	630	800

表 5－7 帆布芯层输送带的传动滚筒最小直径与层数关系 （mm）

输送带型号	层数 n					
	3	4	5	6	7	8
CC－56	500	500	630	800	1000	1000
NN－100 EP－100	500	500				
NN－150	500	500	630	800		
NN－200 NN－250 NN－300 EP－200 EP－300	500	630	800	1000		

表 5－8 改向滚筒直径匹配 （mm）

带宽 B	传动滚筒直径 D	约 180°尾部改向滚筒直径	约 180°头部探头滚筒直径	约 90°改向滚筒直径	小于 45°改向滚筒直径
500	500	400	500	315	250
650	500 630	400 500	500 630	315 400	250 315
800	500 630 800 1000	400 500 630 800	500 630 800 1000	315 400 500 630	250 315 400 500
1000 1200	630 800 1000	500 630 800	630 800 1000	400 500 630	315 400 500
1400 1600	800 1000	630 800	800 1000	500 630	400 500

5.3　滚筒组的材料与制造工艺

5.3.1　材质及许用应力和工艺要求

（1）轴。带式输送机中，滚筒轴按受载情况，可分为以下两种：

1）心轴。心轴只承受弯矩，如改向滚筒组的轴。

2）转轴。转轴同时承受弯矩和扭矩，如传动滚筒组的轴。

轴的材料一般是经过轧制或锻造的碳素钢或合金钢，通常的材质是中碳钢，45 号钢最为常用，对于受力较大且尺寸受到限制的轴，以及某些特殊要求的轴可用合金钢，选用材质为 40Cr。

根据需要，轴一般需经过热处理或表面强化处理，以提高其力学性能和耐磨性等。在一般温度下，合金钢和碳素钢的弹性模量相差很小，故采用合金钢不能提高轴的刚度。

轴的材质：一般轴材质选 45 号钢，并经调质处理。

$d \leqslant 200$mm，HB = 229 ~ 269；$d > 200$mm，HB = 217 ~ 255

对于传动滚筒组，当轴强度指标不满足要求时也可选择 40Cr，并经调质处理。

$d = 101 \sim 300$mm，HB = 241 ~ 286；$d = 301 \sim 500$mm，HB = 229 ~ 269

许用应力：轴按对称循环弯曲许用应力校核。

45 号钢　$f_b = 40 \sim 60\text{N/mm}^2$；40Cr　$f_b = 50 \sim 75\text{N/mm}^2$

轴的许用应力指标按用途不同其许用值有所区别：

1）轮毂处：未开键槽，$f_b \leqslant 70\text{N/mm}^2$；开键槽，$f_b \leqslant 54\text{N/mm}^2$（$f_b$ 为当量应力）；

2）轴承处：$f_b \leqslant 70\text{N/mm}^2$；

3）轴伸处：未开键槽，$f_b \leqslant 42\text{N/mm}^2$；开键槽，$f_b \leqslant 30\text{N/mm}^2$。

（2）筒皮。筒皮一般选用优质碳素结构钢，其技术性能符合 GB 711—85 的技术条件要求，也可采用无缝钢管制作。筒皮设计技术要求为：

1）筒皮卷曲时必须顺着钢板的轧制方向。

2）接头处的错边量不大于 1mm。

3）纵向焊缝必须进行超声波或 X 射线探伤检查：

①超声波探伤进行 10%，焊缝达到 JB 1152—81 标准中的Ⅱ级；

②射线探伤从一端开始探总长度的 20%，焊缝达到 GB 3323—87 中的Ⅱ级，如不合格探伤长度加倍，加倍仍不合格则进行全长探伤，直至符合要求。

4）筒皮卷好后的圆度公差应不超过 0.5。

5）材质：Q235 - A 钢，屈服强度 $\sigma_s = 235\text{N/mm}^2$。

6）许用应力：钢板卷曲，Q235 - A 钢，$[\sigma] = 56\text{N/mm}^2$；无缝焊接管，$[\sigma] = 46 \sim 50\text{N/mm}^2$。

（3）辐板。辐板分钢板结构及铸钢结构：钢板结构辐板采用热轧制钢板，技术性能符合 GB 711—85 条件要求；铸焊结构辐板轮毂与轮辐一体铸造成型，标定号为 ZG20Mn5V。

1）材质的化学成分：C 0.17% ~0.23%；Si 0.3% ~0.6%；Mn 1.0% ~1.3%；S ≤

0.032%；P ≤0.032%；Cr ≤0.3%。

2）调质处理：$\sigma_s \geqslant 295N/mm^2$，$\sigma_b = 490 \sim 640N/mm^2$，$\delta_s \geqslant 20\%$，$A_K \geqslant 27J$（V 形缺口 0℃）。

3）铸件质量按 GB 10595—89 中第 3.3 条有关规定执行。

4）探伤。超声波探伤检查按 GB 10595—89 中 3.3.2 条规定执行；着色探伤检查按 GB 9443—88 标准执行。探伤结果须满足：

①点状缺陷不低于 2~3 级；

②线状缺陷不低于 2 级；

③点线状缺陷不低于 2 级。

5）不允许有裂纹，探伤部位见图 5-9。

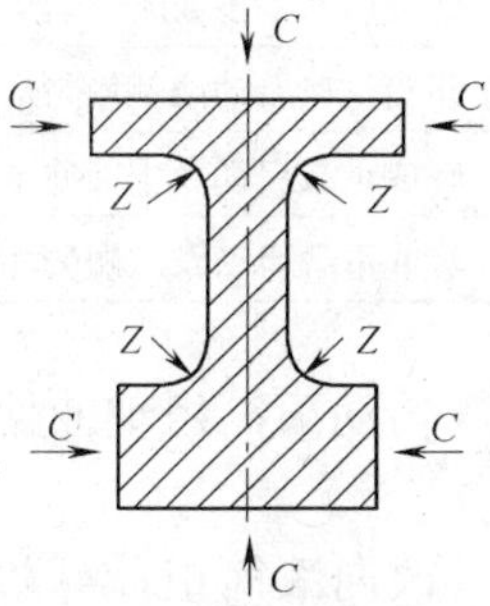

图 5-9 探伤部位

6）材质：钢板结构，Q235-A 钢，$\sigma_s = 235N/mm^2$；铸钢结构，ZG20Mn5V，$\sigma_s \geqslant 295N/mm^2$。

7）许用应力：钢板结构，$[\sigma] = 56N/mm^2$；铸钢结构，$[\sigma] = 65N/mm^2$。

（4）轮毂。

对于中型滚筒组及轻型滚筒组，当轮毂处外径 $D \geqslant 220mm$ 时，采用一般工程铸钢（GB 11352—89）：ZG230-450，$\sigma_s = 230N/mm^2$，$\sigma_b = 450N/mm^2$，$\delta = 22\%$，$\psi = 32\%$，$A_{KV} = 25J$。

对于轻型滚筒组，当轮毂外径 $D < 220mm$ 时，采用热轧圆钢，性能要求应符合 GB 702—86 标准的规定。

对于重型滚筒组，轮毂材质化学成分及力学性能与辐板要求相同。

材质：轻型全焊滚筒组轮毂外径 $D < 220mm$ 时，为 Q235 圆钢车制，$\sigma_s = 235N/mm^2$；轻型及中型滚筒组轮毂外径 $D \geqslant 220mm$ 时，为 ZG230-450，对于重型滚筒组材质为 ZG20Mn5V（此材料为按德国引进技术转化材料）。

许用应力：Q230-A 钢；$[\sigma] = 56N/mm^2$；ZG230-450，$[\sigma] = 54N/mm^2$；ZG20Mn5V，$[\sigma] = 65N/mm^2$。

5.3.2 载荷条件确定

滚筒组载荷条件的确定是滚筒组的设计与选型合理的依据，载荷条件分外载荷及计算载荷两部分。

（1）外载荷条件。外载荷条件是滚筒组设计与计算中载荷条件确定的基础，外载荷条件是由带式输送机整机功率按稳定运行时确定的载荷经优化而得，即优化系数确定的传动滚筒合张力 T、扭矩 M 及改向滚筒组的合张力 T 等。

（2）计算载荷条件。计算载荷是在外载荷条件基础上，考虑滚筒组的工况而确定的滚筒组载荷计算准则。

（3）计算载荷。

1）传动滚筒组的外载荷包括弯矩 M_b 和扭矩 M，其中：

$$M_b = Pa \tag{5-6}$$

2）计算载荷。

轮毂处的当量扭矩值：

$$M_n = \sqrt{(K_b M_b)^2 + (K_t M)^2} \tag{5-7}$$

式中 K_b——弯曲工作系数，见表5-9，一般设计时取 $K_b = 1.5$；

K_t——扭转工作系数，见表5-7，一般设计时取 $K_t = 1.0$；

M_b——弯曲力矩，N·m；

M——扭转力矩，N·m。

表5-9 轴的工作条件与工作系数

工 况 条 件	K_b	K_t
轻载启动平稳或不均匀运行	1.5	1.0
相当重载启动或不均匀运行	2.0	1.5
轻或重载启动及中等冲击运行	2.5	2.0
轻或重载启动及猛烈的冲击运行	3.0	2.5

传动滚筒组轴伸处计算扭矩值：

$$M_t = K_t M \tag{5-8}$$

改向滚筒组计算载荷：

$$M_n = K_b M_b \tag{5-9}$$

轴承计算载荷值：由于滚筒组的轴承座所配轴承均为球面调心滚子轴承。因此，调心滚子轴承的公称接触角 $\alpha \neq 0°$，所以在恒定的径向和轴向负荷作用下，其径向当量动负荷为

$$p_r = XF_r + YF_a \tag{5-10}$$

式中 X——轴承径向负荷系数，$X = 1$；

Y——轴承轴向负荷系数（见轴承样本），$Y = 0.45\cot\alpha$；

α——轴承公称接触角；

F_r——轴承计算径向负荷值，kN，其关系式为：

$$F_r = KT$$

K——输送带跑偏及输送带张力不均引起的附加载荷系数，系数取 $K = 0.55$；

T——滚筒所受合张力，kN，其关系式为：

$$T = T_1 + T_2$$

T_1——滚筒组绕入边张力，kN；

T_2——滚筒组绕出边张力，kN；

F_a——轴承计算轴向负荷，kN，$F_a = 10\% F_r$。

式（5-10）可简化为

$$p_r = p_r(1 + 0.1Y) = 0.55T(1 + 0.1Y) \tag{5-11}$$

5.3.3 滚筒组刚度与强度条件

滚筒的设计以刚度条件为设计计算依据，以强度条件进行复核。

5.3.3.1 刚度指标

轴刚度指标包括：

（1）挠度指标。

$$\text{滚筒组}\begin{cases}\text{全焊滚筒组}\begin{cases}\text{传动} & Y/L\leqslant 1/2500\\ \text{改向} & Y/L\leqslant 1/2000\end{cases}\\ \text{铸焊滚筒组}\begin{cases}\text{传动} & Y/L\leqslant 1/2800\\ \text{改向} & Y/L\leqslant 1/2500\end{cases}\end{cases}$$

其中，Y 为轴在两轴承座轴承中心的中点处挠度，mm，此挠度值不考虑轮毂与辐板及筒体的刚度产生反弯作用；L 为两轴承座轴承中心支距，mm。

（2）轮毂处转角。

$$\text{全焊滚筒组：}\begin{cases}\text{过盈配合 } \theta\leqslant 5'\\ \text{胀套联接 } \theta\leqslant 4'\end{cases}$$

铸焊滚筒组：胀套联接 $\theta\leqslant 4'$

（3）轴承处转角。

对于轴承公称内径 $d\leqslant 120$mm 时，$\theta\leqslant 12'$；

对于轴承公称内径 $d\geqslant 140$mm 时，$\theta\leqslant 8'$。

5.3.3.2　强度指标

（1）轴强度指标：

1）轮毂处轴强度指标。

$$\text{同轮毂与轴的联接形式有关：}\begin{cases}\text{开键槽 } f_b\leqslant 54\text{N/mm}^2\\ \text{未开键槽 } f_b\leqslant 70\text{N/mm}^2\end{cases}$$

2）轴承处轴强度指标：$f_b\leqslant 70\text{N/mm}^2$。

3）联轴节处轴扭转强度指标。

$$\text{同联轴节与轴联接关系有关：}\begin{cases}\text{开键槽 } f_b\leqslant 30\text{N/mm}^2\\ \text{未开键槽 } f_b\leqslant 42\text{N/mm}^2\end{cases}$$

4）联轴节与轴键联接挤压强度指标：$[\sigma_{jy}]\leqslant 120\text{N/mm}^2$。

（2）辐板强度指标：全焊滚筒组 $[\sigma_r]\leqslant 56\text{N/mm}^2$；铸焊滚筒组 $[\sigma_r]\leqslant 65\text{N/mm}^2$。

（3）筒皮强度指标：$[\sigma_r]\leqslant 560\text{N/mm}^2$。

5.3.4　滚筒覆盖胶

（1）覆盖胶的类型。覆盖胶可采用冷贴或热硫化方法制作，热硫化分底胶和面胶，底胶厚度 2～4mm。一般要求覆盖胶均采用热硫化方法实现。

（2）覆盖胶厚度。覆盖胶厚度按表 5－10 确定。

表 5－10　覆盖胶厚度

覆盖胶类型		滚筒直径 D/mm	
		ϕ400～1000	$>\phi$1000
覆盖胶厚度/mm	传动滚筒组	12	15
	改向滚筒组	10	12

（3）覆盖胶结构及尺寸。传动滚筒除特殊要求外，一般均要求覆盖层为包胶结构，

胶面开有八字形沟槽或菱形沟槽，改向滚筒覆盖层为光面包胶。

由于考虑排泥及驱动系数提高因素，胶面沟槽走向角一般取走向角为 $\theta=120^\circ\sim140^\circ$。由于井下潮湿，湿度很大，户外露天没有防护罩等，滚筒组沟槽走向角为 120°，其他场合沟槽走向角为 140°。

（4）许用面压。如图 5－10 所示，有

$$T=S\sin\frac{d\alpha}{2}+(S+dS)\sin\frac{d\alpha}{2}$$

$$\approx 2S\sin\frac{d\alpha}{2}+dS\sin\frac{d\alpha}{2}$$

$$=Sd\alpha=\frac{S}{R}dL$$

即
$$P=\frac{T}{B_w dL}=\frac{S}{RB_w} \tag{5-12}$$

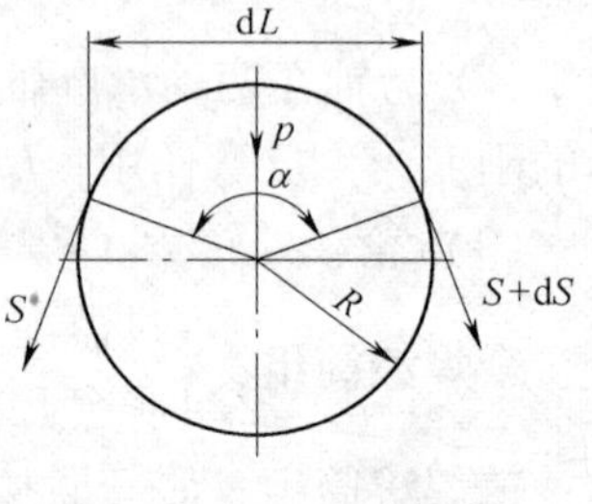

图 5－10　面压关系

（5）覆盖胶结构及尺寸，如表 5－11 所示。

表 5－11　覆盖胶结构及尺寸

<table>
<tr><th>沟　槽　形　式</th><th>许用比压 q/N·mm^{-2}</th><th>沟槽尺寸/mm</th></tr>
<tr><td rowspan="2">人字形沟槽
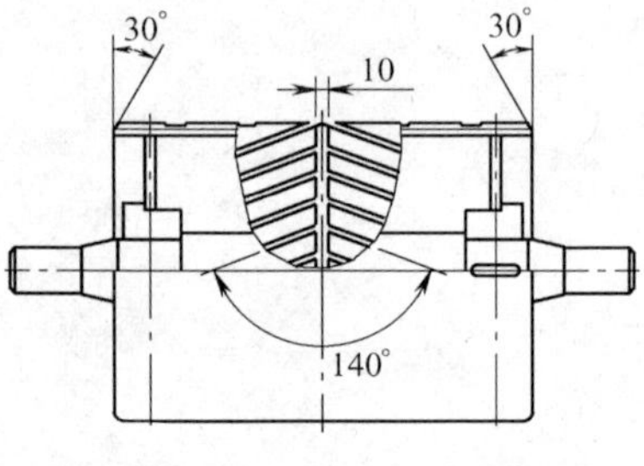</td><td>中　型
$q\leq0.5$</td><td>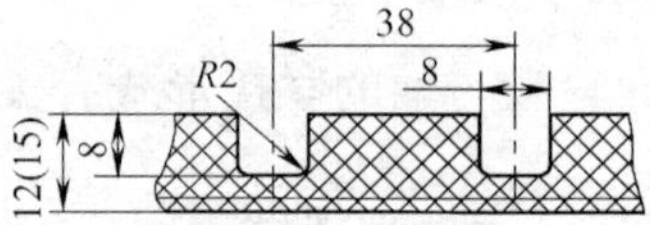</td></tr>
<tr><td>重　型
$q>0.5$</td><td>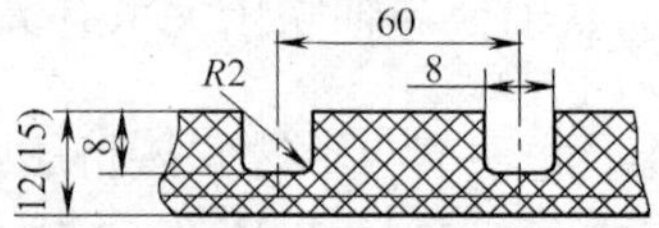</td></tr>
<tr><td rowspan="2">菱形沟槽
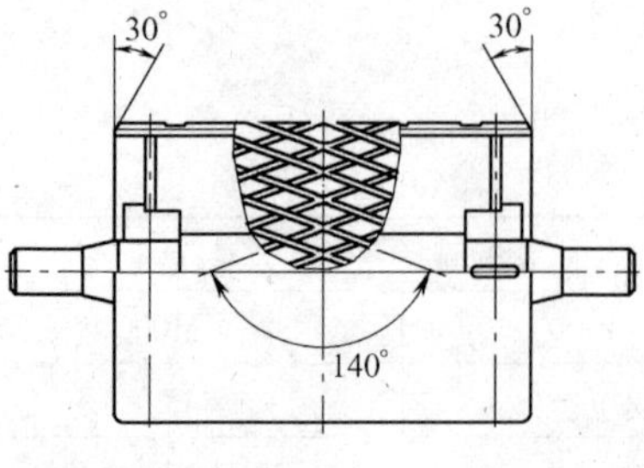</td><td>中　型
$q\leq0.5$</td><td>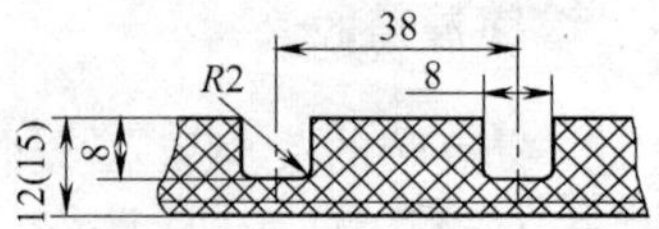</td></tr>
<tr><td>重　型
$q>0.5$</td><td>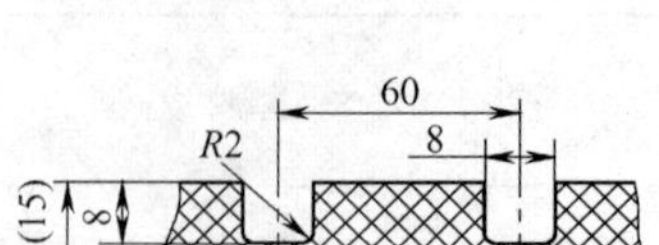</td></tr>
</table>

（6）沟槽尺寸参数计算。由图 5－11 知，

$$n_1 = \frac{n}{\sin\dfrac{\theta}{2}} = \frac{\pi(D+2\delta-\delta_1)}{[n]}$$

则
$$n = \sin\frac{\theta}{2} \cdot \frac{\pi(D+2\delta-\delta_1)}{[n]} \quad (5-13)$$

面压许用值 $[p_s]$ 为

$$[p_s] \geqslant \frac{S}{RB_w} \cdot \frac{n}{n-m} \quad (5-14)$$

式中 S——输送带最大张力值，N；

R——滚筒半径值，mm；

B_w——带宽，mm；

n——沟槽间距，mm；

m——沟槽宽，mm；

θ——沟槽交角，(°)；

$[n]$——等分数（取整）；

$[p_s]$——许用面压值，N/mm^2。

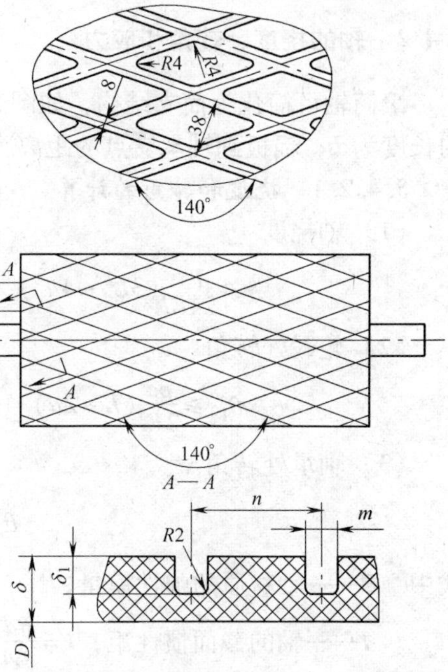

图 5－11 沟槽的结构尺寸

5.4 轴的刚度和强度的计算

5.4.1 滚筒组轴承座中心支距

在滚筒组设计上，必须保证合理结构布置形式，以实现滚筒承受载荷运转时，各部件应力最小。总体布置时，两轴承座中心支距在允许范围内尽可能缩小，而辐板间距尽可能增大，规范规定两辐板间距值等于带宽。考虑滚筒在实际工况要求上的不同，建议滚筒两轴承座中心支距值符合下述参数式及参数表要求。

两轴承座中心支距 A：

$$A = B_0 + g + (50 \sim 200) \quad (5-15)$$

特殊要求时：

$$A = B_0 + g + 350 \quad (5-16)$$

式中 B_0——辐板间距，mm；

g——轴承座宽度，mm。

轴承座中心距按表 5－12 选取。

表 5－12 轴承座中心距

带宽 B/mm	轴承座中心距 A/mm	带宽 B/mm	轴承座中心距 A/mm
500	$B+350 \sim B+650$	1800	$B+500 \sim B+950$
650	$B+400 \sim B+650$	2000	$B+550 \sim B+1000$
800	$B+400 \sim B+650$	2200	$B+650 \sim B+1000$
1000	$B+450 \sim B+850$	2400	$B+700 \sim B+1050$
1200	$B+400 \sim B+650$	2600	$B+700 \sim B+1050$
1400	$B+450 \sim B+900$	2800	$B+700 \sim B+1050$
1600	$B+500 \sim B+900$	3000	$B+700 \sim B+1050$

5.4.2　轴的挠度、转角和应力

滚筒轴可简化为简支结构，如图 5－12 所示，所受力通过辐板和轮毂作用到轴上，轴的长度为 L，辐板到轴承支点的距离为 a。

5.4.2.1　挠度和转角的计算

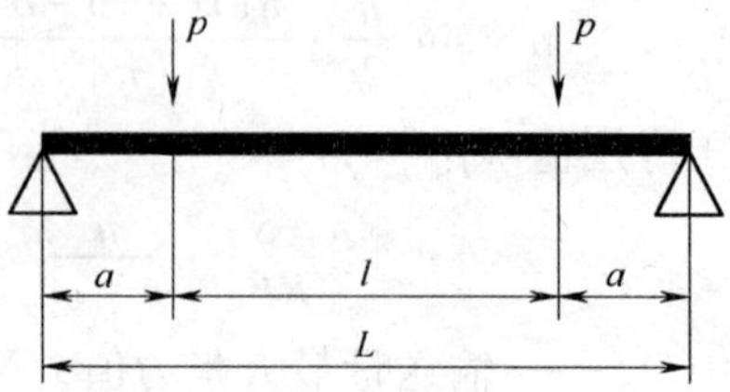

图 5－12　轴的受力

（1）轴挠度

$$y \geqslant \frac{pa}{24EI}(3L^2-4a^2) \tag{5-17}$$

（2）轮毂处转角

$$\theta_{\mathrm{Lg}} \geqslant \frac{pa}{2EI}(L-2a) \tag{5-18}$$

（3）轴承处转角

$$\theta_{\mathrm{ZC}} \geqslant \frac{pa}{2EI_{\mathrm{m}}}(L-a) \tag{5-19}$$

式中　E——轴材质的弹性模量，$\mathrm{N/mm^2}$；

I——轴的截面惯性矩，$I=\frac{\pi d^4}{64}$，$\mathrm{mm^4}$；

I_{m}——轴的当量侧面惯性矩，其关系式为：

$$I_{\mathrm{m}} = \frac{\pi\left(\dfrac{L}{\sum\limits_{i=1}^{n}\dfrac{L_i}{d_i^4}}\right)}{64}$$

5.4.2.2　应力计算

（1）传动滚筒组。

1）轮毂处应力

$$f_{\mathrm{b}} \geqslant \frac{Mn}{\frac{\pi}{16}d^3} = \frac{16\sqrt{(K_{\mathrm{b}}M_{\mathrm{b}})^2+(K_{\mathrm{t}}M)^2}}{\pi d^3} \tag{5-20}$$

2）轴承处应力

$$f_{\mathrm{b}} \geqslant \frac{16\sqrt{(K_{\mathrm{b}}M_{\mathrm{b1}})^2+(K_{\mathrm{t}}M)^2}}{\pi d^3} \tag{5-21}$$

式中　M_{b1}——轴承座处危险截面弯矩（图 5－13），$M_{\mathrm{b1}}=pL_0$，$\mathrm{kN \cdot m}$。

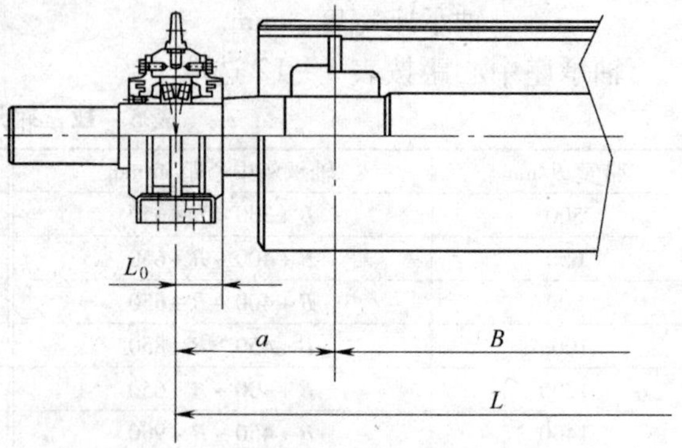

图 5－13　轴承座处的危险截面位置

3）轴伸处轴扭转应力

$$f_{\mathrm{b}} \geqslant \frac{16K_{\mathrm{t}}M}{\pi d^3} \tag{5-22}$$

4）轴伸处轴挤压应力

单键　　$$[\sigma_{\mathrm{jy}}] \geqslant \frac{4K_{\mathrm{t}}M}{dhl} \tag{5-23}$$

式中 d——轴伸直径，mm；

h——键高，mm；

l——键的工作长度，mm。

双键

$$[\sigma_{jy}] \geqslant \frac{4K_t M}{1.5dhl} \qquad (5-24)$$

图 5－14 为 A 型键和 C 型键的截面计算关系。

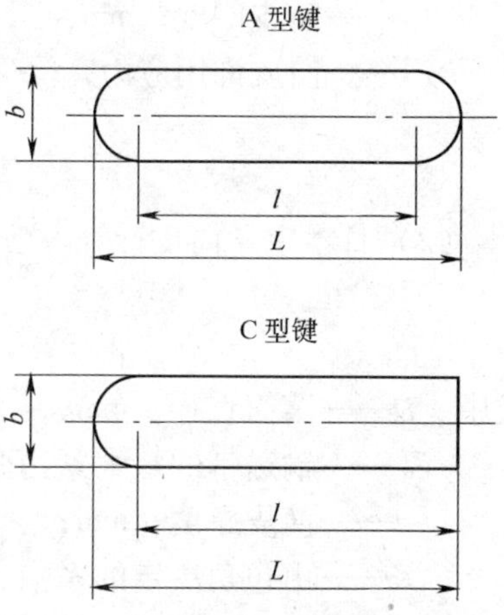

图 5－14　键的截面计算

（2）改向滚筒组。

1）轮毂处轴应力

$$f_b \geqslant \frac{32K_b pa}{\pi d^3} \qquad (5-25)$$

2）轴承处轴应力

$$f_b \geqslant \frac{32K_b pL_0}{\pi d^3} \qquad (5-26)$$

5.5　筒皮与辐板的计算

5.5.1　筒皮

筒皮的力学分析离不开它与辐板及轴的整体组合力学特性，对它的分析可从两种力学模型分析。一种是辐板为柔性连接（见图 5－15（a）），另一种是辐板为刚性连接（见图 5－15（b））。

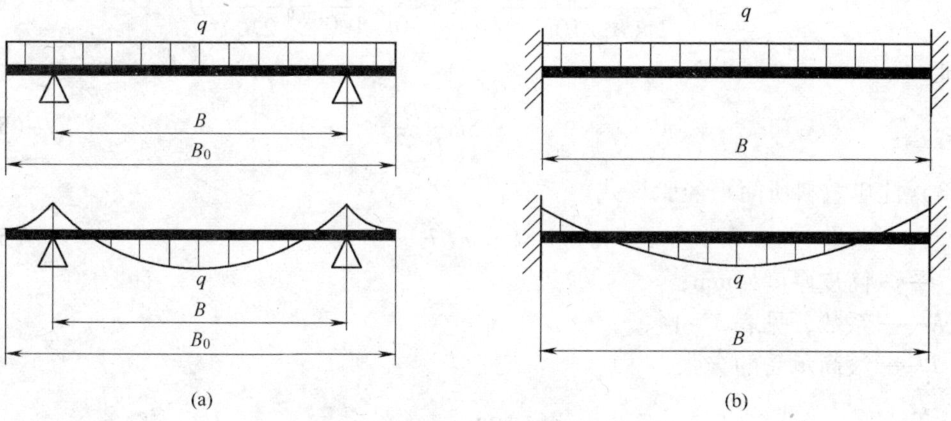

图 5－15　辐板的柔性和刚性连接

（a）柔性连接；（b）刚性连接

从其受力状态可知，筒皮中点和靠近轮辐处的应力比较大，为筒皮危险点，从使用经验来看，只要保证靠近辐板处的筒皮强度就足够了。从国内外各公司的筒皮计算方法来看，其均为经验计算。现将各公司的计算方法列出以供选择。

（1）DX 型系列滚筒筒皮计算法。

$$\sigma = 0.056\frac{TD}{B_w t^2} \leqslant [\sigma] \qquad (5-27)$$

式中 T——滚筒受的合张力，kg；

D——滚筒直径，mm；

B_w——两辐板中心距，mm；

t——筒皮厚度，mm；

$[\sigma]$——筒皮许用应力，$[\sigma]=13\text{kg/mm}^2$，如将许用应力指标定为 5.5kg/mm^2，则：

$$\sigma = 0.024\,\frac{T_W D}{B_w t^2} \tag{5-28}$$

（2）日本宗孝筒皮计算方法。

$$\sigma = K\left(\frac{3T_W}{B_w t^2}D\right) \tag{5-29}$$

式中 D——滚筒直径，mm；

T_W——输送带的最大紧边张力，kg；

t——筒皮厚度，mm；

K——由包角决定的系数，见表5－13。

表5－13 由包角决定的系数

包角 α/(°)	40	60	80	100	120	140	160	180	200	220	240
K	0.1097	0.1270	0.1249	0.1092	0.1006	0.081	0.0551	0.0292	0.0551	0.081	0.1006

如将上述参数 T_W 转化为合张力 T，B、t、D 单位为mm，则

$$\sigma = k \times \frac{3T}{2\times B_w/10\times t^2/100}\times\frac{D}{10}\times\frac{1}{100} = k\,\frac{3T}{2B_w t^2}D$$

即

$$\sigma = 1.5k\,\frac{TD}{B_w t^2} \tag{5-30}$$

（3）沈矿散料所简易经验算式。

$$t = \sqrt[3]{KT} \tag{5-31}$$

式中 t——筒皮厚度，mm；

K——系数，见表5－14；

T——滚筒承受的合张力，t。

表5－14 系数 K

滚筒类型	带宽/mm								
	800	1000	1200	1400	1600	1800	2000	2200	2400
传动滚筒	130	162	194	226	258	290	322	355	388
改向滚筒	75	94	112	130	148	166	184	202	220

（4）带有锁紧器的滚筒设计计算。筒皮厚度由滚筒直径、滚筒长度、输送带张力、制动时的附加摩擦等因素决定，该计算是预选给定筒皮厚度，校验其应力的计算方法。

该设计方法认为软辐板筒皮的最大应力产生在筒皮长度方向的中部、筒皮厚度方向的

外部，一般情况下这种应力可以十分近似的计算出。其公式为：

筒皮轴向方向的应力

$$\sigma_X = 0.65\frac{T_1}{l_1 t}\sum R_{mx} \tag{5-32}$$

筒皮圆周方向的应力

$$\sigma_\varphi = 0.65\frac{T_1}{l_1 t}\sum R_{m\varphi} \tag{5-33}$$

式中 l_1——两辐板中心线间距，mm；

T_1——输送带最大张力，N；

t——筒皮厚度，mm；

$\sum R_{mx}$——系数，见表 5－15；

$\sum R_{m\varphi}$——系数，见表 5－16。

表 5－15 和表 5－16 中，λ 和 k 分别为

$$\lambda = \frac{\pi R_T}{l_1}, k = \frac{t^2}{12R_T^2} \tag{5-34}$$

式中 R_T——筒皮平均半径（参见图 5－16），mm，其关系式为：

$$R_T = (D - T)/2 = r_a + t$$

t——筒皮厚度，mm；

D——筒皮外径，mm；

r_a——筒皮内半径，mm。

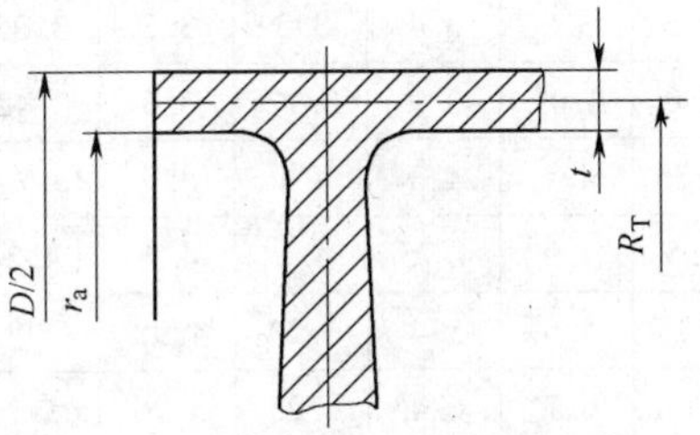

图 5－16 筒皮平均半径

系数 $\sum R_{mx}$、$\sum R_{m\varphi}$ 分别由系数 λ、k 计算而得，如表 5－15 和表 5－16 所示。

表 5－15 轴向系数 ΣR_{mx}

λ	k													
	2	2.5	3	4	5	6	7	8	9	10	11	12	13	14
2.5	1.89	1.79	1.72	1.65	1.61	1.53	1.48	1.43	1.4	1.37	1.34	1.33	1.32	1.31
2.0	2.4	2.3	2.16	2	1.9	1.8	1.73	1.7	1.68	1.58	1.52	1.5	1.49	1.45
1.75	2.7	2.5	2.4	2.3	2.1	2.0	1.9	1.8	1.75	1.7	1.68	1.66	1.64	1.62
1.5	3	2.8	2.72	2.62	2.5	2.4	2.3	2.22	2.2	2.18	2.14	2.1	2.06	2.02
1.25	3.52	3.4	3.3	3.1	2.9	2.75	2.7	2.64	2.58	2.54	2.5	2.47	2.44	2.42
1.00	4.5	4.4	4.2	3.92	3.8	3.65	3.52	3.46	3.3	3.2	3.0	2.94	2.9	2.87
0.75	6.3	5.9	5.6	5.21	4.8	4.62	4.4	4.2	4.0	3.82	3.7	3.58	3.48	3.4
0.50	8.55	7.9	7.32	6.62	6.0	5.6	4.45	5.2	4.96	4.8	4.7	4.6	4.55	4.5

λ	k													
	15	16	17	18	19	20	25	30	35	40	50	60	70	80
2.5	1.3	1.28	1.25	1.23	1.22	1.21	1.2	1.19	1.18	1.17	1.15	1.14	1.12	1.11
2.0	1.42	1.40	1.38	1.36	1.34	1.32	1.3	1.29	1.28	1.27	1.26	1.25	1.24	1.23
1.75	1.6	1.58	1.56	1.54	1.52	1.5	1.49	1.48	1.46	1.45	1.44	1.42	1.41	1.4

续表 5 - 15

λ	k													
	15	16	17	18	19	20	25	30	35	40	50	60	70	80
1.5	1.98	1.94	1.9	1.88	1.86	1.84	1.74	1.72	1.62	1.55	1.5	1.44	1.42	1.4
1.25	2.4	2.3	2.28	2.26	2.24	2.22	2.1	2.0	1.9	1.8	1.7	1.52	1.48	1.4
1.00	2.8	2.76	2.72	2.68	2.64	2.6	2.3	2.17	2.15	2.0	1.8	1.7	1.65	1.8
0.75	3.3	3.22	3.15	3.1	3.0	2.9	2.7	2.6	2.5	2.4	2.22	2.1	2.05	2.0
0.50	4.47	4.34	4.28	4.22	4.16	4.1	3.9	3.8	3.75	3.7	3.75	3.7	3.8	3.85

表 5 - 16　周向系数 $\sum R_{m\varphi}$

λ	k													
	2	2.5	3	4	5	6	7	8	9	10	11	12	13	14
2.5	3.5	3.4	3.3	3.2	3.05	3.0	2.9	2.85	2.8	2.72	2.68	2.66	2.64	2.62
2.0	4.05	3.9	3.72	3.6	3.42	3.4	3.3	3.25	3.22	3.21	3.16	3.12	3.08	3.0
1.75	4.4	4.3	4.1	3.9	3.74	3.7	3.6	3.54	3.48	3.4	3.3	3.26	3.24	3.22
1.5	4.9	4.75	4.6	4.4	4.2	4.05	3.9	3.8	3.76	3.7	3.66	3.62	3.58	3.55
1.25	5.6	5.4	5.23	4.98	4.8	4.7	4.6	4.5	4.4	4.3	4.24	4.18	4.12	4.06
1.00	6.7	6.4	6.25	5.96	5.7	5.5	5.4	5.3	5.2	5.1	5.04	4.98	4.92	4.86
0.75	8.7	8.5	8.2	7.8	7.5	7.23	6.96	6.8	6.65	6.5	6.4	6.3	6.3	6.0
0.50	13.1	12.3	11.6	10.7	10.7	9.3	8.75	8.3	8.1	7.8	7.62	7.5	7.3	7.1

λ	k													
	15	16	17	18	19	20	25	30	35	40	50	60	70	80
2.5	2.6	2.58	2.56	2.54	2.52	2.50	2.45	2.4	2.35	2.3	2.22	2.2	2.18	2.15
2.0	2.96	2.94	2.92	2.90	2.88	2.85	2.7	2.6	2.5	2.45	2.4	2.36	2.33	2.3
1.75	3.2	3.18	3.16	3.14	3.12	3.1	2.9	2.8	2.7	2.65	2.6	2.56	2.53	2.5
1.5	3.5	3.48	3.46	3.44	3.42	3.4	3.3	3.2	3.1	3.0	2.9	2.8	2.75	2.72
1.25	4	3.98	3.96	3.94	3.91	3.88	3.75	3.6	3.5	3.45	3.4	3.2	3.1	3.0
1.00	4.8	4.76	4.72	4.68	4.64	4.6	4.4	4.2	4.0	3.85	3.7	3.5	3.45	3.4
0.75	5.75	5.7	5.65	5.6	5.5	5.4	5.0	4.7	4.5	4.4	4.1	3.9	3.74	3.6
0.50	6.9	6.8	6.7	6.5	6.35	6.2	5.8	5.6	5.25	5.0	4.6	4.5	4.38	4.2

5.5.2　辐板

国内外辐板设计与计算方法相当多，大部分是经验计算方法，而且每一种方法的计算结果均略有出入，但辐板与筒皮的刚度系数不同，产生的力学分析模型也略有区别：一种是假设辐板与筒皮为铰接联接，另一种是假设辐板与筒皮刚性联接。

（1）辐板与筒皮铰接联接，如图 5 - 17 所示。

轮毂外径 $2r_1$ 处最大弯曲应力

$$\sigma_r = \alpha \frac{M_0}{rt^2} \tag{5-35}$$

轮毂处转角

$$\theta = \beta \frac{M_0}{Et^3} \tag{5-36}$$

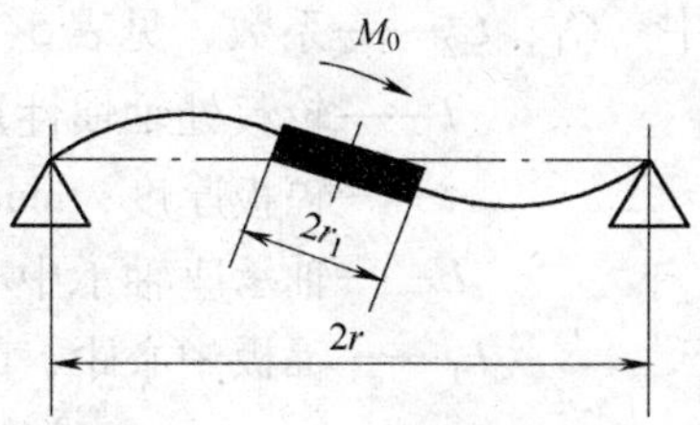

图 5-17 铰接联接

式中 σ_r——轮毂处最大弯曲应力，N/mm^2；
M_0——辐板承受的弯矩，N · mm；
r——辐板外径，mm；
t——辐板厚度，mm；
E——材料的弹性模量，$E = 2.1 \times 10^5 N/mm^2$；
α，β——系数，与辐板的内外径比值有关，见表 5-17 和表 5-18。

表 5-17 铰接联接的 α、β

$k = r_1/r$	0.10	0.15	0.20	0.25	0.30	0.35	0.40	0.45	0.50	0.55	0.60	0.65	0.70	0.75	0.80
α	9.478	6.252	4.621	3.625	2.947	2.50	2.062	1.75	1.489	1.27	1.067	0.89	0.731	0.59	0.449
β	1.403	1.058	0.800	0.641	0.500	0.391	0.301	0.228	0.169	0.121	0.084	0.056	0.035	0.02	0.01

表 5-18 刚性联接的 α、β

$k = r_1/r$	0.10	0.15	0.20	0.25	0.30	0.35	0.40	0.45	0.50	0.55	0.60	0.65	0.70	0.75	0.80
α	9.36	6.09	4.41	3.37	2.66	2.13	1.73	1.41	1.146	0.93	0.75	0.60	0.47	0.36	0.262
β	1.14	0.819	0.597	0.438	0.321	0.233	0.167	0.118	0.02	0.0542	0.035	0.0216	0.0125	0.067	0.032

（2）辐板与筒皮为刚性联接，如图 5-18 所示。

轮毂外径 $2r_1$ 处最大弯曲应力

$$\sigma_r = \alpha \frac{M_0}{rt^2} \tag{5-37}$$

轮毂处转角

$$\theta = \beta \frac{M_0}{Et^3} \tag{5-38}$$

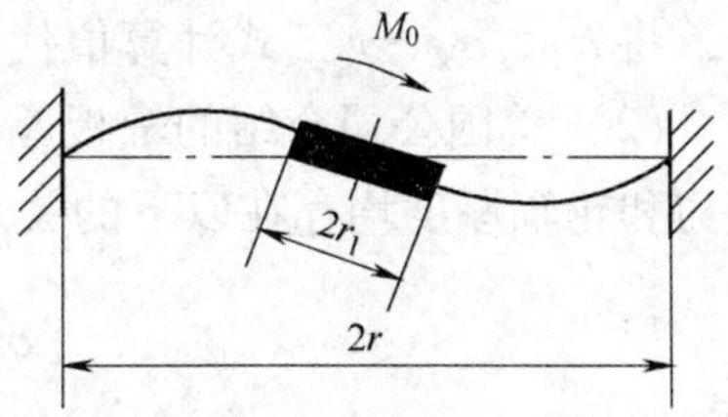

图 5-18 刚性联接

从上述两种约束方式来看，当辐板与筒皮为刚性联接时，轮毂处的最大应力及转角均小于铰接联接方式。

附注：国内外各家公司的辐板厚度确定方法

（1）DX 手册关于辐板强度计算。由前述受力分析可知辐板靠近轮毂受力最大处为危险受力区。靠近轮毂处辐板受的力有：由于辐板弯曲产生的弯曲应力 σ_1；由于辐板受径向力产生的压应力 σ_2；由于传递扭矩产生的剪应力 τ。

弯曲应力 σ_1（kg/mm^2）可近似按下式计算

$$\sigma_1 = C_2 \frac{T(L-L_1)}{Rt^2\left(4 + \frac{8C_1 I}{L_1 t^3}\right)} \tag{5-39}$$

式中　C_1，C_2——系数，见表5－19；

I——轮毂处轴惯性矩，$I=\pi d^4/64$，mm^4；

t——辐板厚度，mm；

L——轴承座轴承中心支距，mm；

L_1——辐板中心距，mm。

表5－19　系数 C_1、C_2

r/R	0.10	0.15	0.20	0.25	0.30	0.35	0.40	0.45	0.50	0.55	0.60	0.65	0.70	0.75	0.80
C_1	1.15	0.81	0.59	0.43	0.32	0.25	0.18	0.12	0.086	0.056	0.035	0.023	0.013	0.0064	0.0032
C_2	6.06	5.4	4.52	3.4	2.65	2.15	1.75	1.45	1.14	0.888	0.684	0.568	0.466	0.346	0.262

辐板压应力可以按下式计算

$$\sigma_r=\frac{T}{4rt\pi} \tag{5-40}$$

辐板在轮毂处的剪应力可按下式计算

$$\tau=\frac{M_t}{W_P}=\frac{M_t}{\frac{\pi d^3}{16}}=\frac{16M_t}{\pi d^3} \tag{5-41}$$

靠近轮毂处辐板应力

$$[\sigma]\geqslant\sigma=\sqrt{(\sigma_1+\sigma_2)^2+3\tau^2} \tag{5-42}$$

式中　$[\sigma]$——许用应力，$[\sigma]=13kg/mm^2$。

将 σ_1、σ_2、τ 三式计算值代入式（5－42）中，计算 σ。

（2）美国公司介绍的辐板厚度与应力关系。该公司的设计思想为任何形式的滚筒处应力和轮辐厚度均存在以下的关系

$$[\sigma]\geqslant\sigma=0.25\frac{T\beta L_1(L-L_1)}{Dt^2I\left(\frac{1}{\alpha t^3}+\frac{l_1}{2I}\right)} \tag{5-43}$$

式中　T——滚筒所受合张力，kg；

α，β——系数，见表5－20；

L——轴承中心支距，mm；

L_1——辐板中心距，mm；

D——辐板外径，mm；

t——辐板厚度，mm；

I——轮毂外轴惯性矩，$I=\pi d^4/64$，mm^4；

d——轴径，mm；

$[\sigma]$——许用应力，kg/mm^2。

（3）日本宗孝方法。表5－21为轮毂部位轴径 d_1 与轴承部位轴径 d_0 的关系，表5－22为轮毂部位轴径 d_1 与筒皮及辐板关系。

表 5 – 20 随轮毂和辐板几何尺寸变化的 α、β 值

$K=d/D$	0.10	0.15	0.20	0.25	0.30	0.35	0.40	0.45	0.50	0.55	0.60	0.65	0.70	0.75	0.80
α	0.087	1.23	1.68	2.31	3.1	4.00	5.45	8.2	12.40	18.00	28.5	44.0	77.9	156.0	314.0
β	6.06	5.40	4.52	3.40	2.65	2.15	1.75	1.45	1.14	0.888	0.684	0.568	0.466	0.346	0.262

表 5 – 21 轮毂部位轴径 d_1 与轴承部位轴径 d_0 的关系 (mm)

轮毂部位轴径 d_1	50 ~ 80	80 ~ 110	110 ~ 160	160 ~ 210	210 ~ 230
轴承部位轴径 d_0	d_1-10	d_1-15	d_1-20	d_1-25	d_1-30

表 5 – 22 轮毂部位轴径 d_1 与筒皮及辐板关系 (mm)

轴承部位轴径	40	50	60	70	80	90	100	110	125	140
筒皮厚度	7	7	10	40	12	12	14	14	16	16
辐板厚度	9	9	12	12	14	14	16	16	19	19
STK 应有的厚度	9	9	12	12	14	14	16	16	19	19
轴承部位轴径	150	160	170	180	200	220	240	260	280	300
筒皮厚度	19	19	19	22	22	24	26	28	30	32
辐板厚度	22	22	22	22	22	22	22	22	24	24
STK 应有的厚度	22	22	22	用 SS41 弯曲加工						
				26	26	28	30	32	34	36

(4) 德国 KOCH 公司筒皮辐板厚度与轴承直径关系。图 5 – 19 为筒皮厚度与辐板厚度的关系，表 5 – 23 为 KOCH 公司筒皮辐板厚度与轴承直径关系。

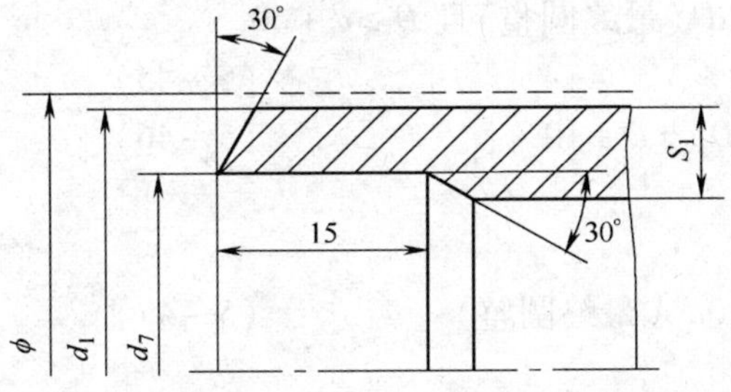

图 5 – 19 筒皮厚度与辐板厚度的关系

表 5 – 23 德国 KOCH 公司筒皮辐板厚度与轴承直径关系 (mm)

d_1	500		630			800		1000					1250	
筒皮	508 × 11	508 × 12.5	636 × 13	636 × 15	636 × 18	806 × 15	806 × 18	1006 × 18	1004 × 20	1004 × 22	1004 × 25	1006 × 28	1256 × 18	1256 × 20
轴承直径 d_1	80	100	100	125	160	125	160 180	160 180	200 220	240	260	280	180	200 220
S_1	9.5	11	12	12	15	12	15	15	18	20	23	25	15	18
d_7	488	485	608	608	602	778	772	922	967	963	957	953	1223	1217

续表 5 – 23

d_1	1250							1400					
筒皮	1254 × 22	1254 × 25	1256 × 28	1256 × 28	1256 × 30	1256 × 30	1254 × 32	1404 × 25	1406 × 28	1406 × 30	1404 × 30	1404 × 32	1404 × 40
轴承直径 d_1	240	260	280	300	320	340	360 380	260	280 300	320	340	360 380	400
S_1	20	23	25	25	27	27	30	23	25	27	27	30	35
d_7	1213	1208	1204	1204	1200	1200	1194	1350	1354	1350	1350	1344	1334

5.6　轮毂的尺寸和强度计算

轮毂按其与轴的联接关系可分为过盈联接及胀套联接两种类型，过盈联接又分为过盈联接及过盈联接配键联接两种形式。因此，在轮毂强度计算时，按基本联接形式不同所采用的计算方法也有所区别。

轮毂与轴过盈联接一般要求传动滚筒轴与轮毂在采用过盈联接的同时也充分考虑传动滚筒传递扭转力矩的特点而在联接中配一组平键以确保扭转力矩的传递可靠。而对改向滚筒组仅采用过盈配合即可。由此，可对改向滚筒组及传动滚筒组的轮毂几何参数作如下约定（参见图 5 – 20）。

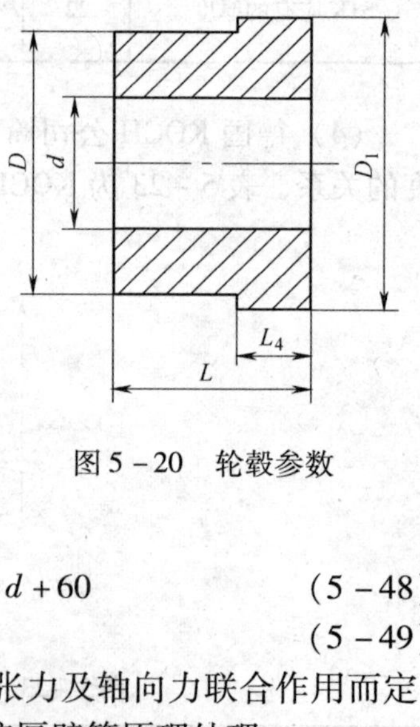

图 5 – 20　轮毂参数

（1）传动滚筒组。

轮毂长度

$$L = 1.2d \text{（最终圆整）} \quad (5-44)$$

轮毂外径

$$D \geqslant (1.55 \sim 1.6)d \text{（最终圆整）且 } D \geqslant d + 60 \quad (5-45)$$

$$D_1 = D + 10 \quad (5-46)$$

（2）改向滚筒组。

轮毂长度

$$L = 1.0d \text{（最终圆整）} \quad (5-47)$$

轮毂外径

$$D \geqslant (1.55 \sim 1.6)d \text{（最终圆整）且 } D \geqslant d + 60 \quad (5-48)$$

$$D_1 = D + 10 \quad (5-49)$$

（3）过盈联接。过盈量的选取，按滚筒承担的扭矩、合张力及轴向力联合作用而定，并用过盈联接处不发生塑性变形条件作校核，具体计算方法按厚壁筒原理处理。

1）过盈配合所需的压力。

承受扭矩作用时

$$p_1 = \frac{2K_t M}{f\pi d^2 L} \quad (5-50)$$

承受弯矩作用时

$$p_2 = \frac{6pa}{dL^2} \quad (5-51)$$

承受径向力作用时

$$p_3 = \frac{1.15p}{dL} \tag{5-52}$$

承受轴向力作用时

$$p_4 = \frac{0.1p}{f\pi dL} \tag{5-53}$$

确保配合面不产生相对位移所需总的压力

$$p_5 = p_1 + p_2 + p_3 + p_4 \tag{5-54}$$

2）保证配合面压力 p_5 时所需最小过盈量

$$\delta_{emin} = \frac{2dD^2}{E(D^2 - d^2)} p_{5min} \tag{5-55}$$

式中 E——弹性模量，$E = 2.1 \times 10^5$，N/mm^2；

D——轮毂外径，mm。

采用温差法进行装配时，最小过盈量

$$\delta_{min} = \delta_{emin}$$

采用压入法装配时，则最小过盈量

$$\delta_{min} = \delta_{emin} + 2(S_a + S_i) \tag{5-56}$$

式中 S_a——轴与孔配合时，孔表面粗糙度压平部分的深度，mm；其关系式为：

$$S_a = 1.6R_{am}$$

R_{am}——孔轮廓算式平均偏差，mm；

S_i——轴与孔配合时，轴表面粗糙度压平部分的深度，mm；其关系式为：

$$S_i = 1.6R_{ai}$$

R_{ai}——轴表面算术平均偏差，mm。

3）验算配合件的强度，即验算在配合件的接触表面上是否发生塑性变形。

包容件不发生塑性变形的条件为

$$\sigma_{t2max} \leqslant \sigma_S, \ \tau_{2max} \leqslant \tau_S \tag{5-57}$$

其中

$$\sigma_{\tau 2max} = p_{5min}\left[\frac{1 + (d/D)^2}{1 - (d/D)^2}\right]$$

$$\tau_{2max} = \frac{p_{5min}}{1 - (d/D)^2}$$

被包容件不发生塑性变形的条件为

$$\sigma_{\tau 1} \leqslant \sigma_S \tag{5-58}$$

其中

$$\sigma_{\tau 1} = 2p_{smin}$$

4）验算零件内表面的塑性变形可能性。

包容件表面发生塑性变形的表面压力为

$$p_{T2} = \frac{1}{2\sigma_{G2}\left[1 - \left(\frac{d}{D}\right)^2\right]} \tag{5-59}$$

被包容件表面发生塑性变形的表面压力为

$$p_{T1} = \frac{1}{2}\sigma_{S1} \qquad (5-60)$$

5）过盈配合的装配参数

热装时，包容件的加热温度

$$\Delta r = \frac{\delta_{max} + \delta}{ad} \qquad (5-61)$$

冷装配时，被包容件的冷却温度

$$\Delta L = \frac{\delta_{max} + \delta}{ad} \qquad (5-62)$$

式中　δ_{max}——配合件的最大过盈量，mm；

δ——装配时的最小间隙，mm；

a——包容件与被包容件的材料线膨胀系数，$a = 13.5 \times 10^{-6}$/℃；

d——配合直径，mm。

5.7　胀套联接的计算

胀套联接结构是当今国际上广泛用于重型载荷下机械联接的一种先进基础部件，在轮毂和轴的联接中，它是靠拧紧高强度螺栓使包容面间产生压力和摩擦力以实现负载传递的一种无键联接装置。采用胀套联接有如下优点：

（1）高精度自动定位；

（2）可传递大扭矩和轴向力；

（3）可采用较小的轴径，承担较大的弯矩；

（4）可联接不可焊材料；

（5）可从外部安装拆卸，并可重复使用；

（6）避免键槽联接轴缺口的应力集中作用；

（7）可承受交变载荷和冲击载荷；

（8）避免接合面锈蚀，避免螺栓额外负载；

（9）降低孔和轴的加工精度和加工费用；

（10）节省材料 60% 以上，减少整机体积，成本回收快。

Z9 型胀套的特点：承载能力大，适用于受弯矩负荷的改向滚筒组。该型号对轴及轮毂的单位接触面积的压强小。

Z12 型胀套的特点：抗变形强度高，自动定心定位性能好，可承受较大的扭矩，应用于传动滚筒组。

胀套联接的设计与计算主要是满足合适的轮毂结构及强度要求。对于传动滚筒，要求胀套传递的扭矩值为滚筒许用扭矩的 2.5 ~ 3 倍。

改向滚筒组要求在承受轴向力及弯矩径向力情况下，接合面的压强要小于许用压强的 1.5 ~ 2.0 倍以上。

（1）轮毂宽度及外径确定。

轮毂宽度

$$L \leqslant (1.4 \sim 1.6) L_1 \qquad (5-63)$$

式中 L_1——胀套宽度，mm。

传动滚筒（Z12 型）

$$L = 2L - L_1 + (20 \sim 26) \quad (\text{圆整尾数为零}) \tag{5-64}$$

改向滚筒（Z9 型）

$$L = [\mathrm{INT}(2/3B) + n + (5 \sim 10)] \times 2 \quad (\text{圆整尾数为零}) \tag{5-65}$$

（2）轮毂外径确定。计算轮毂最小必要外径时可用一般空心厚壁圆筒公式。

轮毂外径 D_N

$$D_N \geqslant D\sqrt{\frac{[\sigma] + p_N C}{[\sigma] - p_N C}}$$

式中 $[\sigma]$——轮毂材质的许用应力，$[\sigma] \leqslant 0.9\sigma_{0.2}$，$N/mm^2$；

$\sigma_{0.2}$——轮毂材质的屈服强度，N/mm^2；

D——胀套外径，mm；

p_N——胀套与轮毂的单位面积接触压强，N/mm^2；

C——毂型系数，一般取 $C=1$，当 $L=(1.4 \sim 1.6)L_D$时，$C=0.84 \sim 0.76$。

（3）传动滚筒组及改向滚筒组胀套联接安全系数。

1）改向滚筒组配合面所需的必要压强

$$p_5 = p_2 + p_3 + p_4 \leqslant \frac{p_W}{n} \tag{5-66}$$

式中 p_W——单位面积轴与胀套接触压强，N/mm^2；

n——安全系数，$n = 1.5 \sim 2$。

2）传动滚筒组配合面所需的必要压强

$$p_5 = p_1 + p_2 + p_3 + p_4 \leqslant \frac{p_W}{n} \quad (n = 1.5 \sim 2) \tag{5-67}$$

3）传动滚筒组扭转安全系数

$$n \geqslant \frac{p_N L_1 D f}{2K_t M} = \frac{f p_N L_1 D}{2K_t M} \quad (n = 2.5 \sim 3) \tag{5-68}$$

5.7.1 胀套联接最小螺栓拧紧力矩计算

5.7.1.1 Z12 型胀套受力分析

（1）如图 5-21 和图 5-22 所示，胀套的外环与内环的受力情况为

内环：

$$p = F_2 + F\cos\theta + N\sin\theta$$
$$N_2 = N\cos\theta - Nf\sin\theta$$
$$F_2 = fN_2$$

则

$$\begin{aligned} p &= fN_2 + N(f\cos\theta + \sin\theta) \\ &= fN(\cos\theta - f\sin\theta) + N(f\cos\theta + \sin\theta) \end{aligned}$$

所以

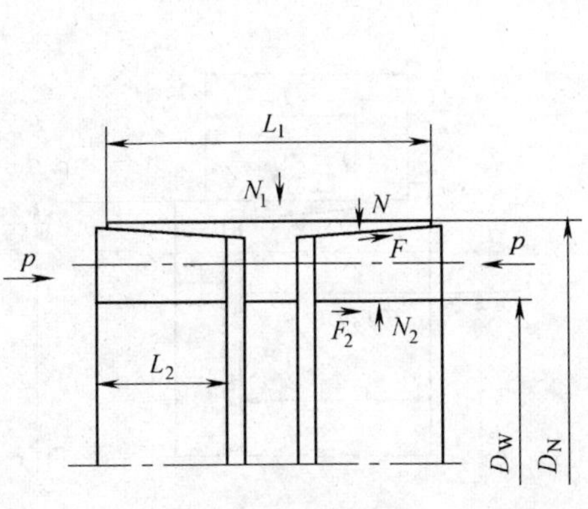

图 5-21 Z12 型胀套

$$N = \frac{p}{2f\cos\theta + (1 - f^2) \cdot \sin\theta}$$

$$N_2 = \frac{p(\cos\theta - f\sin\theta)}{2f\cos\theta + (1 - f^2)\sin\theta} \qquad (5-69)$$

外环：

$$N_1 = 2N\cos\theta - 2F\sin\theta$$

$$F = fN$$

则

$$N_1 = 2N(\cos\theta - f\sin\theta)$$

所以

$$N_1 = \frac{2p(\cos\theta - f\sin\theta)}{2f\cos\theta + (1 - f^2)\sin\theta} \qquad (5-70)$$

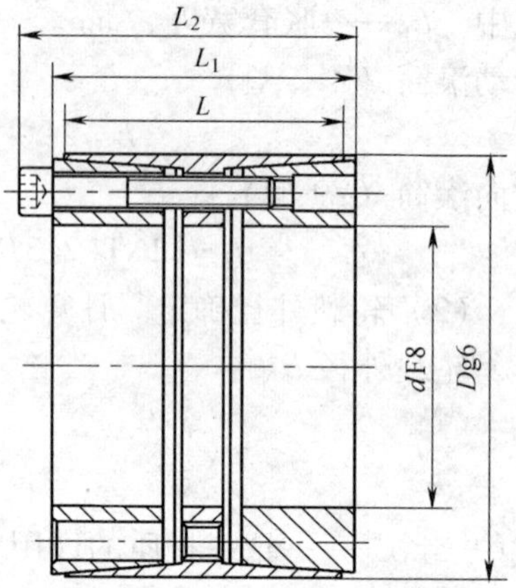

图 5－22　Z12 型胀套结构

（2）Z12 型胀套（锥度 1∶6）轮毂处与胀套压强为

$$p_N = \frac{N_1}{\pi D_N L_1}$$

即

$$p_N = \frac{2pn(\cos\theta - f\sin\theta)}{\pi D_N L_1 [2f\cos\theta + (1 - f^2)\sin\theta]} = \frac{10875 T_A n}{D_N L_1 d} \qquad (5-71)$$

（3）Z12 型胀套（锥度 1∶6）轴处与胀套压强为

$$p_W = \frac{N_2}{\pi D_W L_2}$$

即

$$p_W = \frac{p(\cos\theta - f\sin\theta) n}{\pi D_W L_2 [2f\cos\theta + (1 - f^2)\sin\theta]} = \frac{5437 T_A n}{D_W L_2 d} \qquad (5-72)$$

5.7.1.2　Z9、Z6、Z3 型胀套受力分析

（1）由图 5－23 和图 5－24 知，Z9 型胀套的外环与内环的受力情况为

内环：

$$p = F_2 + F\cos\theta + N\sin\theta$$

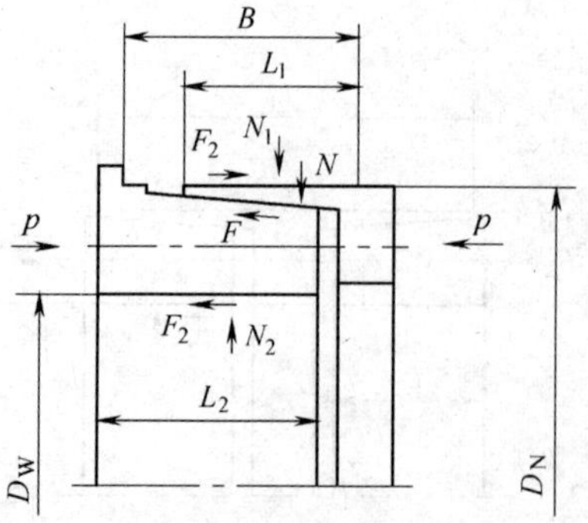

图 5－23　Z9 型胀套

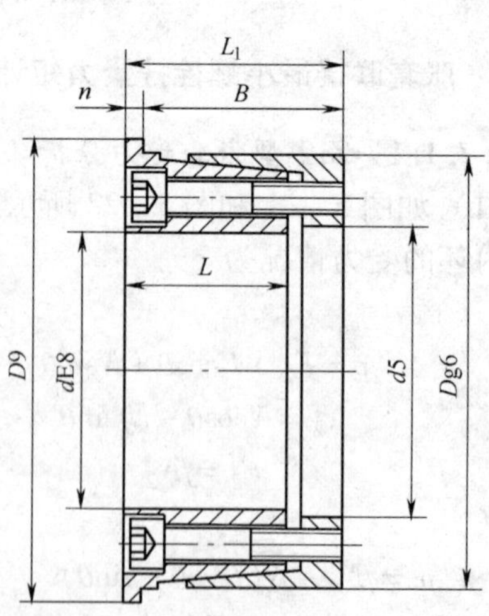

图 5－24　Z9 型胀套结构

$$N_2 = N\cos\theta - Nf\sin\theta$$
$$F_2 = fN_2$$

则

$$p = fN_2 + N(f\cos\theta + \sin\theta)$$
$$p = fN(\cos\theta - f\sin\theta) + N(f\cos\theta + \sin\theta)$$

所以

$$N = \frac{p}{2f\cos\theta + (1 - f^2)\sin\theta}$$
$$N_2 = \frac{p(\cos\theta - f\sin\theta)}{2f\cos\theta + (1 - f^2)\sin\theta} \tag{5-73}$$

外环：

$$p = F_1 + F\cos\theta + N\sin\theta$$
$$N_1 = N\cos\theta - Nf\sin\theta$$
$$F_1 = fN_1$$

则

$$p = fN_1 + N(f\cos\theta + \sin\theta)$$
$$= fN(\cos\theta - f\sin\theta) + N(f\cos\theta + \sin\theta)$$

所以

$$N = \frac{p}{2f\cos\theta + (1 - f^2)\sin\theta}$$
$$N_1 = \frac{p(\cos\theta - f\sin\theta)}{2f\cos\theta + (1 - f^2)\sin\theta} \tag{5-74}$$

（2）Z9 型胀套（锥度 1:6）轮毂处与胀套压强为

$$p_N = \frac{N_1}{\pi D_N L_1}$$

即

$$p_N = \frac{p(\cos\theta - f\sin\theta)n}{\pi D_N L_1[2f\cos\theta + (1 - f^2)\sin\theta]} = \frac{5437T_A n}{D_N L_1 d} \tag{5-75}$$

（3）Z9 型胀套（锥度 1:6）轴处与胀套压强为

$$p_W = \frac{N_2}{\pi D_W L_2}$$

即

$$p_W = \frac{p(\cos\theta - f\sin\theta)n}{\pi D_W L_2[2f\cos\theta + (1 - f^2)\sin\theta]} = \frac{5437T_A n}{D_W L_2 d} \tag{5-76}$$

（4）Z6 型胀套（锥度 1:5）轮毂处与胀套压强为

$$p_N = \frac{N_1}{\pi D_N L_1}$$

即

$$p_N = \frac{p(\cos\theta - f\sin\theta)n}{\pi D_N L_1[2f\cos\theta + (1 - f^2)\sin\theta]} = \frac{5163T_A n}{D_N L_1 d} \tag{5-77}$$

（5）Z6 型胀套（锥度 1:5）轴处与胀套压强为

$$p_W = \frac{N_2}{\pi D_W L_2}$$

即
$$p_{\mathrm{W}}=\frac{p(\cos\theta-f\sin\theta)n}{\pi D_{\mathrm{W}}L_2[2f\cos\theta+(1-f^2)\sin\theta]}=\frac{5163T_{\mathrm{A}}n}{D_{\mathrm{W}}L_2d} \tag{5-78}$$

（6）Z3 型胀套（锥度 1∶4）轮毂处与胀套压强为

$$p_{\mathrm{N}}=\frac{N_1}{\pi D_{\mathrm{N}}L_1}$$

即
$$p_{\mathrm{N}}=\frac{p(\cos\theta-f\sin\theta)n}{\pi D_{\mathrm{N}}L_1[2f\cos\theta+(1-f^2)\sin\theta]}=\frac{4798T_{\mathrm{A}}n}{D_{\mathrm{N}}L_1d} \tag{5-79}$$

（7）Z3 型胀套（锥度 1∶4）轴处与胀套压强为

$$p_{\mathrm{W}}=\frac{N_2}{\pi D_{\mathrm{W}}L_2}$$

即
$$p_{\mathrm{W}}=\frac{p(\cos\theta-f\sin\theta)n}{\pi D_{\mathrm{W}}L_2[2f\cos\theta+(1-f^2)\sin\theta]}=\frac{4798T_{\mathrm{A}}n}{D_{\mathrm{W}}L_2d} \tag{5-80}$$

5.7.1.3　Z5 型胀套受力分析

（1）如图 5-25 所示，Z5 型胀套的外环、内环与前环的受力情况为

前环：

$$p=2F\cos\theta+2N\sin\theta$$
$$F=fN$$

则

$$P=2N(\sin\theta+f\cos\theta)$$

所以

$$N=\frac{p}{2(\sin\theta+f\cos\theta)}$$

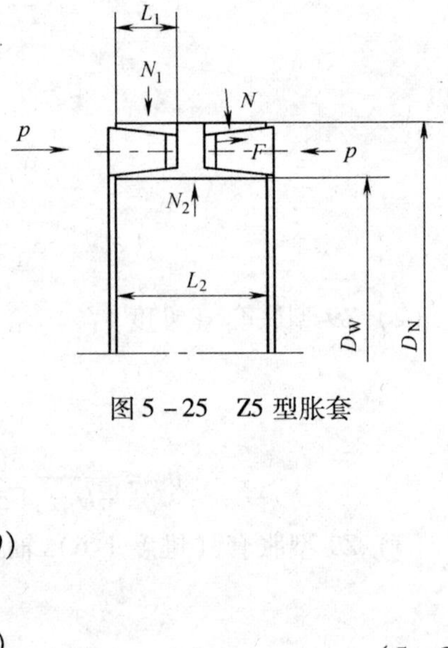

图 5-25　Z5 型胀套

内环：

$$N_2=2N\cos\theta-2F\sin\theta$$
$$F=fN$$

则

$$N_2=2N(\cos\theta-f\sin\theta)$$

所以

$$N_2=\frac{p(\cos\theta-f\sin\theta)}{\sin\theta+f\cos\theta} \tag{5-81}$$

外环：

$$N_1=N\cos\theta-F\sin\theta$$
$$F=fN$$

则

$$N_1=N(\cos\theta-f\sin\theta)$$

所以

$$N_1=\frac{p(\cos\theta-f\sin\theta)}{2(\sin\theta+f\cos\theta)} \tag{5-82}$$

（2）Z5 型胀套（锥度 1∶5）轮毂处与胀套压强为

$$p_{\mathrm{N}}=\frac{N_1}{\pi D_{\mathrm{N}}L_1}$$

即
$$p_{\mathrm{N}}=\frac{p(\cos\theta-f\sin\theta)n}{2\pi D_{\mathrm{N}}L_1(\sin\theta+f\cos\theta)}=\frac{3973T_{\mathrm{A}}n}{D_{\mathrm{N}}L_1 d} \tag{5-83}$$

（3）Z5 型胀套（锥度 1:5）轴处与胀套压强为

$$p_{\mathrm{W}}=\frac{N_2}{\pi D_{\mathrm{W}}L_2}$$

即
$$p_{\mathrm{W}}=\frac{p(\cos\theta-f\sin\theta)n}{\pi D_{\mathrm{W}}L_2(\sin\theta+f\cos\theta)}=\frac{7945T_{\mathrm{A}}n}{D_{\mathrm{W}}L_2 d} \tag{5-84}$$

5.7.1.4 Z2 型胀套受力分析

如图 5－26 所示，Z2 型胀套的外环、内环与前环的受力情况为

前环：

$$p=2F\cos\theta+2N\sin\theta$$
$$F=fN$$

则

$$p=2N(\sin\theta+f\cos\theta)$$

所以

$$N=\frac{p}{2(\sin\theta+f\cos\theta)}$$

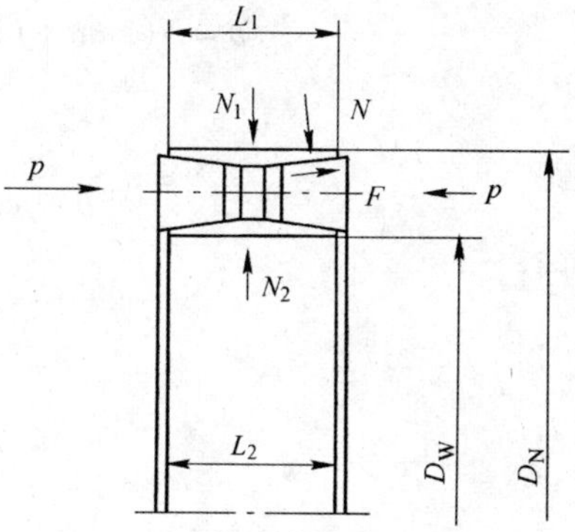

图 5－26 Z2 型胀套

内环：

$$N_2=2N\cos\theta-2F\sin\theta$$
$$F=fN$$

则

$$N_2=2N(\cos\theta-f\sin\theta)$$

所以

$$N_2=\frac{p(\cos\theta-f\sin\theta)}{\sin\theta+f\cos\theta} \tag{5-85}$$

外环：

$$N_1=2N\cos\theta-2F\sin\theta$$
$$F=fN$$

则

$$N_1=2N(\cos\theta-f\sin\theta)$$

所以

$$N_1=\frac{p(\cos\theta-f\sin\theta)}{(\sin\theta+f\cos\theta)} \tag{5-86}$$

Z2 型胀套（锥度 1:2）轮毂处与胀套压强为

$$p_{\mathrm{N}}=\frac{N_1}{\pi D_{\mathrm{N}}L_1}$$

即
$$p_{\mathrm{N}}=\frac{p(\cos\theta-f\sin\theta)n}{\pi D_{\mathrm{N}}L_1(\sin\theta+f\cos\theta)}=\frac{4638T_{\mathrm{A}}n}{D_{\mathrm{N}}L_1 d} \tag{5-87}$$

Z2 型胀套（锥度 1∶2）轴处与胀套压强为

$$p_W = \frac{N_2}{\pi D_W L_2}$$

即

$$p_W = \frac{p(\cos\theta - f\sin\theta)n}{\pi D_W L_2(\sin\theta + f\cos\theta)} = \frac{4638 T_A n}{D_W L_2 d} \qquad (5-88)$$

5.7.1.5　SD 型锁紧盘受力分析

由图 5－27 可知，锁紧盘的前环、后环与内环的受力情况为

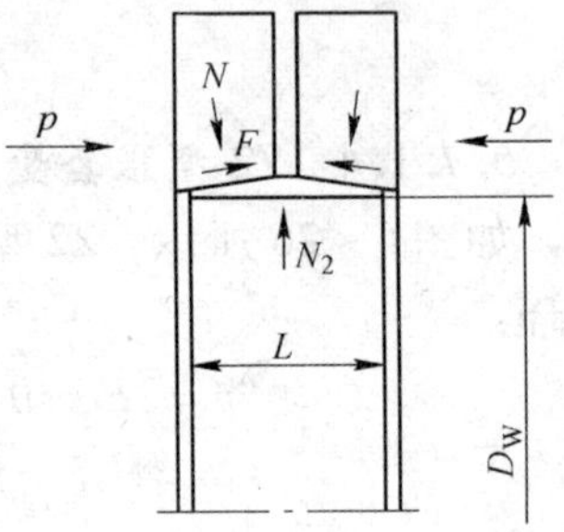

图 5－27　SD 型锁紧盘

前环：

$$p = F\cos\theta + N\sin\theta$$
$$F = fN$$

则

$$p = N(\sin\theta + f\cos\theta)$$

所以

$$N = \frac{p}{\sin\theta + f\cos\theta}$$

内环：

$$N_2 = 2N\cos\theta - 2F\sin\theta$$
$$F = fN$$

则

$$N_2 = 2N(\cos\theta - f\sin\theta)$$

所以

$$N_2 = \frac{2p(\cos\theta - f\sin\theta)}{\sin\theta + f\cos\theta} \qquad (5-89)$$

SD 型锁紧盘（锥度 1∶3）锁紧盘与轴处压强为

$$p_W = \frac{2N_2}{\pi D_W L}$$

即

$$p_W = \frac{2p(\cos\theta - f\sin\theta)n}{\pi D_W L(\sin\theta + f\cos\theta)} = \frac{12097 T_A n}{D_W L d} \qquad (5-90)$$

5.7.2　胀套额定负荷

（1）各类型胀套的额定负荷为：

扭矩

$$M_t = \frac{p_W f \pi d^2 L}{2 \times 1000}$$

轴向力

$$p_{ax} = f\pi d L p_W$$

式中　p_N，p_W——分别为胀套与轮毂与轴处的压强，N/mm^2；

f——胀套与轴及轮毂的摩擦系数，$f = 0.12$。

（2）锁紧盘额定负荷为：

扭矩

$$M_t = \frac{fD_W N_2}{2 \times 1000} = \frac{fD_W(\cos\theta - f\sin\theta)}{1000(f\cos\theta + \sin\theta)} \cdot \frac{T_A n}{Kd}$$

轴向力

$$p_{ax} = fN_2 = \frac{2f(\cos\theta - f\sin\theta)}{f\cos\theta + \sin\theta} \cdot \frac{T_A n}{Kd}$$

式中 θ——胀套的斜度，(°)；

T_A——拧紧力矩，N·m；

n——胀套中高强螺栓数量；

K——高强螺栓扭矩系数，一般取 $K=0.18$；

d——高强螺栓公称直径，mm。

注：Z9、Z12 型胀套锥度为 1∶6，$\theta=4°45'49''11=4.76365°$；Z5、Z6 型胀套锥度为 1∶5，$\theta=5°42'38''14=5.710593°$；Z3 型胀套锥度为 1∶4，$\theta=7°7'30''=7.12502°$；SD 型锁紧盘锥度为 1∶3，$\theta=9°27'44''=9.46232°$；Z2 型胀套锥度为 1∶2，$\theta=14°02'10''4=14.03624°$。

5.8 轴承寿命计算及轴承型号确定

5.8.1 轴承寿命计算

滚筒组的轴承寿命以小时为指标单位，一般要求满足每年 5000 小时，运转周期达到 10 年。此时，轴承寿命为 50000 小时。假设可靠度为 90%，即允许损坏的离散度为 10%，则寿命值为

$$L_{10} = \frac{10^6}{60n}\left(\frac{C}{P_r}\right)^{\varepsilon} \tag{5-91}$$

式中 L_{10}——保证 90% 可靠性的基本额定寿命，h；

C——轴承基本额定动负荷，N；

P_r——当量径向动负荷，N；

n——轴承运转转速，r/min；

ε——寿命指数，对调心滚子轴承，$\varepsilon=10/3$。

式（5-91）可简化为

$$L_{10} = \frac{10^6}{60\dfrac{60v}{\pi D}}\left(\frac{C}{P_r}\right)^{\varepsilon} = \frac{10^6\pi D}{3600v}\left(\frac{C}{P_r}\right)^{\varepsilon} \tag{5-92}$$

式中 v——带速，m/s；

D——滚筒直径，m。

当滚筒额定标定寿命为 50000 小时的寿命值为 h_0，n_0 为滚筒转速标定值，则

$$h_0 = \frac{10^6}{60n_0}\left(\frac{C}{P_r}\right)^{\varepsilon} \tag{5-93}$$

滚筒许用径向力为 F_r，那么轴承计算载荷值为

$$P_r = F_r + 0.1YF_r = F_r(1+0.1Y)$$

则

$$h_0 = \frac{10^6}{60n_0}\left[\frac{C}{F_r(1+0.1Y)}\right]^{\varepsilon}$$

$$\frac{60nh}{10^6}=\left[\frac{C}{F_r(1+0.1Y)}\right]^{\varepsilon}$$

所以

$$F_r=\frac{C}{\sqrt[\varepsilon]{6\times10^{-5}nh}(1+0.1Y)}\qquad(5-94)$$

当转轴承寿命为 $h_0=50000$ 小时，标定转数为 n_0 时，可得如下轴承允许径向负荷参数式

$$F_{ro}=\frac{C}{(1+0.1Y)\sqrt[\varepsilon]{6\times10^{-5}n_0h_0}}\qquad(5-95)$$

那么当额定寿命为 h，标定转速为 n 时，轴承许用负荷值 F_r 为

$$F_r=F_{ro}f_hf_n\qquad(5-96)$$

式中　F_{ro}——许用额定径向负荷（$h=50000$ 小时，标定转数为 n_0）；

f_h——寿命修正系数 $f_h=\sqrt[\varepsilon]{\frac{h_0}{h}}$，$\varepsilon=10/3$；

f_n——转速修正系数 $f_n=\sqrt[\varepsilon]{\frac{n}{n_0}}$。

则滚筒合张力 T 为

$$T\leqslant1.82F_r\qquad(5-97)$$

5.8.2　轴承型号确定

当以滚筒合张力进行轴承选型时

由

$$F_r=\frac{C}{\sqrt[\varepsilon]{6\times10^{-5}nh}(1+0.1Y)}$$

得

$$C=F_r\sqrt[\varepsilon]{6\times10^{-5}nh}(1+0.1Y)$$

式中　F_r——轴承所受的径向负荷，$F_r=0.55T$，kN。

假定 $Y=2.2$

则

$$C=F_r\sqrt[\varepsilon]{6\times10^{-5}nh}\times1.22$$

由此确定型号之后再用前式验算轴承负荷以保证满足要求。

5.9　全焊类型传动滚筒组的结构尺寸设计

全焊型传动滚筒组的参数优化设计是针对具体结构形式的滚筒组的设计与计算，按轴伸形式可分为：单出轴、双出轴、双出轴（一端轴伸、一端配逆止器）；按轴承座形式可分为：带紧定套轴承座（即圆锥孔轴承）及不带紧定套轴承座（即圆柱孔轴承）两类；按穿轴方式分为：单向式、双向式。对于全焊形式的传动滚筒组，按上述组合的十二种类型确定参数关系式，而一些强度指标计算要求根据前述滚筒主参数计算规范要求确定。

5.9.1　原始计算参数

根据滚筒参数要求，滚筒设计可分两种设计情况：一种是标准设计，即系列化设计；另一种是非标准设计，即在给定有关原始几何参数及计算参数情况下的滚筒设计。

（1）设计计算带宽（B）、筒径（D）、轴承座中心支距（A）、筒宽（B_0）及按 ISO 标准要求的筒体参数如许用合张力［T］、许用扭矩［M］等。轴承寿命要求满足 $h=50000$ 小时。

（2）胶面形式及厚度。根据滚筒服务的带式输送机不同提供的标准胶面形式具体可分为Ⅰ、Ⅱ、Ⅲ三种胶面形式。考虑滚筒组的寿命要求，标准规定胶面厚度 $jh=15\text{mm}$，一般采用 $jh=12\text{mm}$。

（3）轴伸距 L_0。

$$L_0=\frac{g}{2}+(50\sim55)$$

式中 L_0——轴伸距，既轴承座中心到滚筒联轴器轴伸阶梯端部的距离，mm，也可按用户要求值设计；

g——轴承座的宽度，mm。

以 5、0 为基准数计算后，将 L_0 的值圆整尾数为 0 或 5。如 $L_0=\frac{g}{2}+50=123$ 圆整后，$L_0=125$。

（4）轴承座的型号及安装尺寸。由滚筒强度设计、结构设计及寿命要求计算确定，可选择的轴承座结构有整体轴承座（圆柱孔轴承）、整体轴承座（带紧定套圆锥孔轴承）和剖分轴承座（带紧定套圆锥孔轴承）。

（5）轴伸参数 l、d、b。

$$d=d_1-K\ (10\sim20)\qquad (d\ 的公差为\ m6)$$

式中 d_1——带紧定套轴承与轴配合孔。

当轴承座的轴承内孔 $d_1\leqslant110$ 时，$K=10$；

当轴承座的轴承内孔 $125\geqslant d_1>110$ 时，$K=15$；

当轴承座的轴承内孔 $d_1>125$ 时，$K=20$。

由确定的 d 值选择 l 值。Y 型圆柱形长轴伸系列相应的键槽宽度 b 的确定按国家标准执行（孔的公差以 H7（GB 1800～1804—79）为准，键槽的尺寸按 GB 1095—79、GB 1184—79 的 7～9 级标准制作）。

（6）根据带速标准确定滚筒的静平衡力矩。根据图 5－28 查找参数后按下式计算，静平衡力矩为

$$F=e\times10^{-6}\times9.8\times G$$

式中 G——滚筒体质量，kg；

e——偏心距，μm。

（7）滚筒支距 A 的公式判别式为

$$A\geqslant g+B_0+(50\sim250)$$

对于头部卸载滚筒，支距 A 值取大值，以满足头部漏斗的安装要求。其他滚筒取小值，以减小滚筒轴的直径。

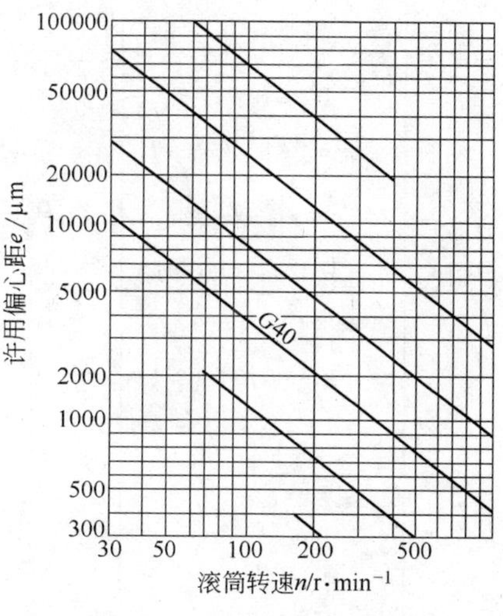

图 5－28 带速与平衡力矩关系

5.9.2　结构设计参数确定

单向式传动滚筒组是指接盘筒皮焊接后再穿轴的滚筒体。双向式传动滚筒组是轴与接盘先组装，之后再与筒皮焊接的滚筒体。两者设计的差异不大，下面给出单向式的结构设计参数的确定方法。

（1）原始参数计算值及公差配合等级。主要包括带宽（B_W），筒宽（B_0），轴伸参数 l、d、t、b，d（m6），d_2（H7/S6），d_4（H7/S6）等。其中当不带紧定套时 d_1 公差为 K6，带紧定套时 d_1 公差为 h8。

表5－24为传动滚筒组外径公差，表5－25为滚筒体的外圆径向跳动。

表5－24　传动滚筒组外径公差　　（mm）

滚筒直径 D	≤400	400～1000	>1000
极限偏差	1.5 0	2.0 0	2.5 0

表5－25　滚筒体的外圆径向跳动　　（mm）

滚筒直径 D	≤800	800～1600	>1600
无包胶层 W_1	0.6	1.0	1.5
有包胶层 W_2	1.1	1.5	2.0

（2）滚筒体计算参数。表5－26为轴承带紧定套的滚筒计算参数，表5－27为轴承不带紧定套的滚筒计算参数。

表5－26　轴承带紧定套的滚筒计算参数

单轴伸	$L_1 = A + W_1 + 2l_0 + l$ $L = A + l_0 + l + \frac{g}{2}$ $l_2 = A - g - 20$（最小要求） $l_1 = \frac{g}{2} + 10 + l_0 + l$	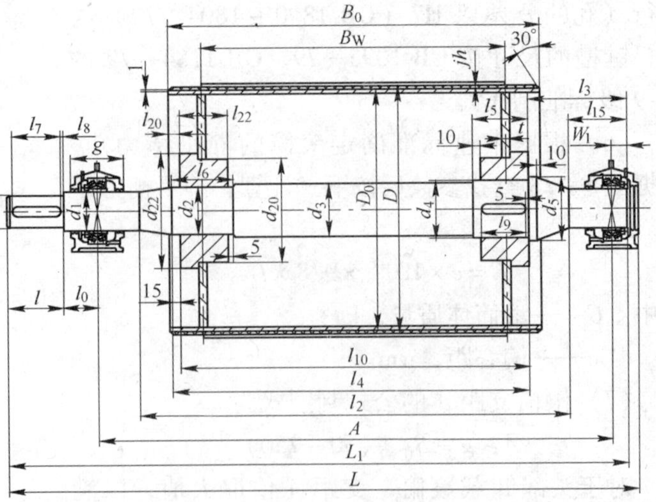

续表 5－26

双轴伸	$L=A+2L_0+2l$ $l_2=A-g-20$（最小要求） $l_1=\dfrac{g}{2}+10+l_0+l$	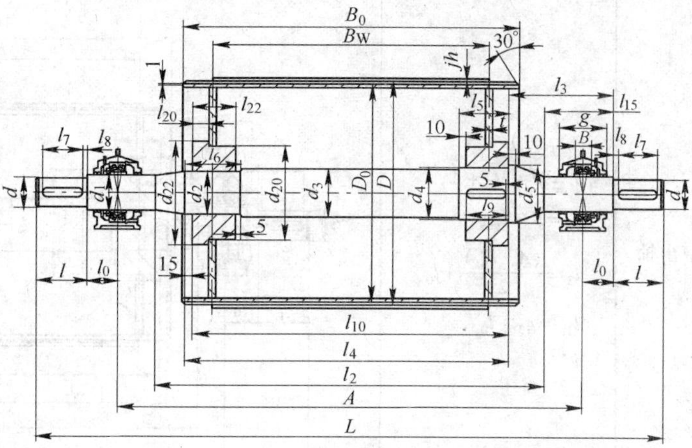
双轴伸（一端轴伸，一端配逆止器）	$L=A+2L_0+l+l_{13}$ $l_2=A-g-20$ $l_1=\dfrac{g}{2}+10+l_0+l$	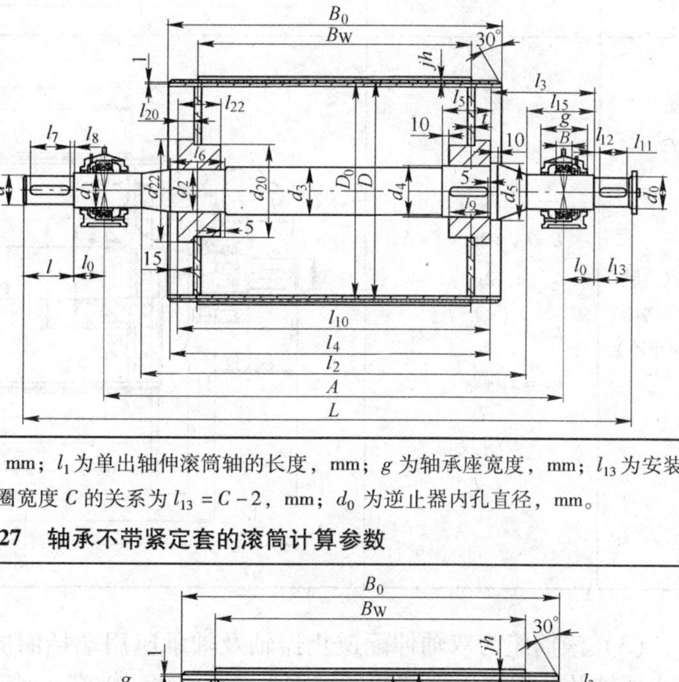

注：式中，W_1 为紧定套允许轴伸值，mm；l_1 为单出轴伸滚筒轴的长度，mm；g 为轴承座宽度，mm；l_{13} 为安装逆止器轴伸长度，其值与逆止器内圈宽度 C 的关系为 $l_{13}=C-2$，mm；d_0 为逆止器内孔直径，mm。

表 5－27 轴承不带紧定套的滚筒计算参数

单轴伸	$L_1=A+l_0+l+\dfrac{B}{2}-2$ $l_2=A-2g_3$ $L=A+l_0+l+g_4$ $l_3=\dfrac{(A-l_{10})}{2}+\dfrac{B}{2}-2$ $l_{15}=g_3+\dfrac{B}{2}-2$	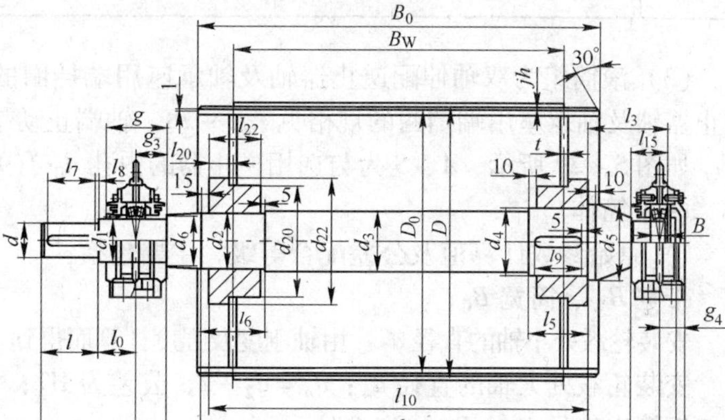

续表 5－27

双出轴	$L=2l+2l_0+A$ $l_2=A-2g_3$ $l_3=\frac{(A-l_{10})}{2}+l_0$ $l_{15}=g_3+l_0$	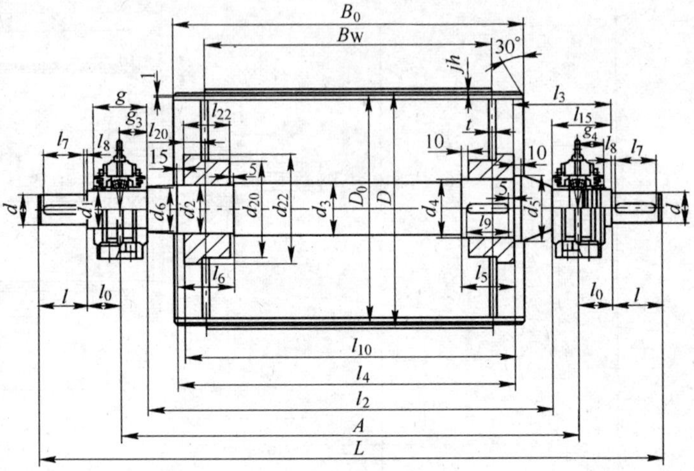
双出轴（一端配逆止器）	$L=l_{13}+2l_0+l+A$ $l_2=A-2g_3$ $l_3=\frac{(A-l_{10})}{2}+l_0$ $l_{15}=g_3+l_0$	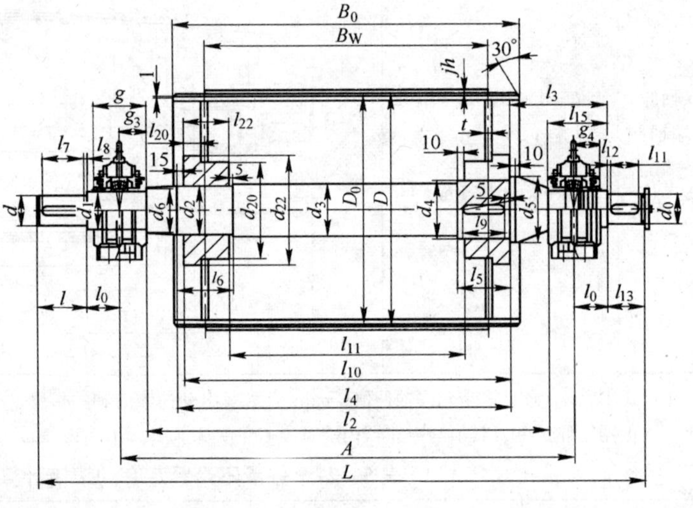

（3）滚筒组为双轴伸配逆止器轴及轴承座用端挡圈的参数规格。滚筒组为双轴伸配逆止器轴及轴承座用端挡圈的规格见表 5－28，轴端止动垫片 DG－02 规格见表 5－29。

如图 5－29 所示，A、S 为与选用逆止器的内孔 d_0 有关的双孔轴端挡圈参数规格。

（4）筒体。

1）原始参数计算值及公差配合等级，主要包括：

带宽 B_W、筒宽 B_0；

安装轮毂处小轴的直径 d_2：由轴刚度及强度计算而得到（圆整为 0，5 尾数），公差为 H7；

安装轮毂处大轴的直径 d_4：$d_4=d_2+2$，公差为 H7；

钢筒皮外径 D_0：$D_0=D-2jh$；

W_7：轮毂对轴承处的跳动公差，等级为 9 级；

W_{11}：轮毂处的键槽对称度公差，等级为 9 级；

W_9：轮毂键槽中心线与轴承处的同轴度公差，等级为 7 级。

表 5－28　双孔轴端挡圈规格表（DG－01）

d/mm	A/mm	S/mm		d_1 /mm	每个质量 /kg	螺栓尺寸/mm		轴径/mm	
		基本尺寸	极限偏差			直径	长度	轴承座用	逆止器用
60	25	6	+0.5 −1.0	7	0.125	M6	16	40	45
70				12	0.170	M10	20	45、50	55、50
80	30			14	0.220	M12	25	55、60	55 ~ 65
90	40				0.280			65、70	65 ~ 75
100		8			0.470			75、80	75 ~ 85
115	50				0.633			90	85 ~ 95
125					0.740			100	95 ~ 100
135	60				0.880			110	100 ~ 115
150					1.080			120、130	115 ~ 125
170	80	12	+0.5 −1.5	18	2.09	M16	30	140	125 ~ 140
180					2.33			150	140 ~ 150
200	110				2.91			160、170	150 ~ 170
220					3.57			180、190	170 ~ 190
240	140				4.22			200	190 ~ 210
260					4.930			220	210 ~ 230
290	160	16	+0.5 −1.5	22	8.20	M20	40	240	230 ~ 250
310					9.38			260	250 ~ 270
330	180				10.64			280	270 ~ 300
350					11.98			300	300 ~ 320
380	210				14.14			320	320 ~ 340
400	230	18		26	17.60	M24	45	340	340 ~ 360
420					19.42			360	360 ~ 380
440	250				21.33			380	380 ~ 400
470					24.36			400	400 ~ 420
500	280				27.58			420	420 ~ 450

表 5－29　轴端止动垫片规格表（DG－02）

B/mm	L/mm	S/mm	L_1/mm	L_2/mm	d_1/mm	每个质量/kg	轴端挡圈直径 d/mm
20	45	1	25	10	7	0.006	60
25	55		25	15	12	0.009	70
30	70		30	20	14	0.014	80
30	80		40			0.016	90、100
30	90		50			0.019	115、125
30	100		60			0.021	135、150
35	130	2	80			0.063	170、180
35	160		110	25	18	0.080	200、220
35	190		140			0.090	240、260

续表 5 - 29

B/mm	L/mm	S/mm	L_1/mm	L_2/mm	d_1/mm	每个质量/kg	轴端挡圈直径 d/mm
40	220	3	160	30	22	0. 207	290、310
40	240		180			0. 226	330、350
40	270		210			0. 254	380
45	300		230	35	26	0. 318	400、420
45	320		250			0. 339	440、470
45	350		280			0. 370	500

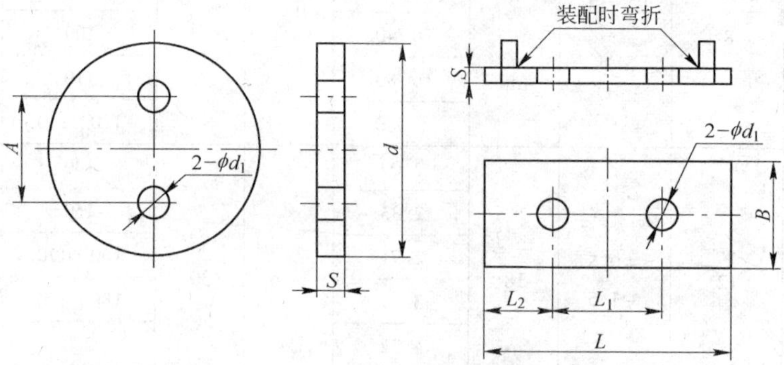

图 5 - 29　挡圈结构

2）计算参数值中，d_2、d_4、t、l_{22}，D_2 值按规范计算（d_2、t 为结构参数）：

$$D_2 = D_0 - 2t$$

$$D_1 = D_2 + 4$$

$$l_{20} \leqslant 100 - \frac{t}{2}$$

$$l_{10} = B_w + 2 \times l_{20} + t$$

式中　D_0——钢筒皮外径；

D_1——安装接盘处内筒皮的直径（单向式滚筒的筒皮必须加工定位止口，否则接盘无法定位）；

D_2——钢筒皮的内径；

t——壳体计算厚度。

（5）轴。

1）原始参数计算值及公差等级：d_1、d_2、d（d_2值计算后圆整为 0，5 尾数）；轴上键槽尺寸由数据库读取（按国标选取，孔的公差以 H7（GB 1800 ~ 1804—79）为准，键槽的尺寸按 GB 1095—79、GB 1184—79 的 7 ~ 9 级标准制作）。

螺钉孔结构见图 5 - 30。吊环螺钉及单孔规格见表 5 - 30 ~ 表 5 - 32。中心孔一般采用 GB 145—85 标准的 B 型带护锥的中心孔，另一端采用带吊装螺纹孔的中心孔。选择中心孔时，均按照轴的重量计算之后，对应工件重量选择中心孔及吊装螺钉中心孔。选择时要求工件重量小于表中给定数据。

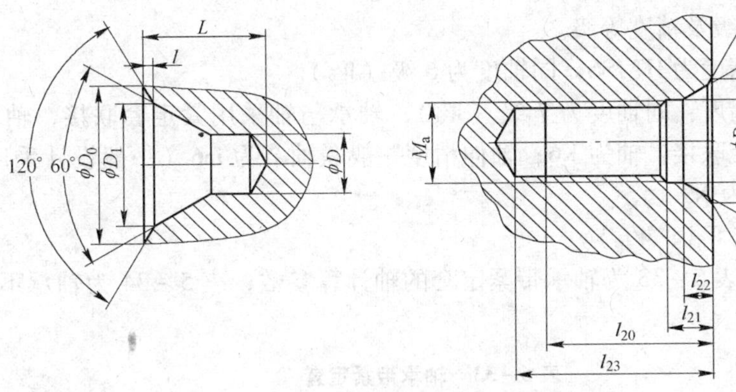

图 5－30 螺钉孔结构

表 5－30 单吊环许用吊物重

螺钉规格	M8	M10	M12	M16	M20	M24	M30	M36	M42	M48	M56	M64
吊物重 G/t	0.16	0.25	0.4	0.63	1	1.6	2.5	4	6.3	8	10	16

表 5－31 B 型中心孔

D/mm	D_1/mm	D_0/mm	l/mm	L/mm	工件最大重量/t
3.15	6.7	10	0.9	6.8	0.4
4	8.5	12.5	1.2	8.6	0.6
5	10.6	16	1.6	10.8	0.8
6.3	13.2	18	1.4	12.9	1.2
8	17	22.4	1.6	16.4	1.6
10	21.2	28	2	20.4	2.0
12.5	26.5	33.5	2	25.6	3
16	33.5	42.5	2.6	32.6	4.5
20	42.5	53	3	40.5	6.3
25	53	63	2.9	50.4	8
31.5	67	80	3.8	63.8	12

表 5－32 C 型中心孔

M_a/mm	D_2/mm	D_3/mm	L_{20}/mm	L_{21}/mm	L_{22}/mm	L_{23}/mm	工件最大重量/t
M10	10.5	16.3	25	7.5	3.8	30	0.25
M12	13	19.8	30	9.5	4.4	35	0.4
M16	17	25.3	35	12	5.2	40	0.63
M20	21	31.3	45	15	6.4	50	1
M24	25	38	50	18	8	55	1.6
M30	32	47	60	18	19	65	2.5
M36	38	54	70	20	10	80	4
M42	44	60	80	22	12	90	6.3

2）轴的公差等级及精度等级。

轮毂与轴配合精度为 H7/S6，同轴度为 6 级（W_3）。

轴承与轴配合精度：同轴度为 7 级（W_4）；轴承与轴采用紧定套联接，轴为 h8；轴承与轴不采用紧定套联接，轴为 K6；轴伸精度一般联轴节为 m6（一般设计采用），也可采用 P6；键槽宽度为 N9。

对称度为 9 级（W_{11}、W_{10}）。

3）计算参数。表 5－33 为轴承带紧定套的轴计算参数，表 5－34 为轴承不带紧定套的轴计算参数。

表 5－33　轴承带紧定套

<table>
<tr><td>单轴伸类</td><td>$l_5 = l_{22} + 10$
$l_6 = l_{22} + 20$
$l_4 = B_w + l_{20} + t + 15$
$l_3 = (l_2 - l_4 + 15)/2$
$L_8 = (l - l_7)/2$
$d_3 = d_2 + 1$
$d_4 = d_2 + 2$
$d_5 = d_2 + 12$
倒角及圆角
当 $d_1 \leqslant 115$ 时
$C_1 = 1.0$，$RY1 = 1$
当 $d_1 \leqslant 115$ 时
$C_1 = 2.5$，$RY1 = 2$</td><td>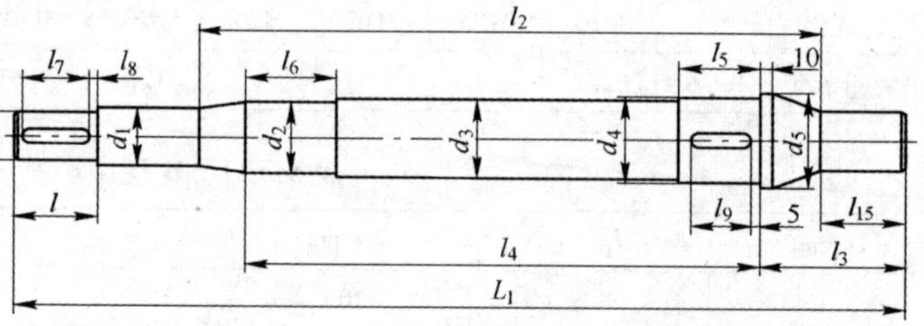
</td></tr>
<tr><td>双轴伸</td><td>L、l_2、l_1、l 由前述滚筒体参数计算；
l_7、l_9 由轮毂及联轴节长度值选定标准值；
l_5、l_6、l_4、l_3、l_8、d_3、d_4、d_5、d_1 值计算同前</td><td>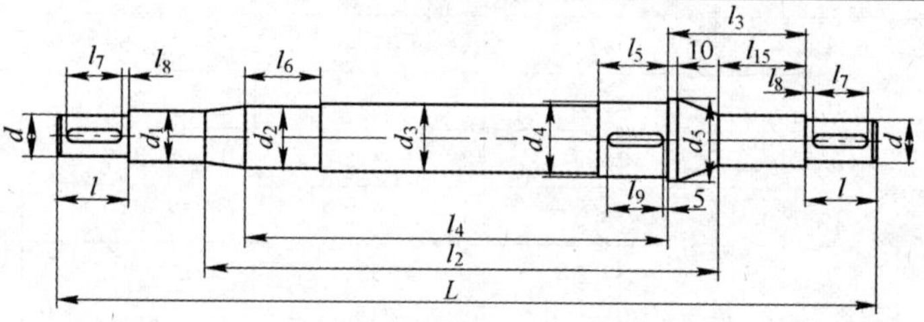
</td></tr>
<tr><td>双轴伸类
（另一端
配逆止器）</td><td>L、l_2、l_1、l 由前述滚筒体参数计算；
L_7、l_9 由轮毂及联轴节长度值参数定标准长度键；
l_5、l_6、l_4、l_3、l_8、l_{13}、l_{15}、d_3、d_4、d_5、d_0、d_1 值同前；
MS_1、AN 值同前滚筒体值选取；
l_{11} 由 l_{13} 值确定后选择标准 C 型键确定：
$l_{12} = l_{13} - l_{11} > 0$</td><td>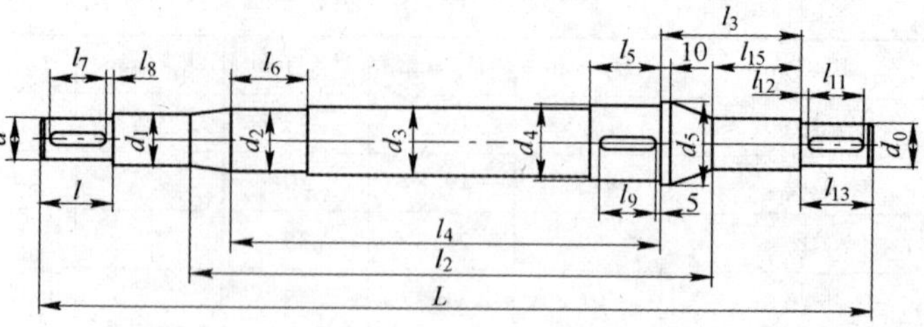
</td></tr>
</table>

注：式中，l_{22} 为轮毂宽度，mm；l_{20} 为轮毂结构尺寸，mm；t 为辐板厚度，mm；l、L、l_2、l_1 由前述滚筒体参数给出；l_7、l_9 由轮毂宽度值选标准键。

表 5－34 轴承不带紧定套

单轴伸	L、l_2、l_1、l 值确定同前滚筒体确定； l_7、l_9 由联轴节轴伸长度及轮毂长度选定标准长度键； $l_5 = l_{22} + 10$ $l_6 = l_{22} + 20$ $l_4 = B_w + 2l_{20} + t + 15$ $l_3 = \frac{A - l_{10} + B}{2} - 2$ $l_{10} = B_w + 2l_{20} + t$ $l_{15} = \frac{A - l_2 + B}{2} - 2$ $l_8 = \frac{l - l_7}{2}$ $d_3 = d_2 + 1$ d_2 为由强度或刚度条件确定的轴件值（圆整为0，5尾数） $d_4 = d_2 + 2$ $d_5 = d_2 + 12$ $d_6 = d_1 + K$ 当 $d_1 \leqslant 160$ 时，$K = 20$ 当 $d_1 > 160$ 时，$K = 30$ $d_6 < d_2$	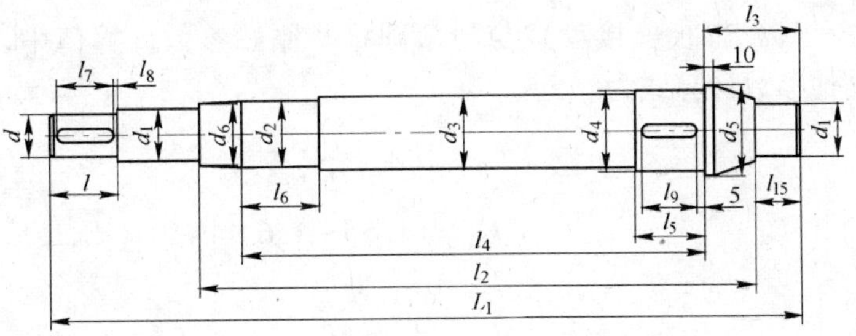
双轴伸	$l_5 = l_{22} + 10$ $l_6 = l_{22} + 20$ $l_4 = B_w + 2l_{20} + t + 15$ $l_3 = \frac{A - l_{10}}{2} + l_0$ $l_{10} = B_w + 2l_{20} + t$ $l_{15} = \frac{A - l_2}{2} + l_0$ $l_8 = \frac{l - l_7}{2}$ $d_3 = d_2 + 1$ d_2 为由强度或刚度条件确定的轴件值（圆整为0，5尾数） $d_4 = d_2 + 2$ $d_5 = d_2 + 12$ $d_6 = d_1 + K$ 当 $d_1 \leqslant 160$ 时，$K = 20$ 当 $d_1 > 160$ 时，$K = 30$ $d_6 < d_2$	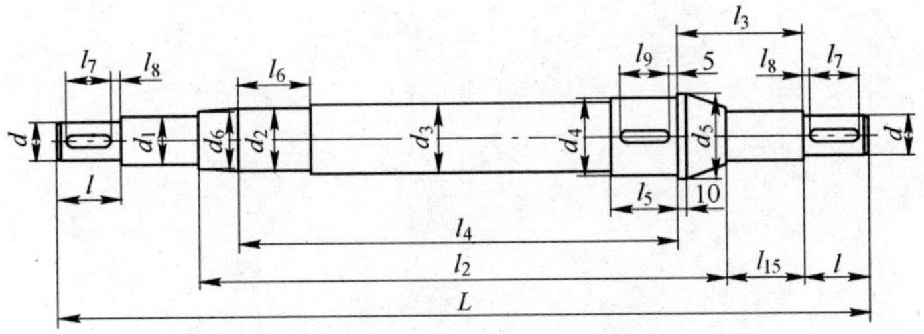

续表 5－34

双轴伸（另一端配逆止器）	l_{11} 由 l_{13} 值确定后选择标准 C 型键确定 MS_1、AN 值同前滚筒体选择 计算参数同上	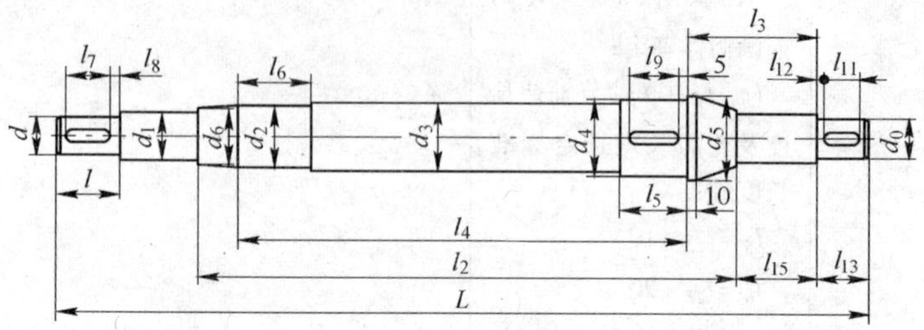

（6）辐板（接盘）与轮毂圆板。原始参数计算值中，d_2、d_4、t、l_{22} 值由规范计算，其他参数计算式为

$$l_{20} \leqslant 100 - \frac{t}{2}$$

$$d_{20} = (1.55 \sim 1.6)\ d_2 \quad (d_{20}\text{最后圆整为 0，5 尾数})$$

$$d_{20} \geqslant d_2 + 60$$

$$d_{22} = d_{20} + 10$$

$$D_1 = D_2 + 4 \quad (\text{由前述筒体计算得到})$$

圆板开半圆孔为 $R30$。此半圆孔有三个功能：与筒皮的纵向焊缝衔接；用于焊接排气；用于滚筒挂胶均匀筒体温度。

（7）筒皮。D_0、D_2、B_0、D_1 由筒体计算确定。

筒皮止口深度 B_1 由下式计算确定

$$B_1 = (B_0 - B_w - t)/2$$

6　驱动装置、制动器与逆止器

6.1　驱动装置概述

驱动装置是带式输送机动力的来源。电动机通过联轴器、减速器带动传动滚筒转动，依靠滚筒和输送带之间的摩擦力使输送带运动。一般来说，使用设备数量最少、最简单的驱动装置是最好的驱动装置。然而，驱动装置有时可能配置一些特殊用途的设备，用来改善输送机的启动和制动性能。在需要的情况下，驱动装置上常会设有制动器、逆止器。根据驱动装置与输送机的相对位置可以将其分为平行出轴减速器驱动装置和垂直出轴减速器驱动装置。采用的电动机有笼型交流电动机、绕线式交流电动机、直流电动机等。减速器有圆柱齿轮减速器和圆锥圆柱齿轮减速器，且多采用硬齿面。一般联轴器在高速轴上用柱销联轴器或齿式联轴器，在低速轴上用柱销联轴器。当设有制动器时，联轴器应设置带制动轮的联轴器，也可设置制动轮或制动盘。为提高启动性能，驱动装置上还设有液力偶合器（中等功率以上）、变频调速、可控传输装置（CST）等，在需要时还加有飞轮。一些小型的带式输送机常用电动滚筒作为驱动装置。图 6－1 为一台双驱动单元带式输送机的驱动装置的典型配置。

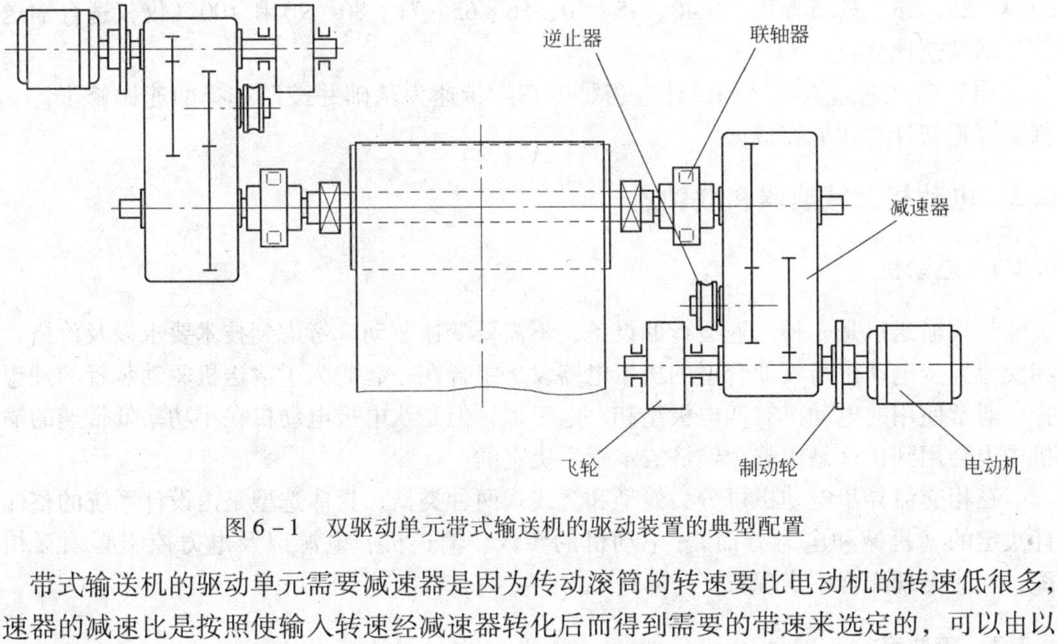

图 6－1　双驱动单元带式输送机的驱动装置的典型配置

带式输送机的驱动单元需要减速器是因为传动滚筒的转速要比电动机的转速低很多，减速器的减速比是按照使输入转速经减速器转化后而得到需要的带速来选定的，可以由以下计算得到。

设满载时电动机转速 n，r/min；液力偶合器的滑差 s（平均值是 1.5% ~3%，如果驱动单元中不含液力偶合器，则取 $s=0$），%；传动滚筒的外径 D，mm；带速 v，m/s；减速器的减速比 i（输入转速/输出转速，需要计算）；链传动或 V 带传动的减速比 i_c（如果没

有使用，$i_c = 1.0$）。则

传动滚筒的转速为

$$n_p = \frac{n(100-s)}{100} \cdot \frac{1}{i \cdot i_c}$$

滚筒的线速度为

$$v = \frac{n(100-s)}{100} \cdot \frac{1}{i \cdot i_c} \cdot \frac{\pi D}{1000} \cdot \frac{1}{60}$$

正常情况下带式输送机设计时应保证滚筒与输送带不打滑，否则将会对滚筒和输送带造成损坏，所以传动滚筒的线速度应等于带速。则总减速比为

$$i \cdot i_c = \frac{(100-s)\pi DN}{100 \times 60000v}$$

进行上面计算的时候需要注意以下几点：

（1）应当使用电动机的额定转速，而不是它的同步转速。例如，四极感应电动机在供电电源频率为50Hz下运行时，同步转速为1500r/min，而额定转速却在1440～1475r/min范围内，小功率电动机额定转速靠近1440r/min，而大功率的靠近1475r/min。

（2）减速器有标准的减速比，以制造商提供的减速比为依据选择最接近使用要求的减速器，然后按照这个减速比重新修正带速，直到与所设计的输送机匹配（修正带速不能低于最小值，除非能够保证达到设计能力）。

（3）蜗杆减速器常用的减速比有5、7.5、10、15、20、25、30、40、50和60；圆柱齿轮或圆锥齿轮常用的减速比有6.3、7.1、8、9、10、11.2、12.5、14、16、18、20、22.4、25、28、31.5、35.5、40、45、50、56、63、71、80、90和100（仅仅适合输送机使用的减速比变化范围）。

（4）带式输送机最终的设计应当是以实际带速为基础并按照选择的速比修正，一般都需要重新计算才能完成。

6.2 电动机、减速器和联轴器

6.2.1 电动机

带式输送机是一种匀速运行的设备，不需要变速驱动。考虑到技术要求以及价格，三相交流异步电动机与其他合适的机械电器设备组合在一起成为了输送机驱动装置的理想选择。通常使用的电动机有四电极型和六电极型，但是八电极电动机在小功率低带速的输送机中也会用到，这是由整个经济成本费用决定的。

三相交流异步电动机可分为笼型和绕线式两种类型，具体选型是由设计系统的整体设计决定的（机械和电力方面）。电动机的参数、输送机、电源以及电力控制必须互相匹配，不能出现配合不当现象。

6.2.2 减速器

输送机驱动通常使用全封闭式的工业减速器，减速器的选择按照以下条件进行：

（1）减速器和它的零部件应当具备足够的机械强度，要具有能传递高扭矩的安全系数，通常都是在加速启动阶段测定。

（2）减速器应当满足每小时启动次数的要求，通常都由电力系统条件决定。

（3）减速器及其配件应具备足够的维持输送机满载运行的使用寿命，通常减速器的设计使用年限为25000～40000h，而像底座这样的易磨损部件则需要提前更换。

（4）减速器选择时应满足每天连续的工作要求。

（5）减速器的耐热等级应能够适应最高环境温度条件。

（6）减速器的工作噪声应当在限定范围内，对于一般工业这一限制是85dB。但这取决于减速器的大小和工作场所，如室内工作的减速器会有更高的噪声。

（7）减速器的振动限制标准应满足VDI—2056标准以及相关标准的要求。

（8）应当确保在一定的环境温度范围内减速器有适当的润滑油存在，尤其对于温度变化较大的环境。

大多数减速器制造商都是依照标准类型设计制造，这样就使得减速器的维修和部件的更换更便捷容易。带式输送机是固定安装的，因此减速器的重量问题可以不必考虑。然而对于可移动式输送机和位于运动机械上的输送机，减速器则不应当太重。

减速器的内部构造是制造商按照减速器的设计原则设计的。在具体应用中，减速器材料的类型、质量、加工方法、热处理方式、打磨方式、齿轮参数、装配过程以及检测等应当与预期的质量、性能、可靠性和价格水平相一致。

应用于输送机驱动装置的减速器类型如下：

（1）蜗轮蜗杆减速器。这是一种应用于小运量输送机非常经济的减速器，它的特征为：价格低；安装时所需空间很小；机械传动效率低，一般在80%～90%范围内；蜗轮和蜗杆有自锁功能，传动只能从输入轴传递到输出轴，而不能反方向；蜗轮减速器的自锁功能可导致电动机停机时输送机突然停止，会产生很大的冲击力，不适用于有很大惯性和需要缓缓停机的输送机。

蜗轮减速器在驱动单元中的安装示意图如图6－2所示。

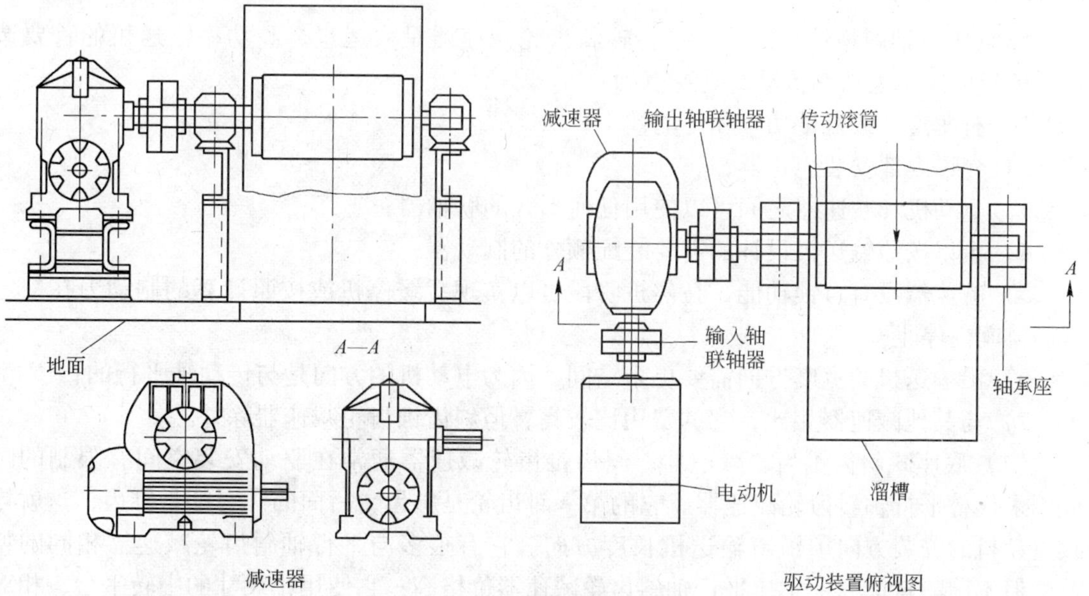

图6－2　蜗轮蜗杆减速器

（2）落地安装式减速电机。水平安装式减速电机多用于中小型驱动，在这种类型的驱动中，电动机和减速器组成一个单一的整体，不需要输入轴联轴器。它的典型特征为：

1）在输送带的宽度方向需要更多的空间；

2）由于使用了斜齿轮传动，它的传动效率很高；

3）电动机和减速器作为一个整体单元，对其中一个进行维修将会影响到另一个；

4）不需要安装额外的制动装备和制动器，减速电机有制造商为其设计的完整制动功能；

5）不需要安装液力偶合器，因为没有输入轴；

6）没有自锁功能，输送机可以根据需要限定停机时间；

7）价格相对于蜗轮蜗杆减速器比较贵，但比斜齿轮减速器要便宜；

8）可以安装逆止器。

落地安装式减速电机作为一种正在发展中的设备多用于中小型驱动。驱动安装示意图如图6－3所示。

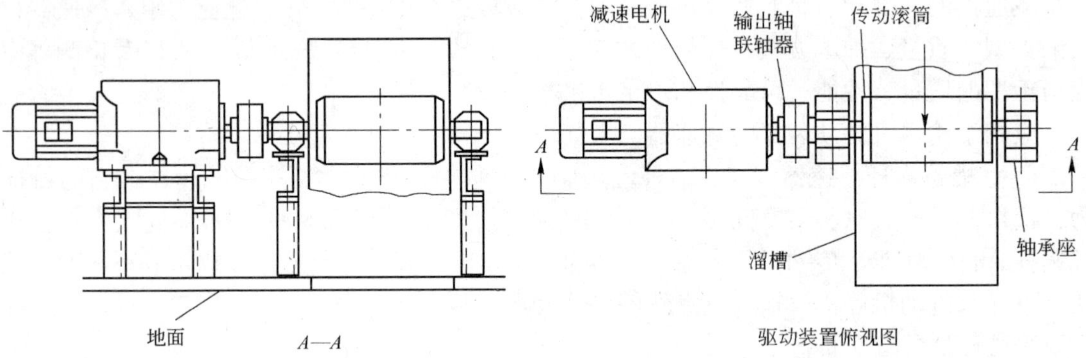

图6－3　落地安装式减速电机

（3）平行轴斜齿轮减速器。平行轴斜齿轮减速器是大运量、高功率输送机的首要选择，广泛应用于大功率传动，其特点为：

1）有非常高的机械功率和传动效率；

2）允许内部安装逆止器；

3）电动机和减速器之间可以使用任何形式的联轴器；

4）可以按照输送机设计的需要装配额外的制动器；

5）减速器没有自锁功能，在停机阶段可以实现缓缓停机或按照计算的制动力在一定限制时间内停止；

6）沿输送机的宽度方向需要更多空间，因为电动机的方向是与传动轴平行的；

7）与其他减速器相比，它的费用比较高，但斜齿锥齿轮减速器除外。

（4）底座式斜齿锥齿轮减速器。斜齿锥齿轮减速器通常在驱动安装空间有限制的时候用来代替平行轴斜齿轮减速器。它的第一对齿轮是斜齿，后面的几对都是锥齿，这就导致电动机的安装方向须沿着输送机长度方向。它有很多与平行轴斜齿轮减速器相同的特征，但不同的特征为：它比平行轴斜齿轮减速器价格高；它使用小尺寸的中转平台，相对于大尺寸中转平台来说节省了很多的费用。

这种型号的减速器适用于大运量、高功率的输送机，使用时参照以上特征选择优化。

（5）轴安装型斜齿锥齿轮减速器。这种减速器与底座式斜齿锥齿轮减速器基本相同，但没有与传动滚筒轴连接的输出轴。具有底座式的所有特征，并有自己的独特之处：

1）由于没有输出轴，可以使用小的中转平台；

2）不用花费精力在传动滚筒轴与减速器输出轴的对正上，由此类产生的偏差也是不存在的；

3）有时需要较大的传动滚筒轴和轴承；

4）需要很高的安装和维修技术，尤其对于带有很多锥孔的大驱动单元；

5）滚筒和驱动作为简单的个体靠近在一起，当需要维修滚筒的轴承、密封圈和橡胶层时需要移动驱动单元（维修任何一个都会相互干扰）；

6）质量小；

7）相比底座式斜齿锥齿轮减速器费用比较高；

8）不能使用大尺寸的液力偶合器，防止其与输送机桁架相互干扰。

这种减速器是可移动式输送机的理想选择，它可以减轻重量，节省空间。同时这些优点也使它适用于可移动机械装置上的输送机驱动。

（6）链传动。通常采用这种方式的目的是为了追求机械安装方便，大多用于小功率驱动。链传动可以使驱动单元安装在滚筒的上方、前面或者侧面等位置合适的地方。它是一种合理利用空间且非常经济的传动方式。链传动虽然减小了减速器的尺寸，但是系统由于采用链传动加减速器代替单一的减速器会使成本费用稍多一点。使用链传动的缺点是它增加了驱动单元的维修设备，并且当它断裂时减速器上的逆止作用将不能使输送机倒转。链传动安装示意图如图6－4所示。

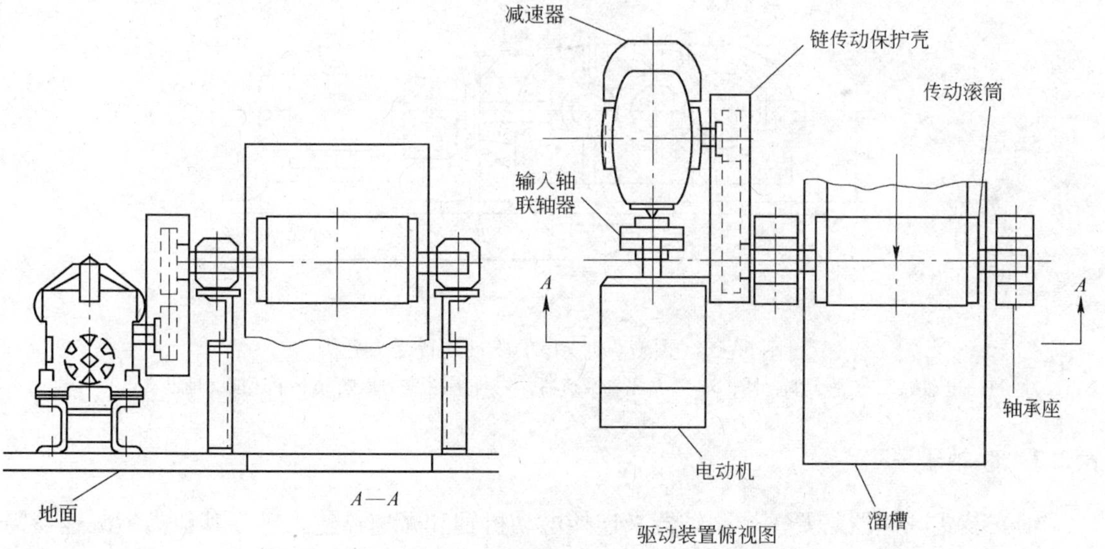

图6－4　链传动

链传动所使用的链条是依照相关标准经过机械切割和热处理结合来加工设计制造的，链的传递能力随链节距的增加而增加，对于小链轮，还随齿数的增加而增加。单链结构或多链结构（一条、两条或三条链）可以同时使用，由传递功率比和空间位置决定。链传动通常位于完全封闭但可开启的护壳里，这样可以保护链条免受灰尘污染，也可以保证良好的润滑，同时还可以作为安全防护设施。

链传动的链轮之间需要一定的距离来保证小链轮有足够的围包角，对于水平传动安装，上运行链条为松边时，由于链条在重力会产生下垂，所以会增大围包角。链传动增加了驱动单元的设备，驱动链可以根据制造商提供的参考数据选用。

(7) V 带传动。通常这种方式应用于小功率驱动，考虑到经济成本，它可以作为链传动的替代品，V 带传动的安装示意图与图 6-4 类似（安装时将由铁丝网防护代替封闭盒）。

(8) 单点浮动支撑的驱动装置。一般带式输送机的驱动装置都是把电动机和减速器用螺栓固定在基础或底座上。安装在基础上时对电动机、减速器和驱动滚筒的安装精度要求较高（中心线要求一致），给安装带来一定困难。单点浮动支撑的驱动装置完全克服了这一缺点。从理论上分析，减速器不受附加弯矩的影响，机壳不受附加应力的影响，机壳的寿命得以延长，并且提高了传动精度。

单点浮动支撑的受力分析如图 6-5 所示。减速器传给驱动滚筒转矩 M 时，减速器壳体同时受反作用力矩 M。当驱动装置的重心距球铰支点的距离为 L 时，驱动装置的重力产生的力矩与反作用力矩 M 平衡，从而确定球铰支撑的位置

$$L=\frac{M}{mg} \tag{6-1}$$

式中　m——驱动装置的质量，kg。

千斤顶（辅助支点）的作用是在停机时支撑驱动装置。当正常稳定运行时，带式输送机驱动滚筒作用于减速器机壳一个反力矩 M，这时驱动装置和辅助支点脱开，辅助支点不起作用。

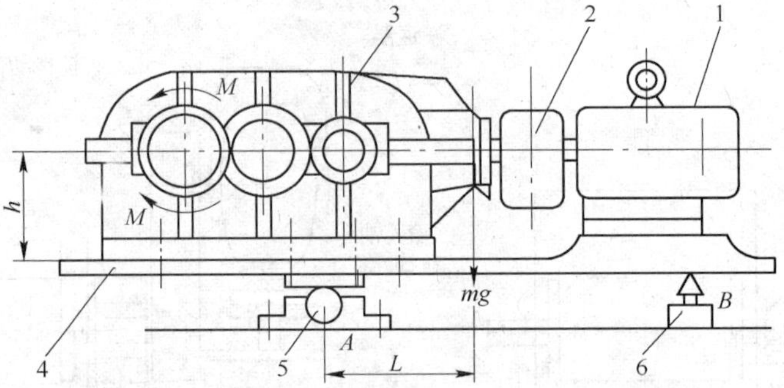

图 6-5　单点浮动支撑的驱动装置受力分析

1—电动机；2—液力偶合器；3—垂直出轴减速器；4—底座；5—球铰；6—千斤顶（辅助支点）

6.2.3　联轴器

轴安装式减速器需要一个联轴器来连接电动机轴和减速器输入轴，其他类型减速器需要两个联轴器，一个用来连接电机轴和减速器输入轴，另一个用来连接减速器输出轴和传动滚筒轴。

电动机和减速器输入轴之间的联轴器称为输入轴联轴器或高速轴联轴器（因为它位于减速器的输入轴并且相对于其他联轴器转速很高）。减速器和传动滚筒间的联轴器称为输出轴联轴器或低速轴联轴器。高速轴联轴器和低速轴联轴器这种叫法仅是为了区分它

们，这两种联轴器的类型本身并没有区别。

高速轴联轴器可以是弹性联轴器或液力偶合器，具体选型取决于输送机的驱动设计，低速轴的通常都是弹性联轴器。高速轴通常还装配有制动器，当输送机需要停机的时候可以使用。制动器通常位于减速器的输入端，因为转速很高，制动器很小的力就能对输送机产生大的动能，因此可以减小制动力。

（1）弹性联轴器。如图6－6所示，弹性联轴器在连接独立单元并传递功率过程中的作用是不可缺少的，因为要使轴与连接件完全对齐是不现实的，在安装、使用以及维修过程中由于需要支撑部件难免会产生小的偏差，而弹性联轴器可以较好的消除这种偏差。安装于高速轴的液力偶合器，内部也使用弹性联轴器抵消偏差。

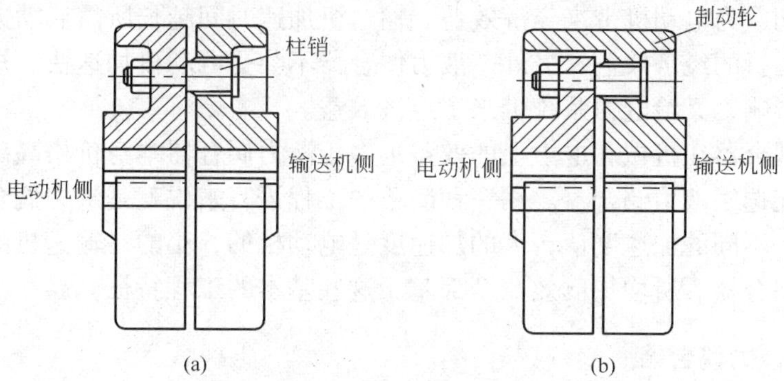

图6－6 弹性联轴器

（a）弹性联轴器；（b）带制动轮弹性联轴器

用弹性联轴器连接的两轴不会产生接触，两轴末端留有一定间隙，它们的机械连接通过弹性联轴器实现。轴的中心线是两条独立的直线，但是假设延长两条中心线，理想情况下他们将会成为一条直线。在机械装配中，从数学角度上说两条直线既不相交也不平行将是最不想看到的情况。两轴的偏差有以下两种情况：

1）轴中心线经过它们之间的小段距离延长后重合；

2）其中一条中心线位于三维空间中，保持它的方向不变以便与另一条中心线相交，两条相交中心线在同一平面内产生一个角度，如果不是180°则表示两条中心线角度有偏差。

如果2）不存在，两中心线夹角为零，则轴是平行的。两中心线之间的距离就是径向偏差。同样的，如果1）不存在，轴的中心线会相交，径向偏差为零，两轴之间仅有角度偏差。

联轴器制作时允许有一定的径向偏差和角度偏差，具体数值与联轴器的类型和大小有关系。另外，联轴器还有第三种偏差，称为轴向偏差。联轴器安装时两轴末端之间需要留出一定的间隙，轴向偏差就是这一间隙容许的偏差，比较大的轴向偏差会使安装和维修更加容易。在联轴器的安装和使用中应确保任何一种偏差都没有超出限度。不同的联轴器有其独特的工作特性，在通常应用中使用哪种类型取决于使用者或设计者自己的选择。

（2）弹性套筒联轴器。这是一种应用非常广泛的联轴器，其具体特点是：经济实用；没有噪音，力通过橡胶衬套传递，振动幅度小；功率传输通过钢铁到橡胶再到钢铁的形式实现，振动幅度可以有效地控制；橡胶衬套的老化会影响联轴器的性能；质量稍大。

（3）齿式联轴器。这类联轴器都是通过刚性连接传递力矩的，具体特征为：相对其他类型联轴器，传递相同的扭矩值时重量较轻；使用寿命长，力矩传递部分为拥有很长磨损寿命的刚性轮齿；刚性轮齿传动可以调整更多的偏差；联轴器由刚性结构组成，不会产生振动；价格较高；需要添加润滑油。

（4）蛇型弹簧联轴器。它的特点是：具有较高的弹性幅度，弹簧部分随着力矩或负载的变化弯曲；一个周期的扭振后外倾槽将改变弹簧扁钢的长度，进而改变它的固有频率，减小了振动作用；价格高；需要添加润滑油。

6.3　液力偶合器

液力偶合器作为输入轴联轴器可以为输送机提供逐渐增大的驱动力，能够延长输送机加速启动的时间，为电动机带来经济效益。输送机加速时间越长所需启动力就越小，所以可提高输送机运行的经济效益。另外，液力偶合器不会受电动机加速快、短时间内存在很高启动电流的影响，又给电力系统带来了经济效益。

因为液力偶合器在机械和电力上的效益远多于液力偶合器本身价格高出的费用，因此我们应当尽可能选用液力偶合器。用一种简单的工程语言来说就是液力偶合器可以使一个驱动中存在两个不同的加速度值，大的加速度是电动机的，小的是输送机的。输送机驱动系统采用液力偶合器后所增加的效益全部基于这些基本的工程特征。

6.3.1　限矩型液力偶合器

限矩型液力偶合器安装在电动机轴和减速器输入轴之间，工作液体在工作腔中循环流动传递动力。它的显著特点：最经济的液力偶合器；输送能力可以快速增加，很短时间内就可以使输送机在稳定力矩下加速，使输送机有一个相对比较快的加速度；适用于惯性小的输送机，对于 T 型液力偶合器，一般输送机长度不超过 200m，输送物料为中等重量。

（1）TV 型和 TVV 型带延充腔液力偶合器。TV 型带延充腔液力偶合器（图 6－7）主要用于低功率的情况。大部分的工作液在启动过程中停留在连接的延充腔内，在启动段内产生较低的传递力矩，随着工作液由延充腔渐续流入工作区，输送带被均匀地加速。使用有加长延充腔的 TVV 型液力偶合器（图 6－8）可使启动力矩进一步降低，输送带加速更加平稳柔和。这种偶合器主要用于较大功率传输。

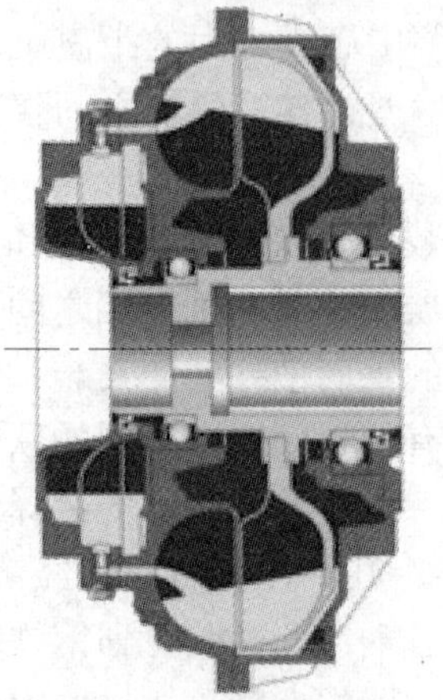

图 6－7　TV 型

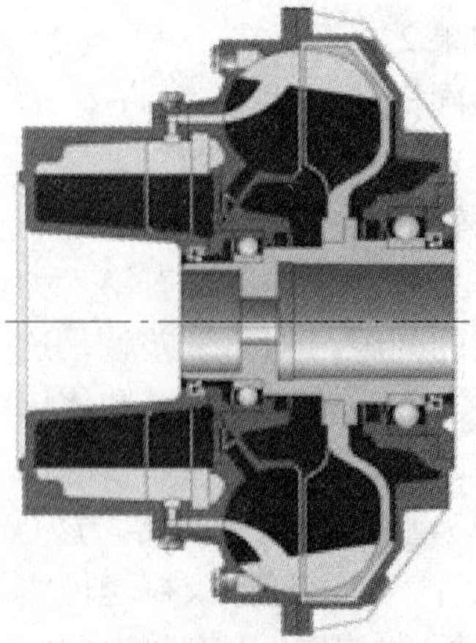

图 6－8　TVV 型

这类液力偶合器的特点是:

1）相对于简单的牵引型偶合器，这类偶合器价格比较高。

2）启动时刻工作腔内的液体少，对电动机产生的阻力小。

3）加速阶段工作腔内的液体不断增多，力矩也会逐渐增大，可以保证所需力矩持续较长时间。

4）保证输送机在适当作用力下加速较长时间，即需要的加速力会减小。

5）对于惯性比较大的输送机（如200m长）用这类偶合器比较有优势。输送机的惯性随着长度的增加而增大，同时还随着它所运输物料的重量增大而增大。

6）现有的液力偶合器类型中，延充腔有标准尺寸型和增大尺寸型，当输送机长度为200～500m时选择标准尺寸制动腔，输送机长度为400～1000m时选择增大尺寸型延充腔。

不同长度的输送机匹配不同型号的偶合器。实际上，按照输送带的长度选择偶合器是由运输物料的堆积密度、输送机倾角和所需的性能特点等决定的。这里说的匹配合适的偶合器是指在满足基本功能要求前提下最经济实惠的型号。

（2）TVVS液力偶合器 对驱动有更严格要求时可使用有附加侧辅腔的TVVS液力偶合器（图6-9）。由于在电机刚刚启动时，工作液滞留在附加的侧辅腔和延充腔内，力矩传输几乎为零，随着延充腔内的工作液逐渐排空流入工作区才非常缓慢地增大，启动力矩得以很好地限制，这使得输送机的启动异常柔和。因此，这种偶合器非常适用于驱动在水平和垂直方向都有较大弧度的长输送带。其特点是:

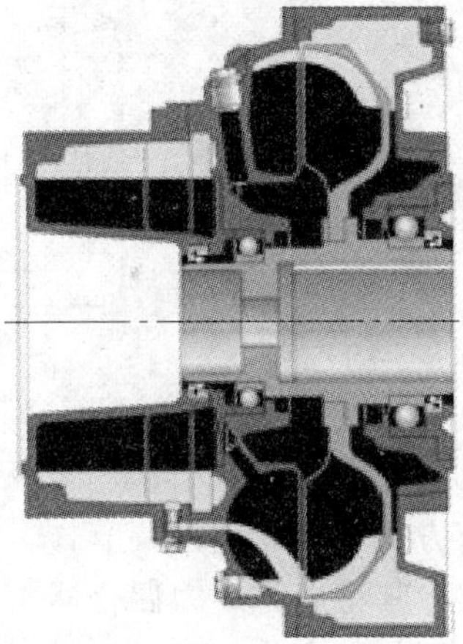

图6-9 TVVS液力偶合器

1）电机加速期间平均阻力更小（电动机和偶合器主动轮部分开始旋转时没有阻力）。

2）由于开始时工作腔内是完全空的，它的填充需要更多的时间，因此偶合器可以维持更长时间的稳定启动力矩，高惯性的输送机就可以比较容易的加速启动，系统需要的启动力也会更小。

3）这种类型偶合器已经应用于2000m长的输送机，同时这类偶合器由于其性能的优越，也应用于长度不是很长但功率需求很大的输送机。

6.3.2 勺斗型液力偶合器

勺斗型偶合器通常也称为吸油管式液力偶合器或者调速型偶合器。一般情况下，这种偶合器是独立于驱动支架上的，它有一个输入轴与电动机连接，一个输出轴与减速器的输入轴连接。偶合器的结构如图6-10所示。

勺斗型液力偶合器的结构比限矩型液力偶合器要复杂得多。它主要由泵轮、泵轮轴、涡轮、涡轮轴、旋转外壳、导管组件及冷却系统等构成。它的主要特点是在输入转速不变的情况下，通过导管或其他调节方式调节工作腔中的充液量以改变输出转速和力矩，其充液量的调节是在运行中进行的。勺斗型液力偶合器进、出工作腔的油路为循环回路，按调

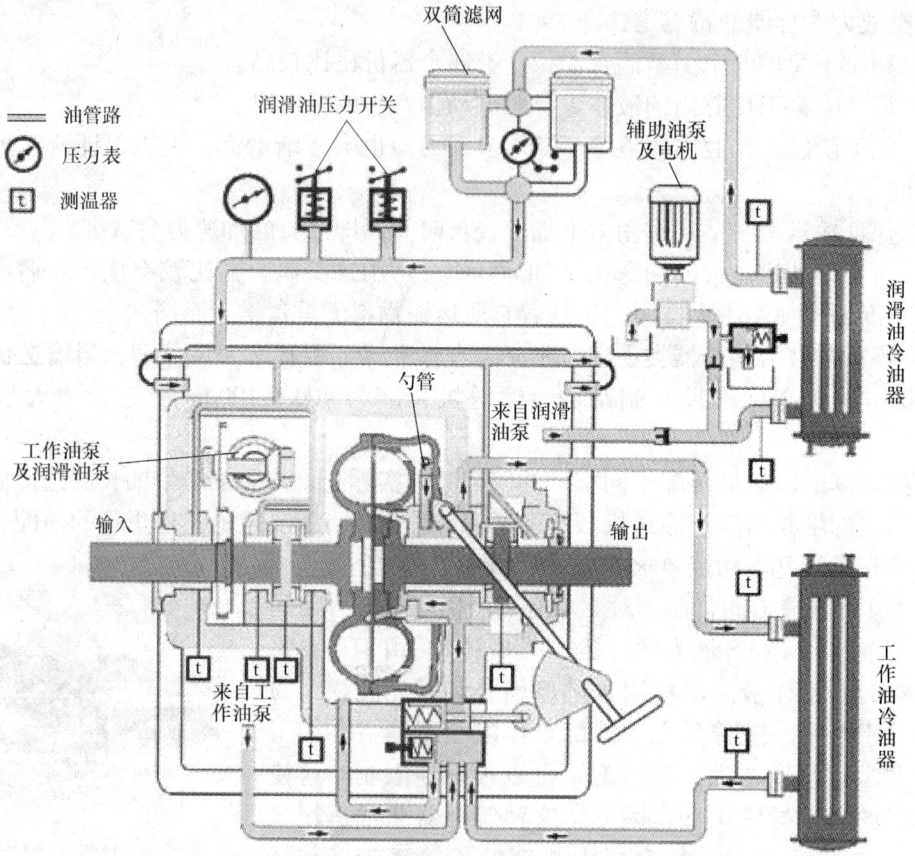

图6－10　勺斗型液力偶合器的结构原理

节方式可分为进口调节式、出口调节式及复合调节式3种。目前国内应用以出口调节式居多，其特点是液力偶合器工作腔进口流量不变，由定量油泵供油；而出口流量随导管开度的调节而变化，从而引起工作腔充液量和液力偶合器输出转速的变化。即当电动机带动泵轮旋转时，供油泵向工作腔内供定量的工作油，而在与工作腔油位相适应的排油腔内形成旋转油环，导管伸入旋转油环内吸油并排入油箱，排油的多少取决于导管开度（即导管插入排油腔的深度，以0～100%计）。因此，在运行中通过控制导管开度即可使勺斗型液力偶合器工作腔中的充液量不断变化，从而改变输出转速与功率，实现无级调速。导管开度的调节是通过电动执行器来完成的，电动执行器可以手动，配上电控系统也可以实现遥控和自动控制。这类偶合器的特点：

1）这种偶合器价格比较高。

2）它可以提供输送机设计时要求的较小启动力并且可以满足输送机所需要的运行方式。这给输送机其他的机械部件带来了非常大的经济效益。

3）这种偶合器可实现电动机无负载启动，给输送机节约电能带来了很大效益。

4）这种偶合器适用于任何长度和质量的大运量输送机。

5）这种偶合器可以实现输送机渐变速度或其他速度方式的设计。

6）即使电动机处于运行状态，这种偶合器也可以使输送机停止运行，这个特性非常有用，一般用于避免因某种安全考虑或其他原因而频繁启动和停止电动机。

6.3.3　阀控充液式液力偶合器

对于 DTPK 型（图 6－11）和 TPKL 型阀控充液式液力偶合器，可在工作过程中调节充

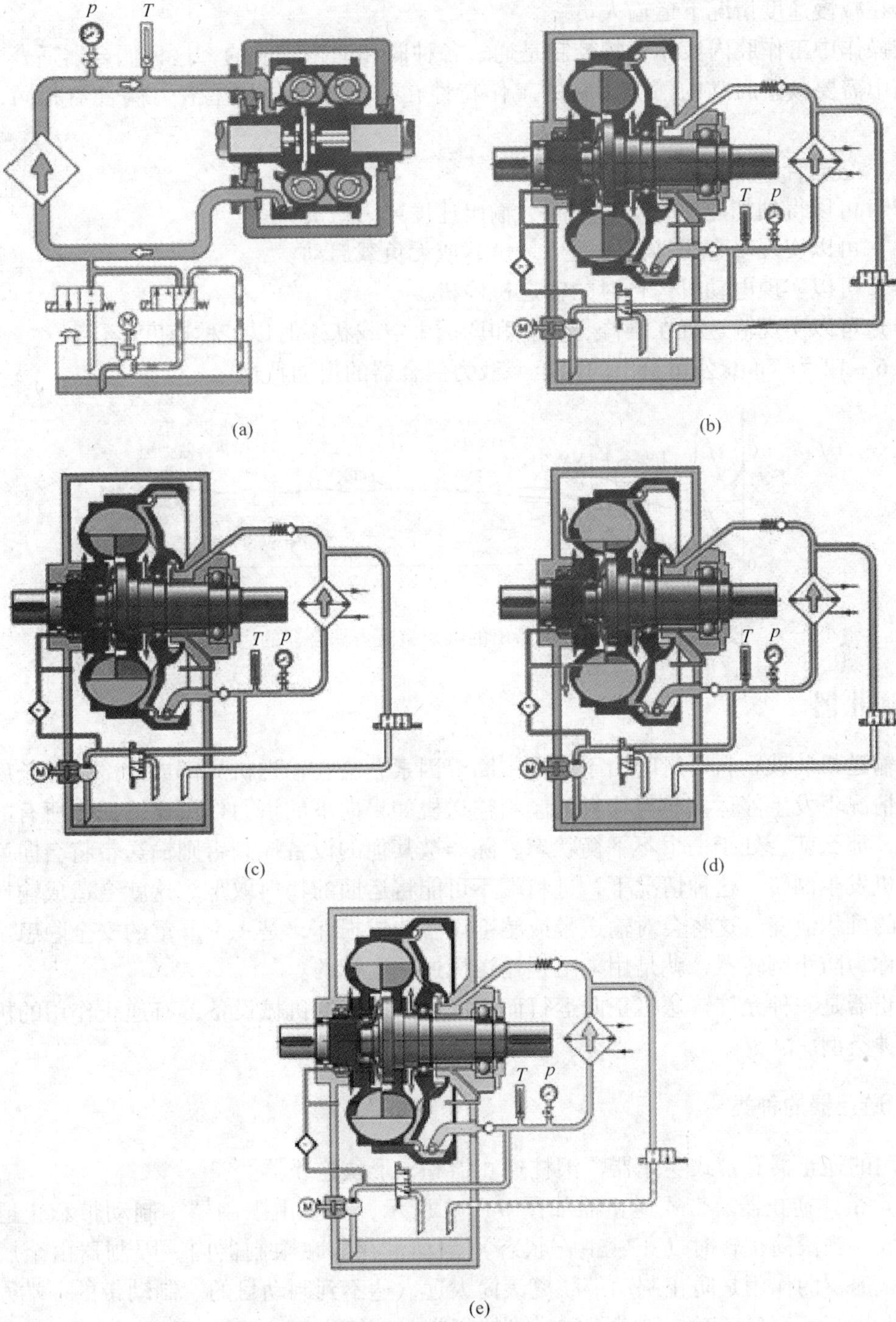

图 6－11　阀控充液式液力偶合器

（a）阀控充液式液力偶合器；（b）电机启动；（c）工作机加速；（d）工作机最大转速的额定工况；（e）部分负载和转速的工况

液量。当偶合器排空时电机启动实际上是无负载启动。多电机驱动时，在通过控制充液量来按设定的方式启动带式输送机之前，各电机一个接一个地顺序启动差不多排空的偶合器。在操作过程中通过改变充液量来控制输出和实现缓慢停车。在空载时可进行检修运行并且可在减慢速度情况下运输人员。

在操作中工作腔内液体量的控制是通过各种阀和油路完成的，这种偶合器适合于输送机控制中需要频繁启动的情况，它的工作特性在很多方面与勺型液力偶合器相同，其特点为：

（1）它适合于更加频繁的启动。

（2）可以得到加速度相对于时间、输出速度或力矩的关系。

（3）可以实现多个驱动器之间适量负载或无负载启动。

（4）可以实现电动机运行时的输送机停机。

（5）可以实现输送机在维修、实验和调试中空载状态时以各种速度运行。

图6－12为Voith公司给出的限矩型液力偶合器的启动特性。

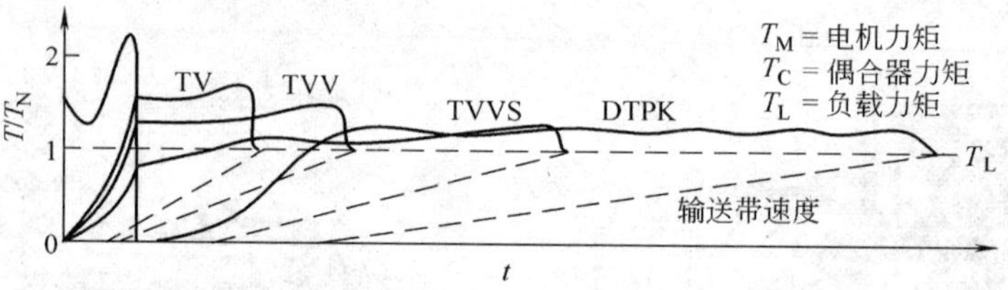

图6－12　Voith公司给出的限矩型液力偶合器的启动特性

6.4　逆止器

当输送机装载物料运行时由于电源中断等因素，会在输送机局部或全部输送长度装载物料的情况下发生停运。载有物料的倾斜输送机如果向下的重力作用比输送机所有的摩擦阻力大，那么就会处于一个不平衡状态，除非被其他的设备控制否则输送带将会向后运动使输送机发生倒转。这种情况下，进料端不可能将运回的物料取走，这就会造成输送机尾部物料的堆积泄漏。这将会对输送带或尾部设备造成损坏，是一个严重的安全隐患。逆止器，也称为防止倒转器，就是用来阻止输送机逆向运行的。

逆止器是一种允许输送机正向运行而不能逆向运转的机械设备，有逆止作用的机械设备有多种类型。

6.4.1　逆止器的种类

常用的逆止器有带式逆止器、滚柱逆止器和异形块逆止器。

（1）带式逆止器。带式逆止器如图6－13所示，主要由限制器、制动带和止退器三部分组成。当滚筒正转时（正常工作状态）制动带存放在限制器内，限制器由金属钢板制成。止退器的作用是防止制动带脱离滚筒太远，达不到制动目的。制动带的一端固定在金属架上，当滚筒反转时，制动带被带到输送带与滚筒之间，通过摩擦力作用，使滚筒和输送带的逆转停止。带式逆止器结构简单，适用于小功率的带式输送机。其缺点是止动时要先倒转一段，滚筒的直径越大，倒转距离越长，因此大功率和大运量的输送机不宜采用这种逆止器。

(2) 滚柱逆止器。滚柱逆止器就是一个滚柱超越离合器，如图6-14所示，它由内圈、外圈、滚柱和弹簧组成。逆止器外圈不动，输送机正常运转时，内圈逆时针旋转，滚柱在楔形空间的大端，滚柱不起作用。当内圈顺时针旋转时，滚柱不受内圈的推动，在弹簧力的作用下，向楔形空间的小端运动，由于滚柱和逆止器内、外圈的摩擦使逆止器的内圈不能运动，起到逆止的作用。同样的道理，当外圈不固定时，可以作为限速的超越离合器使用。

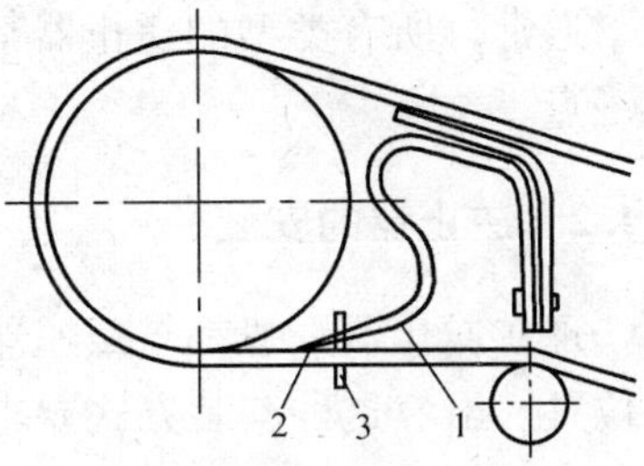

图6-13　带式逆止器

1—限制器；2—制动带；3—止退器

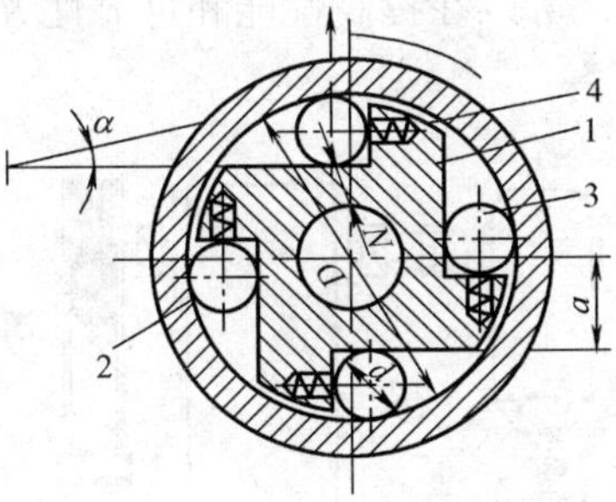

图6-14　滚柱逆止器

1—内圈；2—外圈；3—滚柱；4—弹簧

3）异形块逆止器。异形块逆止器是异形块离合器在应用于逆止时的特殊形式。它由逆止器本体和逆止臂构成。逆止臂的一端和逆止器本体的外圈固定在一起，另一端固定在输送机机架或地基上，以得到逆止力矩。逆止器本体的结构如图6-15所示，其工作原理与滚柱逆止器类似，其中起关键作用的是逆止器中的异形块，典型的异形块如图6-16所示。从图中可以看出，当内圈的转速（旋转方向如图所示）大于外圈时，异形块几乎不产生摩擦力，当外圈的转速大于内圈时，异形块在摩擦力的作用下逐渐挤紧内外圈使内外圈的速度接近，这就是超越离合器的作用，当外圈不动、内圈反转时异形块起作用，达到逆止的作用。这种逆止器的特点是能承受较大的冲击力矩，在不良润滑状态下具有较好的耐磨性，安装精度要求低。

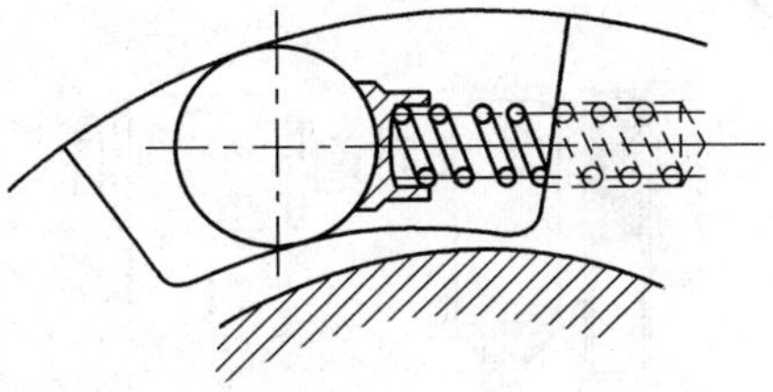

图6-15　异形块逆止器本体

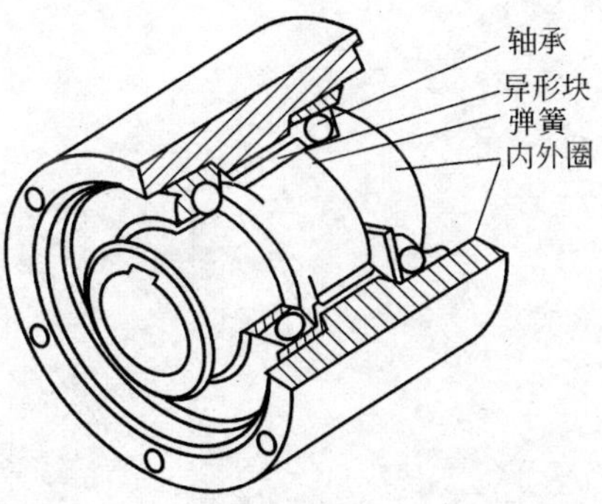

图6-16　异形块与内圈的运动关系

通常，所有类型的逆止器都有许用的最低和最高速度限制，选择使用的时候需要考虑这一点。

6.4.2 逆止器的安装

现在逆止器一般都与减速器作为一个整体，多安装在减速器的输入轴或中间轴上合适的位置。虽然这种安装方式要求逆止器需要有小的尺寸来实现减速器的机械效益，但这种安装设计还是很经济的。

另外的安装方式可以是将逆止器安装在传动滚筒轴的自由端，即与减速器位置相反的一面。这种方式导致逆止器需要有大的尺寸和复杂的结构，并且需要额外的位置来安装。相对来说它的优势主要表现为具有更高的可靠性，因为它不是通过作用在传动的其他部件上以使运行速度减慢，另外它是一个独立的单元，可以在提高性能和可靠性方面做更好的改进。图 6－17 为逆止器的安装方式。

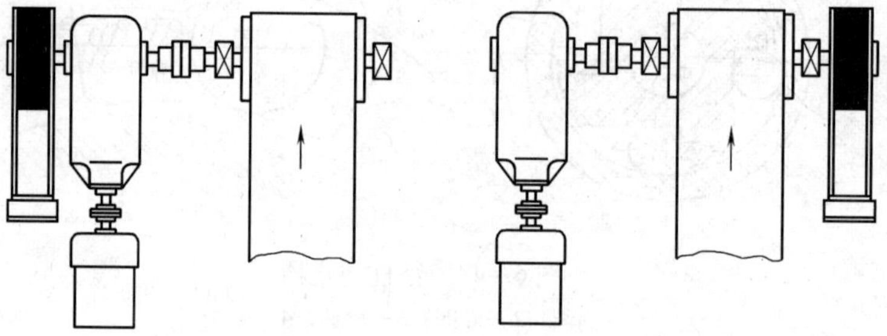

(a)　　(b)

图 6－17　逆止器的安装方式

（a）安装在减速器的输入轴上；（b）安装在传动滚筒轴的自由端

6.4.3 逆止器的选用计算

带式输送机逆止力矩的详细计算方法参见第 10 章。这里介绍日本计算方法中逆止力矩的计算。

（1）逆止力矩

$$T = 9550\frac{P}{n}S_t$$

（2）空载水平运行所需功率

$$P_1 = 0.06fWv\frac{L + L_0}{367}$$

（3）水平有载运行功率

$$P_2 = fQ_t\frac{L + L_0}{367}$$

（4）垂直提升功率

$$P_3 = \frac{hQ_t}{367}$$

（5）逆止功率

$$P = P_3 - K_0(P_1 + P_2)$$

式中 f——带式输送机模拟运行阻力系数，一般取 $f = 0.012 \sim 0.03$；

W——物料以外的运动部分重量，kg/m，其关系式为：

$$W = \frac{承载托辊旋转重量}{承载托辊间距} + \frac{空载托辊旋转重量}{空载托辊间距} + 2 个单位长度带重$$

v——输送机速度，m/min；

Q_t——最大输送量，t/h；

L——头尾滚筒水平中心距，m；

L_0——头尾滚筒水平中心距修正数，m，其关系式为：

$$L_0 = \frac{0.77931}{f - 0.006436} + 15.93$$

h——物料提升高度，m；

K_0——模拟运行阻力系数修正值，$K_0 = 0.4 \sim 1$；

n——安装逆止器轴转速，r/min；其关系式为：

$$n = \frac{60v}{\pi D}$$

D——滚筒直径，m；

S_t——逆止器工况系数，一日九次取 $S_t = 1.5$；一日九次以上取 $S_t = 2.0$。

附注：逆止力矩的简易计算法

逆止力矩简易计算时还可使用如下公式：

逆止力矩

$$T = \frac{D}{v}\left[\frac{Q_t H}{734} - \frac{0.36v(B - X)(L + Y)}{60000} - \frac{Q_t(L + Y)}{60000}\right]$$

$$T = \frac{qDH}{203.8} - \frac{D(B - X)(L + Y)}{166000} - \frac{qD(L + Y)}{16600}$$

式中 D——安装逆止器轴滚筒直径，m；

v——带速，m/s。

q——物料每米线载荷，kg/m，其关系式为：

$$q = \frac{Q}{3.6v}$$

$$Q = 3.6qv \quad (t/h)$$

摩擦系数取 $f = 0.012$，其他参数参见第 10 章。

7 拉紧装置

7.1 拉紧装置的作用

所有精心设计的带式输送机均需要使用某种形式的拉紧装置，其理由是：

（1）保证在传动滚筒处具有适量的松边张力，以防止输送带打滑。

（2）保证沿输送机的加料点至其他各点输送带均具有适当的张力（必须防止输送带在托辊之间丧失槽形，从而避免物料从输送带上溢出）。

（3）补偿输送带长度的变化。

（4）为更换接头储备输送带（若无储备，则在更换接头时必须添加许多小段新的输送带，每更换一个接头都需要有两个接头处）。

任何输送机的输送带均可能具有以下几种形式的伸长或延伸：

（1）弹性伸长。这是在启动加速或制动减速时在输送带上出现的部分伸长。在施加的拉力或应力消除后，这种伸长几乎完全恢复原状。

（2）结构伸长。这种伸长大部分是由于织物编织形式而不是织物原料本身引起的。在普通的编织物中，弯曲的经线在承受负荷时就会被拉直，引起输送带伸长，且其中部分伸长是不能恢复原状的。

（3）永久性长度变化。永久性长度变化包括由基本纤维结构的伸长率所引起的长度变化，同时还包括部分弹性伸长和不可恢复的部分结构伸长。

拉紧装置应保持输送带各处张力适当，如果张力过大将导致输送带变形过大，滚筒及其他设备也会磨损严重。

7.2 拉紧装置的种类

7.2.1 螺旋拉紧装置

螺旋拉紧适用于长度不超过50m的短距离输送机。此类拉紧是所有拉紧方式中最经济的一种，它不需要额外的滚筒或其他装置，通常是尾部滚筒兼做拉紧滚筒。螺旋拉紧装置结构见图7－1和图7－2。

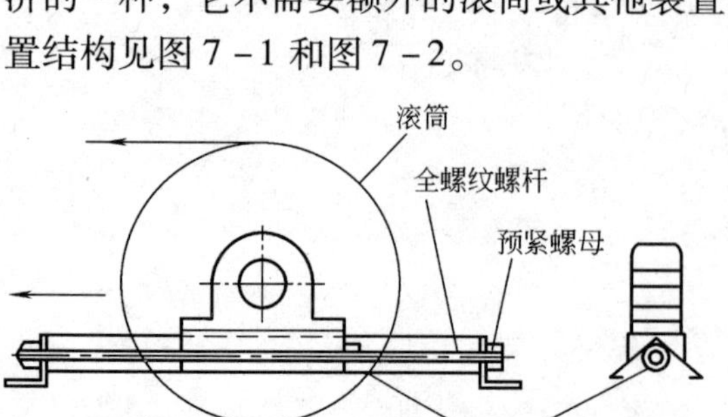

图7－1 螺杆位置不变式

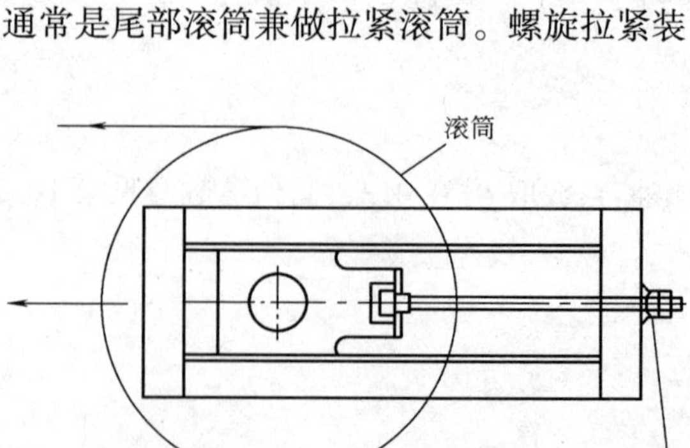

图7－2 螺杆移动式

螺旋拉紧装置的拉紧螺栓有两种安装方式，一种为螺杆上的螺母安装在拉紧滚筒的轴承座处，螺栓旋转时螺杆位置不变，螺杆旋转带动滚筒移动从而拉紧输送带。为防止物料落到滑道上，螺杆需要安装在型钢下，因此这类拉紧装置也被称为保护型螺旋拉紧装置。这种拉紧装置的优势在于利用滚筒的支座，通常适用于安装在输送机尾部。

另一种安装方式为螺杆移动，旋转螺母实现调节。螺栓尾部与支架连接，旋转螺母带动支架移动。这样的安装可以使螺栓和滚筒中心线在同一平面内，从而可以毫无偏斜的拉紧输送带。因此这种方式的拉紧从设计方面来说更精确，但它需要特殊类型的支架从而增加了制造费用。

前面的布置中，两种螺旋都是通过简单的步进运动实现操作的，输送带拉紧的判断是由操作者的技术决定的，这种需要人力施加紧固的螺旋拉紧装置通常用于小运量输送机尾部，经济简单。另外拉紧装置也可安装于回程段改向滚筒上。

螺旋拉紧装置中的液压拉紧用于大运量输送机。这种设备中，液压缸活塞在滚筒支架和输送带框架之间往复运动，液压缸用来提供必需的油压以满足拉紧力的需要。

所有的螺旋拉紧装置都是以输送带的伸长拉紧为基础的，拉紧滚筒在输送机运行中是不动的，这就是说输送带的伸长不管输送机是处于匀速运行、加速启动还是停机阶段都会存在。

7.2.2 垂直重锤拉紧装置

垂直重锤拉紧是通过重力作用产生拉力的拉紧装置，拉紧滚筒能够上下移动。所选的拉紧力需要满足所有工况的运行，因此最初安装重锤的时候应计算出所需的重力。这种拉紧装置属于拉紧行程可调型，因为输送带在不同的张力下其伸长量不同，导致滚筒上下移动。

垂直重锤拉紧以及前面描述的螺旋拉紧是输送机拉紧装置中应用最多的，通常短距离输送机使用螺旋拉紧，中距离输送机采用垂直重锤拉紧（需要一定的高度来安装重锤拉紧装置）。

重锤拉紧装置结构如图 7－3 所示，拉紧滚筒位于滑动框架上，滑动框架的重量也提供了拉紧所需的部分重力。拉紧滚筒、重锤和滑动框架组成了简单的滑动单元。滑动单元悬挂在输送带上，在竖直空间内自由移动。为了安全考虑，滑动单元滑动到最底部时距离地面应保持最少 1.8m 的距离。

重锤拉紧装置需要安装在输送机提升段，以管线或型钢为标准画出参考线，最低的参考线以地面为标准，稍上层位处于输送设备的下方，这样的布置可以在重锤位置很高的情况下便于设置检修平台。

当输送机处于比较大的高度时，就可以很方便的安装重锤拉紧装置所需的框架。重锤架与滚筒架通过钢丝绳连接提供拉紧力，这种装置的优点有以下几个方面：

（1）对于滚筒支架离地面很近的情况，可以缩短输送带的长度；

（2）从输送带断裂方面考虑，重锤悬挂不高时不会造成大的撞击损坏；

（3）容易调整拉紧力，即改变配重容易。

当拉紧装置所需空间高度不够时需要用到双拉紧滚筒，使用同样的滑动单元以获得两倍的拉紧力。

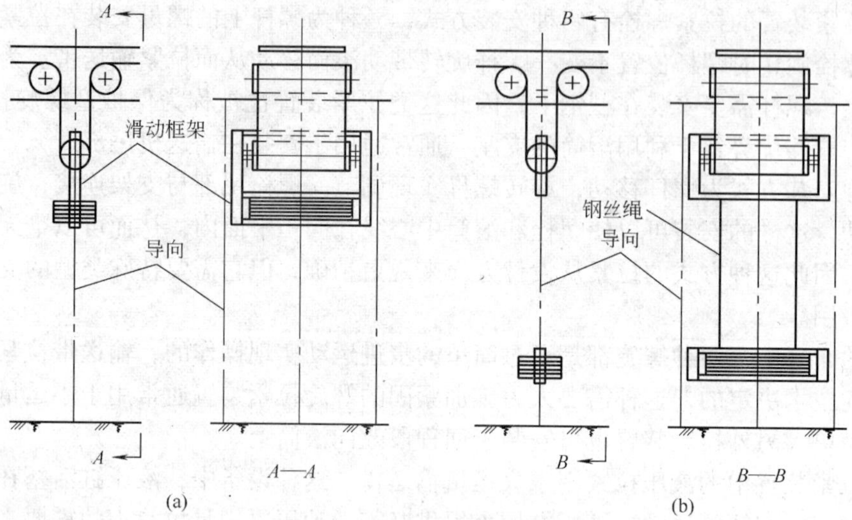

图 7 – 3　垂直重锤拉紧装置
(a) 标准位置；(b) 配重处于低位

垂直重锤拉紧装置有自己独特的优点和缺点，具体如下所示。

优点：

(1) 由于重锤一直悬挂着，所以可一直保持拉紧力的存在，相对于其他设备产生的拉紧力而言，由重力产生的拉力将会更加稳定；

(2) 重锤拉紧不需其他驱动便可产生所需拉紧力；

(3) 拉紧力不受输送带强度影响，同时输送带的热胀冷缩也不会影响拉紧，这是由于拉紧滚筒处于可移动状态。

缺点：

(1) 如果输送带断裂，滑动单元将掉下来造成损害；

(2) 相对于非重锤拉紧形式，输送带的松动会非常困难，尤其是那些输送带张力很高的情况，重锤的质量甚至可达数十吨；

(3) 停机工况时会产生很高的输送带张力，这个不利影响应当在设计阶段给予充分考虑。

7.2.3　车式重锤拉紧装置

拉紧滚筒由小车水平拉动的重锤拉紧，因此它称为车式重锤拉紧装置。所选的拉紧力需要满足所有工况的运行，因此最初安装重锤的时候就应计算出所需的重力。这种拉紧装置属于拉紧行程可调型，因为滚筒水平移动直接关系到输送带的伸长。如果输送机需要采用重锤拉紧，那么在下列情况下应选择车式重锤拉紧而不采用垂直重锤拉紧。

(1) 输送机的高度不足以满足安装垂直重锤所需的空间；

(2) 当输送带很长且使用帆布带时，所需的拉紧行程会很长，此时垂直重锤拉紧具有危险性，同时也将增加拉紧维修的困难。

车式重锤拉紧通常可以安装在输送机的尾部（图 7 – 4）和中间位置（图 7 – 5）。

尾部拉紧比较经济，因为不需要另设拉紧滚筒和增加输送带缠绕长度。但是如果输送

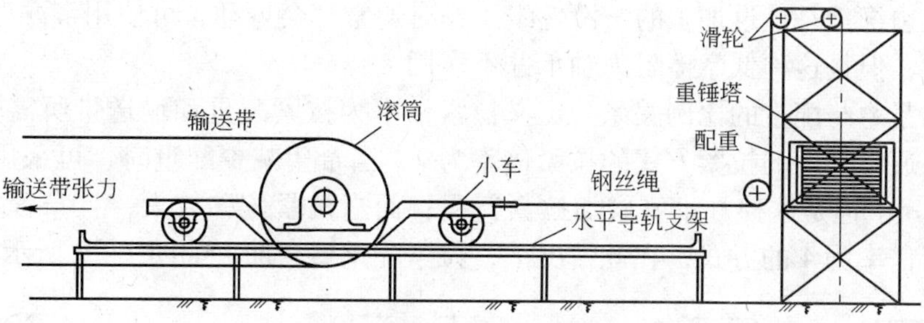

图 7－4 车式重锤尾部拉紧示意图

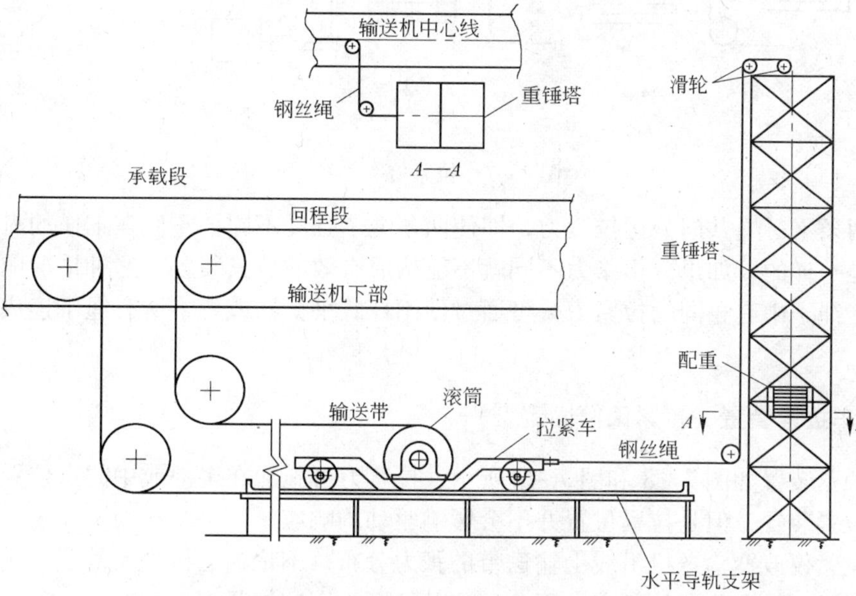

图 7－5 车式重锤设置在输送机中部

机很长（如超过450m），由于回程段输送机的惯性很大，相对驱动滚筒后面的输送带将会延迟运动，这会导致输送带与驱动滚筒表面产生很小的滑动，从而加快输送带的磨损和滚筒表面的破坏。

拉紧位置位于中间点时可选择靠近驱动滚筒的位置以保证驱动滚筒处所需的张力，这将减小拉紧装置与驱动滚筒之间的运动惯量。这种在中间点安装拉紧的装置称为带滑轮车式重锤拉紧装置。这类拉紧由于需要增加滚筒和输送带长度等，故需要一定的额外费用。拉紧装置包括拉紧车（上面装有拉紧滚筒），支持小车运动的水平导轨支架、配重、连接钢丝绳以及必需的固定设备和保护装置等。拉紧小车装有 4 个凸缘车轮，水平导轨支架的作用是为了防止小车脱轨，如图 7－6 所示。配重在垂直方向移动，常用 6×19 型号的钢丝绳悬挂配重。

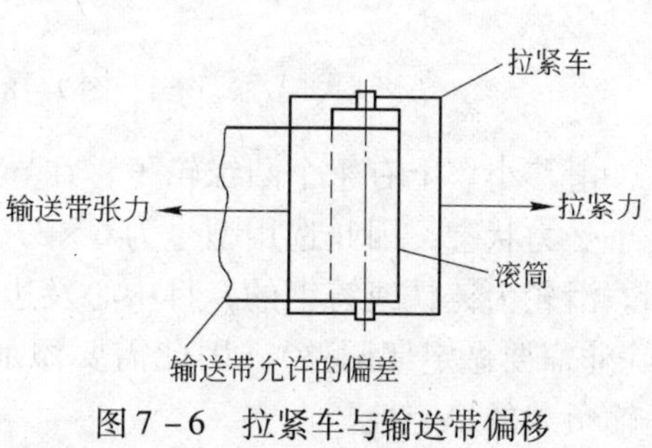

图 7－6 拉紧车与输送带偏移

拉紧装置所用滑轮组为铸铁或铸钢材料，

并且中心及边缘都是经过加工的，滑轮组工作时通常都会振动，可使用带润滑油的轴套解决这个问题，但是这种低摩擦阻力轴承并不多用。

按照拉紧力与配重的比例关系，定义拉紧倍率为拉紧配重和输送带所需张力的比值。按此定义，通常采用的拉紧方式的拉紧倍率为 2，当希望减少配重时，可采用拉紧倍率为 1 的拉紧方式，但是这种方式要增加拉紧行程；而当拉紧位移较大，且布置空间有限时，可采用拉紧倍率为 4 的方式，在此情况下，拉紧配重要增加，如图 7－7 所示。

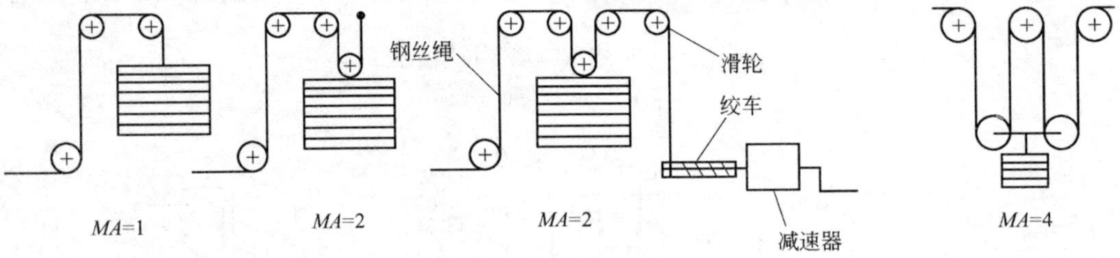

图 7－7　拉紧倍率关系

如果两条平行绳共同分担拉紧力，即使两条绳子强度不同，它们在工作的时候分担的力也应该是一样的，如果分担张力不同就不能构成有效的拉紧装置，这种情况应当避免发生。为保证绳子中有相同的拉紧力，可通过使用杆式平衡器或者将所有绳子连成一个环来实现。

7.2.4　绞车拉紧装置（拉紧滚筒固定型）

绞车拉紧装置如图 7－8 和图 7－9 所示，拉紧力可施加在尾部或中间点位置，类似于车式重锤拉紧装置，但是拉紧位置并不会影响驱动的响应。

绞车拉紧仅改变输送机沿线上输送带的张力分布，不论输送机处于静止、匀速、启动还是停机阶段，绞车位置均不变。因此，这种拉紧为固定拉紧型。

该拉紧装置主要包括与拉紧滚筒连接的电动小车、小车移动的水平导轨支架、绞车、连接绞车和电动小车的钢丝绳以及其他保护装置等，整个系统依靠电力驱动。

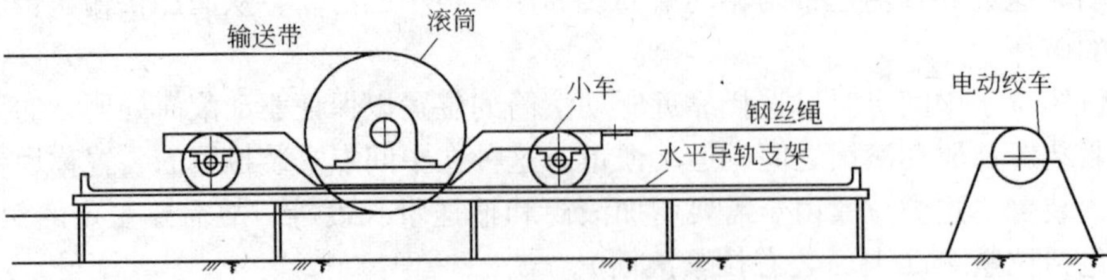

图 7－8　尾部绞车拉紧装置

滑移小车上有 4 个凸缘轮子，在导轨可以阻止小车出现脱轨现象。钢丝绳大多时候都处于受力状态，因此选用型号为 6×37 规格的，但在设计的时候其他型号的钢丝绳也会用到。滑轮为铸铁或铸钢的，且中心及边缘均经过机械加工处理。滑轮基本都处于静止状态（除非需要做定期调整），因此需要添加润滑油来减少摩擦。采用减摩轴承通常可以提高运输负载的稳定性。

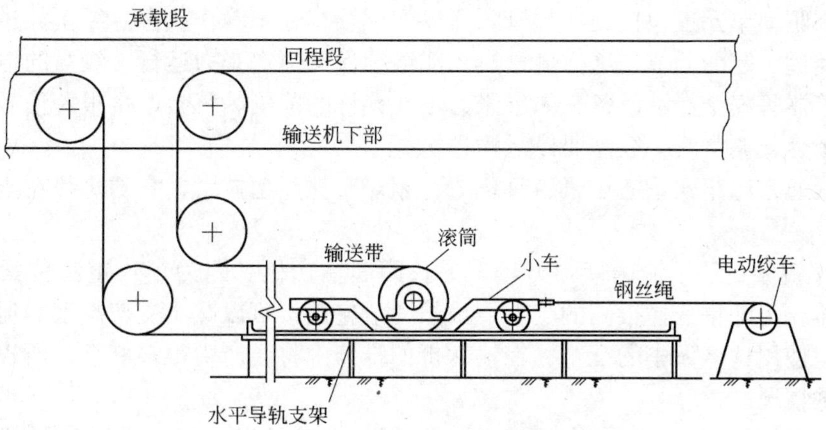

图7－9 中间点绞车拉紧装置

钢丝绳牵引采用动滑轮连接的方式，这种方式所获得的经济效益要高于车式重锤拉紧装置，具体原因如下：

（1）通过滑轮增加拉紧倍率将减小钢丝绳的直径和绞车卷筒的直径，同时也可以减小电动绞车的尺寸；

（2）拉紧倍率的增加会增加钢丝绳和卷筒的长度，但相对于其他方面的成本节约来说这些浪费已经很少；

（3）钢丝绳摩擦力的影响会比车式重锤拉紧时小，因为采用卷筒调节时已经将这部分摩擦力计算在内。

如果使用两条平行绳连接，且这两条绳的强度可能还会不同，这将导致两绳上载荷不同而使小车运动偏斜，这个问题一般采用如图7－10的装置解决。

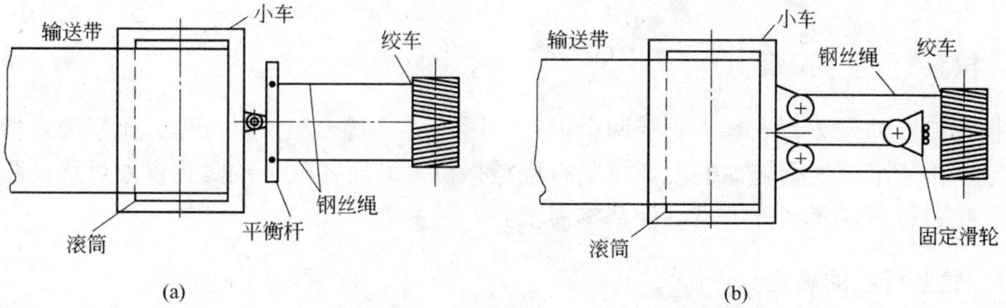

图7－10 采用双钢丝绳张紧的张力平衡

（a）带平衡杆的双钢丝绳张紧；（b）用一根钢丝绳实现双钢丝绳张紧

7.2.5 绞车自动拉紧

当调节输送带张力时，卷筒通过缠绕或释放绳索移动拉紧滚筒，从而增大或减小输送带张力。系统装有测力传感器，安装在绳子的下面用以测试绳子所受的拉力，进而计算输送带的张力。绞车附近的电动控制面板能够指示输送带张力的大小，当所需张力达到要求时绞盘将停止旋转。

绞车的驱动采用自锁式蜗轮传动，保证绞盘只能由电机驱动而不会由于外力牵引发生转动。同时，驱动单元也包括制动部分，可以保证绞车处于静止状态。绞车经过几周或几个月后需要经过一定的调节，这样输送机才能继续保持恒定张力运行。绞盘的电动控制面板安装有报警器等安全提示设备，如果张力不在允许的范围内就会产生报警信号，这时需要重新调节张力，调节时一般需要停运输送机。

绞车拉紧通常比车式重锤拉紧更具优势，相对其他类型拉紧，它的优势在于以下几个方面：

(1) 绞车拉紧更适于输送带张力较大的长距离输送机。因为车式重锤拉紧用于这样的输送机时需要为配重选择很高的支架，虽然动滑轮连接可以减小支架高度，但却增加了配重的质量。使用这样大小的配重，在输送带的维修中将会产生很多麻烦，所以绞车拉紧比较适合这种情况。

(2) 如果输送带断裂，绞车拉紧不会产生任何危险状况，但是重锤拉紧却会导致危险发生。再者一旦输送带断裂，使用重锤拉紧的输送机将需要很长的修复时间才能重新正常运行。

(3) 绞车拉紧具有结构稳定、重量轻和工作环境广泛的特点，因此，可移动式输送机基本都使用这种拉紧装置。

(4) 当输送机功率需要增大或减小的时候，绞车拉紧系统的调节非常便利，同时在输送机制动的时候也可以很方便的调节改变。

绞车拉紧的缺点表现在：

(1) 所施加的力是由很多机械设备决定的而不是单一的配重重力，这就需要使用者在调节和维护的时候需要花费更多的精力。

(2) 绞车所需的力与重力没有关系。

(3) 如果制动工况没有采取任何措施，通常绞车拉紧产生的输送带张力将比重锤拉紧产生的高。

7.3　拉紧行程与拉紧力

拉紧装置的尺寸和成本主要受两个因素的影响：拉紧力和拉紧行程。拉紧力是指由拉紧装置在拉紧滚筒处所施加的力。拉紧行程是指拉紧滚筒在整个拉紧装置内可移动距离的范围，拉紧行程需要充分满足设计基本需求。

7.3.1　拉紧行程的确定

拉紧行程的大小取决于下列因素：

(1) 启动或制动方式，直接启动和制动所需的拉紧行程比有控制的加速启动或减速制动的拉紧行程要大得多；

(2) 满载输送带启动和停止的频率；

(3) 是否有一个使用机械接头的试运期，如果有，在制作最终的硫化接头之前，就能方便地消除任何不可恢复原状的长度变化。

(4) 所有输送带的伸长和延伸特性。

拉紧装置应有足够的行程，以适应加速或减速的波动，并不使拉紧装置碰到挡板上。拉紧装置还应有若干“可供使用的”储备输送带，避免在发生故障时需要用两个接头来接入一段短输送带。此外拉紧行程还应该适应输送带由于伸长或收缩引起的长度变化。

通常输送带所受张力为抗拉强度的10%以下，输送带在张力为抗拉强度10%时所测得的变形如表7-1所示。

表7-1 不同材料输送带的拉伸性能（张力为10%抗拉强度时）

类 型	弹性变形/%	永久变形/%	总变形/%
棉帆布芯	1.5~2.0	0.2~0.4	1.7~2.4
聚酯帆布芯	0.9~1.2	0.8~1.6	1.6~2.8
钢丝绳芯	0.1~0.3		0.1~0.3

尼龙帆布带的弹性变形大约为2.5%，永久变形大约2.0%，总变形为4.5%，其伸长量要比聚酯帆布带的大，所以尼龙帆布带需要更长的拉紧行程。尼龙输送带以及表7-1中其他输送带的伸长量数值都是输送带承受10%抗拉强度张力（额定负载）时的测量值，均符合实际应用。然而，整条输送带中只有一小部分承受额定负载，大部分仍处于轻载状态下，在这种情况下可以认为输送带的平均张力=输送带各点总张力之和÷输送带总长，即

平均张力 $=(T_1+T_2+T_3+T_4)\div 4$

输送带变形拉紧滚筒位移=带长×总变形(%)×平均张力÷额定负载张力

拉紧行程=拉紧滚筒位移+输送机长度的0.5%+(0.25~0.6m)

在上面的公式中输送机长度的0.5%与0.25~0.6m是补充额外值。输送机长度的0.5%是为了修正输送带安装时的松弛量，这种松弛量是与输送机的长度成比例的，但也决定于输送带的材料类型，同时也与温度变化有关。0.25~0.6m的存在也是针对相同的原因，综合这两种修正值（成比例值+恒定值）可以得到输送机的拉紧行程。由上面计算得到的数值通常称为许用拉紧行程。

在平时应用中拉紧行程还可以按照表7-2所示选择一个近似值。不同的拉紧形式其拉紧行程是不同的，这与输送带的材料和使用者的工作要求有关。在输送带制造商应允的前提下，输送带使用一段时间后应当作出适当的调整。

表7-2 常用的拉紧行程数值

类 型	螺旋拉紧（短距离输送机）	绞车拉紧（中或长距离输送机）	重锤拉紧（中或长距离输送机）
棉帆布芯	$2\%L+0.25$m	$2.25\%L+0.6$m	$2.25\%L+0.6$m
聚酯帆布芯	$2\%L+0.25$m	$2.25\%L+0.6$m	$2.25\%L+0.6$m
钢丝绳芯	$0.3\%L+0.3$m	$0.3\%L+0.6$m	$0.3\%L+0.6$m
尼龙帆布	$2.5\%L+0.25$m	$2.75\%L+0.6$m	$2.75\%L+0.6$m

注：L为输送机长度。

输送带的永久变形是与使用时间和带本身特性有关系的，因此可以有不同的值，这就导致输送带在不同阶段具有不同的拉紧行程。这就意味着我们需要在使用一段时间后重新调整输送带，移除其伸长的部分。制造商对于输送带拉紧行程的推荐值取决于输送带的质量、调整周期以及安装方式等。

附注：拉紧行程的其他几种确定方法

A CEMA推荐的拉紧行程

手动拉紧装置指螺旋拉紧装置。其他常用的拉紧装置有棘轮拉紧装置和用千斤顶操作

的拉紧装置。螺旋拉紧装置的拉紧行程一般采用300mm、500mm、650mm或900mm。

自动拉紧的行程。在推荐所需的拉紧行程量和拉紧装置的位置中，表7-3所列的拉紧行程数值对大多数输送机是适用的，这些数值的增减取决于输送带的选型、工况环境及操作条件等因素。因此，建议在确定所需的拉紧行程之前，应向输送带制造厂家咨询相关信息。

表7-3 推荐的拉紧行程①

输送机中心距/mm	拉紧行程/mm			
	多层芯输送带②	减层芯输送带	钢丝绳芯输送带	密实织物输送带③
≤50	450	450	—	
100	900	900	—	
200	1500~1800	1800	—	
300	2100~2400	2400	—	
500	3000~4200	4200	1200	
700	4000~5500	5500	1600	
1000	5500~7500	7500	2100	
1500	7500~10000	10000	2400	
2000	9000~12000	12000	3000	
2500	—	—	3600	
3000	—	—	4500	
3500	—	—	5200	
4000	—	—	6000	
4500	—	—	6700	
5000	—	—	7600	

①允许输送带伸长占总拉紧行程的四分之三；

②对于具有30~50RMA额定值的输送带建议采用较大值；

③询问输送带制造厂。

一般来说，自动拉紧装置布置在向上倾斜输送机的尾部是最经济的。在这个位置上，不需要额外的滚筒；在大坡度向上倾斜的输送机上，不需要另加重锤，因为拉紧滚筒和输送带的重量就可以提供足够的防止传动滚筒打滑的松边张力。

在长的、水平的或微向上倾斜的输送机上，自动拉紧装置应布置在驱动装置附近，因为在那里它可迅速地动作，以防止在启动加速时输送带在传动滚筒上打滑。如果自动拉紧装置布置在别的地方，其拉紧行程必须加以计算，以保证其行程超过输送带存储在拉紧装置内的标准值。

B 拉紧行程的其他确定方法

（1）阪东橡胶的推荐值。阪东橡胶推荐的标准拉紧行程如表7-4所示。对于帆布带水平带式输送机和倾斜带式输送机应根据作用倾斜张力适当减少。

表7-4 标准张紧行程

芯体种类	弹性伸长率/%	永久伸长率/%	张紧行程/%
维纶帆布	0.1~0.3	0.4~0.6	0.9+余长
尼龙帆布	0.3~0.5	1.0~1.2	1.7+余长
棉帆布	0.1~0.2	1.0~1.5	1.7+余长
钢丝绳	0.05~0.1	0.1~0.2	0.3+余长

图7－11为水平车式拉紧行程的组成，图7－12为重锤拉紧行程的组成，各项参数值可按表7－5确定。

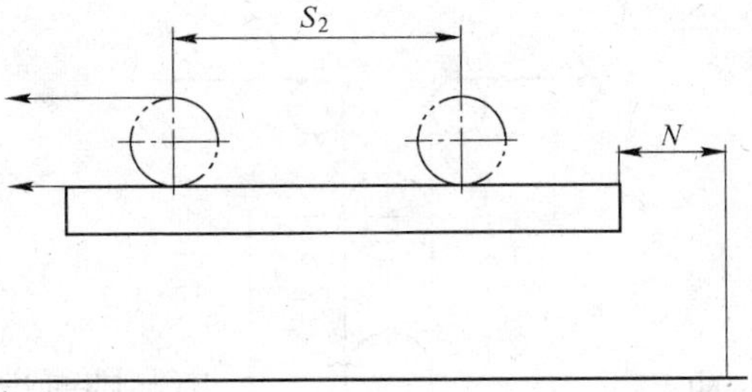

图7－11 水平车式拉紧行程

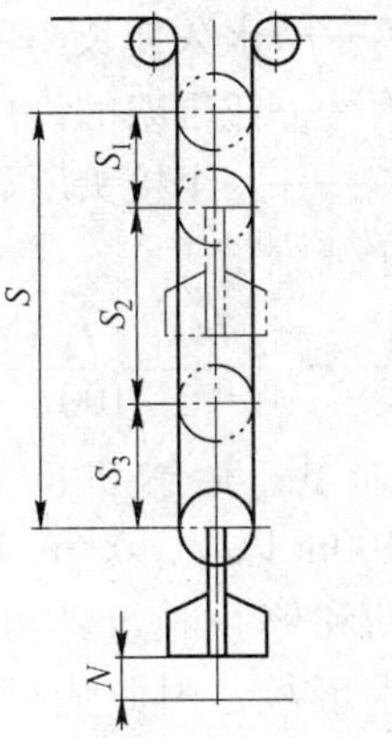

图7－12 重锤拉紧行程

图中，S 为拉紧行程，$S=S_1+S_2+S_3$；N 为地面以上的净空。

表7－5 拉紧行程的确定

机长 L/m	S_1/m	S_2/m	S_3/m	N/m
$30<L<60$	0.5	$0.030L$	0.5	0.1以上
$60<L\leqslant150$		$0.029L$		
$150<L\leqslant250$	$0.5+0.002L$	$0.028L$		
$250<L\leqslant300$		$0.025L$	$0.002L$	
$300\leqslant L$		$0.025L$		

（2）日本石桥公司推荐拉紧行程（见表7－6）。

表7－6 石桥公司推荐拉紧行程

系数		尼龙	聚酯维尼纶	钢丝绳
弹性伸长率(f_1)/%	$S_f\geqslant15$	0.5	0.5	0.1
	$S_f<15$	0.6	0.5	
永久伸长率(f_2)/%	$S_f\geqslant15$	0.9	0.7	0.15
	$S_f<15$	1.0	0.8	
屈挠率（f_3）/%		0.1		

对于钢丝绳带

$$S_1=\frac{L(f_1+f_2+f_3)}{100}$$

$$S_2=\frac{L(f_1+f_2+f_3)}{100}+G+a$$

式中 S_1——最小张力移动长度，m；

S_2——适当的张紧移动距离，m；

L——输送机的斜长，m；

f_1——弹性伸长率，$f_1 = 0.1\%$；

f_2——永久伸长率，$f_2 = 0.15\%$；

f_3——托辊架的许用屈挠率，$f_3 = 0.1\%$；

G——一个接头所需的长度，m。

对于纤维带

$$S = \frac{L(f_1 + f_2 + f_3)}{100} + a$$

接头附加量：运输机的斜长 100m 以下，0.5m；100m 以上，0.5L/100。

启动和停止时重锤可能跳起，有时也可能发生事故，因此应留有余长，余长是接头长度的1/2（或再加500mm）和吸收接头之后的松弛所需长度（机长的0.2%，最小150mm，最大1000mm）之和。

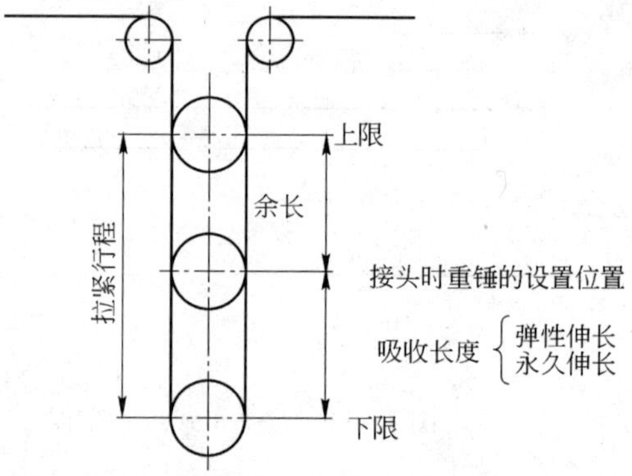

图 7－13　接头时重锤的设置位置

接头时重锤的设置位置见图 7－13。

（3）DT 系列（见表 7－7）。

表 7－7　DT 系列

型　号	CC－56	NN－150	NN－200	NN－250	NN－300	EP－200
伸长率/%	1～1.5	1.5～2	1.5～2	1.5～2	1.5～2	1～1.5

（4）日本横滨公司推荐的拉紧行程（见表 7－8）。

表 7－8　横滨公司推荐的拉紧行程

输送带种类	弹性伸长率/%	永久伸长率/%	推荐拉紧行程/%
棉帆布带	0.3～0.5	0.8～1.0	(1.1～1.5)＋a
尼龙带	0.3～0.6	1.3～1.8	(1.6～2.4)＋a
钢丝绳芯带	0.03～0.06	0.08～0.13	(0.11～0.19)＋a

（5）德国 KOCH 公司推荐的拉紧行程（见表 7－9）。

表 7－9　德国 KOCH 公司推荐的拉紧行程

型　号	B（C）	Z	EP	ST
伸长率/%	2	2	1.5	0.25

拉紧行程

$$S_{SP} = \frac{L(q_{el} + q_{bl})}{100}$$

7.3.2　拉紧力的计算

拉紧力的精确计算参见第 10 章。这里仅给出简化计算的方法。

7.3.2.1 CEMA 推荐拉紧力计算

拉紧力是拉紧装置需用的力。自动重力拉紧装置在其安装位置上必须提供相当于输送带所需张力两倍的力。这个力通常靠一个重量与所需的力相等的钢、铸铁、水泥或其他重物制成的重锤来提供。如通过钢绳和滑轮组的机械增益将力适当放大，则这个重力可适当小一些。该重力应能进行一定的调整，因为实际工作条件可能改变带式输送机设计时的理论计算值。

计算自动拉紧装置需用的力或重力拉紧装置所需的重力，可用下式

$$W_g = \frac{2T + W_f - W_p}{\eta}$$

式中 W_g——拉紧装置提供的需用力，kN；用重力拉紧装置时，此力为重力；

T——拉紧装置安装处的输送带张力，kN；

W_f——克服拉紧小车、钢绳和滑轮摩擦力或其他摩擦阻力所需的力，KN；

W_p——拉紧小车、轮子、滚筒、轴、轴承等作用在滚筒的合成负荷在重力方向的分力；当各部件水平移动时 W_g 为零；

η——机械效率。

液压或气动操作的自动拉紧装置的拉紧力是按上式进行计算的。像采用自动重力拉紧装置一样，为了满足未预计到的工作条件，拉紧力应能进行调整。调整的方法是将液压或气动改变到能适应实际工作的条件。

7.3.2.2 拉紧重力（重锤重量计算）

（1）头部驱动。

在驱动装置的后面设置拉紧装置：$W=2F_2$

在输送机尾部和头部中间设置拉紧装置：

$$W = 2\left(F_2 + \frac{6120P}{VL} \cdot 0.4l\right) \text{（螺旋式时 } l = L\text{）}$$

式中 W——重锤重量，N；

F_2——松侧张力，N；

l——从驱动滚筒到拉紧装置的距离，m；

L——机长，m。

输送机向上倾斜布置时，拉紧装置设置在尾部：

$$F_3 < F_2, W = 2(F_2 - F_3)$$

$$F_3 > F_2, W = 2F_4$$

式中 F_2——松侧张力，N；

F_3——倾斜张力，N；

F_4——最小张力，N。

（2）尾部驱动。

在尾部设置拉紧装置：$W=2F_2$

在头部设置拉紧装置：

向上倾斜：$W=2F_m$

向下倾斜：$F_2 - F_3 > F_4$　　$W = 2(F_2 - F_3)$

$$F_2 - F_3 < F_4 \qquad W = 2F_4$$

式中　F_m——最大张力，N。

7.3.2.3　输送带所需长度计算

（1）串接式重锤型（见图 7－14）。

$$L = 1.01\left[2L' + \frac{\pi}{2}(D_2 + D_3) + \frac{\pi}{2} \cdot 4D_1 + 0.57(D_4 + D_5)\right] + L_j n$$

式中　L_j——接头长度，m；

L'——机长，m；

n——接头数；

D_1——驱动滚筒直径，m；

D_2——头轮直径，m；

D_3——尾轮直径，m；

D_4——拉紧轮直径，m；

D_5——转向轮直径，m。

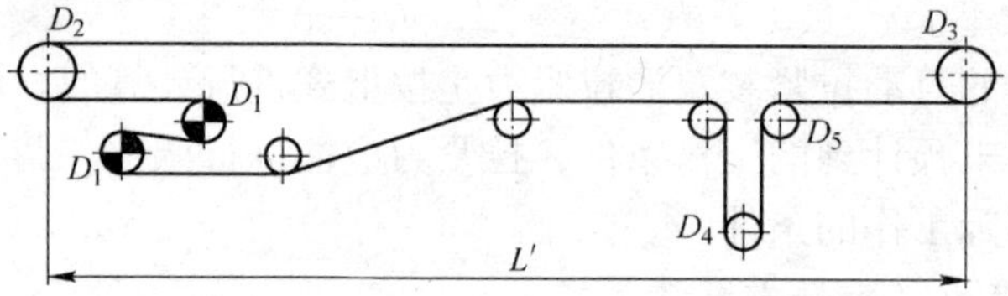

图 7－14　串接式重锤型

（2）单个重锤型（见图 7－15）。

$$L = 1.01\left[2L' + \frac{\pi}{2}(D_2 + D_3) + 0.57(D_4 + D_5)\right] + L_j n$$

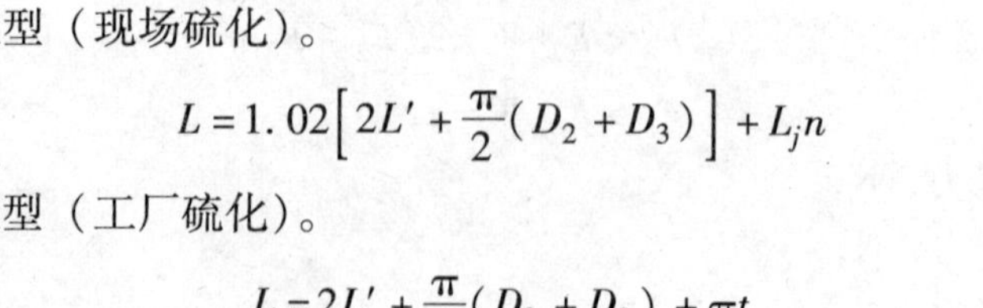

图 7－15　单个重锤型

（3）单个螺旋型（现场硫化）。

$$L = 1.02\left[2L' + \frac{\pi}{2}(D_2 + D_3)\right] + L_j n$$

（4）单个螺旋型（工厂硫化）。

$$L = 2L' + \frac{\pi}{2}(D_2 + D_3) + \pi t$$

式中　t——输送带厚度，m。

8　清扫器和附属装置

8.1　清扫器

输送带输送的物料许多是带黏性的，部分物料会粘在输送带工作面上，而在卸料点不能随其他的物料一起卸掉。这类物料被带回到空载段上，可能会引起输送带强烈的磨损，同时在下托辊上形成积垢，使输送带跑偏，迫使输送带靠在支承结构的某些部分上而遭到损坏。被带回到空载段上的物料最后从输送带上掉落，从而造成维护和清理上的困难。因此，最好在输送带与任何增面轮或下托辊接触之前清扫输送带。

粘在输送带上的物料常常会粘在与输送带脏面接触的增面滚筒上。因此，像输送带清扫器一样，设置滚筒清扫器是十分必要的。

输送带清扫器有各种形式。选用一种适合于特定物料的清扫器形式是很困难的，因为物料的温度、含水量、物料粒度等因素决定着清扫器的效率，而这些因素随物料的不同而不同，故每种物料的清扫需要单独考虑。即使在输送带清扫器安装以后，清扫时还需要进行调整，以适应物料的特性。有时，需要使用多个输送带清扫器。

使用硫化接头时，清扫输送带，特别是使用与输送带工作面接触的刮板清扫器清扫输送带，是十分简便的。而安装不当的机械接头会截住清扫器，使之产生跳动和振动。采用凹入的机械接头能使这个问题减到最小。

对输送带清扫器进行适当的维护和调整，减少输送带和清扫器刮板的磨损，有助于防止输送带损坏，保证有效地清扫。为了尽量减少为补偿磨损而对输送带清扫器进行调整的工作量，通常把清扫器装在一个绕枢轴转动的配重平衡动臂上或装在绕枢轴转动的弹簧拉紧动臂上。

8.1.1　输送带清扫器的形式

8.1.1.1　单刮板或多刮板清扫器

这两种刮板清扫器用来清除输送带面上的物料。图 8－1 是典型的单刮板清扫器。

一块或几块刮板借助于重锤或弹簧拉力与输送带工作面保持接触。单刮板清扫器是由一块横跨输送带整个宽度的刮板构成的。多刮板清扫器是由横跨输送带整个宽度的两块或两块以上相互平行的刮板构成的。

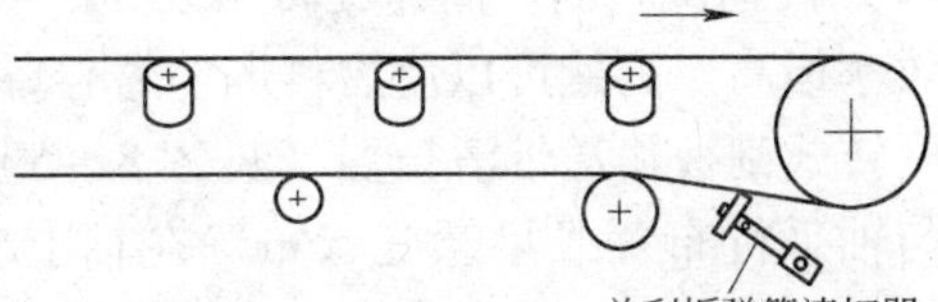

图 8－1　单刮板清扫器

刮板清扫器的刮板可用一种材质制作。多刮板清扫器有时也采用几种材质的刮板，以改善清扫效果。例如橡皮刮板可与特殊钢刮板联合使用。

输送带割条不能用作刮板清扫器的刮板，因为输送机输送的小颗粒物料会嵌入刮板的织物层内，从而引起输送带覆盖胶的严重磨损。橡皮刮板清扫器的刮板应使用内无织物或纤维加强的硬质橡胶制成。

刮板清扫器的刮板有三种形式：

（1）横跨输送带的直刮板（参见图 8－1）。当其用来与凸面滚筒上的输送带接触时，刮板会按照滚筒和输送带的形状产生磨损。为了达到最有效的清扫作用，刮板通常做成可调整的。

（2）分段刮板。图 8－2 是分段刮板的一种形式。刮板按照滚筒的凸面做成两段。这种形式的刮板不需要一个跑合阶段来磨损刮板，便可与凸面滚筒上输送带的形状相适应。这种刮板从安装时起就能有效地清扫输送带。

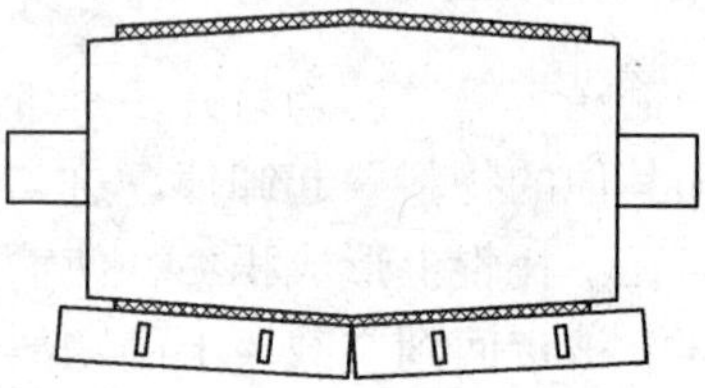

图 8－2　分段刮板

（3）铰接刮板。这种结构由一组装在绕枢轴转动的动臂上的短刮板组成。刮板依靠弹簧力来保持其与输送带工作面接触。这些刮板是以相互重叠的形式布置的，因此输送带整个宽度范围均能得到清扫。这种形式的输送带清扫器必须经常进行检查和调整，确保刮板绕枢轴自由转动并与输送带保持良好的接触。

8.1.1.2　*旋转式输送带清扫器*

旋转式清扫器由动力驱动的主轴或管子及装在它上面的硬毛刷或刮板组成。这些硬毛刷或刮板的宽度比输送带公称宽度要大些，硬毛刷用尼龙或韧皮纤维制成，刮板用橡胶制成（参见图 8－3 和图 8－4）。

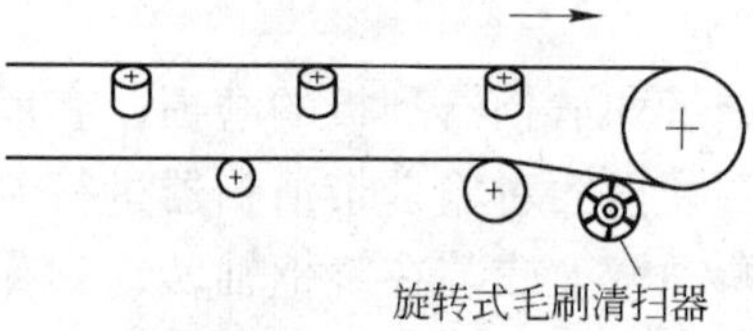

图 8－3　旋转式毛刷清扫器

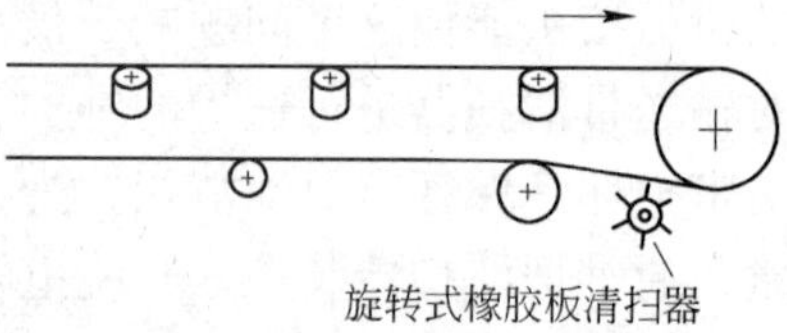

图 8－4　旋转式橡胶板输送带清扫器

旋转刷具有弹动作用，其硬毛常常排成螺旋形或平排形。旋转刷有两种形式：

（1）低速旋转刷。这种旋转刷以 120～180m/min 的圆周速度工作，清扫干的粒状物料效率最高。因为转速较低，刷子磨损较小，故寿命较长。

（2）高速旋转刷。高速旋转刷以 300～450m/min 的圆周速度工作，清扫潮湿的粒状物料效率最高。高速可以使物料产生离心力并从硬毛刷上甩出。

旋转式刮板输送带清扫器（见图 8－5）的橡皮刮板与轴平行布置或呈螺旋状布置在轴上。这些橡皮刮板具有拭清或刮擦的作用。这种旋转式刮板清扫器亦有两种形式：

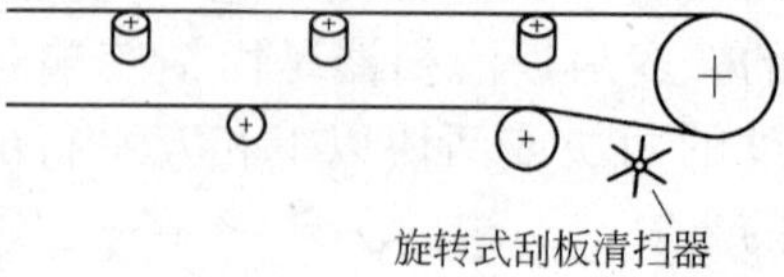

图 8－5　旋转式刮板输送带清扫器

（1）低速旋转刮板清扫器。这种旋转刮板清扫器的圆周速度为 300m/min。它既可用来清扫干的物料，也可用来清扫湿的物料。因转速较低，橡皮刮板的寿命较长。

（2）高速旋转刮板清扫器。这种高速旋转刮板清扫器圆周速度为 420m/min，适合于清扫输送湿而黏的物料的输送带。这种物料可能会黏结并积聚在硬毛刷上，需要及时清理。

旋转刷子和旋转刮板清扫器的运动方向应使刷子或刮板的周边运动方向与输送带运动方向相反。

旋转刷清扫器和平行的或螺旋形的旋转刮板清扫器可由附近的头部滚筒传动轴通过链条来驱动，或者用单独的驱动装置来驱动。

8.1.1.3 喷水器和刮水器

在某些清扫确有困难的地方，可使用高压喷水器作为输送带的清扫装置。高压喷水器通过装有控制阀的喷嘴直接向输送带工作面喷射高压水。橡胶刮板刮水器安装在喷水器后面，以便在喷水器冲洗输送带后再将输送带拭清。橡胶刮水器像一个橡胶擦可将剩下的水刮掉。

尽管这种清扫方法对某些物料是十分有效的，但是它有两个缺点：一个是必须采取措施来处理冲洗水；另一个是严寒的天气会因冲洗水结冰而使整个系统不能工作。

8.1.2 输送带清扫器的位置

输送带清扫器安装位置应能使从输送带上清扫下来的物料落入卸料溜槽内或收集起来进行处理。带有弹簧或配重的单刮板或多刮板清扫器应安置在输送带刚离开滚筒之后的位置上。

卸料溜槽的结构往往决定着清扫器的具体位置。铰接刮板清扫器安置在输送带刚离开滚筒之后的输送带空载段上。

旋转刮板清扫器通常安装在输送带与滚筒脱离接触点的后面（如图 8－5 所示）。旋转刷清扫器的安装位置与旋转刮板清扫器的布置要求相同。如果由于溜槽结构、增面轮位置等原因影响而有必要的话，旋转刷也可安装在输送带与滚筒仍在接触的位置，以便将输送带清扫干净。

8.1.3 滚筒清扫器

与输送带脏面接触的增面滚筒或改向滚筒也必须清扫。常用的方法是在增面滚筒向上转动的一侧、在水平中心线下面约 45°处安装一个刮板清扫器，以使从滚筒上刮下来的物料自由落下。这种清扫器如图8－6 所示。

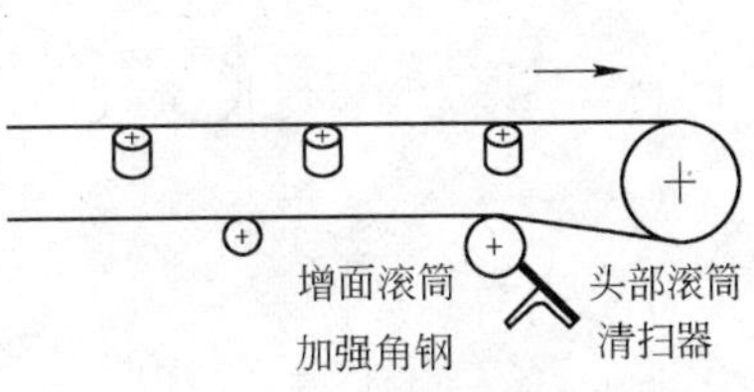

图 8－6 滚筒清扫器

刮板应有一个淬硬的斜面刮料刃，它应能固定在加强角钢上，并能调整，使刮板斜刃正好贴在滚筒表面上，将粘在滚筒表面上的物料刮除掉。

8.1.4 空载段输送带的清扫装置

带式输送机即使是精心设计的，但在加料点和沿输送带长度的任何地方也都可能发生输送带撒料现象。如果发生撒料现象，撒出的物料可能落到输送带空载段上，进而被夹在输送带与尾部滚筒中间，从而引起输送带的损坏或跑偏。

用来防止产生这种麻烦的两种装置是盖板和空载段输送带清扫器。

（1）盖板。盖板是用平的和弯曲的非金属或金属薄板制成，可放置在承载段与空载段之间，这种结构在带式输送机上普遍适用，它能很好地保护空载段输送带免受任何撒出物料和气候的影响。但有时仅在加料点和由其向前约1.5m处装置盖板，如果采用这种结构，必须装设空载段输送带刮板清扫器。

（2）空载段输送带刮板清扫器。这种清扫器安装在空载段输送带上侧、紧靠在尾部滚筒的前方，用来清扫撒在空载段输送带上的任何物料，从而防止撒出的物料夹在输送带与尾部滚筒之间。这种刮板清扫器呈V形，有一个60°夹角。V形刮板的顶点应指向输送带的头部。刮板清扫器应布置在尾部滚筒和其前面的第一个下托辊之间，并要安放在输送带的上面。

8.1.5　新型输送带清扫器

新型输送带清扫器的刮刀材质为美国杜邦非水溶性优力胶，低摩擦、高耐磨、高强度，具有稳定的刮料效果，不伤输送带。清扫器设有预压弹簧系统，省却现场刮刀压力调整之不便，更能确保均匀而稳定的接触压力，必要时可再加以微调。铝合金抽取式结合槽，重量轻，维修更换简便快捷。独特的鸠尾槽设计，并有消除余隙的顶紧装置，刮刀无跳动之虞。输送带清扫器包括第一道正压式输送带清扫器（见图8－7）及第二道一字输送带清扫器，是引进国外的刮刀材质清扫器。

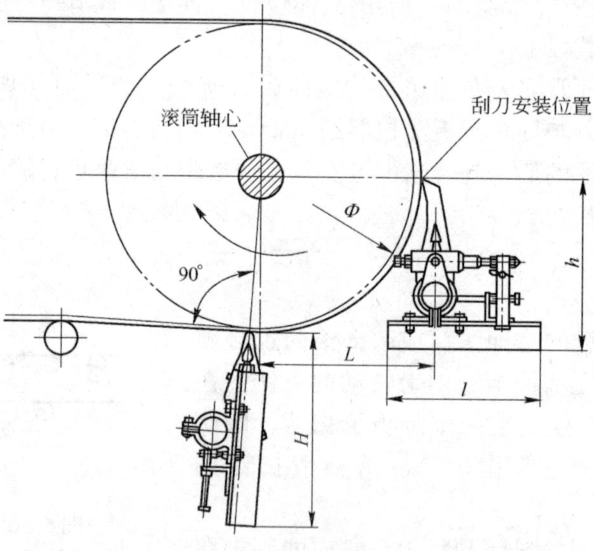

图8－7　新型清扫器

目前国内生产的同类清扫器的刮刀采用聚氨酯橡胶刮刀，代替硬质合金刮刀，其各项指标均超过硬质合金清扫器，可满足各种工况条件下的输送带清扫。技术性能达到国际同类型产品水平，是目前带式输送机最理想的清扫设备，其清扫刮刀选用进口聚氨酯及多种添加剂等作原料，采用进口设备及新的浇灌铸塑工艺制造而成。该产品具有如下特点：

（1）设有预压弹簧系统，省却现场刮刀压力调整之不便，更能确保均匀而稳定的接触压力。

（2）清扫干净彻底、不挂物、不粘料、具有防静电功能。

（3）使用安全，在清扫输送带的过程中不会刮伤输送带，可延长输送带的使用寿命。

（4）调整器自动调节，一次性安装后，清扫器刮板可自动贴附于输送带表面，即使输送带表面不平，刮板也会与输送带紧密贴合，达到最佳清扫效果。

（5）具有耐磨损，耐酸碱腐蚀，耐水解等功能。

（6）清扫刮刀的硬度为邵尔 A90°以上，并具有橡胶的弹性及吸振功能，可减少噪声。

（7）安装调试快捷方便，极大地减轻了工人劳动强度。

8.2 带式输送机的附属装置

在选择和设计带式输送机系统的主要部件以后，尚须考虑许多次要的部件，这些次要部件作为带式输送机的附属装置必须加以讨论。这些附属装置包括叶片形尾部滚筒线路上的称重装置和取样装置，气候防护装置和撒料防护装置，如护罩、挡风板、防风箍和盖板等。

8.2.1 气候防护装置

由于气候条件、被输送物料和工作方式的不同，保护带式输送机免受气候影响的需求程度也不同。被输送的物料可能会受雨水的影响，如果物料含有水分，则还可能受严寒气温的影响。在输送带与滚筒接触的面上或传动滚筒面上有雨水时，雨水会引起输送带在滚筒上打滑。在这些表面上有冰雪时，如果驱动装置动力不足，则冰雪能使带式输送机完全停止运转。此外，覆盖胶受强烈的阳光照射也会缩短其使用寿命。

强风能把输送带从托辊上吹起，从而造成输送带严重的跑偏。在窄输送带和输送轻质物料的输送机上，风可能把输送带吹起，将物料撒出，使输送带受到严重损坏。对于卸料车上的输送带，风的影响就更为严重，因为在卸料车上输送带会离开槽形托辊，并沿着较长的斜坡升到卸料车的头部滚筒。风还能把细粒物料从输送带上吹起而造成公害。

当带式输送机没有安置在封闭的通廊（它给予输送机部件和维护人员以最好的保护）内时，可以采用下列的一种或几种输送带保护装置。

（1）半圆保护罩。保护罩一般呈半圆形，常用平形或波浪形镀锌板或铝板制成。它们固定在纵梁上，位于输送带的上方。保护罩的布置和固定应便于人员靠近以维护输送带和托辊。这种输送机保护罩通常铰接在一侧。

（2）四分之三保护罩。顾名思义，这种保护罩要比整半圆小一些。为了便于在带式输送机人行道或通道一侧进行检查，保护罩的下部底边可略高出槽形输送带的上边。

（3）挡风板。在只需要防风的地方，可以在输送机纵梁的向风一侧安装适当加强的金属薄板。金属薄板要延伸到纵梁的上面和下面，以便同时保护承载段和空载段的输送带。

（4）防风箍。在某些场合，若只是为了保护空载或轻载的输送带不被风从托辊上吹掉，可使用防风箍，方法是沿带式输送机长度每隔一定距离安装一个适当的防风箍。

在某些情况下，带式输送机要停止运转很长的一段时间时，如果没有其他方法来保护输送带，则可每隔一段距离用细钢绳把它捆绑在纵梁上。

8.2.2 撒料防护装置

叶片形滚筒是一种非连续表面的滚筒。在横格条之间有凹形斜槽，它能防止细物料或粒状物料夹在尾部滚筒与空载段输送带之间。物料汇集在凹形斜槽内，在滚筒转动时从两端开口处掉出。

如果输送细物料或粒状物料的输送机可能使一些物料撒落在空载段输送带上时，则叶片形滚筒是一种能排除撒出的物料而使输送带不受损坏的有效设备。叶片形滚筒还能用于垂直重力拉紧滚筒，并具有同样的效果。

8.2.3　输送带称量装置

为了满足各种工艺操作功能，需要使用输送带称量装置对运行在输送带上的各种散料状物料进行连续称量。输送带称量装置有：全机械称量装置、电子秤和同位素秤。

前两种是在物料通过秤桥时称出物料的实际重量，同时测出带速，然后将这些测定值累计从而得出生产能力。同位素秤用来测量运行输送带上的物料相对密度，并将测定值与已知的物料密度进行对比。把物料密度换算为重量，并测出带速进行累计，从而得出生产能力。

各输送带称量装置制造厂都已设计出符合带式输送机设计规范的输送带称量装置，这些称量装置均能方便地用在现有的和新设计的输送机系统上。如果遵照制造厂的建议正确地安装，则称量装置的精度一般可控制在0.5%以内。

8.2.4　取样装置

取样是从整批物料中取出一小部分具有代表性的物料的过程。取样目的是为了确定可接受的物料质量、控制运行和装料。最精确的取样方法是：使载料输送带停止运行，把一块与输送带曲线相适应的刮板插入物料内，掏出或刮出一定数量的物料。这种取样进行多次，大块试样破碎后送往实验室分析。

但是，对于大多数情况来说，这种方法不适合用于连续作业。较实用的方法是在带式输送机系统的某一适当的卸料点，从与料流垂直的方向将料流完全截断取样。截取装置由液压缸驱动横切料流。有时还可使用电动机或气力驱动装置。

8.3　保护装置

为保证输送机安全可靠的连续运行，一般在输送机上装有下列各种形式的检测保护装置。

8.3.1　跑偏保护装置

各输送机的头、尾部均设有输送带跑偏检测保护装置（见图8－8），长距离或可逆输送机还在机架中部安装该装置，但数量切忌过多。它为单立辊双凸轮结构，具有立辊自动复位功能。当输送带跑偏而与立辊接触时，立辊被输送带推着摆动，带动装置内的凸轮转动。该装置有两个动作位置：当跑偏不十分严重时，立辊摆至第Ⅰ位置（转动角12°～15°），外侧凸轮松开第一级行程开关，其常闭触点复位，输出报警信号，提醒操作人员注意；当严重跑偏时，立辊摆至第Ⅱ位置（转动角25°～35°），内侧凸轮松开第二级行程开关，输出信号使输送机停机，以防发生恶性事故。为防止输送带严重跑偏而损坏立辊，立辊摆动的极限角定为80°。保护装置上有人工控制的并接通控制回路的按钮，因而立辊摆动至第Ⅱ位置以后，也能短时开动输送机，使输送带回位。当输送带恢复到正常位置后，扭簧使立辊自动复位。

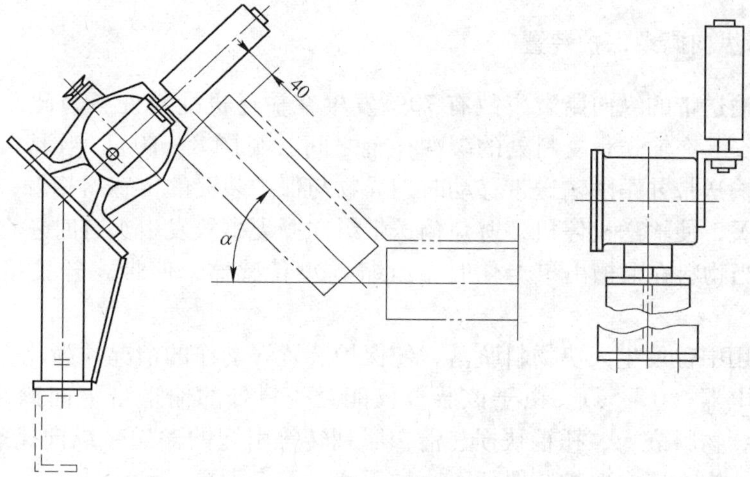

图 8－8 跑偏保护装置

安装时，可在机架上焊安装支架，通过调整支架高度，使输送带初始接触立辊的位置位于其下端 1/3 处；调整支架底板位置，使输送带跑偏量接近 7% 带宽时，装置发出停机信号。

8.3.2 带速检测保护装置

输送带速度监测装置，主要用于监测带式输送机在运行中出现的输送带与传动滚筒之间的打滑，及时发出报警及停机信号，防止输送带打滑造成事故和损失，亦可用于多条输送机联锁启动和停机。带速检测保护装置见图 8－9，在系统中起联锁保护作用。系统中每台输送机的头部安装一组，可安装在承载输送带下表面，触轮靠速度检测装置的自重及两个拉簧的拉力调整与输送带接触，该速度监测装置由速度继电器、联接轴、齿轮、触轮、拉簧等组成。速度继电器由转子、定子、触点组成。当触轮随运行的输送带旋转时，触轮带动联接轴并通过齿轮带动速度继电器旋转，带有磁钢的转子转动后，形成旋转磁场。磁场被定子内的短路导体所切割，短路导体内产生感应电势和电流，形成转矩，使定子随转子转动。转子转数越高，转矩也越大。定子在正常转动时，克服反力弹簧的阻力，推动触点断开或闭合，输出开关量，显示输送机正常工作。当转子的转数降低时，产生的转矩减小，小到一定程度后，反力弹簧的阻力使定子不能旋转，则速度继电器恢复原始状态，触点闭合或断开，发出打滑信号。若继电器转子转动方向相反时，产品转矩的方向也改变，定子则推动另一端的触点，使之断开或闭合。速度继电器有调节螺钉，用以调节反力弹簧的弹力，可使输送机在设定启动时间内，带速达不到额定值的 70% ~80% 时，

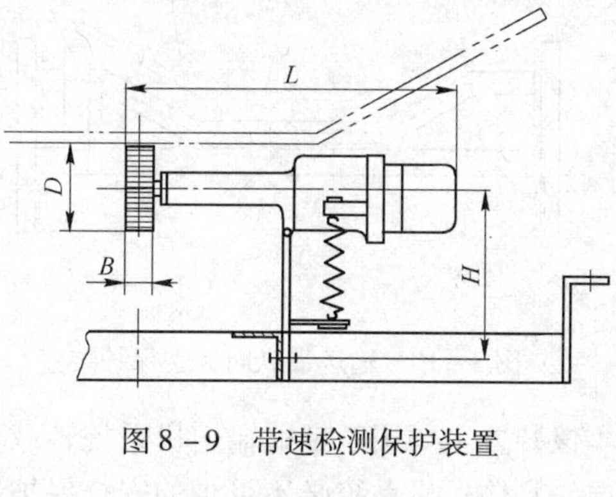

图 8－9 带速检测保护装置

带速检测保护装置能切断输送机系统的启动程序；当运行中某台输送机的速度低于额定值的70% ~80%时，该台设备的上游设备能自动停机。

8.3.3 输送带纵向撕裂保护装置

据统计，输送带的纵向撕裂事故有70%发生在输送机受料处。为此，将输送带纵向撕裂保护装置安装在输送带受料处的缓冲托辊之间（见图8-10）。当混入物料内的条状锋利异物穿透输送带并跟随输送带移动时，异物与保护装置的传感器相触，使其受压，从而接通带式开关，使输送机停机，避免输送带纵向撕裂事故发生。有时还在溜槽出口处装A型传感器，当物料在溜槽出口卡住时，压缩A型传感器，使带式开关接通，起到同样的保护作用。

因为在使用中曾发生大块物料坠落，使保护装置误动作的情况，为此，可在控制回路中增设延时继电器（0~5s）。由于该装置仅能对受料处的输送带纵向撕裂起保护作用，而对于因跑偏、物料嵌入、托辊缺损、清扫器翻转等引起的输送带纵向撕裂却无能为力，故操作者不能认为有了本保护装置便可高枕无忧，安全无事。

8.3.4 溜槽堵塞检测装置

由于运送物料的湿度、黏度、料质不同，常会使溜槽产生堵塞，造成溢料，严重时会使输送机和输送带遭到破坏。为此，可在溜槽侧壁安装侧压式溜槽堵塞检测装置（见图8-11），用于检测带式输送机溜槽或漏斗物料畅通情况。当物料堆集过多造成堵塞时会给溜槽侧壁一定压力，使安装在漏斗侧面的监测装置的活动门开启，使行程开关动作发出信号而实现停机，避免恶性事故发生，排除故障后开关复位。为避免物料流冲击和振动造成开关误动作，本装置设有延时功能，时间可调。

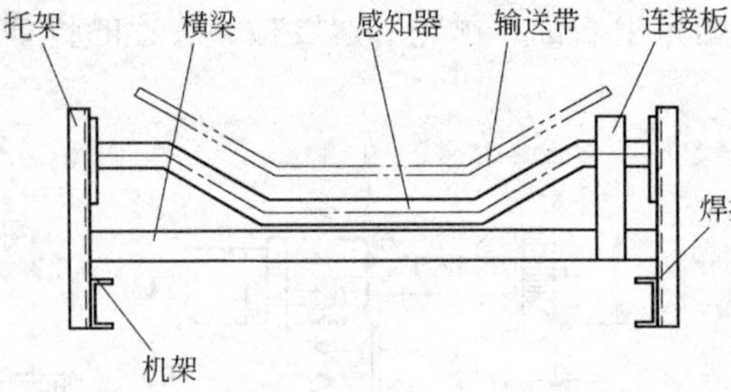

图8-10 输送带纵向撕裂保护装置

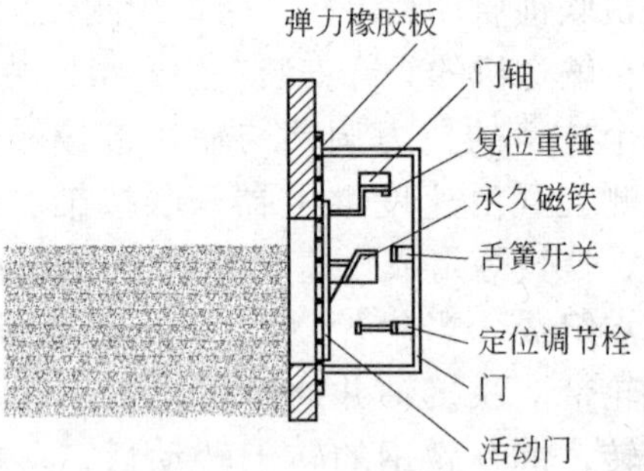

图8-11 溜槽堵塞检测装置

该装置主要用于带式输送机系统转载环节溜槽、漏斗的安全保护，用于监测物料堵塞情况，是输送机系统必不可少的安全保护装置。

8.3.5 紧急停车装置

根据输送线路长短在各机沿线设有若干个紧停开关，并在各机头、尾设有双向拉绳开关（见图8-12）。它采用凸轮结构，自动复位，拉动任意一侧拉绳，即可产生停机信号。安装时，将双向拉绳开关固定在机架上，采用直径小于4mm的钢丝绳或刚性较好的其他绳，每侧绳长应小于50m，使用中应检查拉绳是否过于松弛，绳箍紧固是否可靠。

8.3.6 物料检测装置

它是输送小粒度散状物料时常用的一种检测装置，可使操作人员在控制室内了解输送机的负荷状态：空载、轻载、满载和超载，并根据不同情况采取相应措施。该装置的圆形料位挡板上装有水银开关，并用环氧树脂注封，具有密封性、防振性。料位挡板的位置可调节，以适应任意斜度的输送机，其电气和结构图如图8－13所示。

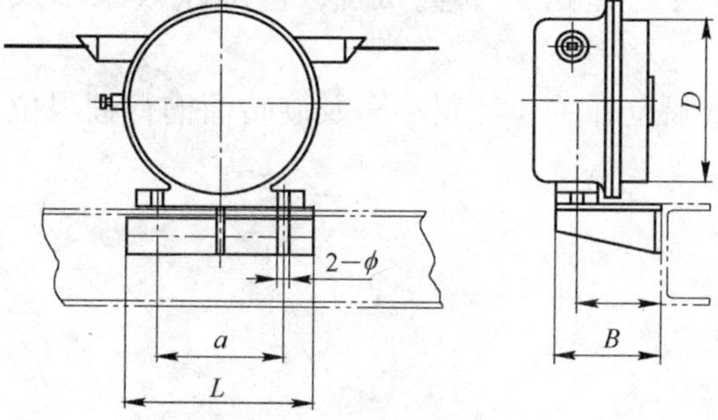

图8－12 紧急停车装置

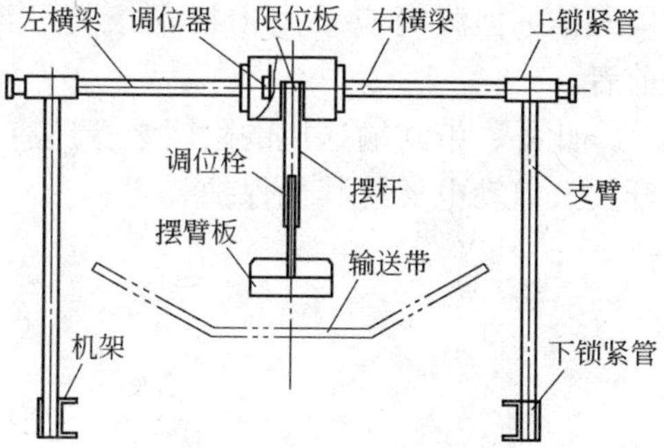

图8－13 物料检测装置

8.3.7 自动喷雾洒水系统

自动喷雾洒水系统主要用于带式输送机系统转载环节，对卸料时产生的大量灰尘进行喷雾湿式除尘，避免对环境的污染。

喷雾洒水系统由带式输送机料流监测装置、喷雾洒水系统和自动控制系统组成。在带式输送机上的料流监测装置，当有料通过时（即带式输送机有载卸料时），监测装置向控制系统发送有料信号，启动水泵电机，打开电磁阀，开启喷雾洒水系统，向起尘点喷雾除尘。如带式输送机无料时，为避免转载点无料洒水造成水污染，料流监测装置发出无料信号，切断电源，停止水泵电机，停止洒水。

料流监测装置宜安装于卸料带式输送机头部附近位置，距头部滚筒宜小于10m。根据输送物料的输送量和物料的粒度尺寸，可选用不同类型的料流监测装置。

喷雾洒水系统的喷雾点应考虑设置在转载点灰尘最大及易于通过喷雾达到良好降尘效果的地点。一般喷雾点设于卸料溜槽上部和导料拦板出口处，或根据用户要求进行确定。喷雾管路根据喷雾点分布和现场实际情况进行布置。如已有符合要求的给水系统时可不设水泵电机，只需在现有管路上安装电磁阀自动供水系统和喷雾系统即可。

8.3.8 金属杂物检测装置

混杂在物料中的钎子、螺栓、角钢边料等金属杂物，会引起输送带撕裂、破碎机损坏等恶性事故。为此，输送机系统内装有金属检测器和电磁除铁器。

（1）金属检测器。它通过安装在输送机承载段上的磁感应线圈，将混杂在物料中的铁件探测出来。当铁件在磁感应线圈内通过时，线圈的磁场强度发生变化，使输出电压突变，控制放大系统发出信号指令，使输送机停机，并自动在有铁件的物料上方投砂袋标记，以便人工寻找。

（2）电磁除铁器。电磁除铁器主要由弃铁用的输送装置和吸铁用的电磁吸铁箱两部分组成，可以直接清除混杂在物料中的铁磁性物质。前者由减速器驱动头部滚筒，使自卸输送带运转；后者装于自卸输送带中间，吸铁箱由侧板、底板、盖板及铁芯等组成。磁力线穿过自卸输送带并作用到料层中，从而将物料中的铁磁性物质吸到自卸输送装置底部，随输送带传送使其脱离磁力区而抛出。吸铁箱绕组采用强力通风冷却。

电磁除铁器宜在输送机头部滚筒上方倾斜（15°～20°）布置。物料在抛散时除铁效果最佳，但滚筒应采用不锈钢滚筒。该装置也可与输送机垂直布置，但除铁效果不及前者。

此外，带式输送机的附属装置还有拉紧配重限位开关、卸料小车及旋转溜槽行程限位开关、启动电铃等其他保护装置。

第2篇

带式输送机的设计计算

9 带宽、带速和输送量

9.1 带宽与带速

9.1.1 确定带宽需要考虑的因素

一般来说，对于某一给定带速，带式输送机的输送能力，随输送带宽度的增大而提高。但是较窄的输送带的宽度主要取决于被运物料的粒度，因为输送带必须有足够的宽度，才可使被输送的块状和粉状混合料中的大块不至于装至输送带的边缘，而且加料溜槽的内部尺寸和导料槽之间的距离必须保证使各种粒度的混合料通过而不堵塞。

加载处裙板间的宽度决定了必须根据块度确定最小带宽的设计原则。裙板是整个运输过程中物料所需通过的最窄处，一般来说，裙板宽度是带宽的2/3（65%～70%）。（较高的自由落体和如谷粒等颗粒状物料，裙板宽度需要是带宽的50%，然而，他们不用考虑块度的问题。）

当物料被加载到输送带上时，物料的块度分布是随机的。物料可能会在裙板处形成拱形，并对物料产生瞬时的阻挡，裙板会与拱形产生摩擦甚至使物料发生堵塞，直到被后来的物料或其他力移出。如果带宽不足导致裙板宽度不够，上述现象会交替出现和消失，但在大多数时间，这种现象不是明显可见的。然而在这个过程中，输送带会承受不正常的磨损，这将导致输送带更快的损坏。

一般多种不同块度的物料出现时会形成拱形。然而，在实际的输送机系统中，出现多于2种或3种块度的情况是不多见的。实际上，带宽和块度之间的关系是技术性问题和统计学问题。

加载点处拱形的形成（物料堵塞或物料运动不稳定）是一个复杂的问题，因为，需要输运的物料的大小不是统一的，而是在一定范围内变化的。因此，在某一时刻，物料不是与相同大小的物料接触，而是有很多种可能与其他大小的物料相接触。这说明一个特定的带宽能承载的物料块度还与物料粒度分布有关。

同时，我们还需要了解最大块度规定的意义。例如，物料中最大块度为300mm的含量为10%，并不是指在每立方米物料中都准确的含有10%的块度为300mm的物料，因为物料不是由粒度精确为300mm的物料组成。上述的300mm直径受偏差限制，是偏差的正端，故300mm是散料中物料的绝对最大值。因此，10%的物料直径是300mm的表达是不完整的，还需要指出负偏差。对于散料，就是块度的范围。有用的工程说明应该指出10%的物料块度的变化范围（如从80%的最大块度到最大块度为300mm）。还须说明的是，除指出块度的变化范围，还需要确定物料各个方向上（可能导致堵塞）的最大直径，即物料一个角到另一个角的最大直径。

CEMA推荐的物料粒度与带宽之间的关系为：

（1）动堆积角为20°、块料占10%、粉料占90%时，推荐的最大粒度尺寸为带宽的

1/3(*B*/3)。

（2）全为块料而无粉料时，推荐的最大粒度为带宽的 1/5(*B*/5)。

（3）动堆积角为 30°、块料占 10%、粉料占 90% 时，推荐的最大粒度尺寸为带宽的 1/6(*B*/6)。

（4）全为块料而无粉料时，推荐的最大粒度为带宽的 1/10(*B*/10)。

如图 9－1 所示，为某一特定粒度确定带宽的另一方法。图中给出了给定的块料和粉料的各种不同粒度比例和不同动堆积角所必需的输送带宽度。

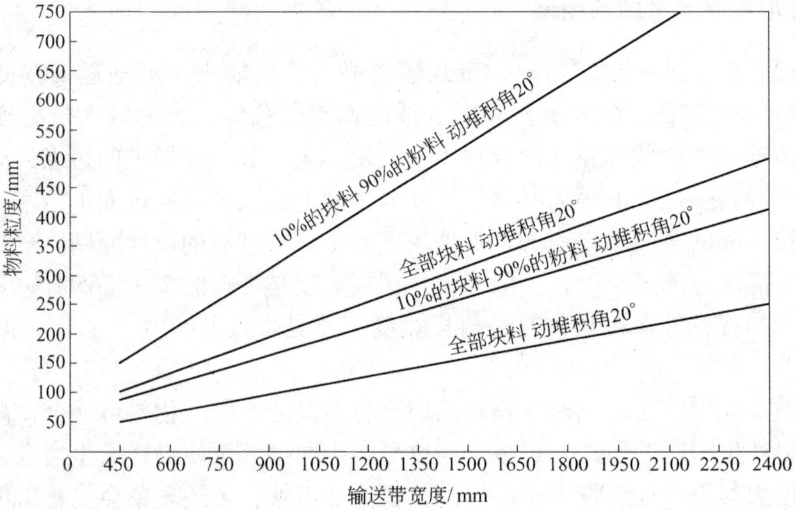

图 9－1　给定物料粒度下需要的带宽（粉料是指粒度为最大块料粒度的 1/10 以下）

附注：通过物料粒度确定带宽的其他方法

（1）国内通常采用的带宽与粒度的关系式：

1）对于未筛分的物料，$B=2a+200$，mm；

2）对于筛分的物料，$B=3.3a+200$，mm；

3）当运输大块含量达 15% 的未筛分的物料时，输送带宽度 $B \geqslant (2.7 \sim 3.2)a$；

4）当运输大块含量达 80% 的筛分的物料时，输送带带宽 $B \geqslant (3.3 \sim 4.0)a$。

（2）日本石桥公司推荐的输送带最小宽度与粒度关系，如表 9－1 所示。

表 9－1　日本石桥公司推荐的输送带最小宽度与粒度关系

输送带最小宽度 *B*/mm	粒度/mm		输送带最小宽度 *B*/mm	粒度/mm	
	100% 均匀粒度	10% 最大粒度		100% 均匀粒度	10% 最大粒度
500	100	150	1600	320	500
650	130	200	1800	360	600
800	150	250	2000	400	650
1000	200	300	2200	500	700
1200	250	400	2400	550	800
1400	280	450	2600	600	900

9.1.2　带速

带速是一个模数化的参数，带速系列如表 9－2 所示。

表 9－2　带速系列表　　　　(m/s)

带 速	0.20	0.315	0.40	0.63	0.80	1.0	1.25
	1.60	2.0	2.50	3.15	4.0	5.0	6.3

带速的选择在很大程度上取决于被输送物料的性质、所要求的输送能力和采用的输送带张力。

粉状物料应在尽可能低的速度下输送，以便减少扬尘，尤其是在加料和卸料处更应如此。脆性物料也应限制输送带的速度，由于输送带和被输送的易碎物料在托辊上跳动，因此需要低的带速，以便在加料点和卸料点不至于产生脆性物料的碎裂。

重且棱角锋利的物料应在中等的速度下输送，因为物料锋利的棱角可能会过度磨损输送带的覆盖胶层，特别是当物料沿输送带运行方向的装料速度明显地低于输送带速度时更是如此。

对于带速的选择应考虑如下一些因素：

(1) 带宽。输送带宽度越小，高速运行时越不稳定，甚至容易产生严重的撒料现象。

(2) 固定式带式输送机，安装质量一般均较高，可取高一些的带速；半固定式与移动式输送机的速度应较低。

(3) 水平或近于水平输送时速度可较高，倾斜输送时，倾角越大，物料越易滚动或滑动，应取较低速度。

(4) 倾斜安装的带式输送机。相对而言，下运带式输送机应有较低运行速度，因下运时物料更易在输送带上滚动或滑动。

(5) 输送能力的吨公里值越大，所需输送带强度越大，为降低输送带强度可取较高的运行速度。

(6) 装载冲击以及物料的冲击会引起输送带的磨损，因此短距离输送机最好减慢速度。但为减少输送带张力，长距离输送机经常采用高速运转。

综上，可以采用高带速的情况：长距离运输；物料块度小于最大允许块度；物料中混有一定比例的不同尺寸的粉体，即低比例的较大块物料；合理设计输送带的加载点，可使物料平稳地落在输送带上并减少张紧力时；输送带有足够的抗冲击强度和韧性来承受更高的带速；输送机系统独立运转，一旦运转将持续一天或一星期；高质量和系统全面的维修维护等。这其中安装费用是主要考虑的因素。

反之，可以使用低带速的情况：由许多短距离输送机组成的输送机系统；含有大硬度和大块度的物料；物料具有较少的粉体；加载点使用普通设计；使用普通强度，硬度和恢复性的输送带；带速受限于托辊和输送带质量；输送机系统衔接的运行；普通的维修质量等。这其中系统可靠性是考虑的主要因素（与实际预期维修有关）。

CEMA 推荐的带式输送机最大带速见表 9－3。

表 9 - 3　CEMA 推荐的最大带速

被运物料	带速/m · s^{-1}	带宽/mm	被运物料	带速/m · s^{-1}	带宽/mm
谷物或其他易于流动的非磨损性物料	2.5 3.5 4.0 5.0	450 600 ~ 750 900 ~ 1050 1200 ~ 2400	煤、湿黏土、软的矿石、冲积土和泥土、细碎的岩石	2.0 3.0 4.0 5.0	450 600 ~ 900 1050 ~ 1500 1800 ~ 2400
重、坚硬、棱角尖锐的矿石及粗碎的岩石	1.75 2.5 3.0	450 600 ~ 900 900 以上	制备好的或潮湿的铸造型砂、夹带小块型芯、夹带或不夹带小铸件的落砂（热的程度不至于损伤输送带）	1.75	任意宽度
用带有橡胶边的犁式卸料器从输送带上卸出的制备好的铸造型砂和类似的潮湿（或干的磨损性）物料	1.0	任意宽度	用犁式卸料器从输送带上卸出的非磨损性物料	1.0	任意宽度
			由漏斗或料仓供给粉状非磨损性或中等磨损性物料（平形或槽形给料输送带）	水纸浆以 1.5 ~ 2.0 为最好	任意宽度

附注：带速选择的其他方法

日本石桥公司认为，输送带的速度不但受到运输机输送容量的限制，而且还受到传送带宽度和运载材料特性的限制。

在高速度运输的场合，最经济的办法是使用宽度窄的输送带，但一般在高速运输时，使用宽输送带比使用窄输送带更便于操作。表 9 - 4 为在特殊条件下的输送带最大速度；表 9 - 5 为输送带最大速度。表 9 - 6 为托辊直径与带速的匹配关系。

表 9 - 4　在特殊条件下的输送带最大速度

材　料	输送带速度/m · s^{-1}	材　料	输送带速度/m · s^{-1}
包　捆	0.25 ~ 1.0	轻便运输机	1.25 ~ 2.0
纸浆原材（原木）	0.5	轮式挖掘机	4.5 ~ 6.0
纸浆原材（最大拣选值）	1.5 ~ 2.0	拣选传送带	0.315 ~ 0.4
装料机	1.0 ~ 18.3		

表 9 - 5　输送带最大速度

带宽 B/mm	输送带速度/m · s^{-1}			带宽 B/mm	输送带速度/m · s^{-1}		
	A	B	C		A	B	C
500	4	3	3	1400	6	5.5	4.5
650	4	3.15	3.33	1600	6	5.5	4.5
800	4.5	4	3.67	1800	—	6	5
1000	5	4.16	4	2000	—	6	5
1200	5.5	5	4.5	2200 ~ 3000	—	6	5

注：A —粒料和其他易流动性材料；

B —原煤及其他中等摩擦力的料类；

C —硬矿石、岩石和其他摩擦力很大的材料。

表 9-6　托辊直径与带速的匹配关系　(r/min)

托辊直径/mm	带速/m·s⁻¹									
	0.8	1.0	1.25	1.6	2.0	2.5	3.15	4.0	5.0	6.5
89	172	215	268	344	429	537				
108	142	177	221	285	354	442	557			
133		144	180	230	287	359	453	575		
159		120	150	192	240	300	379	481	601	
193.7			123	158	197	246	310	395	492	
219							275	349	436	567

9.1.3　带速与带宽之间的关系

在带式输送机设计上，需要考虑带速、带宽及二者间的配合关系。

速度愈高，散料的线密度可愈小，所需输送带强度愈低，同时减速器传动比减少，整个设备费用降低，所以提高带速是有利的。但是带速的提高必须有下列因素保证：

（1）高质量的托辊。与速度高有关的托辊参量是托辊的椭圆度、偏心矩和阻力系数。由于椭圆度的存在，速度愈高，输送带的振动愈大，因而输送带上物料愈易跳动，导致带式输送机不能稳定运行；由于托辊偏心矩的存在，速度愈高，托辊自身的振动愈大，导致机架振动也愈大；阻力一定时，托辊转速愈高，则轴承阻力损失愈大，故高速时托辊的旋转阻力系数应尽可能的小。

（2）输送机的安装质量。若安装质量不高，易因带速的提高而发生物料在输送带上跳动，输送带跳动进而会使机架托辊产生附加应力的现象和使输送带产生跑偏的现象。

（3）安全保障。速度愈高、愈易发生机械与人身事故，故高速时的安全措施、安全设施和装置必须相应跟上。

表 9-7 为输送机带宽和带速匹配值。表 9-8 为煤矿井下输送带机带宽与速度匹配关系。表 9-9 和表 9-10 为 DX 系列带宽与带速确定。

表 9-7　输送机带宽和带速匹配值

带宽 B/mm	输送带速度 v/m·s⁻¹													
	0.8	1.0	1.25	1.6	2.0	2.5	3.15	(3.5)	4.0	(4.5)	5.0	(5.6)	6.3	7.1
500	√	√	√	√	√	√	—	—	—	—	—	—	—	—
650	√	√	√	√	√	√	—	—	—	—	—	—	—	—
800	√	√	√	√	√	√	√	√	—	—	—	—	—	—
1000	√	√	√	√	√	√	√	√	√	—	—	—	—	—
1200	—	√	√	√	√	√	√	√	√	√	√	—	—	—
1400	—	—	√	√	√	√	√	√	√	√	√	—	—	—
1600	—	—	—	√	√	√	√	√	√	√	√	√	—	—
1800	—	—	—	—	√	√	√	√	√	√	√	√	√	√
2000	—	—	—	—	—	√	√	√	√	√	√	√	√	√

续表 9-7

带宽 B/mm	输送带速度 v/m·s^{-1}													
	0.8	1.0	1.25	1.6	2.0	2.5	3.15	(3.5)	4.0	(4.5)	5.0	(5.6)	6.3	7.1
2200	—	—	—	—	—	(√)	√	√	√	√	√	√	√	√
2400	—	—	—	—	—	(√)	√	√	√	√	√	√	√	√
2600	—	—	—	—	—	—	(√)	√	√	√	√	√	√	√
2800	—	—	—	—	—	—	(√)	√	√	√	√	√	√	√

注：1. 表中"√"为带速推荐值；
　　2. 表中"（√）"为输送大块物料的带速可用值。

表 9-8　煤矿井下带式输送机带宽与速度匹配关系

带宽 B/mm	800	1000	1200	1400
带速 v/m·s^{-1}	1.6~2.0	1.6~2.5	2.0~3.15	2.5~3.15

表 9-9　DX 系列带宽与带速的关系

带宽 B/mm	带速 v/m·s^{-1}
800，1000	2.0，2.5，3.15
1200 1400 1600 1800 2000	2.0，2.5，3.15，4.0，5.0

表 9-10　DX 系列各种物料与带速的关系

物料名称	带速 v/m·s^{-1}				
	2.0	2.5	3.15	4.0	5.0
湿原煤、湿砂、剥离层（无大块）	√	√	√	√	√
小块煤、土、砂、细碎石	√	√	√	√	
矿石、粗碎石、石灰石、大块煤	√	√	√		

9.2　带式输送机输送能力的计算

9.2.1　带式输送机的输送能力

输送能力有两种表示方法，一是每小时输送的吨公里值（t·km/h）；二是每小时输送的物料量吨数（t/h）。前者能真正衡量输送设备的能力，但后者更便于在计算中应用，故常用后者，称为小时输送量。值得注意的是，当进行经济技术比较时应采用前者。

连续输送设备的小时物料输送量的普遍表达式为：

$$Q = 3.6qv \quad (\text{t/h}) \tag{9-1}$$

式中　q——物料线密度，kg/m；
　　　v——带速，m/s。

9.2.2　物料截面积计算

假定往带式输送机上均匀地给料，则输送带上承载段的横截面积是带式输送机输送能力的决定因素。槽形输送带的截料面积的计算主要有三种方法，即 CEMA 计算方法、DIN

计算方法和ISO计算方法。CEMA方法中输送带的有效宽度与其他两种方法不同；DIN计算方法为简化计算，将物料的堆积表面假设为三角形；ISO计算方法假设物料堆积表面形状为圆弧形（抛物线）。

有效带宽 b 取决于带宽 B，通常按下式计算：

$B \leqslant 2000$mm　　$b = 0.9B - 50$　　(9-2)

$B > 2000$mm　　$b = B - 250$　　(9-3)

一般地，槽形托辊组为三辊托辊组，但也有一些采用单辊、两辊、四辊或五辊。对于五辊托辊组，物料的截面积为 A_1、A_2 及 A_3 之和，如图9-2所示。

根据图9-2，相关参数计算如下：

$$b_1 = l_M + 2l_2\cos\lambda_1 + 2l_{1m}\cos\lambda$$

$$b_2 = l_M + 2l_2\cos\lambda_1$$

$$l_{1m} = \frac{1}{2}(b - l_M - 2l_2)$$

假设物料堆积表面的形状为抛物线，对 A_1 部分，建立坐标系如图9-3所示。

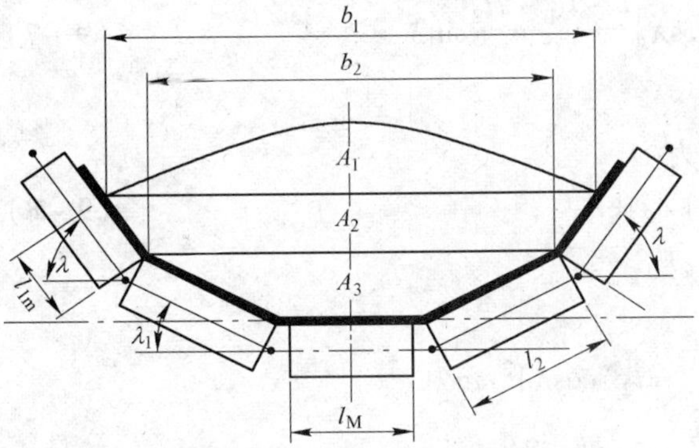

图9-2　五辊槽形托辊组

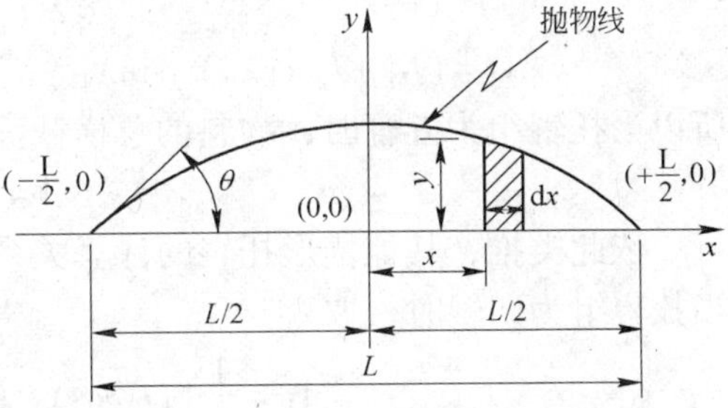

图9-3　抛物线下面积的计算

设物料和输送带接触的两边缘间距离为 $L = b_1$，在其上建立坐标系如图9-3所示时，由于表面形状曲线为对称的抛物线，则抛物线曲线方程为

$$y = bx^2 + a$$

由于当 $x = \frac{L}{2}$ 时，$y = 0$；$x = \frac{L}{2}$ 时，$\frac{dy}{dx} = \tan\theta$；

可得

$$y = \frac{L\tan\theta}{4} - \frac{\tan\theta}{L}x^2$$

故截面积为

$$A_1 = \int_{-L/2}^{L/2}\left(\frac{L\tan\theta}{4} - \frac{\tan\theta}{L}x^2\right)dx = \left(\frac{L\tan\theta \cdot x}{4} - \frac{\tan\theta}{L}\frac{x^3}{3}\right)\Bigg|_{-L/2}^{L/2}$$

$$= \frac{1}{6}L^2\tan\theta = \frac{1}{6}b_1^2\tan\theta = \frac{1}{6}[l_M + 2l_2\cos\lambda_1 + 2l_{1m}\cos\lambda]^2\tan\theta \quad (9-4)$$

$$= \frac{1}{6}[l_M + 2l_2\cos\lambda_1 + (b - l_M - 2l_2)\cos\lambda]^2\tan\theta$$

$$\begin{aligned} A_2 &= \frac{1}{2}(b_1 + b_2) l_{1m} \sin\lambda \\ &= \frac{1}{2}[(l_M + 2l_2\cos\lambda_1 + 2l_{1m}\cos\lambda) + (l_M + 2l_2\cos\lambda_1)] l_{1m}\sin\lambda \\ &= [l_M + 2l_2\cos\lambda_1 + l_{1m}\cos\lambda] l_{1m}\sin\lambda \\ &= \left[l_M + 2l_2\cos\lambda_1 + \frac{b - l_M - 2l_2}{2}\cos\lambda\right]\frac{b - l_M - 2l_2}{2}\sin\lambda \end{aligned} \tag{9-5}$$

$$\begin{aligned} A_3 &= \frac{1}{2}(b_2 + l_M) l_2\sin\lambda_1 \\ &= \frac{1}{2}[(l_M + 2l_2\cos\lambda_1) + l_M] l_2\sin\lambda_1 \\ &= (l_M + l_2\cos\lambda_1) l_2\sin\lambda_1 \end{aligned} \tag{9-6}$$

即

$$\begin{aligned} A_1 &= \frac{1}{6}[l_M + 2l_2\cos\lambda_1 + (b - l_M - 2l_2)\cos\lambda]^2\tan\theta \\ A_2 &= \left(l_M + 2l_2\cos\lambda_1 + \frac{b - l_M - 2l_2}{2}\cos\lambda\right)\frac{b - l_M - 2l_2}{2}\sin\lambda \\ A_3 &= (l_M + l_2\cos\lambda_1) l_2\sin\lambda_1 \end{aligned} \tag{9-7}$$

所以当托辊组为五辊时，物料的总横截面积为

$$A = A_1 + A_2 + A_3 \tag{9-8}$$

依此类推，其他槽形托辊的计算关系式为

当托辊组为四辊时，取 $l_M = 0$，

$$\begin{aligned} A_1 &= \frac{1}{6}[2l_2\cos\lambda_1 + (b - 2l_2)\cos\lambda]^2\tan\theta \\ A_2 &= \left(2l_2\cos\lambda_1 + \frac{b - 2l_2}{2}\cos\lambda\right)\frac{b - 2l_2}{2}\sin\lambda \\ A_3 &= (l_2\cos\lambda_1) l_2\sin\lambda_1 \end{aligned} \tag{9-9}$$

当托辊组为三辊时，取 $l_2 = 0$，$\lambda_1 = 0$，

$$A_1 = \frac{1}{6}[l_M + (b - l_M)\cos\lambda]^2\tan\theta,\ A_2 = \left(l_M + \frac{b - l_M}{2}\cos\lambda\right)\frac{b - l_M}{2}\sin\lambda,\ A_3 = 0 \tag{9-10}$$

当托辊组为两辊时，取 $l_M = 0$，$l_2 = 0$，$\lambda_1 = 0$，

$$A_1 = \frac{1}{6}(b\cos\lambda)^2\tan\theta,\ A_2 = \left(\frac{b}{2}\cos\lambda\right)\frac{b}{2}\sin\lambda,\ A_3 = 0 \tag{9-11}$$

当托辊组为单辊时，取 $l_M = 0$，$l_2 = 0$，$\lambda_1 = 0$，$\lambda = 0$，

$$A_1 = \frac{1}{6}(b)^2\tan\theta,\ A_2 = 0,\ A_3 = 0 \tag{9-12}$$

如图9-4和图9-5所示，分别为ISO 5048和DIN 22101的截面示意图，其中 $\theta = 1.5\beta$。

9.2.3　输送量计算

根据理论装料截面积，可计算出理论体积输送量 Q_{V1} 为

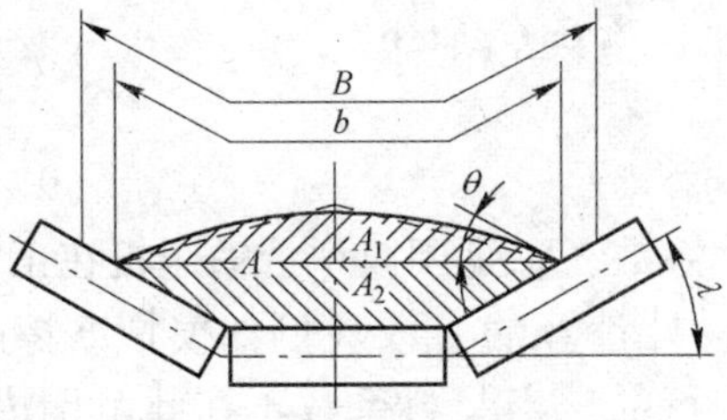

图 9－4　ISO 5048 截面

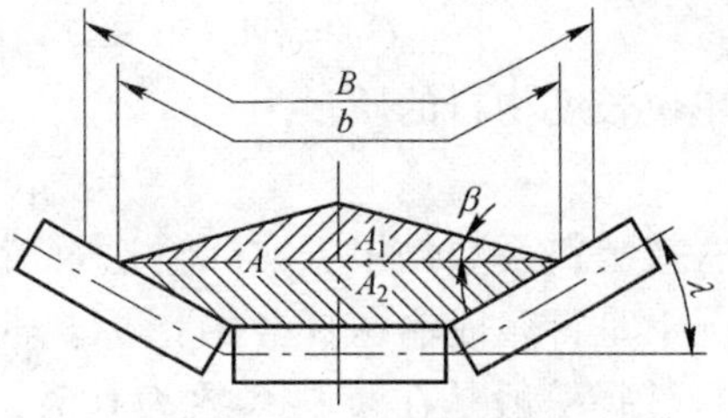

图 9－5　DIN 22101 截面

$$Q_{V1}=\varphi Av \tag{9-13}$$

理论质量输送量为

$$Q_{t1}=\varphi\gamma Av \tag{9-14}$$

式中　v——带速，m/s；

γ——物料松散堆积密度，kg/m^3；

φ——有效装料系数，其关系式为

$$\varphi=\varphi_B\varphi_{St}$$

φ_B——装料系数，它取决于输送物料的性质（块度、最大边长、动堆积角 ρ）和带式输送机的工作条件（加料均匀性、输送带的直线性和输送能力储备）等参数；

φ_{St}——与输送倾角有关的倾斜缩减系数，它表示截面积 A_1 的减少量，即

$$\varphi_{St}=1-\frac{A_1}{A}(1-\varphi_{St,1}) \tag{9-15}$$

$\varphi_{St,1}$——当输送机对中良好并均匀输送块度小的物料时，对于 $\delta_{max}\leqslant\rho$

$$\varphi_{St,1}=\sqrt{\frac{\cos^2\delta_{max}-\cos^2\rho}{1-\cos^2\rho}} \tag{9-16}$$

输送机倾斜缩减系数也可由表 9－11 给出。

表 9－11　输送机倾斜缩减系数

倾角 δ_{max} /(°)	2	4	6	8	10	12	14	16	18	20
φ_{St}	1.00	0.99	0.98	0.97	0.95	0.93	0.91	0.89	0.85	0.81
倾角 δ_{max} /(°)	21	22	23	24	25	26	27	28	29	30
φ_{St}	0.78	0.76	0.73	0.71	0.68	0.66	0.64	0.61	0.59	0.56
$\varphi_{St}=-0.000545\beta^2+0.000905\beta+1.00036$										

由式（9－16）不难看出，倾斜输送时，倾角最大只能等于实际的动堆积角，而且在这种情况下只能输送截面积为 A_2 的物料。

当加料均匀且输送带直线运行时，水平直线输送机的理论装料截面可以被充分利用，即 $\varphi=\varphi_B=1$。从而可得理论体积输送量 Q_{V1} 和质量输送量 Q_{t1}

$$Q_{t1}=\gamma Q_{V1}(kg/s)=3.6\gamma Q_{V1}(t/h) \tag{9-17}$$

对应有效装料系数，额定体积输送量 Q_V，额定质量输送量 Q_t 分别为

$$Q_V = \varphi A v\,(\mathrm{m^3/s}),\ Q_t = \gamma Q_V\,(\mathrm{kg/s}) = 3.6\gamma Q_V\,(\mathrm{t/h}) \tag{9-18}$$

单位长度物料的质量为

$$q_G = \varphi A \gamma\ \ (\mathrm{kg/m}) \tag{9-19}$$

有效装料系数是根据实际输送量情况得到的一个系数，它是用以评价输送机在正常负载情况下是否完成输送任务的指标。常规的输送机设计计算的参数（例如模拟摩擦阻力系数）选择一般是在装料系数为0.7～1.1范围内进行的。当装料系数不在此范围内时，需对参数进行修正。

一般来说，物料动堆积角比安息角小10°～15°，因此，首先需要了解安息角的准确值。物料安息角由用户（购买者）提供，因为它仅依赖于用户需要运输的物料的特性。如果物料安息角由设计者根据以往记录和文献确定，在与用户协议中，需要指出假定的安息角对最终输送机性能的影响。其他选择是通过样本实验获得数据，但是，使用基于一个或两个样本得出的实验数据时需要谨慎，因为这些数据可能不能反映输送机系统长时间运行时的实际情况。

动堆积角与物料性质和设计采用的输送带有关，因此，用户有义务提供动堆积角的值。一般来说，设计者根据用户提供的数据决定动堆积角，广泛应用的物料的动堆积角（安息角）参照第2章的表2－4。

对于表2－4以外的物料的动堆积角，设计者应在表中寻找与物料具有类似静堆积角、粒度、形状和颗粒(块体)特性的已知物料，之后，设计者根据表中的已知物料的动堆积角判断未知物料的动堆积角，并将得出的动堆积角用于输送带上物料横截面的计算。

物料的安息角/动堆积角易于发生季节性的变化（例如湿度的影响，应该成为被考虑的因素)，所以，需要考虑动堆积角的最小值，否则，当动堆积角变化时，会影响输送机的输送能力。只有选取可接受的最小动堆积角，这样才能在任何条件下都能满足规定的输送能力。

如果输送机需要运输不同特性的两种类型的物料，计算时，应选择最坏情况下的动堆积角设计计算输送能力，这样才能保证输送机在任何条件下都能满足输送能力的要求。

关于长距离运输，在从给料点到卸料点的运输过程中，物料易于产生振动，所以物料更易于沉积。长距离运输往往具有更高的带速和更大的振动，在这种情况下，动堆积角的选择需要比正常情况下的值小20%左右。

除采用上面的计算方法外，还可以参照表9－12～表9－14，根据物料的动堆积角，托辊组槽角和需要的截面积确定输送带的宽度。

表9－12　等长三托辊输送带上物料横截面面积　　($\mathrm{m^2}$)

输送机参数		物料的动堆积角 θ/(°)				
带宽 B/mm	槽角 λ/(°)	10	15	20	25	30
500	20	0.01448	0.01678	0.01918	0.02175	0.02454
	25	0.01655	0.01877	0.02110	0.02358	0.02627
	30	0.01842	0.02055	0.02278	0.02515	0.02773
	35	0.02006	0.02208	0.02420	0.02646	0.02891
	40	0.02145	0.02335	0.02535	0.02748	0.02978
	45	0.02257	0.02435	0.02621	0.02820	0.03036

续表 9－12

输送机参数		物料的动堆积角 θ/(°)				
带宽 B/mm	槽角 λ/(°)	10	15	20	25	30
650	20	0.02659	0.03068	0.03498	0.03955	0.04451
	25	0.03043	0.03437	0.03851	0.04291	0.04769
	30	0.03386	0.03763	0.04158	0.04579	0.05036
	35	0.03684	0.04041	0.04415	0.04814	0.05247
	40	0.03934	0.04269	0.04620	0.04994	0.05400
	45	0.04134	0.04465	0.04771	0.05119	0.05496
800	20	0.04161	0.04804	0.05477	0.06194	0.06973
	25	0.04761	0.05380	0.06029	0.06721	0.07471
	30	0.05298	0.05890	0.06510	0.07171	0.07888
	35	0.05766	0.06326	0.06914	0.07540	0.08219
	40	0.06158	0.06684	0.07235	0.07823	0.08460
	45	0.06470	0.06960	0.07472	0.08019	0.08612
1000	20	0.06813	0.07844	0.08925	0.10076	0.11325
	25	0.07798	0.08790	0.09830	0.10938	0.12140
	30	0.08677	0.09623	0.10614	0.11670	0.12817
	35	0.09437	0.10330	0.11267	0.12265	0.13348
	40	0.10069	0.10905	0.11782	0.12716	0.13729
	45	0.10567	0.11342	0.12154	0.13019	0.13958
1200	20	0.09973	0.11487	0.13075	0.14766	0.16602
	25	0.11414	0.12872	0.14399	0.16028	0.17795
	30	0.12700	0.14091	0.15548	0.17102	0.18787
	35	0.13814	0.15129	0.16506	0.17975	0.19568
	40	0.14742	0.15973	0.17263	0.18638	0.20130
	45	0.15475	0.16617	0.17813	0.19088	0.20471
1400	20	0.13894	0.15981	0.18168	0.20499	0.23028
	25	0.15905	0.17911	0.20014	0.22255	0.24687
	30	0.17695	0.19607	0.21610	0.23745	0.26062
	35	0.19240	0.21044	0.22935	0.24951	0.27137
	40	0.20521	0.22207	0.23975	0.25858	0.27902
	45	0.21525	0.23085	0.24720	0.26463	0.28354
1600	20	0.18416	0.21167	0.24051	0.27125	0.30459
	25	0.21082	0.23726	0.26498	0.29451	0.32657
	30	0.23452	0.25971	0.28610	0.31422	0.34474
	35	0.25495	0.27870	0.30359	0.33012	0.35891
	40	0.27185	0.29403	0.31728	0.34205	0.36893
	45	0.28505	0.30555	0.32703	0.34992	0.37477

续表 9 - 12

输送机参数		物料的动堆积角 θ/(°)				
带宽 B/mm	槽角 λ/(°)	10	15	20	25	30
1800	20	0.23572	0.27080	0.30757	0.34675	0.38927
	25	0.26985	0.30355	0.33888	0.37652	0.41737
	30	0.30017	0.33225	0.36587	0.40171	0.44059
	35	0.32627	0.35651	0.38821	0.42198	0.45863
	40	0.34782	0.37604	0.40562	0.43714	0.47134
	45	0.36460	0.39066	0.41797	0.44708	0.47867
2000	20	0.29251	0.33611	0.38180	0.43050	0.48333
	25	0.33486	0.37675	0.42065	0.46745	0.51822
	30	0.37250	0.41238	0.45417	0.49872	0.54705
	35	0.40491	0.44251	0.48192	0.52391	0.56948
	40	0.43169	0.46679	0.50357	0.54277	0.58531
	45	0.45256	0.48498	0.51896	0.55517	0.59447
2200	20	0.36753	0.42154	0.47814	0.53847	0.60392
	25	0.42078	0.47261	0.52692	0.58481	0.64762
	30	0.46795	0.51720	0.56882	0.62383	0.68353
	35	0.50837	0.55471	0.60328	0.65503	0.71120
	40	0.54152	0.58467	0.62989	0.67808	0.73038
	45	0.56706	0.60680	0.64844	0.69283	0.74099
2400	20	0.44442	0.51014	0.57902	0.65243	0.73209
	25	0.50879	0.57190	0.63803	0.70852	0.78500
	30	0.56590	0.62592	0.68882	0.75586	0.82860
	35	0.61495	0.67147	0.73071	0.79385	0.86235
	40	0.65532	0.70801	0.76323	0.82208	0.88594
	45	0.68658	0.73517	0.78610	0.84038	0.89927
2600	20	0.53577	0.61415	0.69629	0.78384	0.87883
	25	0.61340	0.68858	0.76737	0.85134	0.94246
	30	0.68210	0.75350	0.82834	0.90810	0.99464
	35	0.74086	0.80800	0.87836	0.95335	1.03472
	40	0.78894	0.85140	0.91686	0.98663	1.06233
	45	0.82582	0.88329	0.94352	1.00771	1.07736
2800	20	0.62790	0.72028	0.81709	0.92027	1.03222
	25	0.71887	0.80753	0.90043	0.99945	1.10690
	30	0.79948	0.88374	0.97205	1.06617	1.16829
	35	0.86858	0.94787	1.03097	1.11954	1.21564
	40	0.92529	0.99913	1.07653	1.15901	1.24851
	45	0.96902	1.03704	1.10834	1.18432	1.26677

表 9－13 二托辊输送带上物料横截面面积 (m^2)

输送机参数		物料的运行堆积角 θ/(°)				
带宽 B/mm	槽角 λ/(°)	10	15	20	25	30
500	20	0.01701	0.01917	0.02143	0.02384	0.02645
	25	0.01918	0.02119	0.02329	0.02553	0.02797
	30	0.02085	0.02268	0.02460	0.02665	0.02887
	35	0.02195	0.02359	0.02531	0.02714	0.02912
650	20	0.03043	0.03428	0.03833	0.04264	0.04732
	25	0.03432	0.03791	0.04167	0.04568	0.05003
	30	0.03729	0.04057	0.04401	0.04767	0.05164
	35	0.03926	0.04220	0.04527	0.04855	0.05210
800	20	0.04772	0.05377	0.06011	0.06687	0.07421
	25	0.05382	0.05945	0.06535	0.07164	0.07847
	30	0.05849	0.06363	0.06902	0.07476	0.08099
	35	0.06158	0.06618	0.07100	0.07614	0.08171
1000	20	0.07680	0.08654	0.09675	0.10763	0.11944
	25	0.08662	0.09569	0.10518	0.11531	0.12629
	30	0.09414	0.10241	0.11108	0.12033	0.13035
	35	0.09911	0.10652	0.11428	0.12254	0.13152
1200	20	0.11277	0.12708	0.14207	0.15805	0.17539
	25	0.12720	0.14050	0.15445	0.16931	0.18544
	30	0.13823	0.15038	0.16311	0.17668	0.19141
	35	0.14554	0.15641	0.16780	0.17994	0.19312
1400	20	0.15563	0.17537	0.19606	0.21811	0.24204
	25	0.17554	0.19390	0.21315	0.23366	0.25592
	30	0.19076	0.20753	0.22510	0.24383	0.26416
	35	0.20085	0.21585	0.23157	0.24833	0.26651
1600	20	0.20538	0.23143	0.25874	0.28783	0.31941
	25	0.23165	0.25588	0.28128	0.30835	0.33772
	30	0.25174	0.27387	0.29706	0.32178	0.34859
	35	0.26505	0.28485	0.30559	0.32771	0.35170
1800	20	0.26202	0.29525	0.33008	0.36721	0.40749
	25	0.29553	0.32645	0.35885	0.39338	0.43085
	30	0.32116	0.34939	0.37898	0.41051	0.44472
	35	0.33814	0.36339	0.38986	0.41807	0.44868
2000	20	0.32554	0.36683	0.41011	0.45624	0.50628
	25	0.36718	0.40559	0.44585	0.48875	0.53531
	30	0.39903	0.43410	0.47086	0.51003	0.55254
	35	0.42012	0.45150	0.48438	0.51943	0.55747

续表 9－13

输送机参数		物料的运行堆积角 θ/(°)				
带宽 B/mm	槽角 λ/(°)	10	15	20	25	30
2200	20	0.40420	0.45547	0.50921	0.56648	0.62862
	25	0.45590	0.50359	0.55358	0.60685	0.66466
	30	0.49544	0.53899	0.58463	0.63327	0.68605
	35	0.52163	0.56059	0.60143	0.64495	0.69217
2400	20	0.49137	0.55370	0.61902	0.68864	0.76418
	25	0.55421	0.61219	0.67296	0.73772	0.80799
	30	0.60228	0.65522	0.71071	0.76984	0.83400
	35	0.63412	0.68148	0.73112	0.78403	0.84143
2600	20	0.58703	0.66150	0.73954	0.82272	0.91296
	25	0.66212	0.73139	0.80398	0.88135	0.96530
	30	0.71955	0.78280	0.84908	0.91973	0.99638
	35	0.75758	0.81417	0.87347	0.93668	1.00526
2800	20	0.69121	0.77889	0.87078	0.96871	1.07498
	25	0.77961	0.86118	0.94665	1.03775	1.13660
	30	0.84724	0.92171	0.99976	1.08294	1.17319
	35	0.89202	0.95865	1.02848	1.10290	1.18365

表 9－14　单托辊输送带上物料横截面面积　(m^2)

带宽 B/mm	物料的运行堆积角 θ/(°)				
	10	15	20	25	30
500	0.00470	0.00715	0.00971	0.01243	0.01540
650	0.00841	0.01278	0.01736	0.02224	0.02754
800	0.01319	0.02005	0.02723	0.03489	0.04320
1000	0.02123	0.03227	0.04383	0.05615	0.06952
1200	0.03118	0.04738	0.06436	0.08245	0.10209
1400	0.04303	0.06538	0.08881	0.11379	0.14088
1600	0.05678	0.08628	0.11720	0.15016	0.18592
1800	0.07244	0.11008	0.14953	0.19157	0.23719
2000	0.09000	0.13677	0.18578	0.23801	0.29469

10　带式输送机的功率与张力计算

10.1　概述

带式输送机的设计计算方法最早源于 Hetzel F V 和 Albright R K 的《Belt Conveyoy and Elevator》(3rd Ed New York Wiley 1941)。Hetzel 方法具有广泛的影响，德国标准 DIN 22101—1942 的计算方法便是在此计算方法上发展起来的，而且 JIS B8805—1976 的计算方法也是以这种方法为主要依据的。另外，也有一些公司提出了较有影响的计算方法，如美国的 Goodyear 公司、Goodrich 公司、英国 Dunlop 和日本的阪东橡胶公司等的计算方法，这些计算方法中的主要阻力计算都属于概算法。20 世纪的 50 年代，德国的 Lachmann 和 Vierling 教授提出了精确计算主要阻力中各个分项的计算方法，80 年代以后荷兰的 Spaans 教授、美国的 CDI 公司进一步发展了精确计算主要阻力中各个分项的计算方法，他们都是从带式输送机主要阻力的构成角度得出相应的各个分项。特别地，CEMA 在《散状物料带式输送机（第 6 版）》中提供了一套精确计算方法。然而精确计算方法当前却极少采用，其主要原因是计算过程较复杂，且涉及到大量的计算参数。

对于功率和张力计算过程，逐渐形成了逐点计算法、阻力叠加法和迭代计算法。

（1）逐点计算法。这种方法是根据输送带垂度条件确定传动滚筒奔离点张力，再采用逐点张力计算方法计算出传动滚筒相遇点张力，滚筒上两者的张力差就是所要求的驱动力。早期的苏联计算方法和 TD75、DX 带式输送机设计手册主要采用此类方法。该方法对于多点驱动系统计算比较困难。

（2）阻力叠加法。首先分别计算带式输送机的各种阻力，将他们叠加在一起得出输送机总的阻力（驱动力），进而根据输送带和滚筒不打滑条件和垂度限制条件，利用逐点计算方法计算输送带各特征点张力。ISO 5048—1989、DIN 22101—2002、GB/T 17119—1997、GB 50431—2008 均采用此类方法。此方法的主要问题在于不能精确计算与输送带张力相关的阻力，通常计算中忽略弯曲段阻力。

（3）迭代计算法。这种方法是在简要的阻力叠加法的基础上初步计算出总阻力，再按逐点张力计算方法计算出总阻力，当前后两次的总阻力误差在限定范围内时，计算结束，否则进行下一次迭代计算，最终得出总阻力和各点张力。由于 CEMA 传统计算方法中主要阻力计算结果受输送带张力的影响较大，故必须采用迭代计算方法。该方法的特点是计算准确度高，过程繁琐，适用于计算机计算。

事实上，早期的计算方法是基于手工计算的，而如今随着计算成本的下降，则可以在任何一种标准的计算方法（如 DIN 22101—2002、GB 50431—2008 等）基础上再通过迭代计算方法来提高计算的准确性。

带式输送机的设计计算应该根据原始数据、工作条件及环境条件进行。设计计算主要内容包括：输送量，工程设计要求的输送机工程系统输送量；物料性质，物料名称、最大粒度尺寸和粒度组成、堆积密度、静堆积角、温度、水分、黏性、磨琢性、腐蚀性等；工作地点，露天、室内、地下、海拔高度等；布置尺寸，水平输送距离、总提升高度，各起伏段水平输送距离、倾斜角及提升高度等；受料点，受料点数量、位置，受料方式和受料点供料能力；卸料点，卸料点数量、位置及卸料方式，结构形式要求；地形、地质条件，场地的地形图、地震设防烈度等；环境与气候条件，环境温度、粉尘、易爆性、易燃性、湿度、盐雾、风速、降雨及雪载荷资料；电源，电压等级及供电条件；特殊要求的内容。

带式输送机的设计程序是一个循环设计过程，下面给出的是一个完整的设计流程，在实际设计中可以根据设备的重要程度采用部分或全部流程。

（1）根据输送量和物料的性质初步确定输送机的运行速度。在可能的条件下应该尽量采用高带速，因为高带速的采用可以减小带宽以及相应的托辊长度、滚筒宽度、支架宽度，进而降低运行阻力。

（2）初步确定输送带、托辊和中间架的结构和参数。

（3）标准方法的计算——功率的计算。可以根据设备的重要程度选择合适的标准计算方法。

短小的输送机可选用日本标准 JIS B8805—1976 的功率计算方法。一般情况则应选用 DIN 22101、ISO 5048（GB/T 17119）、CEMA 计算方法。

在计算过程中应考虑的工况见表 10 - 1。其中，○表示通常必须考虑的工况，●是对于特定的输送机需考虑的工况。空载及满载的正常运行、启动和自由停机是输送机运行必然出现的工况。表中最大载荷和最小载荷是指输送机有变坡的情况下，有时要考虑的全部上坡段有物料或全部下坡段有物料等极端工况。制动停机也不是所有的输送机都存在的工况。

表 10 - 1　计算过程应考虑的工况

工　况	空　载	满　载	最小载荷	最大载荷
正常运行	○	○	●	●
启　动	○	○	●	●
自由停机	○	○	●	●
制动停机	●	●	●	●

另外，在温差变化较大区域使用的输送机还要考虑极限温度工况的影响，即最高温度和最低温度情况下的计算。温度的变化主要影响输送机的运行阻力、输送带的性能、输送带和滚筒间的摩擦系数等。输送机所处的海拔高度还会影响电器元件及流体部件的选择。

（4）确定驱动装置的位置和功率分配。设计的原则是使输送带的张力尽量减小。可能设计的情况参见表 10 - 2。平运、上运和下运正功率时驱动装置设置在头部；下运负功率时驱动装置设置在尾部；长距离时考虑头尾驱动或者中间驱动。

（5）输送带张力的初步计算。应用逐点计算方法计算输送带的最大张力和最小张力，验算输送带的强度和输送带的挠垂度，给出初步的拉紧力要求。在计算中可以先不考虑曲线段的影响。

表 10－2 带式输送机驱动的典型布置

形 式	传动方式	典型布置简图	出轴形式与功率配比
水平输送	单滚筒传动	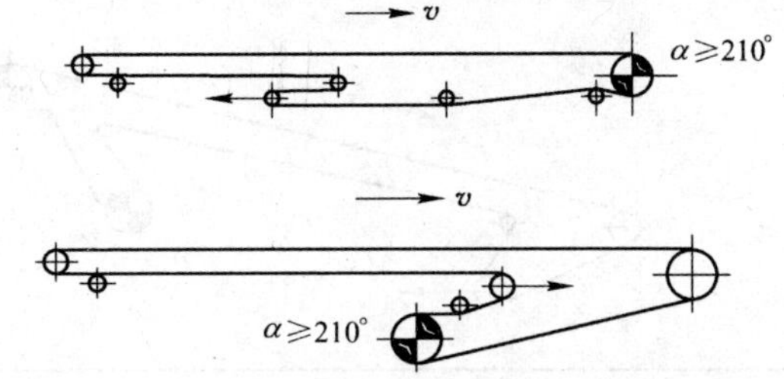	单出轴单电机 双出轴双电机
	双滚筒传动	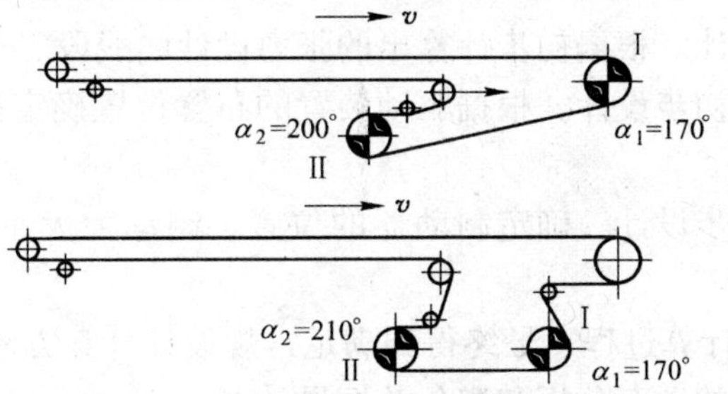	功率配比 $P_1:P_2=1:1$ $P_1:P_2=2:1$ $P_1:P_2=2:2$
	三滚筒传动	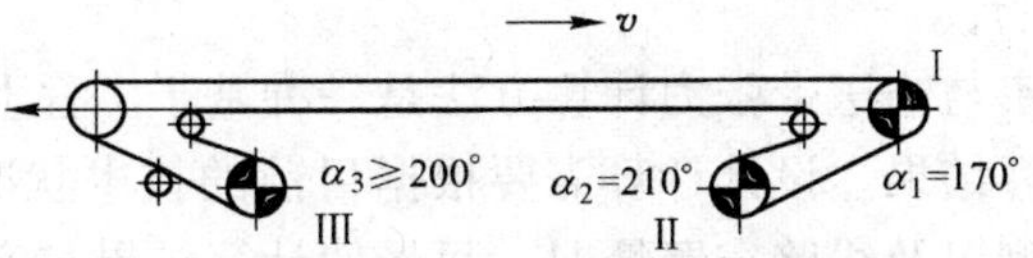	功率配比 $P_1:P_2:P_3=2:1:1$ $P_1:P_2:P_3=2:2:1$ $P_1:P_2:P_3=2:1:2$ $P_1:P_2:P_3=2:2:2$
向上运输	单滚筒传动	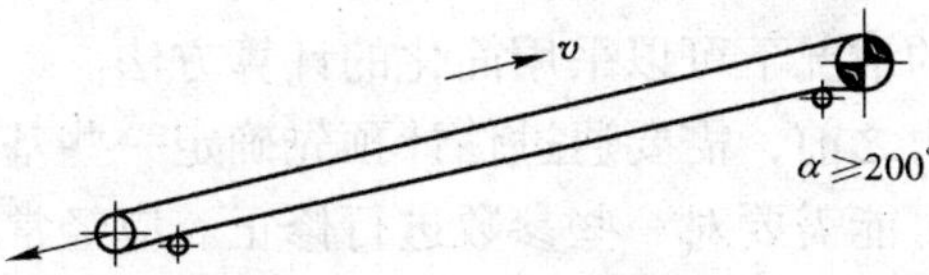	单出轴单电机 双出轴双电机
	双滚筒传动	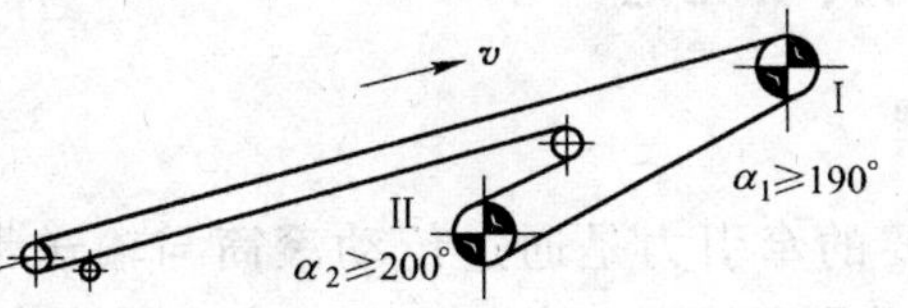	功率配比 $P_1:P_2=1:1$ $P_1:P_2=2:1$ $P_1:P_2=2:2$
向下运输	单滚筒传动	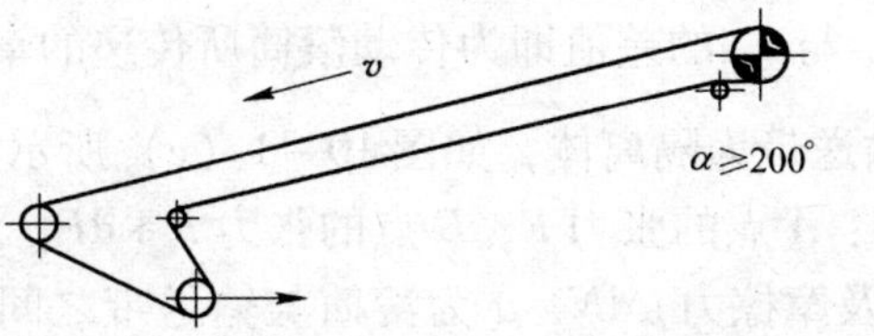	单出轴单电机 双出轴双电机

续表 10－2

形　式	传动方式	典型布置简图	出轴形式与功率配比
向下运输	双滚筒 传动	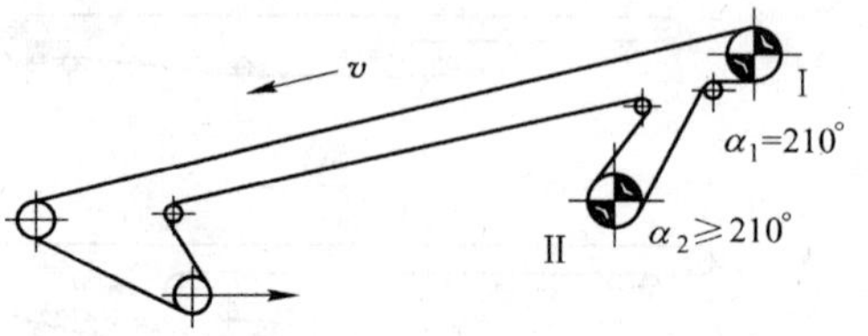	功率配比 $P_1:P_2=1:1$ $P_1:P_2=2:1$ $P_1:P_2=2:2$

（6）曲线段的设计。根据初步计算出的张力设计曲线段。

（7）拉紧装置的初步设计。根据驱动装置的布置位置确定拉紧装置的位置和拉紧力、拉紧行程。

（8）制动器的初步设计。确定制动器的位置、制动力大小、制动力分配、制动力要求的拉紧力。

重复进行上面的计算过程，最终得到满足常规设计计算方法要求的输送机。

（9）带式输送机的动态分析和避免共振设计。

（10）控制系统和供电系统设计。

（11）零部件的设计。

带式输送机的功率与输送带张力计算方法是一种基于工程上的保守计算方法，实际上不可能得到准确的计算结果。设计计算需要根据目前的技术状况和所有可能的生产条件，根据带式输送机的类型以及线路布置情况，尽量使计算结果与实际情况相近。为确定运行阻力、功率消耗和局部输送带张力，需要采用详细的计算过程。

对于生产条件简单的简易带式输送机和没有很高数值要求的带式输送机，在考虑技术安全要求条件和有经验的情况下可以采用简化的计算方法。

在开始计算运行阻力之前，需要通过估计预先确定一些基础参数。这些参数应在计算过程中会加以确认，并可能需要对一些参数进行修正。应经常进行反复计算，以使选用的参数值尽可能合理、准确。

10.2　带式输送机的传动理论

10.2.1　摩擦传动原理

带式输送机所需要的牵引力是通过传动滚筒与输送带之间的摩擦力来传递的。图 10－1为带式输送机传动原理简图。当电动机经减速器带动传动滚筒转动时，传动滚筒靠摩擦力带动输送带沿图中所示箭头方向运动，使得输送带与传动滚筒相遇点的张力 F_y 大于分离点的张力 F_1。F_y 与 F_1 的差值即为传动滚筒所传递的牵引力。

取$\overset{\frown}{AB}$这段长度的输送带为隔离体，如图 10－1（c）所示。当传动滚筒顺时针转动时，作用在单元体上的力有：A 点的张力 F；B 点的张力 $F+\mathrm{d}F$，且与 F 成 $\mathrm{d}\theta$ 角；传动滚筒对输送带的法向反力 $\mathrm{d}N$ 及摩擦力 $\mu\mathrm{d}N$，μ 为滚筒与输送带之间的摩擦系数。当忽略输送带自重、离心力和弯曲力矩时，该单元体受力平衡方程为：

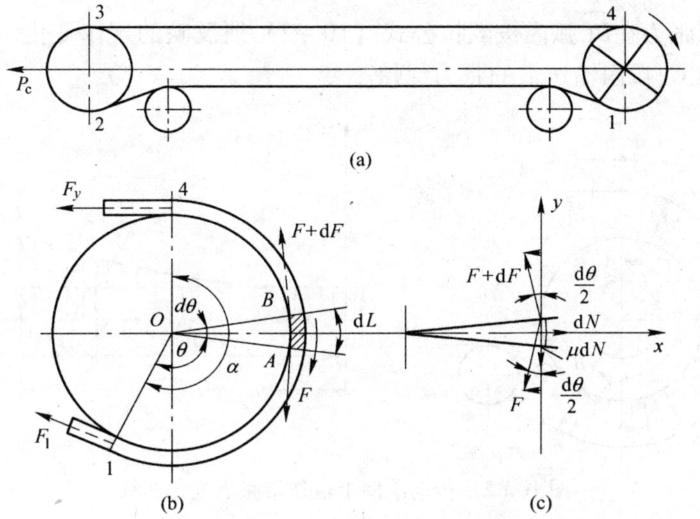

图 10－1　带式输送机传动原理图

$$dN = F\sin\frac{d\theta}{2} + (F + dF)\sin\frac{d\theta}{2}$$

$$F\cos\frac{d\theta}{2} + \mu dN = (F + dF)\cos\frac{d\theta}{2}$$

由于 $d\theta$ 很小，$\sin\frac{d\theta}{2}\approx\frac{d\theta}{2}$，$\cos\frac{d\theta}{2}\approx 1$。因此，上述方程组可简化为

$$dN = Fd\theta + dF\frac{d\theta}{2}$$

$$dF = \mu dN$$

略去二次微量 $dFd\theta$ 项，解上述方程组，得

$$\frac{dF}{F} = \mu d\theta \tag{10-1}$$

式（10－1）为一阶常微分方程，解之可得出张力随围包角 θ 变化而变化的函数 $F=f(\theta)$。在极限平衡状态下，当围包角 θ 由 0 增到 α 时，张力由 F_1 增到 $F_{y\max}$。利用这两个边界条件，对微分方程式（10－1）两边定积分

$$\int_{F_1}^{F_{y\max}}\frac{dF}{F} = \int_{\theta}^{\alpha}\mu d\theta$$

解上式，得

$$\frac{F_{y\max}}{F_1} = e^{\mu\alpha} \tag{10-2}$$

同理，对于围包弧上任意一点 A 的张力 F 可以表示为

$$F = F_1 e^{\mu\theta} \tag{10-3}$$

相遇点张力 F_y 随负载的增加而增大，当负载增加过多时，就会出现相遇点张力 F_y 与分离点张力 F_1 之差大于传动滚筒与输送带间的极限摩擦力，输送带将在滚筒上打滑而不能工作。若使输送带不在滚筒上打滑，必须满足如下条件

$$F_1 < F_y < F_{y\max} \tag{10-4}$$

图 10－2 是按式（10－2）、式（10－4）绘制的输送带张力变化规律曲线。从图中可

以看出，输送带张力在$\overset{\frown}{BC}$弧内按欧拉公式（10－2）所反映的规律变化，在 C 点输送带的张力达到 F_y，在$\overset{\frown}{CA}$弧内输送带的张力保持不变。

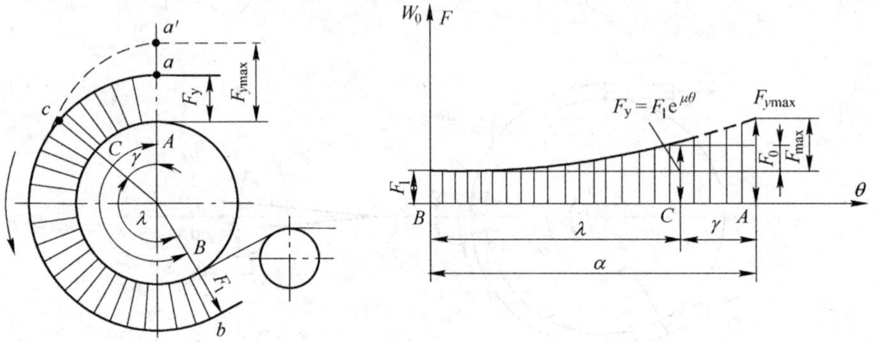

图 10－2　传动滚筒上输送带张力变化曲线

输送带是弹性体，在张力作用下要产生弹性伸长，且受力越大变形越大。而输送带张力由相遇点到分离点是逐渐变小的，也就是说在相遇点被拉长的输送带，在向分离点运动时，就会随着张力的减小而逐渐收缩。在这个过程中，输送带与滚筒之间便产生相对滑动，称其为弹性滑动（或叫弹性蠕动）。显然弹性滑动只发生在传动滚筒上有张力差的一段输送带内。这个张力差就是滚筒传递给输送带的牵引力，也就是说在传递牵引力的围包弧内，必然有弹性滑动现象。这段有弹性滑动的弧称为滑动弧，滑动弧所对应的中心角 λ 称为滑动角。不产生弹性滑动的弧称为静止弧，它所对应的中心角 γ 称为静止角。滑动弧随着相遇点张力的增大而增大。

10.2.2　单滚筒传动装置的牵引力

带式输送机单滚筒传动装置可能传递的最大牵引力为

$$F_{max} = F_{ymax} - F_1 = F_1(e^{\mu\alpha} - 1) \tag{10-5}$$

从式（10－5）中可以看出，提高传动装置牵引力有如下方法：

（1）增大 F_1。增加拉紧力可使分离点张力 F_1 增大。但在增大 F_1 的同时，必须相应地增大输送带断面，这样会使输送带费用及传动装置的结构尺寸随之加大，故不经济。

（2）增大围包角 α。对于井下带式输送机，因工作条件较差，所需牵引力较大，可采用双滚筒传动增大围包角。

（3）增大摩擦系数 μ。通常是在传动滚筒上覆盖摩擦系数较大的橡胶、牛皮等衬垫材料，以增大摩擦系数。

10.2.3　双滚筒传动牵引力的分配

采用双滚筒传动的带式输送机有两种形式：一是两滚筒间通过一对齿数相同的传动齿轮联系（即刚性联系）；二是两个滚筒分别传动。下面主要介绍第一种形式的牵引力计算方法和牵引力在两滚筒上的分配关系。

具有刚性联系的双滚筒传动，两个滚筒的转数相同。若两滚筒的直径相等，从图 10－3中看出，输送带由滚筒②的 D 点到滚筒的①的 B 点的张力是相等的，故 B 点可以看做是 D 点的继续。当滚筒②传递的牵引力达到极限值后，滚筒①开始传递牵引力。这时，静止角仅存在于滚筒①上。

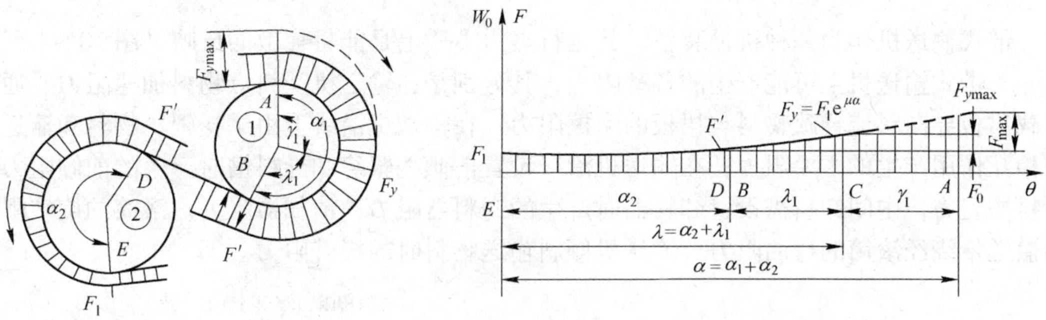

图 10－3　具有刚性联系的双滚筒上输送带张力变化曲线

滚筒②可能传递的最大牵引力为

$$F_{\mathrm{II}\max}=F'-F_1=F_1(e^{\mu\alpha_2}-1)$$

滚筒①可能传递的最大牵引力为

$$F_{\mathrm{I}\max}=F_{y\max}-F'=F'(e^{\mu\alpha_1}-1)=F_1(e^{\mu\alpha_1}-1)e^{\mu\alpha_2}$$

式中　F'——两滚筒间输送带的张力。

传动装置可能传递的总牵引力为

$$F_{\max}=F_{\mathrm{I}\max}-F_{\mathrm{II}\max}=F_1(e^{\mu\alpha}-1) \tag{10-6}$$

式中，$\alpha=\alpha_1+\alpha_2$。

两滚筒可能传递的最大牵引力之比为

$$\frac{F_{\mathrm{I}\max}}{F_{\mathrm{II}\max}}=\frac{e^{\mu\alpha_2}(e^{\mu\alpha_1}-1)}{e^{\mu\alpha_2}-1} \tag{10-7}$$

通常情况下，$\alpha_1=\alpha_2=\frac{\alpha}{2}$，故得

$$\frac{F_{\mathrm{I}\max}}{F_{\mathrm{II}\max}}=e^{\mu\frac{\alpha}{2}} \tag{10-8}$$

式（10－8）说明，对于具有刚性联系的双滚筒传动装置，滚筒①可能传递的最大牵引力比滚筒②大 $e^{\mu\frac{\alpha}{2}}$ 倍。

具有刚性联系的双滚筒传动装置，其优点是结构简单，造价低；其缺点是设计好的牵引力分配比值只适用于一定的载荷及一定的 μ 值，当载荷变化及滚筒表面情况变化时，牵引力的比值也随之改变。

在生产实践中，一般井下带式输送机是在过度紧张状态下运行的，同时脏物使摩擦系数 μ 增大，这就使滚筒②传递的牵引力过大，故滚筒②磨损较快。为了使负荷不集中在滚筒②上，滚筒②的直径应略小于滚筒①的直径。据有关资料分析，$D_1:D_2$ 可取为 1.005～1.01。此外，还应根据外界条件的变化及时调整输送带的拉紧力，改变 F_1 值使负荷平均分配在两个滚筒上。

双滚筒分别传动，就是两个滚筒分别由一台或两台电动机单独拖动，它仍然是摩擦传动，所传递的极限牵引力也受摩擦条件的限制。如果两台电动机特性曲线相同，传动比及滚筒直径也相等，则两个滚筒最大牵引力之比与刚性联系的双滚筒传动一样，仍为 $e^{\mu\frac{\alpha}{2}}$。

10.3　运行阻力的计算

带式输送机作为一种机械装备，其运行阻力本质上是能量耗散的反映，图 10－4 示出了一条带式输送机上可能产生的各种阻力，其分别是：输送机受料点物料加速阻力、通过装载裙板导向料流导致物料与裙板的摩擦阻力；在输送机沿线上由于托辊、物料和输送带的相互作用产生的主要阻力；在输送机沿线设置前倾托辊组和导料槽时产生的前倾阻力和导料槽阻力；中间卸料需设置卸料器时产生的卸料器阻力；清扫器阻力；滚筒的旋转阻力和输送带绕经滚筒的弯曲阻力；输送机倾斜输送物料时的提升阻力。

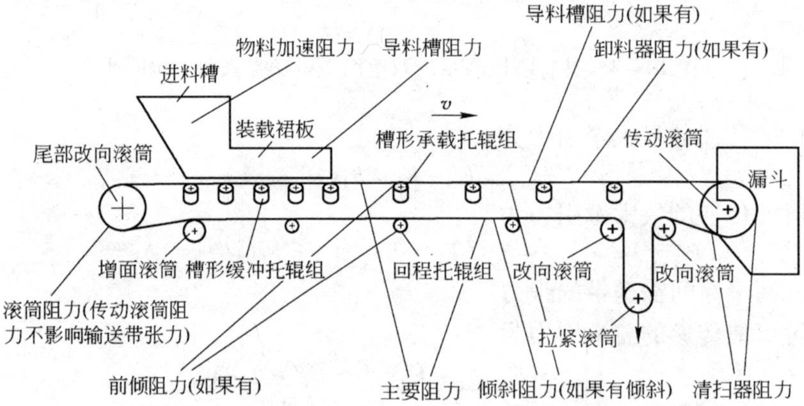

图 10－4　带式输送机上产生的阻力及位置示意图

在 DIN 22101—2002 中，将上述各种阻力划分为主要阻力 F_H，附加阻力 F_N，提升阻力 F_{St}和特种阻力 F_S。特种阻力不再进一步划分为特种主要阻力和特种附加阻力，其原因在于之前的标准计算方法中已将清扫器的阻力归在特种附加阻力中，也就意味着清扫器是可有可无的。而在新标准中将其纳入附加阻力中，表明所有的带式输送机上都需设置清扫器。

这些阻力的和 F_W 等于从传动滚筒传递到输送带上的圆周力 F_{Pu}

$$F_W = F_H + F_N + F_{St} + F_S = F_{Pu} \tag{10-9}$$

在实际计算中，由于输送机线路的坡度（倾角）、物料单位长度质量等参数改变的原因，以及为输送带张力计算作准备，可采用分段计算方法。分段的原则是：一个分段应具有相同的参数，如输送机的倾角 δ、模拟摩擦系数 f、输送的物料的单位长度质量 q_G、托辊旋转部分的质量和各种特种和附加阻力的作用等。在输送机分段的起点和终点，从机尾开始向机头方向，各段顺次用 i（$i=1, 2, 3, \cdots$）表示。承载段（上分支）的参数值用下标 o 表示，回程段（下分支）用 u 表示（参见图 10－5）。这种表示方法可以在所有的计算过程中采用。

$$F_W = \sum_{i=1}^{n} F_{W,o,i} + \sum_{i=1}^{n} F_{W,u,i} \tag{10-10}$$

式中　$F_{W,o,i}$——上分支第 i 段的阻力；

$F_{W,u,i}$——下分支第 i 段的阻力。

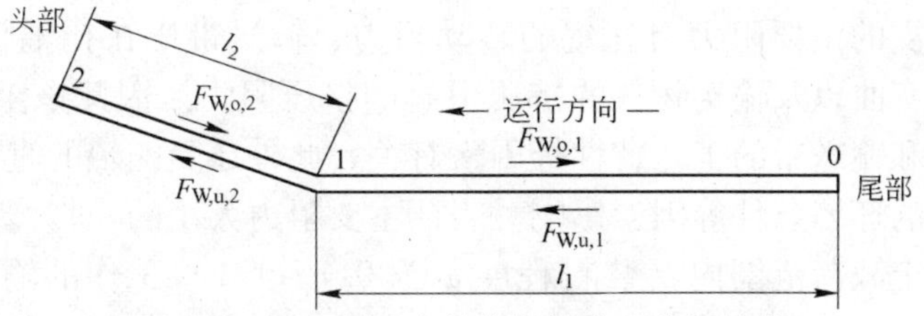

图 10-5　运行阻力的分段构成和分段计算

10.3.1　主要阻力

带式输送机的主要阻力（见图 10-6）包括托辊旋转产生的摩擦阻力，输送带的压陷损耗、弯曲损耗，物料的碰击损耗和托辊安装误差所产生的阻力等。这些阻力并不都与物料、托辊旋转部分的质量、输送带的质量有关。但是，为了计算方便和适应计算的习惯，采用一个模拟摩擦系数作为等效的摩擦系数。

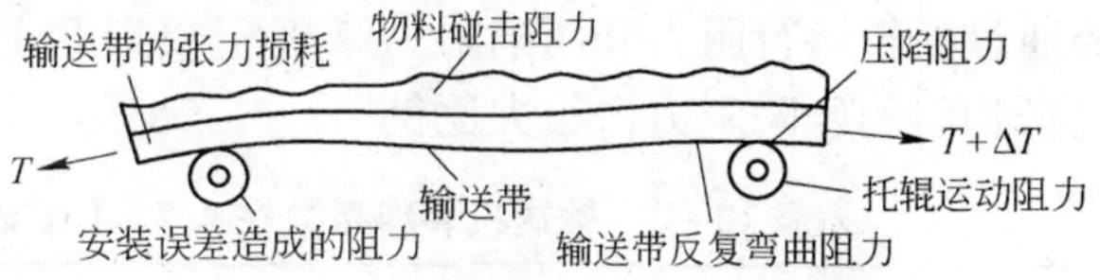

图 10-6　输送带上主要阻力的分布

按上、下分支将输送线路分成若干段，每个分段的阻力与运动载荷之间存在线性关系，即各区段内与阻力计算相关的参数不变。因而，各段的主要阻力 $F_{H,i}$ 为

$$F_{H,i} = l_i f_i g[q_{R,i} + (q_B + q_{G,i})\cos\delta_i] \tag{10-11}$$

式中　l_i——区段输送机长度，m；

f_i——区段上的模拟摩擦系数；

δ_i——输送机区段的平均倾角，(°)；

$q_{R,i}$——区段上单位长度托辊旋转部分质量，kg/m；

q_B——单位长度输送带质量，kg/m。

在确定输送带张力时，需要确定上分支分段主要阻力 $F_{H,o,i}$ 和下分支分段主要阻力 $F_{H,u,i}$。

然后得出输送机的主要阻力：

$$F_H = \sum_{i=1}^{n}(F_{H,o,i} + F_{H,u,i}) \tag{10-12}$$

在输送机向下和向上运输时，应根据额定载荷范围（装料系数 φ 在 0.7～1.1 之间）和其他载荷情况（装料不均匀、部分载荷和空载）计算主要阻力，因为在某种工况下的阻力之和可能大大超过正常运行情况下的阻力。

10.3.2　模拟摩擦系数 f 的确定

在带式输送机阻力计算中，模拟摩擦系数 f 的选取直接影响主要阻力。在设计计算时，总是选用偏于保守的模拟摩擦系数。

当带式输送机的装料系数 φ 为 0.7～1.1，输送带相对垂度 $h_r \leqslant 1\%$，采用滚动轴承迷宫密封式的托辊时，f 值根据工作条件和设备状况为 0.01～0.04。空载运行状态与满载运行状态下输送机的 f 值可能不同，它可能小于或大于额定载荷下的 f 值范围，这在小倾角输送机上应特别注意，因为此时有可能根据空载功率来确定驱动装置。

上分支和下分支的主要阻力有托辊的转动阻力、输送带压在托辊上而产生的挤压阻力、输送带的振动弯曲以及输送物料的挤压引起的挤压阻力。因此该阻力与张力、速度、载荷、宽度、槽形和输送带的工艺特性等因素有关，此外还受托辊的直径和间距、输送物料的特性和输送机的环境条件等因素影响。表征主要阻力大小的模拟摩擦系数 f 对于一般设计制造的并在额定载荷范围内（装料程度 φ 为 0.1 ~ 1.1）工作的输送机为 0.020，在不利情况下可以取较高的值。例如：输送物料摩擦较大；粉尘很多、潮湿或黏性物料；环境温度小于 20℃；槽角 $\lambda > 35°$；带速 $v > 5\text{m/s}$；托辊直径小于 108mm；托辊制造质量较差；输送带垂度 $h_r \leqslant 1\%$；托辊间距 $a_o < 1\text{m}$ 或 $a_u > 3\text{m}$；输送带面层厚而且软；输送机安装不良等。表 10 - 3 给出了进一步选择较为准确的模拟摩擦系数的依据。表中所给数值主要通过托辊运行阻力和压陷阻力来确定模拟摩擦系数 f 值。对于垂度相对较大的输送机，输送物料的压陷阻力占很大比例。

表 10 - 3　输送机装料系数在 0.7 ~ 1.1 范围内时模拟摩擦系数 f 的标准值

特　征	特征程度分类		
输送物料的内摩擦力	中　等	低	高
带式输送机的对中性	中　等	好	差
输送带张力	中　等	高	低
运行条件（多尘，黏性大）	中　等	好	差
托辊直径/mm	108 ~ 159	>159	<108
上分支托辊间距/m	1.0 ~ 1.5	<1.0	>1.5
下分支托辊间距/m	2.5 ~ 3.5	<2.5	>3.5
带速/m · s^{-1}	4 ~ 6	<4	>6
槽角/(°)	25 ~ 35	<25	>35
环境温度/℃	15 ~ 25	>25	<15
模拟摩擦系数 f	标准值≈0.020	计　算	
		减　少	增　加
		摩擦系数 f 达到值	
		0.010	0.040

需要注意的是表中给出的 f 值并不是实际值，而是设计的安全值。但是这种安全取值方法是从静态设计角度考虑的，在动态设计时这种取法并不一定是安全的。

附注：模拟摩擦系数的其他确定方法

（1）不同标准的模拟摩擦系数值汇总如表 10 - 4 所示。

表 10 - 4　带式输送机装料系数在 0.7 ~ 1.1 范围内时 f 值的确定

工况条件	参照标准								
	ISO	DIN	JIS	石桥	Good - Year	TD75	DX	DT	DTII
工作条件、设备制造安装质量均良好	0.020	0.020	0.022	0.022	0.022	0.030	0.025	0.020	0.020
工作条件一般、多尘、高速、物料内摩擦较大	0.030	0.023 ~ 0.027	0.030		0.030	0.035	0.030	0.025 ~ 0.028	0.022
工作条件恶劣、设备制造安装质量差、低温		≥0.035		0.030		0.040	0.040	0.035	0.023 ~ 0.030
下运、有载、出现负功率	0.012	0.012 ~ 0.016	0.012	0.012	0.012		0.012	0.012	0.012 ~ 0.016

（2）DIN 22101—1982 的 f 值。如表 10－5 所示为 DIN 22101—1982 装料系数在 0.7～1.1 范围时确定的 f 值。

表 10－5　DIN 22101—1982 装料系数在 0.7～1.1 范围时的 f 值

<table>
<tr><th>工况条件</th><th>系数 f</th></tr>
<tr><td>水平运输、向上运输以及轻微向下运输的输送机（驱动装置为电动状态）</td><td rowspan="2">0.017</td></tr>
<tr><td>良好的工作状态，例如：调整良好、托辊运转灵活、物料内摩擦小、速度低</td></tr>
<tr><td>（按标准）正常设计、制造和使用的输送机</td><td>0.020</td></tr>
<tr><td>不良的工作条件，例如：多尘低温、输送物料内摩擦大、过载高速</td><td>0.023～0.027</td></tr>
<tr><td>在极低的温度下，设计、制造和工作都正常的输送机</td><td>0.035 以下</td></tr>
<tr><td colspan="2">在大倾角下运输送机上（驱动装置为发电机工况）设计时取较小的 f 值，可实现比较大的安全性。在其余情况下（驱动装置为电动机工况），较大的安全性通过采用较大的 f 值才能实现</td></tr>
</table>

（3）通用带式输送机模拟摩擦系数的修正。以阻力系数 0.02 为基准，考虑带速、充填率、物料内摩擦角和环境温度影响的模拟摩擦系数修正关系式为：

速度系数

$$C_v = 0.6 + 0.08v$$

充填率系数

$$C_u = 1.6 - 2.88u + 4.82u^2 - 2.75u^3 \quad (u < 0.7)$$

物料内摩擦角系数

$$C_\varphi = 0.424 + 0.0267\varphi_i - 0.000261\varphi_i^2$$

环境温度系数

$$C_T = 1.044 - 0.0046T_a + 0.0001T_a^2$$

修正的阻力系数为

$$f = 0.02C_v C_u C_\varphi C_T$$

（4）按工况给出的带式输送机运行阻力系数，如表 10－6 所示。

表 10－6　按工况给出的带式输送机模拟摩擦系数

<table>
<tr><th colspan="2">输送机运行工况</th><th>地面用固定输送机</th><th>井下用固定输送机</th><th>井下顺槽用输送机</th><th>输送机分支</th></tr>
<tr><td rowspan="2">工况 1</td><td rowspan="2">a　输送机安装质量良好；
b　物料内摩擦较小；
c　单位载荷≤500kg/m；
d　输送带速度≤5m/s；
e　托辊槽角 35°；
f　输送机倾角≤5°；
g　输送带张力满足不打滑条件，且输送带下垂度是托辊间距的 1%；
h　环境温度≥20°</td><td>0.018</td><td>0.021</td><td>0.024</td><td>上分支</td></tr>
<tr><td>0.016</td><td>0.018</td><td>0.021</td><td>下分支</td></tr>
<tr><td rowspan="2">工况 2</td><td rowspan="2">a　输送机安装质量良好；
b　物料内摩擦中等；
c　其他同工况 1 中 c、d、e、f、g、h</td><td>0.0195</td><td>0.0225</td><td>0.0255</td><td>上分支</td></tr>
<tr><td>0.016</td><td>0.018</td><td>0.021</td><td>下分支</td></tr>
</table>

续表 10 – 6

输送机运行工况		地面用固定输送机	井下用固定输送机	井下顺槽用输送机	输送机分支
工况 3	a　输送机安装质量良好； b　物料内摩擦中等； c　工况 1 中 c、d、e、f、g、h 有 1 条或 1 条以上不能满足	0.020	0.023	0.026	上分支
		0.018	0.020	0.021	下分支
工况 4	a　输送机安装质量良好； b　物料内摩擦较大； c　同工况 2 中 c	0.022	0.024	0.028	上分支
		0.016	0.018	0.021	下分支
工况 5	a　输送机安装质量良好； b　物料内摩擦较大； c　同工况 3 中 c	0.023	0.025	0.029	上分支
		0.018	0.020	0.025	下分支
工况 6	a　输送机安装质量一般； b　其他同工况 1 中 b、c、d、e、f、g、h	0.023	0.025	0.028	上分支
		0.019	0.021	0.024	下分支
工况 7	a　输送机安装质量一般； b　其他同工况 2 中 b、c	0.0245	0.0265	0.0295	上分支
		0.019	0.021	0.024	下分支
工况 8	a　输送机安装质量一般； b　其他同工况 3 中 b、c	0.025	0.027	0.030	上分支
		0.020	0.022	0.025	下分支
工况 9	a　输送机安装质量一般； b　其他同工况 4 中 b、	0.027	0.029	0.032	上分支
		0.019	0.021	0.024	下分支
工况 10	a　输送机安装质量一般； b　其他同工况 5 中 b、c	0.028	0.030	0.033	上分支
		0.021	0.023	0.026	下分支
工况 11	a　输送机安装质量较差； b　其他同工况 1 中 b、c、d、e、f、g、h	0.0285	0.03	0.035	上分支
		0.023	0.028	0.029	下分支
工况 12	a　输送机安装质量较差； b　其他同工况 2 中 b、c	0.0295	0.0315	0.037	上分支
		0.023	0.028	0.029	下分支
工况 13	a　输送机安装质量较差； b　其他同工况 3 中 b、c	0.03	0.0325	0.038	上分支
		0.025	0.029	0.030	下分支
工况 14	a　输送机安装质量较差； b　其他同工况 4 中 b、c	0.0315	0.035	0.040	上分支
		0.023	0.028	0.029	下分支
工况 15	a　输送机安装质量较差； b　其他同工况 5 中 b、c	0.032	0.036	0.041	上分支
		0.025	0.029	0.030	下分支
	驱动装置为发电机工况		0.012		

10.3.3　附加阻力

附加阻力 F_N 包括：加料区物料的惯性阻力及物料与输送带间的摩擦阻力 F_{bA}，物料与导料槽侧板间的摩擦阻力 F_f，清扫器的摩擦阻力 F_C，输送带经过滚筒的弯曲阻力 F_1 和非传动滚筒的轴承阻力 F_t。

附加阻力 F_N 的总和可用附加阻力系数 C 来表示，附加阻力系数 C 的定义为

$$C = 1 + \frac{F_N}{F_H} \tag{10-13}$$

$$F_N = (C-1)F_H \tag{10-14}$$

当装料系数 φ_B 约为 0.7～1.1，而且附加阻力在全部阻力中所占比例很小时，系数 C 可由表 10－7 给出。也可以由式（10－15）计算得出。

表 10－7　当输送机装料系数为 0.7～1.1 时 C 的标准值

L/m	80	100	150	200	300	400	500	600	700	800	900	1000	1500	≥2000
C	1.92	1.78	1.58	1.45	1.31	1.25	1.20	1.17	1.14	1.12	1.10	1.09	1.06	1.05

$$C = \frac{17\ln L}{L} + 1 \tag{10-15}$$

当附加阻力在全部阻力中所占比例较大时，例如输送机长度小于 80m 或有多个加料点时，需要单独确定附加阻力或系数 C。需要指出的是，附加阻力系数是根据特定输送机的计算确定的，例如计算中以模拟摩擦系数取值为 0.025 作前提，在一些情况下需要修正。在有条件的情况下应该尽量按下面的计算方法计算附加阻力。F_N 的各部分阻力可以用下面的关系式来确定：

（1）加料区物料与输送带间的惯性阻力和摩擦阻力 F_{bA} 为

$$F_{bA} = Q_t(v - v_0) \tag{10-16}$$

式中　v_0——在输送带运行方向上物料的速度分量，m/s；

Q_t——输送量，kg/s。

（2）物料与导料槽侧板间的摩擦阻力 F_f。基于散体力学理论，在一个加料处的加速区内物料与导料槽侧板间的摩擦阻力可按下面的方法计算（参见图 10－7）。

1）对于三辊托辊组，当 $b_S > l_M$，$0 \leqslant v_0 \leqslant v$ 时，有

$$F_f = c_S c_{Rank}\left[\frac{2Q_t}{(v+v_0)\gamma} - (b_S^2 - l_M^2)\frac{\tan\lambda}{4}\right]^2 \frac{\gamma g l_b \mu_2}{b_S^2} \tag{10-17}$$

$$l_{b,min} = \frac{v^2 - v_0^2}{2g\mu_1} \tag{10-18}$$

$$l_b > l_{b,min}$$

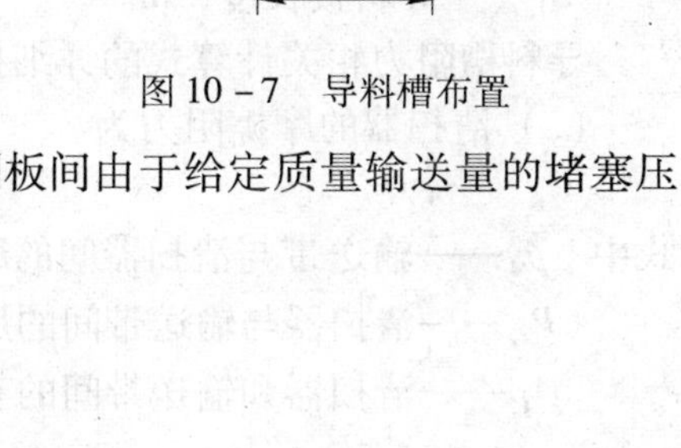

图 10－7　导料槽布置

式中　c_S——综合考虑加料区段内输送物料和导料槽侧板间由于给定质量输送量的堵塞压力所引起的附加阻力的系数；

b_S——导料槽的内宽；

λ——托辊组槽角；

l_b——加料区域内加速段长度；

l_M——三托辊结构中间托辊长度；

μ_1——输送带与输送物料间的摩擦系数，$\mu_1 = 0.5 \sim 0.7$；

μ_2——输送带与导料槽侧板间的摩擦系数，$\mu_2 = 0.5 \sim 0.7$；

c_{Rank}——兰金（Rankine）系数，其关系式为：

$$c_{\text{Rank}} = \tan^2\left(45° - \frac{\rho}{2}\right) \tag{10-19}$$

当 $b_S \leqslant l_M$ 时，代入 $b_S = l_M$。

2）对于两辊托辊组，代入 $l_M = 0$。

3）对于单托辊组，代入 $l_M = b_S$。

4）对于其他类型的托辊组结构（如五辊托辊组），按如下条件进行计算：

①从加料范围内的体积输送量和输送速度 $(v + v_0)/2$ 中求出物料与导料槽侧板高度；

②求出流量对导料槽侧板压力，在有的情况下采用 c_S 和 c_{Rank}；

③从侧板面上的平均压力、摩擦系数和量值中求出摩擦阻力。

对于一般结构的带式输送机，可取 $c_S c_{\text{Rank}} = 1$。

附注：导料槽阻力的其他计算方法

1）导料槽侧板阻力为

$$W_b = \mu h^2 \rho g L \lambda$$

式中　μ——物料与导料槽侧壁的摩擦系数，岩石、矿石：$\mu = 0.8 \sim 0.9$；砂、水泥、石子：$\mu = 0.7$；煤：$\mu = 0.4$；

h——物料与导料槽侧壁的接触高度，m；

L——导料槽侧板长度，m；

λ——侧板压力系数，$\lambda = 0.6 \sim 0.9$。

2）更简略的计算公式为

$$W_b = (116B^2\gamma + 7)L$$

式中　γ——物料堆积重量，t/m³；

B——带宽，m；

L——导料槽侧板长度，m。

3）宝钢公司对于带式输送机导料挡板阻力的计算式为

$$N_4 = 0.0008 v S_L = 0.048 v_0 S_L$$

式中　v——带速，m/min；

v_0——带速，m/s；

S_L——导料板长度，m。

导料槽阻力相关计算式的详细推导过程见10.3.6节。

（3）清扫器的摩擦阻力为

$$F_G = \mu_4 P_G A_G \tag{10-20}$$

式中　μ_4——输送带与清扫器间的摩擦系数，$\mu_4 = 0.6 \sim 0.7$；

P_G——清扫器与输送带间的压力，$P_G = (0.3 \sim 1) \times 10^5$，N/mm²；

A_G——清扫器和输送带间的有效接触面积，m²。

附注：经验计算

每组弹簧清扫器的摩擦阻力的经验计算式为

$$F_r = (700 \sim 1000)B$$

每组回程段清扫器的摩擦阻力的经验计算式为

$$F_r = 200B$$

式中　B——带宽，m。

（4）输送带经过滚筒的弯曲阻力 F_l。

各种帆布输送带为

$$F_l = 9B\left(140 + 0.01\frac{F}{B}\right)\frac{d}{D} \tag{10-21}$$

钢绳芯输送带为

$$F_l = 12B\left(200 + 0.01\frac{F}{B}\right)\frac{d}{D} \tag{10-22}$$

式中　F——输送带张力，N；

d——输送带厚度，m；

D——滚筒直径，m。

（5）非传动滚筒的轴承阻力 F_t 为

$$F_t = 0.005\frac{d_0}{D}F_T \tag{10-23}$$

式中　d_0——轴承内轴径，m；

F_T——作用于滚筒上的两个输送带张力和滚筒惯性力的向量和，N。

10.3.4　提升阻力

输送带和输送物料在每个分段的提升阻力为

$$F_{St,i} = h_i g(q_B + q_{G,i}) \tag{10-24}$$

总提升阻力为

$$F_{St} = \sum_{i=1}^{n}(F_{St,o,i} + F_{St,u,i}) \tag{10-25}$$

$$h_i = l_i \sin\delta_i$$

式中　$F_{St,o,i}$，$F_{St,u,i}$——分别为上、下分支第 i 段的提升阻力。

输送带上行时：$h_i > 0$，$\delta_i > 0$；输送带下行时：$h_i < 0$，$\delta_i < 0$。

10.3.5　特种阻力

特种阻力并不是出现在所有的输送机中，仅在特殊布置的输送机及区段上存在。特种阻力按下式进行分段计算

$$F_{S,i} = F_{\varepsilon,i} + F_{gl,i} + F_{a,i} \tag{10-26}$$

对于输送机的总体来说，应先确定上、下分支各分段的阻力再求得总阻力

$$F_S = \sum_{i=1}^{n}(F_{\varepsilon,i} + F_{gl,i} + F_{a,i}) \tag{10-27}$$

（1）托辊前倾摩擦阻力 F_ε。在一个侧辊上出现的前倾阻力取决于输送带与托辊相对

运动时所产生的沿托辊的轴向力、输送带与托辊间的摩擦系数 μ_3 和前倾角 ε。输送机区段 i 中的前倾阻力，在考虑输送机的倾角 δ_i 的情况下，为各区段前倾阻力之和

$$F_{\varepsilon,i}=\frac{z_{R\varepsilon,i}}{z_{R,i}}l_i c_{\varepsilon,i}\mu_3|\sin\varepsilon_i|\cos\delta_i g(q_B+q_{G,i}) \tag{10-28}$$

式中　μ_3——输送带和托辊之间的摩擦系数，一般 $\mu_3=0.5\sim0.7$；

$z_{R\varepsilon,i}$——区段上前倾托辊组的数量；

$z_{R,i}$——区段上托辊组的数量；

ε_i——区段上托辊组的前倾角；

$c_{\varepsilon,i}$——计算前倾阻力的系数。

$c_{\varepsilon,i}$与托辊的布置有关，在上分支中还与物料的几何状态有关。对于三辊托辊组（三辊等长），当装料系数 φ 在 0.7～1.1 范围内时，满足 $\lambda=30°$时，$c_{\varepsilon,i}=0.4$；$\lambda=45°$时，$c_{\varepsilon,i}=0.5$。

下分支为两辊的槽形托辊组时（无载荷）

$$c_{\varepsilon,i}=\cos\lambda$$

附注：吊挂托辊的前倾角如表 10－8 所示。

表 10－8　吊挂托辊组的前倾角（输送机倾角与前倾角的近似关系）　　　　(°)

δ（倾角）	0	1	2	3	4	5	6	7
ε（前倾角）	－1.5	－0.4	0.6	1.5	2.4	3.3	4.1	5
δ（倾角）	8	9	10	11	12	13	14	15
ε（前倾角）	5.8	6.7	8.5	8.6	9.4	10.3	11.2	12

（2）物料与导料槽侧板间的摩擦阻力 F_{gl}。

1）对于三辊托辊组（见图 10－7），当 $b_S>l_M$ 时

$$F_{gl}=c_{Rank}\left[\frac{Q_t}{v\gamma}-(b_S^2-l_M^2)\frac{\tan\lambda}{4}\right]^2\frac{\gamma g l_S\mu_2}{b_S^2} \tag{10-29}$$

当 $b_S<l_M$ 时，代入 $l_M=b_S$。

2）对于两辊托辊组，代入 $l_M=0$。

3）对于单辊托辊组，代入 $l_M=b_S$。

（3）卸料器的刮板阻力 F_a 为

$$F_a=Bk_2 \tag{10-30}$$

式中　k_2——刮板系数，N/m，一般 $k_2=1500$N/m。

附注：导料槽阻力计算式的推导

A　导料槽阻力计算的基本原理

如图 10－8 所示，假设在导料槽区段的物料表面为平形；当给输送机装载物料时，给料速度为 v_0，输送带运行速度为 v，由于在给料初始物料的速度较低，物料的截面积较大，之后在受料区段物料的截面积将逐渐减小到需要输送物料量的截面积。如图 10－9 所示，在加料处，物料与导料槽的接触高度为 h_0；当物料加速到输送带运行速度 v 时，物料

与导料槽的接触高度为 h_1。因而，导料槽的阻力计算可分成加速区段和带速区段两部分。为此，需要确定物料与导料槽的接触高度、物料与导料槽的接触压力以及加速区段的长度。需要指出的是在加速区段物料与导料槽的摩擦也会产生阻力，但此阻力可通过物料加速阻力计入输送机总的运行阻力。另外，当采用槽形托辊组时，并不是物料的所有截面高度都与导料槽侧板接触，而是有一部分只和输送带接触，所以这部分不会产生导料槽阻力。

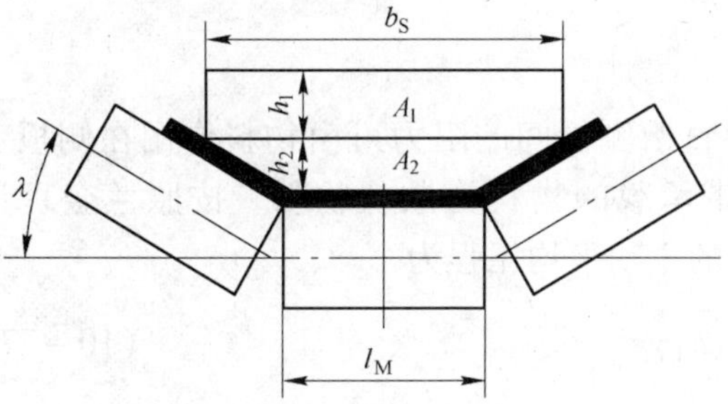

图 10－8　导料槽布置与截面

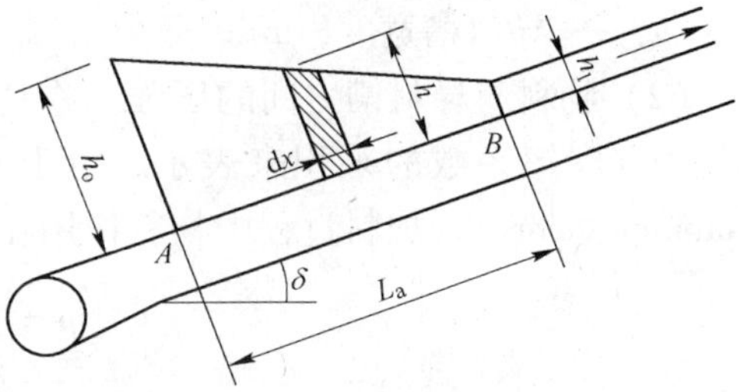

图 10－9　输送机给料部分示意图

B　导料槽阻力计算式的推导过程

（1）物料与导料槽的接触高度。如图 10－8 所示，当采用槽形托辊组时，若导料槽内侧宽度 b_S 大于中间辊子长度，加速区段平均速度下，物料的截面积为

$$A=\frac{I}{(v+v_0)/2}=\frac{2I}{v_0+v} \tag{10-31}$$

物料的堆积截面积由与导料槽接触的 A_1 和与导料槽不接触的 A_2 两部分组成，对应的物料高度分别为 h_1 和 h_2，有

$$A=A_1+A_2=b_Sh_1+\frac{1}{2}(b_S+l_M)h_2 \tag{10-32}$$

物料与输送带的接触高度为

$$h_1=\frac{1}{2}(b_S-l_M)\tan\lambda \tag{10-33}$$

将式（10－33）代入式（10－32），再代入式（10－31）中，可得

$$\frac{2I}{v_0+v}=b_Sh_1+\frac{1}{4}(b_S^2-l_M^2)\tan\lambda \tag{10-34}$$

从而得到，在加速区段物料与导料槽侧板平均接触高度为

$$h_1=\frac{\dfrac{2I}{v_0+v}-\dfrac{1}{4}(b_S^2-l_M^2)\tan\lambda}{b_S} \tag{10-35a}$$

类似地，在加速区段以外的导料槽接触高度为

$$h_1=\frac{\dfrac{I}{v}-\dfrac{1}{4}(b_S^2-l_M^2)\tan\lambda}{b_S} \tag{10-35b}$$

式中　I——物料体积运量，m^3/s，其关系式为：

$$I=\frac{Q_t}{\gamma} \tag{10-36}$$

Q_t——物料的质量输送量，kg/s；

γ——散料密度，kg/m^3；

v_0——物料沿输送带运行方向的初始速度，m/s；

v——物料最终速度（带速），m/s；

l_M——中间辊子长度，m；

b_S——导料槽宽度，m。

（2）物料与导料槽之间的压强。物料与导料槽侧板间的阻力可由物料作用在侧板上的压力与摩擦系数的乘积来表示。由于输送带承载的物料为散状物料，按照兰金理论（Rankine theory），加料过程中物料作用在侧板的主动平均压强为

$$p=\frac{1}{2}c_{Rank}h_1\gamma g \tag{10-37}$$

式中 c_{Rank}——用于主动压强计算的兰金（Rankine）系数，其关系式为

$$c_{Rank}=\frac{1-\sin\rho}{1+\sin\rho}=\tan^2(45°-\frac{\rho}{2}) \tag{10-38}$$

ρ——物料的动堆积角，（°）。

（3）加速区段长度的确定。在倾斜布置的输送机上，物料的加速力由输送带对物料的摩擦力提供，与输送带运行方向相反的阻力包括物料的下滑力和导料槽与物料的摩擦力。

设加速区段长度为 l_a，物料与导料槽间的摩擦阻力为 F_{sk1}，导料槽上作用的正压力侧向压强与接触面积的乘积）乘以物料与导料槽之间的摩擦阻力，即

$$F_{sk1}=\mu_2(\frac{1}{2}c_{Rank}h_1\gamma g)(h_1l_a)\cdot 2c_S=\mu_2c_{Rank}c_Sh_1^2\gamma gl_a \tag{10-39}$$

式中，2倍表示两侧挡板均存在摩擦；c_S 为综合考虑加料区段内，输送物料的导料槽侧板间由于给定质量输送量的堵塞压力所引起的附加阻力的系数。

由加速区段的物料质量为物料的体积与密度的乘积关系，故有

$$m=\frac{2I}{v_0+v}l_a\gamma$$

从而

$$l_a=\frac{m(v_0+v)}{2I\gamma} \tag{10-40}$$

物料的加速力为

$$F_a=\mu_1mg\cos\delta-mg\sin\delta-\mu_2c_{Rank}c_Sh_1^2\gamma gl_a \tag{10-41}$$

将式（10-35）和式（10-40）代入式（10-41），可得

$$F_a=\mu_1mg\cos\delta-mg\sin\delta-\mu_2c_{Rank}c_S\gamma g\frac{m(v_0+v)}{2I\gamma b_S^2}\left[\frac{2I}{v_0+v}-\frac{1}{4}(b_S^2-l_M^2)\tan\lambda\right]^2$$

所以，物料的加速度为

$$a=\frac{F_a}{m}=\mu_1 g\cos\delta-g\sin\delta-\mu_2 c_{Rank}c_S\gamma g\frac{v_0+v}{2I\gamma b_S^2}\left[\frac{2I}{v_0+v}-\frac{1}{4}(b_S^2-l_M^2)\tan\lambda\right]^2$$

加速区段长度为

$$l_a=\frac{v-v_0}{a}\cdot\frac{v+v_0}{2}=\frac{v^2-v_0^2}{2a}$$

从而有

$$l_a=\frac{v^2-v_0^2}{2\mu_1 g\cos\delta-2g\sin\delta-2\mu_2 c_{Rank}c_S\gamma g\frac{v_0+v}{2I\gamma b_S^2}\left[\frac{2I}{v_0+v}-\frac{1}{4}(b_S^2-l_M^2)\tan\lambda\right]^2}\quad(10-42a)$$

当不考虑输送机受料处的倾角和导料槽的阻力时

$$l_a=\frac{v^2-v_0^2}{2\mu_1 g}\quad(10-42b)$$

式中 μ_1——输送带与输送物料间的摩擦系数，$\mu_1=0.5\sim0.7$；

μ_2——输送带与导料槽侧板间的摩擦系数，$\mu_2=0.5\sim0.7$；

（4）导料槽阻力。将式（10－35）带入式（10－39），可得加速区段导料槽阻力的计算式为

$$F_{sk1}=c_S c_{Rank}\left[\frac{2I}{v_0+v}-\frac{1}{4}(b_S^2-l_M^2)\tan\lambda\right]^2\frac{\gamma g l_a\mu_2}{b_S^2}\quad(10-43)$$

在加速区段以外，将式（10－31）中的物料截面积用 $A=I/v$ 替换，再代入式（10－43）得到导料槽阻力为

$$F_{sk2}=\mu_2 c_{Rank}\left[\frac{I}{v}-\frac{1}{4}(b_S^2-l_M^2)\tan\lambda\right]^2\frac{\gamma g(l_b-l_a)}{b_S^2}\quad(10-44)$$

式中 l_b——导料槽长度，m。

式（10－42b）~式（10－44）即为 DIN 22101—2002 的计算式。可见，按照标准的计算式进行计算，加速区段长度较小，所计算出的导料槽阻力也会偏小。

当忽略槽形托辊部分承载的面积（或者受料处为单个辊子）时，即在式（10－44）中忽略$\frac{1}{4}(b_S^2-l_M^2)\tan\lambda$，可得

$$F_{sk1}=c_S c_{Rank}\left(\frac{2I}{v_0+v}\right)^2\frac{\gamma g l_a\mu_2}{b_S^2}\quad(10-45)$$

当选取 $c_{Rank}c_S=1.0$ 时

$$F_{sk1}=\frac{\mu_2 I^2\gamma g l_a}{\left(\frac{v_0+v}{2}\right)^2 b_S^2}\quad(10-46)$$

同样，在加速区外

$$F_{sk2}=\mu_2 c_{Rank}\frac{I^2\gamma g(l_b-l_a)}{v^2 b_S^2}\quad(10-47)$$

式（10－46）和式（10－47）就是国内文献现行的计算式。可见，当采用槽形托辊组时，按此计算方法所计算出的导料槽阻力较大。由于在大多数的设计中，导料槽的长度

较短，故对输送机的阻力和功率计算结果影响不大，但当导料槽长度较长时，就会带来较大的计算误差。

10.4　驱动电动机的功率计算与驱动装置的位置确定

10.4.1　驱动功率

通常驱动装置布置在输送机头部和尾部的若干滚筒上（必要时还可布置到中间传动滚筒上），目的是使输送机的输送带张力最小，驱动功率的分配主要取决于稳定工况下输送机上分支总阻力 $F_{W,o}$ 和下分支总阻力 $F_{W,u}$。

$$F_W = \sum_{i=1}^{n}(F_{W,o,i} + F_{W,u,i}) = F_{W,o} + F_{W,u} \tag{10-48a}$$

用逐点计算方法计算出输送机上、下分支的输送带在运行方向上的张力变化图。通常情况下，只要计算出输送机在空载和满载工况下的张力图就可以了。但对于复杂线路，还需要考虑线路上布料不均匀的情况，特别是长距离输送机。考虑所有可能的布料方式，计算出不同的上分支阻力 $F_{W,o}$ 和下分支阻力 $F_{W,u}$，从而得到相应布料方式的传动滚筒所需圆周力 $F_{W,j}$。即

$$F_{W,j} = F_{W,o,j} + F_{W,u,j}\quad (j=1,\ 2,\ \cdots,\ N) \tag{10-48b}$$

式中　$F_{W,j}$——相应第 j 种布料方式的传动滚筒圆周力，N；

$F_{W,o,j}$——相应第 j 种布料方式的上分支阻力，N；

$F_{W,u,j}$——相应第 j 种布料方式的下分支阻力，N；

N——非稳定工况下，可能出现的布料方式数。

输送机所需的最大驱动力为

$$|F_{W,max}| = \max\{|F_W|,\ |F_{W,1}|,\ |F_{W,2}|,\ \cdots,\ |F_{W,N}|\} \tag{10-49}$$

相应地，输送机所需的最大功率为

$$P_{W,max} = |F_{W,max}|\ v \tag{10-50}$$

在实际设计中是否采用所需的最大驱动力来选择驱动装置，要通过进一步的分析来确定。

当上分支加载均匀时，输送机可有下述几种布置形式：

水平或轻微倾斜的输送机（$F_{W,o} > 0$，$F_{W,u} > 0$）；

向上运输的输送机（$F_{W,o} > 0$，$F_{W,u} \leqslant 0$）；

向下运输的输送机（$F_{W,o} \leqslant 0$，$F_{W,u} > 0$）。

（1）水平输送机或轻微倾斜的输送机。在头部和尾部设驱动装置而没有在中间设驱动装置的带式输送机，如果驱动功率恰当地分配到头部和尾部，则可得到最小输送带张力。最佳的功率分配等于上、下分支输送带阻力之商 $F_{W,o}/F_{W,u}$。所需的驱动电动机总功率为

$$P_M = \frac{P_{W,max}}{\eta_1} \tag{10-51}$$

式中　η_1——传动效率，可通过各传动环节的传动效率计算。

通常，实际安装的电动机功率大于所需的功率，即 $P_{MI} \geqslant P_M$（P_{MI} 为实际安装的电动机功率）。当多电动机驱动时，各台电动机的功率和等于实际安装的电动机功率 P_{MI}。

(2) 上运输送机。在上运输送机上，如果没有安装中间驱动，则可通过将全部驱动装置布置在头部而得到最小输送带张力。功率计算同 (1)。

(3) 下运输送机。在下运输送机上，只有采用驱动装置布置在输送机尾部的形式才能得到最小输送带张力。在确定驱动装置的总功率时，根据驱动装置处于电动机工况 ($P_{W,max}>0$) 或发电动机工况 ($P_{W,max}<0$) 两种情形，区别计算驱动电动机所需的功率。

当 $P_{W,max}>0$ 时，用式 (10-51) 计算。

当 $P_{W,max}<0$ 时，

$$P_M = P_{W,max}\eta_1 \tag{10-52}$$

实际安装的电动机功率与所需电动机功率的关系同 (1) 所述。

对于具有下降和提升运输段的输送机来说，只有在考虑输送机的具体运行条件并得到最小输送带张力的情况下，才可能对驱动装置的安排做出合理性的论证。

附注：传动效率的确定

德国标准 DIN 22101—2002 未给出具体的效率系数数值，我国国家标准 GB/T 17119—1997 和国际标准 ISO 5048—1989 中则规定电动机输出轴前传动链的效率为 0.85 ~ 0.95；在 DTⅡ型带式输送机设计选用手册中，规定传动效率一般为 0.78 ~ 0.95。特别地，DTⅡ(A)型的电动机功率计算方法中，除了考虑机械传动效率之外，还要计入电压降对电动机功率的影响和多机驱动功率不平衡对电动机效率的影响，因此造成在实际应用中，很多带式输送机的功率计算，尤其是多机驱动时的功率计算所采用的传动效率通常低于标准中的推荐值，导致选定的驱动电动机规格一般偏大。

(1) 电压降系数的确定。电压降对输出牵引力的影响可以从启动和正常运行两方面来分析。

1) 电动机的启动过程会产生电压波动，对于笼型异步电动机，电动机的最小启动转矩为

$$T_{Mmin} \geqslant \frac{T_{Lmax}K_e}{K_u^2}$$

式中　T_{Lmax}——启动过程中可能出现的最大负载转矩；

K_e——保证启动时有足够加速转矩的系数，一般取 $K_e = 1.15 \sim 1.25$；

K_u——电压波动系数，即启动时电动机端电压与额定电压之比，全压启动时 $K_u = 0.85$。

2) 国家标准《供配电系统设计规范》(GB 50052—95) 第 4.0.4 条规定：“正常运行情况下，用电设备端子处电压偏差允许值（以额定电压的百分数表示)，电动机为 ±5%。”国家标准《电机基本技术要求》(GB 755—81) 第 4.3.1 条规定：“电动机当电源电压（如为交流电源时频率为额定）与额定值的偏差不超过 ±5% 时，输出功率仍能维持额定值。”（该标准最新版本 GB 755—2008 依然规定偏差不超过 ±5% 时，输出功率仍能维持额定值)。上述国家标准说明，我国供配电要求和电动机质量都能保证电动机在电压偏差不超过 ±5% 时保持输出的额定功率不变。

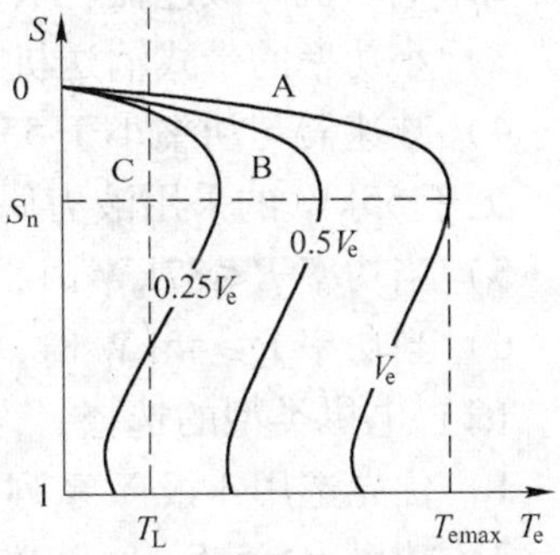

图 10-10　改变供电电压的电动机力学特性

3) 从交流电动机的力学特性角度看，如图 10-10 所示，当外负载保持不变时，即使存在电压降，对于带式输

送机也仅造成运行速度略有下降，并不影响电动机的选型。

因此，计算带式输送机驱动功率时，可以不考虑电压降的影响。

（2）多机不平衡系数的确定。带式输送机的多机传动机械系统的工作过程需保证同步运行，即任何传动滚筒和输送带之间没有相对滑移，滚筒周边具有相同的线速度，各驱动电动机的负载均衡。在多机传动系统中，由于机械结构本身的复杂性，影响系统同步的因素较多。机械系统加在电动机的负载变化不均，会产生电动机的不同步，如滚筒直径的差异，滚筒和输送带间摩擦系数、围包角的变化等。从电动机方面看，电源的电压波动、电动机参数随环境湿度和温度改变的差异，都将引起多个电动机转速的不同步。

多机驱动主要应用在大型带式输送机上，采用交流电动机驱动方式的通常有：绕线电动机、电气软启动、刚性联轴器和减速器；笼型电动机、液粘软启动装置和减速器；笼型电动机、液力偶合器和减速器；笼型电动机、变频调速器和减速器。

当滚筒直径、电动机特性存在差异、钢丝绳在滚筒上伸长量存在差异的情况下采用限矩型液力偶合器可以保证功率分配平衡。实际使用中，通过大量观察也证明，在液力偶合器的充油量基本相同的情况下，各电动机电流值基本相同。以液粘传动方式的 CST 的多机驱动功率不平衡系数可控制在 0.98 以下。

可见，多电动机驱动系统的功率平衡问题通过采用合理的控制方式可以基本消除影响，因而在功率计算时可不考虑其影响。

（3）备用系数的选用。在标准和设计手册中均未对备用系数提出要求。备用系数的给出往往取决于用户的心理要求，近几年，在一些出口带式输送机设计中，国外用户通常要求给出 1.2 倍的备用系数。这对于保证中、小型带式输送机的运行可靠性具有积极意义，而且功率增加的绝对值并不很大。而对于大型带式输送机所选用的电动机功率将明显增大，故不宜采用。值得注意的是，备用系数的加入并不是系统实际的功率需求，而是在驱动功率上留有裕度。

10.4.2 驱动装置的特点与配置

（1）驱动装置的设置特点。

1）驱动装置均应设置在带式输送机的头部，结构紧凑，占地少。

2）电动机、减速器、头部滚筒安装在金属构件上。

3）小功率的带式输送机、减速器与头部滚筒轴的联接均应采用链式联轴器。

4）减速器与功率小于 55kW 的电动机配合时，推荐采用行星减速器与电动机直接联接，大于 55kW 的采用液力偶合器。

5）当功率 $P \leqslant 37$kW 时，采用 Y 系列电动机加梅花形弹性联轴器。

6）当功率 $P \geqslant 45$kW 时，采用 Y 系列电动机配限矩型液力偶合器。

（2）电机类型的选择。

1）优先选用 4 极 Y 系列电机。

2）功率 $P \geqslant 5.5 \sim 3.5$kW 时，选用 Y 系列电动机；功率 $P < 5.5$kW 时配电动滚筒，$P \leqslant 45$kW 时也可配电动滚筒；功率 $P \geqslant 220$kW 时，开始选用 YR 系列绕线电动机。

3）功率 $P \leqslant 200$kW 时用额定电压 380V 电动机，功率 $P \geqslant 200$kW 时用额定电压 6000V

电动机。

日本工业公司配置：功率在55kW以下的用380V电动机，功率在90kW以上的则选用3000V高压电动机；电动机采用户外型三相鼠笼异步电动机，绝缘等级为E级或F级。根据需要电动机功率P定为2.2～300kW。

（3）驱动单元组合表。驱动装置的配置组合如表10－9所示。

表10－9　驱动单元组合表

安装形式	配　置			
固定底座式	Y（YR）系列电机	ML型梅花形弹性联轴器 MLL－Ⅰ型梅花联轴器＋YWZ_5型制动器 限矩型水介质液力偶合器 YOX_2液力偶合器＋YWZ_5型制动器	DBY/DCY型实心轴减速器	ZL型弹性柱销齿式联轴器
浮动支撑式	Y（YR）系列电机	ML型梅花形弹性联轴器 MLL－Ⅰ型梅花联轴器＋YWZ_5型制动器 限矩型液力偶合器 YOX_{nz}液力偶合器＋YWZ_5型制动器	DBYK/DCYK型空心轴减速器	SD（HSD）型锁紧盘

（4）电动机功率、液力偶合器与制动器的匹配关系如表10－10所示。

表10－10　电动机功率、液力偶合器与制动器的匹配

电机功率/kW	2.2～30	37	45～75	90～132	160～220	250～315	355～450
偶合器叶轮直径D/mm			400 450	500	560	600	650
制动轮直径D/mm	250	315	315	400	400	500	500

10.4.3　启动、制动和逆止

10.4.3.1　*启动*

为减小带式输送机的最大输送带张力，应该在启动过程中限制驱动装置产生的全部启动滚筒圆周力F_A。但是，为了可靠地控制启动过程，圆周力F_A又不能低于某一最小值。一般应遵循下列原则，特别是较大的带式输送机。

（1）最大的启动滚筒圆周力$F_{A,max}$应不超过设计输送机时按式（10－49）确定的力$F_{W,max}$的1.3～1.7倍。即

$$F_{A,max}=(1.3\sim1.7)F_{W,max} \tag{10-53}$$

（2）在最不利的启动情况下（载荷状态、载荷分布），为了加速输送机区段上的物料，加速力应至少为此情况下的主要阻力、20%附加阻力和特种阻力的和（见式（10－54）），并且输送机应能在驱动装置的热负荷所允许的最长时间内启动完毕。

$$F_{A} = F_{W,max} + 0.2\ (CF_{H} + F_{S}) \qquad (10-54)$$

（3）力 F_A 的确定还应满足物料不因加速度过大而在输送带上滑动，即当输送微小颗粒的散料时，加速度 a_A 应满足

$$a_{A} \leqslant (\mu_1 \cos\delta_{i,max} - \sin\delta_{i,max})g \qquad (10-55)$$

式中　$\delta_{i,max}$——输送机的最大倾角（上运时 $\delta_{i,max} > 0$，下运时 $\delta_{i,max} < 0$）。

（4）力 F_A 应该在输送带内缓慢传递，使输送机平稳地并以尽可能小的附加动张力启动。

启动系数 p_A 取决于所有驱动电动机的额定扭矩或驱动装置的力学特性，关系到稳定工况下回转驱动部分和驱动装置中电动机驱动部分相对较小的物料承载扭矩。对于水平和向上运输的带式输送机按下列关系确定启动系数 p_A

$$p_{A} = p_{A,0}\frac{P_{MI}}{P_{M}} \qquad (10-56)$$

启动系数是启动扭矩和额定扭矩的比值，各种条件下的启动系数如表 10－11 所示。

表 10－11　启动系数

整机类型	驱动装置	设备大小	p_A
水平运输机 倾角小于 1°的上运输送机	鼠笼电动机－液力偶合器	大型输送机	1.2
		小型输送机	1.5
	绕线电动机－切换电阻绕路	大型输送机	1.4
		小型输送机	1.5
上运输送机		大型输送机	1.2
		小型输送机	1.2
下运输送机			<0.05

10.4.3.2　制动和逆止

带式输送机工作时通常需要制动装置来使运动物料停止运行，或者需要逆止装置使负载的倾斜输送机保持停止状态。在确定制动装置时必须考虑：制动滚筒上所需要的总制动力 F_B；制动器的数量和布置；制动频率；旋转的驱动部件制动时释放出的能量。制动装置的制动系数为

$$p_{B} = \frac{F_{B}}{F_{W,max}} \qquad (10-57)$$

其中，所需要的制动力 F_B 应该根据受装料系数 φ 和载荷在下降区段和提升区段分布影响时的最不利制动情况来确定。为此必须预先给定制动行程或制动时间。但在确定制动加速度 a_B 时，必须满足物料不因加速度过大而在输送带上滑动。输送小颗粒散料时应满足

$$|a_{B}| \leqslant |\mu_1 \cos\delta_{i,max} + \sin\delta_{i,max}|\ g \qquad (10-58)$$

考虑到要使输送带和其他的输送机部件产生尽可能小的应力以及制动滚筒上尽可能小的摩擦连接，需要将总制动力限制在一个值 $F_{B,max}$ 以下，从而将制动减速度限制在一个值 $a_{B,max}$ 以下。

制动系数 p_B 取决于所有制动装置的额定扭矩，关系到稳定工况下回转驱动部分和驱动装置中电动机驱动部分相对较小的物料承载扭矩，对于水平和向上运输的带式输送机按下列关系确定制动系数 p_B

$$p_B = \frac{p_{B,O}}{\eta_2} \frac{P_{MI}}{P_M} \tag{10-59}$$

在确定逆止装置时，应该以在允许的最大载荷和最不利的载荷分布时所出现的最大提升阻力 $F_{St,max}$ 减去此时出现的主要阻力为基础。为安全起见，只需考虑可能的最小主要阻力。当采用几个机械逆止器时，如果不能保证均匀分担载荷，那么每个逆止器都必须按可能出现的最大逆止力来选定。

（1）制动器的设计选型。首先根据设备运转情况计算制动轴上的负载转矩 T_C，并考虑一定的安全储备（安全系数）S_P，求出计算制动转矩 T_0，制动安全系数 S_P 推荐值见表10－12。

表 10－12 制动安全系数

<table>
<tr><th colspan="3">设 备 类 型</th><th>S_P</th></tr>
<tr><td rowspan="4">起重机械或
起升机构</td><td>驱动形式</td><td>机构工作级别</td><td rowspan="2">1.5</td></tr>
<tr><td>人力驱动</td><td>M_1（轻级）</td></tr>
<tr><td>动力驱动</td><td>M_1、M_2、M_3、M_4（轻级）
M_5（中级）</td><td>1.5
1.75
2.0
2.5</td></tr>
<tr><td colspan="2">同一机构设两台制动器</td><td>1.25</td></tr>
<tr><td colspan="3">矿井提升机</td><td>3</td></tr>
</table>

（2）联轴器的选用计算。根据载荷特性，计算扭矩，结合工作转数及轴伸尺寸选择联轴器。

联轴器的选用，一般都是以联轴器所需传递的计算扭矩 T_C 小于所选联轴器的许用扭矩（T_n）为原则。由于传动系统的特点，联轴器实际传递的扭矩不等于传动轴系理论上的扭矩，通常以工况系数 K 表示二者的关系。按下式进行强度核算

$$T_C = KT = 9550K\frac{P_W}{n} = 7020K\frac{P_H}{n} \leqslant T_n$$

式中 T_C——计算扭矩，N·m；

T_n——公称扭矩，N·m；

T——理论扭矩，N·m；

P_W——驱动功率，kW；

P_H——驱动功率，马力；

n——工作转数，r/min；

K——工况系数，见表10－13。

表 10－13　工况系数

原动机	工作机械					
	Ⅰ类	Ⅱ类	Ⅲ类	Ⅳ类	Ⅴ类	Ⅵ类
电动机	1.3	1.5	1.7	1.9	2.3	3.1

注：Ⅰ类——扭矩变化很小的机械（如发电机、小型通风机、小型离心泵）；
Ⅱ类——扭矩变化小的机械（如压缩透平机、木工机床、运输机）；
Ⅲ类——扭矩变化中等的机械（如搅拌机、增压泵、有飞轮压缩机、冲床）；
Ⅳ类——扭矩变化和冲击中等的机械（如织布机、水泥搅拌机、拖拉机）；
Ⅴ类——扭矩变化和冲击载荷较大的机械（如造纸机、挖掘机、起重机）；
Ⅵ类——扭矩变化和冲击载荷大的机械（如压延机械、无飞轮的活塞泵、重型初轧机）。

10.5　输送带张力和拉紧力

带式输送机中的输送带张力是一个沿输送区段变化的参数，它取决于下列各种影响因素：输送机的长度和局部区段的倾角；传动滚筒的数量和布置；驱动装置和制动装置的性能；输送带拉紧装置的类型及布置；工况（载荷和运动状态）。

考虑到输送带和输送机其他部件的应力设计计算，输送带张力应该尽可能小。

带式输送机的工作需要对最小输送带张力进行限制，以满足传动滚筒通过摩擦力传到输送带上，限制输送带垂度可以更好地导引输送带同时有利于降低运行阻力。

10.5.1　传递滚筒圆周力所需的最小输送带张力

在传动滚筒和制动滚筒上，为了通过摩擦力传递在启动、制动或稳定工况下总的滚筒圆周力 F_{max}，需要一定的最小输送带绕入张力和绕出张力。如图 10－11 所示，绕入张力为 T_1，绕出张力为 T_2，当最大滚筒圆周力 $F_{max}>0$ 时，有

$$T_1 - T_2 = F_{max} \qquad (10-60)$$

$$\frac{T_1}{T_2} \leqslant e^{\mu\alpha} \qquad (10-61)$$

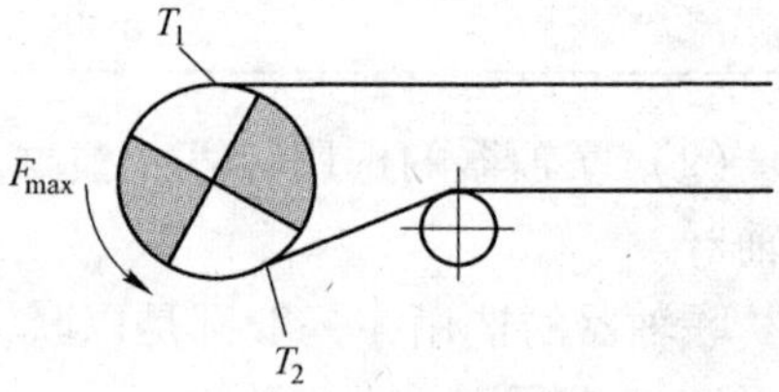

图 10－11　作用于输送带上的张力

式中　μ——输送带与滚筒间的摩擦系数，其取值按表 10－14 选取；

α——输送带在滚筒上的围包角，rad。

表 10－14　稳定工况橡胶输送带与各种滚筒面间的摩擦系数

工作条件	滚筒覆盖面			
	光面刚性滚筒（平）	聚酯覆盖面（人字槽）	橡胶覆盖面（人字槽）	陶瓷覆盖面（多孔，人字槽）
干态运行	0.35～0.4	0.35～0.4	0.4～0.45	0.4～0.45
清洁潮湿（有水）运行	0.1	0.35	0.35	0.35～0.4
污浊的湿态（泥浆、黏土）运行	0.05～0.1	0.2	0.25～0.3	0.35
对于覆盖层为 PVC 的输送带应采用低约 10% 的摩擦系数				

从而，有

$$T_2 \geqslant \frac{1}{e^{\mu\alpha}-1}F_{max} \quad 或 \quad T_2 \geqslant C_2 F_{max}, \ C_2=\frac{1}{e^{\mu\alpha}-1} \tag{10-62}$$

$$T_1 \geqslant \left(1+\frac{1}{e^{\mu\alpha}-1}\right)F_{max} \quad 或 \quad T_1 \geqslant C_1 F_{max}, \ C_1=1+\frac{1}{e^{\mu\alpha}-1} \tag{10-63}$$

当有几个传动滚筒或制动滚筒时，必须针对全部工况检查每一个滚筒是否都满足防滑条件。此时应该考虑总的滚筒圆周力 F，使 F_A 或 F_B 按驱动装置或制动装置传入扭矩的比例关系分配到每一滚筒上。

附注：不同标准或文献中提出的摩擦系数如表 10－15 所示。

表 10－15　人字形沟槽橡胶覆盖面传动滚筒与输送带的摩擦系数 μ 值

工作条件	ISO	DIN	JIS	DX	DT
干燥、清洁	0.40～0.45	0.40～0.45	0.35	0.40	0.40
潮湿、清洁	0.35	0.25～0.30	0.20～0.30	0.30	0.35
污浊、湿态	0.25～0.30	0.20	0.20	0.20	0.25

10.5.2　限制输送带垂度的最小输送带张力

为了保证带式输送机在技术上的优化，输送带相对垂度 h_r 的最大计算值与托辊间距有关。在输送机稳定工况下应限制在1%以下；在非稳定工况下可允许有较大的垂度。输送速度越高，物料块度越大，则垂度应该越小。当给定最大垂度和最大托辊间距时，需要的最小输送带张力为

上分支（有载）
$$T_o=\frac{g(q_B+q_G)a_o}{8h_r}$$

下分支
$$T_u=\frac{gq_Ba_u}{8h_r} \tag{10-64}$$

式中　h_r——相对垂度，对于上分支，$h_r=h/a_o$；对于下分支，$h_r=h/a_u$；

h——输送带的垂度；

a_o——上分支托辊间距；

a_u——下分支托辊间距。

当预定最大的 h_r 值时，不同的托辊间距可配合沿输送带纵向的主要张力。在最后确定 h_r 时应考虑托辊的承载能力和输送带横向振动的频率。

为了使带式输送机能良好地工作，在下列情况下需要保持较大的最小输送带张力：输送带在下分支翻转；输送带的横向刚度较小；倾斜带式输送机在下方布置回转滚筒；沿输送带宽度方向上有局部的不均匀分布的力。

较长的带式输送机在不同区段的倾斜角和负荷可能各不相同。为了确定输送带和其他的输送机部件，需要了解输送带张力在输送机上的分布规律，特别是知道输送带张力的极限值对选型具有重要意义。为了计算稳定工况和非稳定工况（启动、制动）下的输送带张力，必须先将输送机划分为若干个区段，划分的原则是：应保证在同一区段上的倾角

δ_i，托辊前倾角 ε_i，物料的单位长度质量 q_{Gi} 和托辊的单位长度质量 q_{Pi} 不变。对应区段长度为 l_i，求出相应段在输送带运行方向上的张力变化 $F_{W,i}$，然后将这些力和拉紧力及加速力 $F_{A,i}$ 叠加来确定局部输送带张力。

图 10－12 为各点张力及阻力计算的示例。输送机包括水平和倾斜两个不同的区段，设有 4 个滚筒。区段的起始点为 0，各区段的末端为 i（$i=1$，2，3，…），滚筒的序号用 i 表示，从第 1 传动滚筒开始依次为 i（$i=1$，2，3，…）。上下分支各区段的阻力分别为 $F_{W,c,i}$、$F_{W,u,i}$，各区段起始点的张力分别为 $T_{0,o}$ 和 $T_{0,u}$，第 i 段末端的输送带张力分别为 $T_{i,o}$ 和 $T_{i,u}$，每个滚筒相遇点和分离点的张力分别为 $T_{1,i}T_{2,i}$。

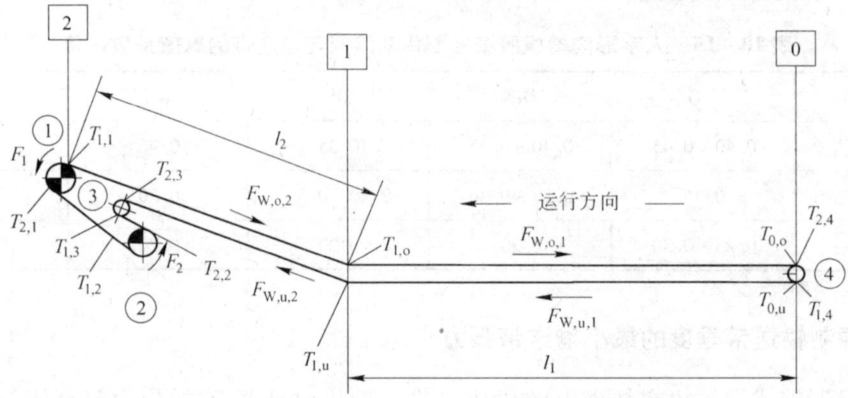

图 10－12　滚筒圆周力、运行阻力和输送带张力分析

对于上分支

$$T_{i,o}=F_{W,o,i}+T_{i-1,o}$$

对于下分支

$$T_{i,u}=F_{W,u,i}-T_{i-1,u}$$

设传动滚筒的驱动力为 F_i，从而有

$$F_i=T_{1,i}-T_{2,i}$$

（1）稳定工况。只需分别计算出输送机的各个区段的运行阻力 $F_{W,o,i}$ 和 $F_{W,u,i}$ 就可以按上面的方法确定各点张力。

（2）非稳定工况。在启动过程和制动过程中由驱动装置和制动装置产生的力的大小和变化，一方面导致带式输送机产生启动阻力和运行阻力，另一方面导致出现附加的输送带动张力。该动张力是在假设输送带加速度与动张力在输送段产生位置无关的情况下由下列各部分组成：

1）启动过程中的滚筒圆周力 F_A 或制动时的滚筒圆周力 F_B；

2）总的有效运行阻力（近似等于稳定工况下的运行阻力）F；

3）非驱动或非制动的直线或旋转运动质量 Σm。

对于经常出现的附加阻力在总阻力中占甚小比例的情况，各区段的输送带动张力变化 $F_{A,i}$ 可通过输送带加速度 a 来确定：

启动　$$a_A=\frac{F_A-F}{\Sigma m}>0$$

制动
$$a_B = \frac{F_B - F}{\sum m} < 0 \tag{10-65}$$

$$F_{A,i} = a(C_{Ri}q_{Ri} + q_{Gi} + q_B)l_i \tag{10-66}$$

式中　C_{Ri}——第 i 段上托辊转动质量变换的等效质量系数，可取 $C_{Ri}=0.9$ 为标准值。

为了获得所需的输送带张力并补偿弹性伸长，需要有拉紧装置。拉紧力的大小取决于拉紧装置的形式和布置，以及该输送机的工况。为减少结构费用，拉紧装置应优先装设在稳定工况时输送带张力最小的地方。拉紧装置一般可分为固定式拉紧滚筒和移动式拉紧滚筒两种。拉紧行程可通过计算输送带的平均张力和平均应变得到。无论是哪种形式的拉紧装置在说明任意工况的参数（用 * 号表示）中，都可以由下式计算输送带平均张力（参见图 10－13）。

$$T_m^* = \frac{1}{2L}\sum\left(\frac{T_i^* + T_{i+1}^*}{2}\right)l_i = \frac{1}{2L}\sum\left(T_i^* + \frac{F_{W,i}^*}{2}\right)l_i = BE\frac{s_{TU}^*}{L} \tag{10-67}$$

式中　T_m^*——平均输送带张力，N；

E——输送带的弹性模量，N/mm；

s_{TU}^*——拉紧滚筒行程，m。

如图 10－13 所示计算示例，l_i 为输送机各区段长度；图中所示为 3 段，$T_{1,j}$、$T_{2,j}$ 分别表示滚筒相遇点和分离点的张力；图中所示为两个滚筒，T_m^* 为输送带的平均张力，$F_{W,o,i}^*$ 为上分支第 i 段的阻力，T_{min}^* 为输送带的最小张力，$T_{o,i}^*$ 为第 i 段末端的输送带张力。图中没有给出相应的下分支的标记。

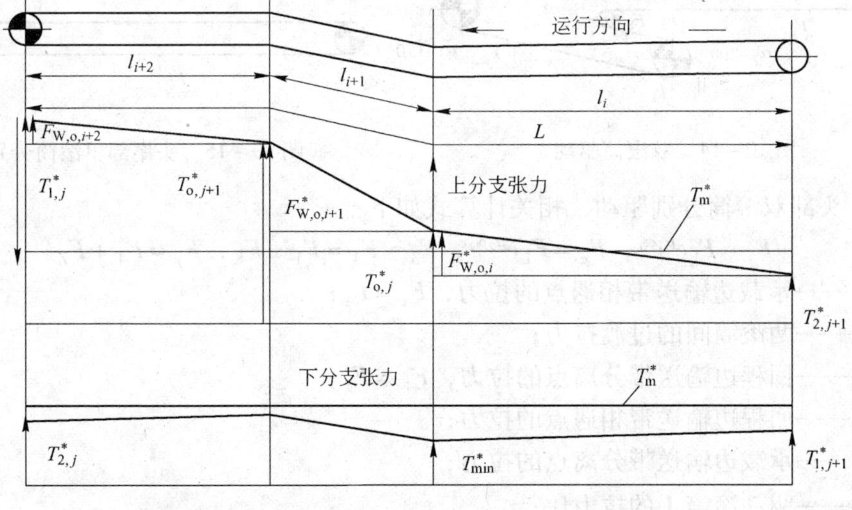

图 10－13　带式输送机上、下分支的输送带张力分析

为了选定拉紧装置（张紧力 T_{TU}^* 和拉紧滚筒行程 s_{TU}^*），必须以式（10－67）为基础考虑最不利的工况。如果拉紧装置设置在产生最小输送带张力 T_{min}^* 的地方，则拉紧滚筒上的拉紧力 T_{TU}^* 为

$$T_{TU}^* = 2T_{min}^* \tag{10-68}$$

在其他情况下，必须考虑附加拉紧滚筒处与力 $T_{\min}^*$ 处之间的张力差。

在带有固定式拉紧滚筒的拉紧装置上，平均输送带张力 T_m^* 与工况无关，是一个常值：

$$T_m^* = T_{\min}^* + \Delta T_m^* = 常数 \tag{10-69}$$

这就使得输送带在偏离最不利工况时以大于所需要的输送带张力工作。

在带有移动式拉紧滚筒的拉紧装置上，拉紧力在所有工况下或者保持不变（例如在重锤式拉紧装置），或者通过调整拉紧装置适应各种工况，在两种情况下得到的为了补偿弹性伸长而相应变化的拉紧滚筒行程 s_{TU}^* 是

$$s_{TU}^* = \frac{T_m^*}{BE}L = \frac{T_{\min}^* + \Delta T_m^*}{BE}L \neq 常数 \tag{10-70}$$

为了在非稳定工况下也保证其必要的输送带张力，这种拉紧装置必须有足够的拉紧速度。

附注：输送带张力和驱动功率的其他计算方法

A DX 逐点张力精确计算

多滚筒分别驱动方式分为两类：头部双滚筒分别驱动（见图 10－14）和头尾部单滚筒分别驱动（见图 10－15）。其他方式实质上为这两种方式的演变。各驱动方式的输送带张力可按圆周力任意分配法进行计算。

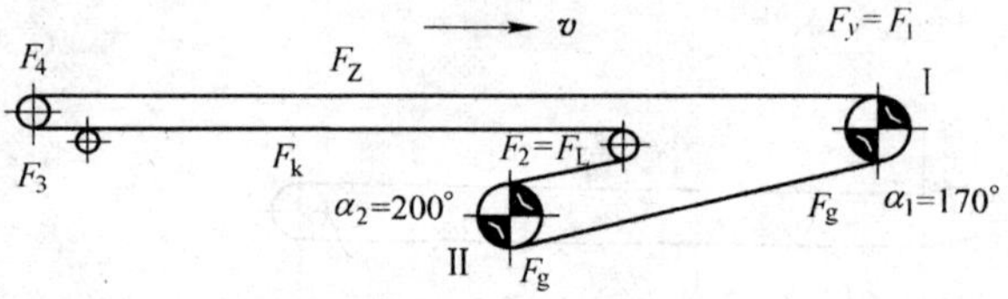

图 10－14 双滚筒驱动

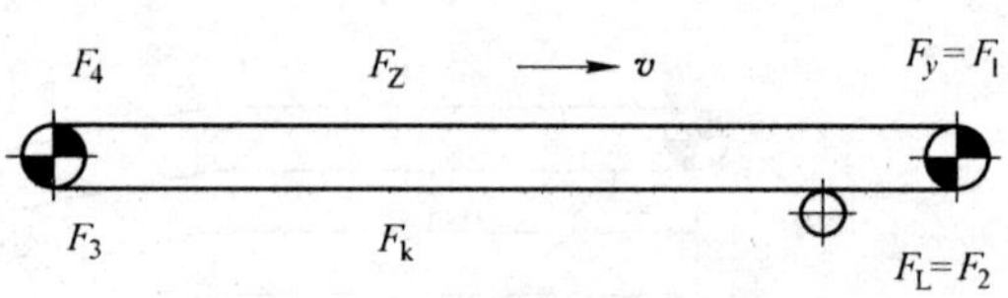

图 10－15 头尾部单滚筒分别驱动

（1）头部双滚筒分别驱动，相关计算式如下：

$$F_\gamma = F_g e^{\mu_1 \alpha_1}, \quad F_g = F_L e^{\mu_2 \alpha_2}, \quad F_3 \approx F_4 = F_1 \pm F_K, \quad F_\gamma = F_4 + F_Z$$

式中 F_γ——承载边输送带相遇点的拉力，$F_\gamma = F_1$；

F_g——两滚筒间的过渡拉力；

F_L——回程边输送带分离点的拉力，$F_L = F_2$；

F_3——回程边输送带相遇点的拉力；

F_4——承载边输送带分离点的拉力；

$e^{\mu_1 \alpha_1}$——驱动滚筒Ⅰ的拉力比；

$e^{\mu_2 \alpha_2}$——驱动滚筒Ⅱ的拉力比。

两个驱动滚筒的总圆周力 F_μ 为：

$$F_\mu = F_{\mu 1} + F_{\mu 2} = F_Z \pm F_K$$

式中 $F_{\mu 1}$——驱动滚筒Ⅰ的圆周力；

$F_{\mu 2}$——驱动滚筒Ⅱ的圆周力。

同时 F_μ 又为

$$F_\mu = F_\gamma - F_L = F_g e^{\mu_1\alpha_1} - F_L = F_L(e^{\mu_1\alpha_1} e^{\mu_2\alpha_2} - 1) = F_L(e^{\mu_1\alpha_1} e^{\mu_2\alpha_2} - 1)$$

则得

$$F_L = \frac{F_\mu}{e^{\mu_1\alpha_1} e^{\mu_2\alpha_2} - 1}$$

用同样的方法可得

$$F_\gamma = F_\mu \frac{e^{\mu_1\alpha_1} e^{\mu_2\alpha_2}}{e^{\mu_1\alpha_1} e^{\mu_2\alpha_1} - 1}$$

$$F_g = F_\mu \frac{e^{\mu_2\alpha_2}}{e^{\mu_1\alpha_1} e^{\mu_2\alpha_2} - 1}$$

$$F_3 \approx F_4 = F_L \pm F_K = \frac{F_\mu}{e^{\mu_1\alpha_1} e^{\mu_2\alpha_2} - 1}\left(1 \pm F_K \frac{e^{\mu_1\alpha_1} e^{\mu_2\alpha_2} - 1}{F_\mu}\right) = \frac{F_\mu}{C \pm 1} \cdot \frac{C \pm e^{\mu_1\alpha_1} e^{\mu_2\alpha_2}}{e^{\mu_1\alpha_1} e^{\mu_2\alpha_2} - 1}$$

式中 C——承载段与回程段的阻力比，即 $C = \frac{F_Z}{F_K}$。

$$F_{\mu_1} = F_\mu \frac{e^{\mu_2\alpha_2}(e^{\mu_1\alpha_1} - 1)}{e^{\mu_1\alpha_1} e^{\mu_2\alpha_2} - 1}$$

$$F_{\mu_2} = F_\mu \frac{e^{\mu_2\alpha_2} - 1}{e^{\mu_1\alpha_1} e^{\mu_2\alpha_2} - 1}$$

两个驱动滚筒圆周力的比 i 为

$$i = \frac{F_{\mu_1}}{F_{\mu_2}} = \frac{e^{\mu_2\alpha_2}(e^{\mu_1\alpha_1} - 1)}{e^{\mu_2\alpha_2} - 1}$$

$$e^{\mu_1\alpha_1} = \frac{i(e^{\mu_2\alpha_2} - 1) + e^{\mu_2\alpha_2}}{e^{\mu_2\alpha_2}}$$

$$e^{\mu_2\alpha_2} = \frac{i}{(i+1) - e^{\mu_1\alpha_1}}$$

按圆周力均匀分配计算，可选用两套相同技术规格的驱动装置；按等功率单元法计算，可选用多套相同技术规格的驱动装置。

（2）头尾部单滚筒分别驱动，相关计算式如下：

$$F_\gamma = F_L e^{\mu_1\alpha_1} = F_4 + F_Z$$

$$F_3 = F_4 e^{\mu_2\alpha_2} = F_L \pm F_K$$

$$F_\mu = F_Z \pm F_K$$

$$F_\gamma = \frac{F_\mu}{C \pm 1} \cdot \frac{(Ce^{\mu_2\alpha_2} \pm 1)e^{\mu_1\alpha_1}}{e^{\mu_1\alpha_1} e^{\mu_2\alpha_2} - 1}$$

$$F_L = \frac{F_\mu}{C \pm 1} \cdot \frac{Ce^{\mu_2\alpha_2} - 1}{e^{\mu_1\alpha_1} e^{\mu_2\alpha_2} - 1}$$

$$F_3 = \frac{F_\mu}{C \pm 1} \cdot \frac{(C \pm e^{\mu_1\alpha_1})e^{\mu_2\alpha_2}}{e^{\mu_1\alpha_1} e^{\mu_2\alpha_2} - 1}$$

$$F_4 = \frac{F_\mu}{C \pm 1} \cdot \frac{C \pm e^{\mu_1\alpha_1}}{e^{\mu_1\alpha_1} e^{\mu_2\alpha_2} - 1}$$

$$F_{\mu_1} = \frac{F_\mu}{C \pm 1} \cdot \frac{e^{\mu_1\alpha_1} - 1}{e^{\mu_1\alpha_1} e^{\mu_2\alpha_2} - 1}(Ce^{\mu_2\alpha_2} \pm 1)$$

$$F_{\mu_2}=\frac{F_\mu}{C\pm1}\cdot\frac{e^{\mu_2\alpha_2}-1}{e^{\mu_1\alpha_1}e^{\mu_2\alpha_2}-1}(C\pm e^{\mu_1\alpha_1})$$

$$i=\frac{e^{\mu_1\alpha_1}-1}{e^{\mu_2\alpha_2}-1}\cdot\frac{Ce^{\mu_2\alpha_2}-1}{C\pm e^{\mu_1\alpha_1}}$$

如果已知 i、$e^{\mu_2\alpha_2}$则

$$e^{\mu_1\alpha_1}=\frac{C[i(e^{\mu_2\alpha_2}-1)+e^{\mu_2\alpha_2}]\pm1}{e^{\mu_2\alpha_2}(C\mp i)\pm i\pm1}$$

（3）三滚筒分别驱动。它由头部双滚筒分别驱动和尾部单滚筒驱动组合而成，如图 10－16 所示。

1）系列设计中推荐的功率配比为

$$F_{\mu1}:F_{\mu2}:F_{\mu3}=2:1:1$$

$$(F_{\mu1}+F_{\mu2}):F_{\mu3}=3:1$$

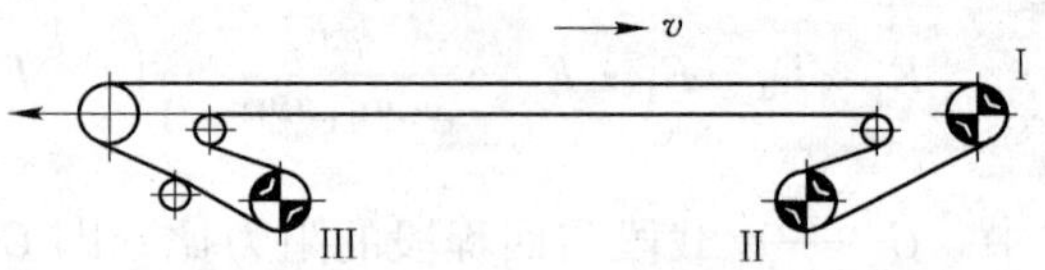

图 10－16　三滚筒传动

2）按最小拉力计算，以头部双滚筒分别驱动为例，其最大拉力为

$$F_{max}=F_y=F_\mu\frac{e^{\mu_1\alpha_1}e^{\mu_2\alpha_2}}{e^{\mu_1\alpha_1}e^{\mu_2\alpha_2}-1}$$

此函数的极限为

$$\lim F_\mu\frac{e^{\mu_1\alpha_1}e^{\mu_2\alpha_2}}{e^{\mu_1\alpha_1}e^{\mu_2\alpha_2}-1}=F_\mu$$

$$e^{\mu_1\alpha_1}\to\infty,\quad e^{\mu_2\alpha_2}\to\infty$$

若要得到较小的 F_{max}，则必须使 $e^{\mu_1\alpha_1}$与 $e^{\mu_2\alpha_2}$的乘积较大，则应取 $e^{\mu_1\alpha_1}=e^{\mu_2\alpha_2}=e^{\mu\alpha}$。

（4）头部单滚筒驱动，如图 10－17 所示。相关计算式如下：

$$F_1=F_2e^{\mu\alpha},\quad F_3=F_4=F_1-F_Z$$

$$F_p=F_Z\pm F_K,\quad F_2=F_p\frac{1}{e^{\mu\alpha}-1}$$

$$F_p=F_1-F_2$$

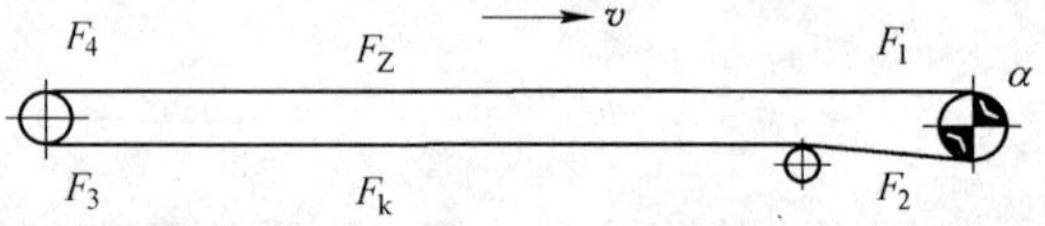

图 10－17　单滚筒传动

B　日本标准驱动功率的计算方法

日本标准 JIS B8805—1976 的驱动功率计算式为

$$P=P_1+P_2\pm P_3=0.06fWv\frac{L+l_0}{367}+fQ_t\frac{L+l_0}{367}\pm\frac{HQ_t}{367}\tag{10-71}$$

式中　P——所需驱动功率，kW；

P_1——空载所需驱动功率，kW；

P_2——水平运输物料所需功率，kW；

P_3——提升物料所需驱动功率，kW；

f——托辊的转动摩擦系数（见表 10－16）；

W——除物料外运动部分的质量（见表 10－17），kg/m；

v——带速，m/min；

L——输送机长度，m；

l_0——中心距修正值（见表 10－16），m；

H——提升高度（上升或下降的垂直高度，有卸料器时包括卸料器的附加高度），m；

Q_t——输送量，t/h；

γ——物料的堆积密度，t/m^3。

$$Q_t = Q_V \gamma \tag{10-72}$$

表 10-16 托辊的转动摩擦系数和中心距修正值

设备结构上的特征	f	l_0/m
使用普通阻力的托辊，设备的状态不太好	0.03	49
使用阻力特别小的托辊，设备状态良好	0.022	66
计算下运负功率运行时	0.012	156

表 10-17 除物料外运动部分的质量 W

带宽/mm	400	450	500	600	750	900	1050	1200	1400	1600	1800	2000
质量 $W/kg \cdot m^{-1}$	22.4	28	30	35.5	53	63	80	90	112	125	150	160

有卸料器时需加上卸料器所需功率 P_t，如表 10-18 所示。

表 10-18 有卸料器时需加的卸料器所需功率 P_t

带宽/mm	400	450	500	600	750	900	1050	1200	1400	1600	1800	2000
质量 P_t/kW	1.5				2.65		3.55		5.0		6.0	

C 简易轴功率计算

输送机功率简易计算公式为

$$P = \frac{0.36v(B-X)(L+Y)}{12000} + \frac{Q_t(L+Y)}{12000} + \frac{Q_t H}{367}$$

式中 P——轴功率，kW；

v——带速，m/s；

B——带宽，mm；

L——机长（水平），m；

Q_t——输送量，t/h；

H——提升高度，m；

X——系数，与带宽有关：带宽 $B=500\sim2000$mm 时，$X=300$；带宽 $B=2200\sim3150$mm 时，$X=100$；带宽 $B\leqslant450$mm 时，$X=0$；

Y——系数，与机长有关：机长 $L=16\sim400$m，$Y=60$；机长 $L\leqslant16$m，$Y=40$；机长 $L\geqslant400$，$Y=100$。

D 国外其他公司功率计算

（1）1000m 以上的带式输送机采用海切尔的公式计算更合适，计算式如下：

功率　$N = N_1 + N_2 + N_3 + N_T$

1）无载功率　$N_1 = \frac{0.06FWvL}{367} + \frac{1}{20}eWv$

2）水平有载功率　$N_2 = \frac{GQL}{367} + 0.8hQ$

3）垂直有载功率　$N_3 = \frac{QH}{367}$

式中　N_T——卸料装置功率，kW；
W——输送带及托辊等的运转部分重量，kg/m；
v——带速，m/min；
L——输送机水平中心距，m；
Q——运输量，t/h；
H——上升或下降的垂直距离，m；
F，e，G，h——系数，其值见表10-19。

表10-19　海切尔公式的系数

输送机结构	F	e	G	h
上托辊及其他所有轴承，都使用滑动轴承，普通管理状态的输送机	0.056	0.004	0.073	0.002
上托辊及下托辊外径为125~150mm，使用滚动轴承，其他轴承使用滑动轴承，普通管理状态	0.028	0.004	0.042	0.002
上托辊及下托辊外径为175~200mm，使用高级滚动轴承，其他轴承也都是滚动轴承，良好的管理状态，且在输送带上物料不溢出，比普通的输送带能够多堆积物料	0.015	0.007	0.022	0.004
上托辊及下托辊外径是200mm，使用高级滚动轴承，其他轴承也都是滚动轴承，管理及堆积状态最佳，输送带上的堆积达到最大量，用后2~3年，仍在最佳运输状态	0.012	0.007	0.013	0.004

（2）古德里奇公式

$$N = \frac{L_C}{367}(0.06f_1Wv + f_2Q) \pm \frac{QH}{367}$$

式中　L_C——修正的水平运距，$L_C = 0.55L + 35.1$，m；
f_1，f_2——摩擦系数，见表10-20。

表 10－20　古德里奇摩擦系数

输送机结构	f_1	f_2
1. 使用运行阻力小的托辊，温度超过15℃； 2. 因输送带的张力减少，来改变托辊间隔时； 3. 滚筒上使用滚动轴承； 4. 进行试验，且调整到最小张力时； 5. 认真进行维修、管理时	0.023	0.031
1. 下运需要制动时，常温或低温；	0.023	0.031
2. 下运不需要制动时，以及水平或上运运输时，常温；	0.03	0.04
3. 下运不需要制动或水平、上运运输，温度达到－7℃时	0.035	0.04

11　竖向曲线段

11.1　竖向凹弧曲线段

竖向凹弧曲线段的曲率半径的确定取决于如下因素：在任何情况下不飘带；变坡处输送带侧边拉压力不小于零（以免带边松弛而撒料）；输送带的最大应力满足输送带强度的要求。

11.1.1　凹弧段曲率半径的确定

11.1.1.1　输送带不飘带的曲率半径

当前，可以通过计算机程序计算出输送带在稳定运行、启动和停机工况下的曲线段张力，从而对凹弧段进行受力分析与曲率半径计算。下面仅介绍几种简易计算公式。

（1）不考虑惯性力的影响，视过渡曲线为圆曲线，按力的平衡规律导出曲率半径 R 的公式为

$$R=\frac{S_{\mathrm{m}}}{q_{\mathrm{d}}g} \tag{11-1}$$

（2）不考虑惯性力的影响，按悬链线确定曲率变化规律，并以悬链线的最大曲率半径作为圆曲率半径 R 进行过渡，其值为

$$R=\frac{S_{\mathrm{m}}}{gq_{\mathrm{d}}\cos\beta}=\frac{S_{\mathrm{P0}}}{gq_{\mathrm{d}}\cos\beta} \tag{11-2}$$

（3）按式（11-2）考虑惯性力的影响，乘以系数 K_1，则其值为

$$R=K_1\frac{S_{\mathrm{m}}}{gq_{\mathrm{d}}\cos\beta} \tag{11-3}$$

式中　S_{m}——曲线段输送带的最大张力，N；

S_{P0}——输送带在变坡点即倾角为零时的静张力，N；

β——曲线段的最大倾角，(°)；

q_{d}——输送带单位长度质量，kg/m；

K_1——惯性系数，一般取 $K_1=1.7$，变动范围为 $K_1=1.3\sim2.0$。

（4）若考虑动载荷，保证不飘带时曲率半径 R_1 的理论计算值为

$$R=\frac{S_i\cos\beta_1}{gq_{\mathrm{d}}\cos^2\beta_2}\left[\frac{\cos\beta_1(1+\sin\beta_2)}{\cos\beta_2(1+\sin\beta_1)}\right]^{\frac{a}{g}K_4}$$

式中　β_1——变向前的直线段倾角，(°)；

β_2——变向后的直线段倾角，(°)；

a——启动或制动时的加速度，m/s^2；

K_4——换算变位质量系数，其关系式为：

$$K_4 = 1 + \frac{K_3 q_t}{q_0},\ q_0 = q_d + q$$

K_3——托辊质量换算到托辊表面的变位系数；

q_t——托辊的单位长度质量，kg/m；

q——物料单位长度质量，kg/m。

启动时加速度为

$$a = a_0 = \frac{F_{max} - \sum W}{M_b}$$

制动时加速度为

$$a = -a_f = \frac{F_{Tmax} + \sum W}{M_b}$$

式中　$\sum W$——输送机运行总阻力，N；

M_b——输送带、物料、托辊、滚筒的变位质量，kg；

F_{max}——输送带在驱动滚筒上打滑时的最大启动力，N；

F_{Tmax}——输送带在滚筒上打滑时的最大制动力，N；

a_0——正加速度，m/s^2；

a_f——制动负加速度，m/s^2。

对于较长的输送机系统

$$M_b = L_1 q + (2q_d + q_t' + q_t'')L_0$$

式中　L_1——在输送机上物料的均布长度，m；

L_0——输送机全长，m。

11.1.1.2　按曲线处输送带侧边应力大于零计算曲率半径 R_2

$$R_2 = \frac{(1-t)H}{\varepsilon_p} = \frac{(1-t)tB\sin\lambda}{\varepsilon_p}$$

式中　t——侧托辊上输送带宽与输送带全宽之比；

ε_p——曲线处输送带平均应变；

H——输送带侧边总竖直高度，m；

λ——侧托辊或槽角。

11.1.2　曲线段稳定运行阻力计算

$$W = (q + q_d + q_t')gf L_p + (q + q_d)g(H_2 - H_1) - S_i(1 + \frac{q_t'}{q_0})f(\beta_2 - \beta_1)$$

$$= [(q + q_0 + q_t')gwl_p\cos\beta_1 + (q + q_d)gL_T\sin\beta_1] +$$

$$[(q + q_d + q_t')gL_Tf\cos\beta_2 + (q + q_d)gL_T\sin\beta_2] + S_if(\beta_2 - \beta_1)$$

式中　L_p——凹弧处起终点的水平距，$L_p = \sin\beta_2 - \sin\beta_1$；

H_1，H_2——分别为凹弧转折点高度，$H_2 - H_1 = R(\cos\beta_2 - \cos\beta_1)$；

S_i——凹弧起点张力；

f——运行阻力系数；

L_T——倾斜段斜长，m。

附注：凹弧段曲率半径的其他计算方法

A　日本石桥公司的凹弧曲率半径确定方法

无负载时（图 11－1）

$$R=\frac{T_0}{W\cos\alpha}$$

负载时（图 11－2）

$$R_W=\frac{T}{(W_1+W_m)\cos\alpha}$$

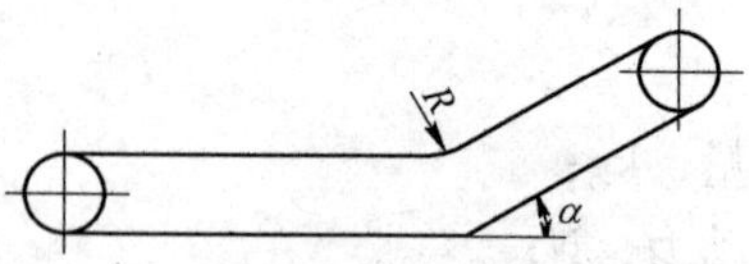

图 11－1　无负载

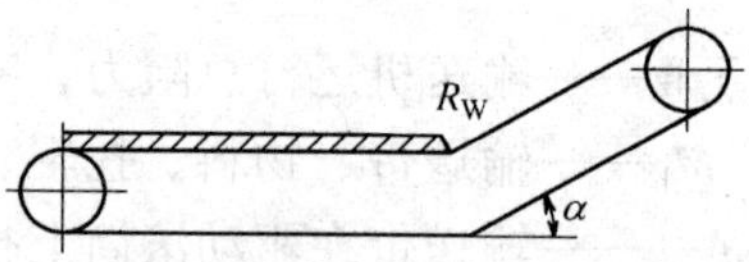

图 11－2　负载

式中　R——无负载时最小弯曲半径，m；

R_W——负载时最小弯曲半径，m；

T_0——无负载时转变点张力，kg；

T——有负载时转变点张力，kg；

W_1——带重，kg/m；

W_m——物料重，kg/m；

α——变坡角，(°)。

曲率半径选择由上式 R 及 R_W 两式所得的较大值。如考虑启动条件时，平稳启动取 $1.35T_0$ 或 $1.35T$；突然启动取 $1.2T_0$ 或 $1.35T$。

B　阪东化学凹弧段曲率半径

对钢芯带采用下式计算：

$$R=\frac{1}{2}\times\frac{100B^2E_b\sin\lambda}{3T}$$

式中　E_b——弹性模量，$E_b=\frac{E_cA}{P}$，$E_c=S_T(500\sim1800)(12000\text{kg/mm}^2)$，$S_T\geqslant1900$ (10000kg/mm^2)；

A——钢绳断面积，mm^2；

P——钢绳间距，mm；

λ——槽角，(°)；

T——圆弧切点张力，kg。

C　凹曲线变坡的形式

规定下坡时角度为负值，上坡时角度正值时，凹变向曲线的特征就是在变坡过程中，沿运行方向坡度逐渐增大。图 11－3～图 11－7 为几种凹弧变坡形式。

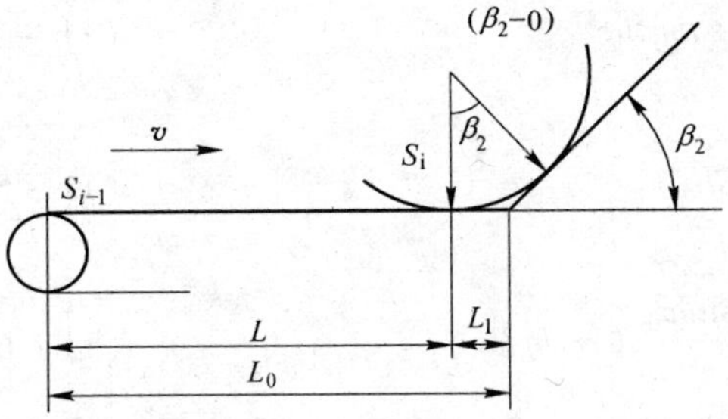

图 11－3　水平转倾斜

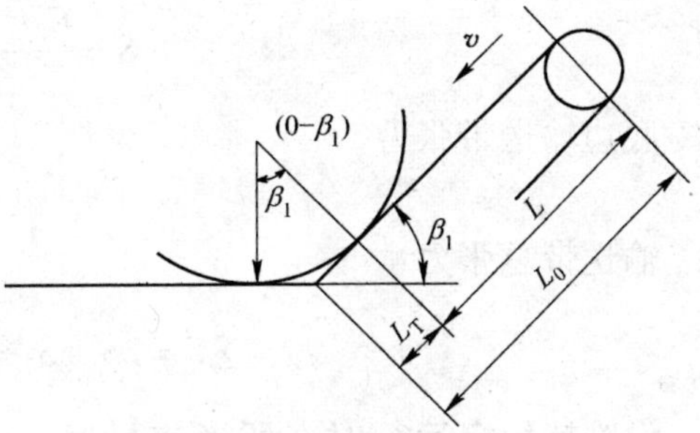

图 11－4　倾斜转水平

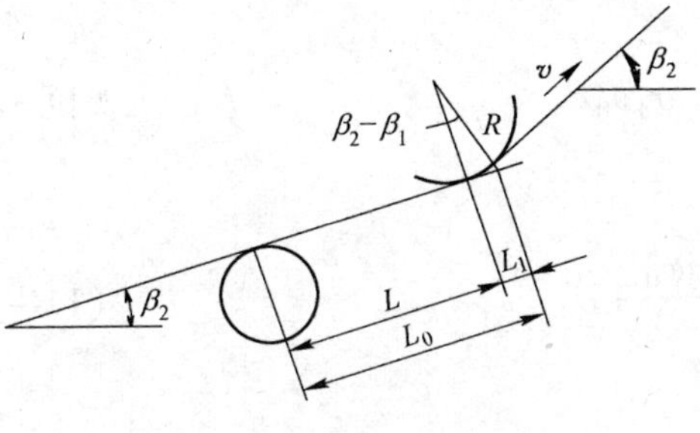

图 11－5　正倾角间转换

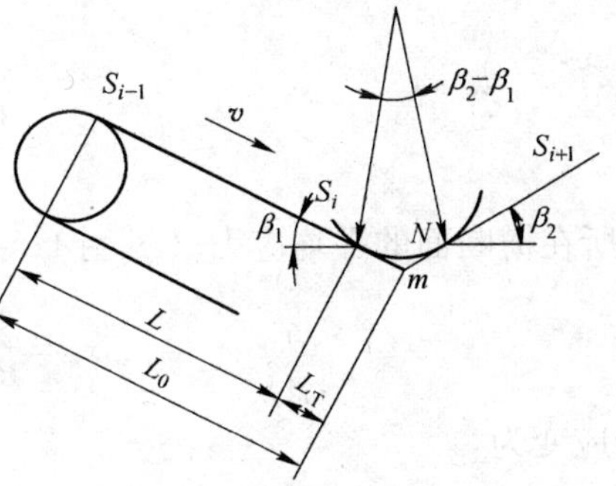

图 11－6　反向倾斜

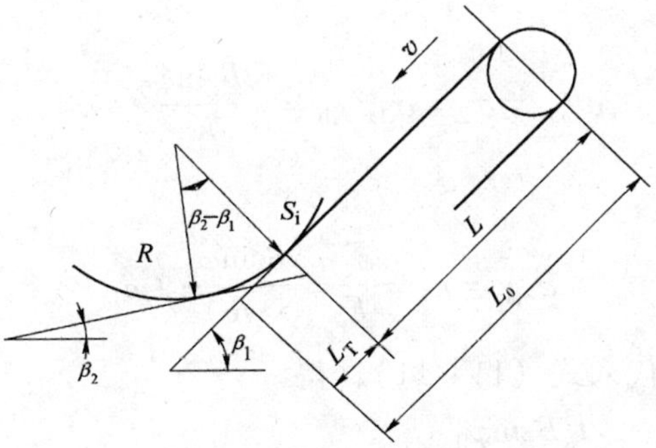

图 11－7　负倾角间转换

11.2　竖向凸弧曲线段

11.2.1　凸弧段曲率半径计算

在确定凸弧段曲率半径时必须考虑如下因素：输送带侧边拉应力不超过给定值；不致因侧边输送带张力的作用而导致输送带中轴线外输送带隆起；不致造成托辊轴承寿命的缩短；输送带侧边应力不超过输送带强度要求。

（1）根据输送带边缘张力确定曲率半径。

单面侧托辊上输送带张力

$$S=\frac{E_0t^2B\sin\varphi_0}{2R}+tb_0B\sigma \tag{11-4}$$

底边输送带张力

$$S_1=(1-2t)Bb_0\sigma_1 \tag{11-5}$$

输送带总张力

$$\sum S=2S+S_1=\frac{E_0t^2B\sin\varphi_0}{R}+\sigma_1b_0B \tag{11-6}$$

设维持稳定运行时在所考查横断面 n 处的总张力为 S_p。S_p 值由逐点张力计算而得，则

$$S_p=\sum S$$

即

$$S_p=\frac{E_0t^2B\sin\varphi_0}{R}+\sigma_1b_0B \tag{11-7}$$

n 点所在横断面的平均应力（见图 11-8）为

$$\sigma_p=\frac{S_p}{Bb_0}=\frac{Et^2B\sin\varphi_0}{R}+\sigma_1 \tag{11-8}$$

平均应变为

$$\varepsilon_p=\frac{\sigma_p}{E}=\frac{t^2B\sin\varphi_0}{R}+\varepsilon_1 \tag{11-9}$$

输送带侧边的最大应力为

$$\sigma_{max}=\sigma_2=\sigma_{1x=tb}=\frac{EtB\sin\varphi_0}{R}+\sigma_1 \tag{11-10}$$

最大应变为

$$\varepsilon_{max}=\varepsilon_2=\frac{\varepsilon_2}{E}=\frac{tB\sin\varphi_0}{R}+\varepsilon_1 \tag{11-11}$$

由式（11-9）得出 ε_1，代入式（11-11），得

$$\varepsilon_{max}=\frac{tB\sin\varphi_0}{R}+(\varepsilon_p-\frac{t^2B\sin\varphi_0}{R})$$

经整理得

$$R=\frac{t(1-t)\sin\varphi_0}{\varepsilon_{max}-\varepsilon_p}B=\frac{(1-t)H}{\varepsilon_{max}-\varepsilon_p}$$

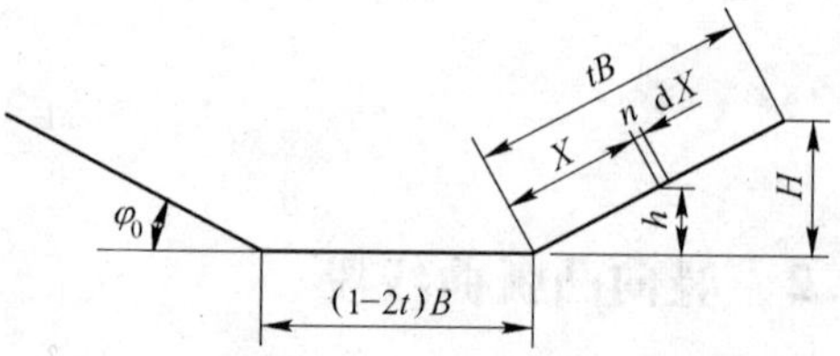

图 11-8　槽形截面

式中　E——输送带拉伸弹性模量，N/mm^2；

b_0——带芯厚度，m；

E_0——带芯拉伸刚度，$E_0=EBb_0$，N；

ε_{max}——输送带最大许用应变，对于棉织带 $\varepsilon_{max}=1.7\%\sim2\%$，对于钢丝带 $\varepsilon_{max}=0.3\%\sim0.5\%$；

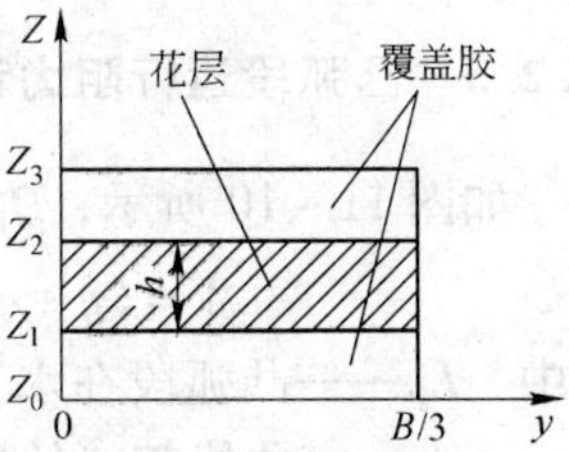

图 11－9 带芯结构

ε_p——曲线处平均应变，$\varepsilon_p=\dfrac{S_p}{EBb_0}=\dfrac{S_p}{E_0}$；

t——单侧输送带宽度与输送带全宽之比。

（2）根据输送带横向失稳确定曲率半径 R_1。

$$R_W \geqslant [S+\sqrt{S^2+6E_1DZ\pi^2\sin\theta/(\sin\theta-f\cos\theta)}]\times B^2(\sin\theta-f\cos\theta)/54D\pi^2$$

如图 11－9 所示，输送带当量形心坐标

$$\overline{Z}=\frac{1}{2}[\sum_{i=1}^{3}E_{ti}(Z_i^2-Z_{i-1}^2)]\Big/\sum_{i=1}^{3}E_{ti}(Z_i-Z_{i-1})$$

输送带刚度

$$D=\frac{1}{12}\sum_{i=1}^{3}E_{ti}[(Z_i-Z_{i-1})^3+3(Z_i-Z_{i-1})(Z_i+Z_{i-1}-2\overline{Z})^2]/(1-\mu_i^2)$$

式中 E_{ti}——i 层材料的横向弹性模量，N/mm；

μ_i——i 层材料的泊松比，橡胶 $\mu=0.47$，合成纤维 $\mu=0.4$；

Z——层数；

S——输送带张力，N；

E_1——输送带纵向弹性模量，N/mm。

也可用下式确定凸弧半径

$$R_s=\frac{B\sin\theta}{3[0.017-S/(ZBE_1)]}$$

11.2.2 凸弧段部分的托辊距

设满负荷的托辊所容许的正压力 P_{t1} 等于满负荷时压力，即

$$P_{t1}=g(q_e+q_d+q'_t)l_{t1}$$

在凸曲线段，倘若托辊距缩小为 l_{t2} 并有

$$P_{t2}=g(q_e+q_d+q'_t)l_{t2}+S\frac{l_{t2}}{R}$$

式中 P_{t1}——托辊组的容许正压力，N；

P_{t2}——托辊组的计算正压力，N；

q_e——满负荷时物料线载荷，kg/m；

l_{t1}——正常许用托辊距，m；

l_{t2}——缩小后托辊距，m。

取 $P_{t1}=P_{t2}$，即可解出所需曲率半径。

变坡曲线处的总转角为（$\beta_1-\beta_2$），则曲线部分的托辊间距数为

$$n_t=\frac{\beta_1-\beta_2}{\Delta\theta}=\frac{R(\beta_1-\beta_2)}{l_{t2}}$$

式中，$\Delta\theta=\dfrac{l_{t2}}{R}$，为输送带在托辊上的包角，rad。

11.2.3 凸弧段运行阻力计算

如图 11-10 所示，$\beta_1 > \beta_2$，计算式为

$$W = (q + q_d + q_t')gwL_P + (q + q_d)g(H_2 - H_1) + S_{iw}(\beta_1 - \beta_2)$$

式中 L_P——凸弧段在水平线上的投影长度，m；

H_1——曲线起点的标高，m；

H_2——曲线终点标高，m；

$$L_P = L_T\cos\beta_1 + L_T\cos\beta_2 = L_T(\cos\beta_1 + \cos\beta_2)$$
$$H_2 - H_1 = L_T\sin\beta_1 + L_T\sin\beta_2 = L_T(\sin\beta_2 + \sin\beta_1)$$

于是

$$W = [(q + q_d + q_t')wL_T\cos\beta_1 + (q + q_d)L_T\sin\beta_1]g + [(q + q_d + q_t')wL_T\cos\beta_2 + (q + q_d)L_T\sin\beta_2]g + S_{iw}(\beta_1 - \beta_2)$$

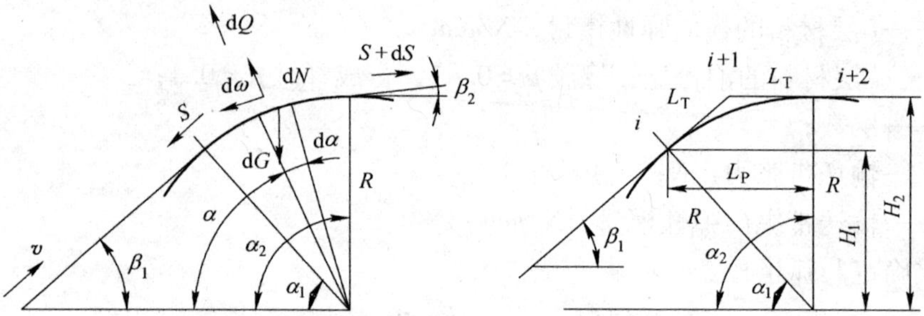

图 11-10 凸曲线阻力计算图

在线路变化不大的条件下，曲线段阻力可直接计入直线段阻力，然后增加一个量 ΔS

$$\Delta S = S_{iw}(\beta_1 - \beta_2)$$

附注：日本石桥公司推荐计算方法

如图 11-11 所示，边缘伸长量 ε 为

$$\varepsilon \geqslant \frac{\Delta L}{L} \times 100\%$$

$$\Delta L + L = (R + \delta)\frac{\pi\alpha}{180}$$

$$L = R\frac{\pi\alpha}{180},\ \Delta L = \delta\frac{\pi\alpha}{180}$$

$$\delta = \frac{B}{3}\sin\theta \quad 或 \quad \delta = \frac{B - 辊长}{2}\sin\theta$$

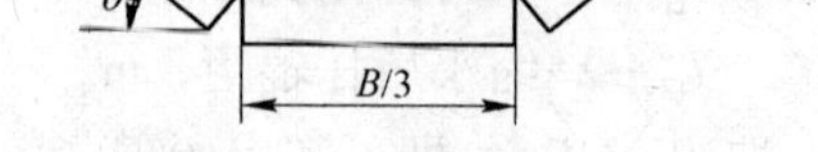

图 11-11 凸弧曲线段和托辊组截面

则 $\frac{\Delta L}{L} \times 100\% = \frac{\delta}{R} = \frac{\frac{B}{3}\sin\theta}{R} = \frac{B}{3R}\sin\theta \leqslant \varepsilon$

即 $R \geqslant \frac{B}{3}\sin\theta/\varepsilon$ 或 $R \geqslant \frac{B - 辊长}{2}\sin\theta/\varepsilon$

（1）承载带为钢丝绳带时，$\varepsilon = 0.2\%$，曲率半径 R 满足

$$R \geqslant \frac{500}{3} B\sin\theta = 167B\sin\theta \quad 或 \quad R \geqslant 250(B - 辊长)\sin\theta$$

（2）承载带为纤维带时，$\varepsilon = 0.8\%$，曲率半径 R 满足

$$R \geqslant \frac{125}{3} B\sin\theta = 42B\sin\theta \quad 或 \quad R \geqslant 62.5(B - 辊长)\sin\theta$$

表 11－1 为凸弧段的最小弯曲半径，表 11－2 为通过表 11－1 确定的曲率半径考虑输送带最大张力的修正值。

表 11－1　凸弧段的最小弯曲半径　（m）

钢丝绳带					织物芯带				
带宽/mm	槽角				带宽/mm	槽角			
	20°	30°	35°	45°		20°	30°	35°	45°
600	34	50	57	71	600	9	13	15	18
800	46	67	77	94	800	11	17	19	24
1000	57	83	96	118	1000	14	21	24	30
1200	68	100	115	142	1200	17	25	29	36
1400	80	117	134	165	1400	20	29	34	42
1600	91	134	153	189	1600	23	34	39	48
1800	103	150	172	213	1800	26	38	43	53
2000	114	167	192	236	2000	29	42	48	59
2200	126	184	211	260	2200	32	46	53	65
2400	137	200	230	284	2400	34	50	58	71
2600	149	217	249	307	2600	37	55	63	77
2800	160	234	268	331	2800	40	59	67	83
3000	171	250	287	354	3000	43	63	72	89
3150	180	263	302	372	3150				

表 11－2　考虑输送带最大张力的修正值

与最大工作张力有关的变坡点的传送带张力	80%以上	R
	60%～80%	$0.8R$
	60%以下	$0.6R$

11.3　输送带翻转

为了保持下带边托辊及滚筒的清洁，应积极考虑在长距离运输机或输送黏性物料的运输机上，使用翻转装置，可使输送带的脏面不与回程托辊面接触。翻转方式有：自然式输送带翻转、导入式输送带翻转和支承式输送带翻转。

如图 11－12 所示的平型滚柱支承，其满足的几何关系为

$$a^2 = \left(\frac{L}{2}\right)^2 + \left(\frac{B}{2}\right)^2$$

$$l^2 = a^2 + \left(\frac{B}{2}\right)^2$$

$$l = \frac{\sqrt{L^2 + 2B^2}}{2}$$

$$\Delta l = \frac{2l - L}{2} \times 100$$

$$L\left(1 + \frac{K}{100}\right) \approx \sqrt{L^2 + 2B^2}$$

$$L \approx \frac{10B}{\sqrt{K}}$$

式中　L——翻转长度，m；

B——带宽，m；

Δl——带边的最大允许伸长量，m；

K——输送带的变形，钢丝绳带：0.2%；纤维带：0.8%。

从而，钢丝绳带 $L = 23B$；纤维带 $L = 12B$。

德国 KOCH 公司推荐的翻转段长度如表 11－3 所示。

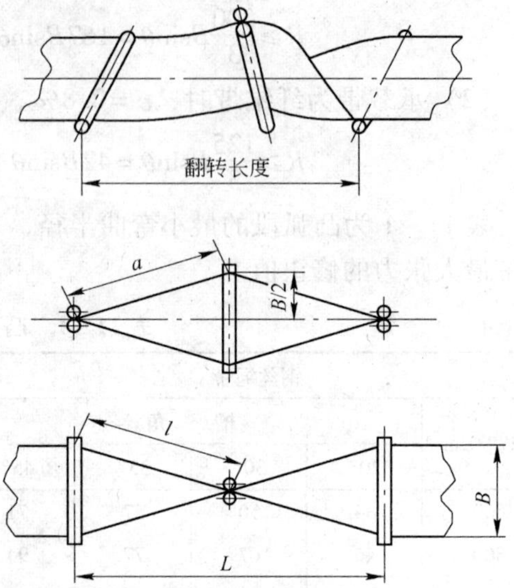

图 11－12　翻转段的几何关系

表 11－3　德国 KOCH 公司推荐的翻转段长度

输送带类型	带宽 B/mm	带速/m · s^{-1}	最小翻转长度		
			棉帆布	EP	ST
自然式输送带翻转	≤1200	1.6	8B	10B	—
导入式输送带翻转	≤1600	3.4	10B	12.5B	22B
支承式输送带翻转	≤2400	6.0	—	10B	15B

12　带式输送机的加料和卸料

欲使带式输送机正常运行，不仅要求往输送带上加料要适当，而且要求输送带的卸料要彻底。如果要带式输送机达到预期的功能，这两项要求是非常重要的。

12.1　输送带加料

向带式输送机上加料需考虑许多方面，其中最重要的是应将物料装到输送带的中央，物料沿输送带运行方向的速度应尽可能和输送带的运行速度相等。如果物料速度和输送带运行速度不同，在加料点就会有大量的物料跳动，并可能在该处堆积。这种物料跳动是由速度差引起的。

当所输送的物料装在输送带的中央，且物料装载时沿输送带运行方向的前进速度又和输送带的速度完全相同时，就可能实现理想的加料。在此种情况下，输送带覆盖层的磨损最小，输送带运行需要的功率最低，物料具有良好的装载形状而不会撒出，并且物料的粉碎率或扬尘量也最少。虽然在生产实践中很难达到这样的理想条件，但是为了尽可能接近该条件而作出努力仍是值得的。

下面列出的其他加料条件也必须予以考虑。

（1）加料的方向。在输送带上只有两个可能的加料方向，即沿着输送带运行方向加料和在输送带的侧面加料。

1）沿输送带运行方向加料。这种加料方式是最好的，因为设计最简单，可以使物料流通过加料溜槽装到运行的输送带上，也可以使物料的前进速度与带速几乎相同。料流可以被导向到输送带的中央，从而使载料形状对称。加料点的导料槽长度最小。给料量的变化不会明显地影响输送带的正常装载。采用这种加料方向时，物料从一条输送带向另一条输送带转运的高度损失为最小。

但是带式输送机沿输送带运行方向加料，不是一种常用的布置形式。

将一台短距离增速带式输送机装在加料溜槽和一台长距离高速带式输送机中间对提高装料效率和输送带寿命是有利的（见图 12－1）。采用这种短的高速输送机，可以避免由于装载物料加速度的冲击而引起昂贵的高速输送带覆盖胶的磨损。

增速输送机的长度应该足以使物料的速度尽量接近于长距离带式输送机的速度。增速输送带覆盖胶的厚度也应足以承受由于来自加料溜槽的物料加速所引起的磨损。

如果物料从加料溜槽落下时的冲击力很大，那么增速输送带应为平形，且该增速输送带应由平缓冲托辊支承，并应安设连续式导料槽。平形输送带可按所需的层数和覆盖胶厚度制作，以满足冲击要求，不用考虑输送带的成槽能力。

如果冲击情况不严重，可采用覆盖胶厚度足以承受磨损的轻型输送带。轻型输送带可用槽形托辊支承。

平形或槽形的增速输送带属于易损件，因而必须定期更换。

2）在输送带的侧面加料。这种加料方式在带式输送机布置中是常见的。一条带式输

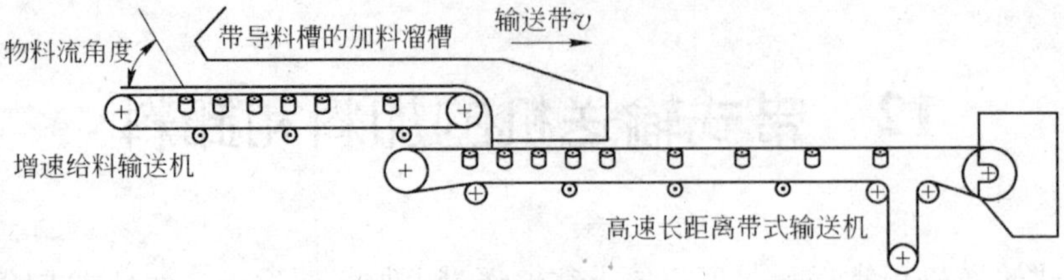

图 12 – 1　短距离增速带式输送机给长距离高速带式输送机加料示意图

送机与后一条带式输送机所形成的水平角度可以小于或大于 90°。

在转运处，任何角度转运都存在料流改向的问题，因此当物料输送到后一条输送带时，应使它在后一条输送带运行方向上的速度尽量接近该输送带的速度。显然，由于转运角由很小增大到 90°或更大，因而从物料速度和向受料输送带中央加料这两个方面来看，设计加料溜槽是一个困难的问题。

当转运角度增大到 90°时，转运站所需的高度也随之增大。而且在各种料流速度下向输送带中央加料是非常困难的。由于转运角度增大，不管加料溜槽怎么精心设计，有时还需要在现场调整，以向受料输送带中央装载各种物料。加料点的导料槽必须做得高一些和长一些，以便在物料加速到带速时仍保留在输送带上而不撒出，并使物料具有良好装载形状。但是这种情况下输送带覆盖胶要受到较大的磨损，同时加料溜槽本身的磨损也很可能加剧。

通过对加料溜槽结构的研究，就可综合考虑如何弥补这些由加料方向带来的缺点。

为弥补这些缺点，应该避免采用大于 90°的水平转运角。虽然角度超过 90°时能够将物料从一条输送带转运到另一条输送带上，但是设计加料溜槽是十分困难的。在转运站，必须损失相当大的高度，而且不太可能获得沿输送带运行方向上满意的物料速度。因此，输送带覆盖胶和加料溜槽的磨损也会加剧。

（2）输送带横向位移。假如向带式输送机装载的物料在和输送带工作面接触处有一个主导流动方向，而不是直接进入输送带运行路线，则输送带可能在支承辊上产生横向位移。

还有，如果物料不是均匀地分布在输送带上而是堆积在导料槽的一侧，那么输送带就可能在托辊上产生横向位移。这种输送带横向位移会造成输送带对中的困难，同时还会使物料从导料槽后面的边缘撒出。

（3）倾斜带式输送机的加料。如果带式输送机的加料点是向上倾斜的，要获得物料和输送带之间的最小速度差就会很困难。倾斜度和带速越大，困难就越大。因而，在带式输送机倾斜段上装载的物料，在其加速到带速以前会出现很大的跳动，因此，导料槽只能做得比较高和比较长，以使物料保持在输送带上和避免撒料。如果物料完全是磨损性的或有尖角的颗粒或块料的话，那么输送带覆盖胶的磨损就更大。

输送机向下倾斜也存在加料问题。要达到满意的加料，必须对物料和输送带的速度进行仔细的研究。

如果有可能的话，最好将带式输送机的加料段做成水平的。这种水平加料段可借助于一个合适的竖向曲线段与后面的上倾斜段或下倾斜段相连接。

（4）加料处的冲击。因为从一个垂直平面上来看，往输送带装载的物料流动方向几乎永远不会和输送带的运行方向完全相同，所以当物料和输送带工作面接触时，总会产生一些冲击。严重的冲击会损坏输送带覆盖胶并降低带芯的强度。

很细的粉料，即使很重，也不会引起很大的冲击。但是，除非加料处的托辊间距很小，否则托辊之间的输送带就会下垂，引起导料槽底部漏料，并使加料处或加料处后面的边缘撒料。

块状物料，尤其是重块料，会对输送带产生相当大的冲击。如果块料带有锐边或钝角，输送带覆盖胶可能被划伤或割裂。重块料还能损坏带芯，从而降低其强度。

为了减轻冲击，应该使用缓冲托辊，并应把它们安装在输送带加料处的下面，以便使块料料流的主要部分与两个支承托辊之间的输送带相接触，而不是落在任何一个托辊的上面。

当物料由粉料和块料混合组成时，应将加料溜槽布置得先让粉料落到输送带上，然后再让块料落到粉料层上。这样，块料的冲击就会被粉料层缓冲。参见图12－2和图12－3中这种加料溜槽的布置图解。

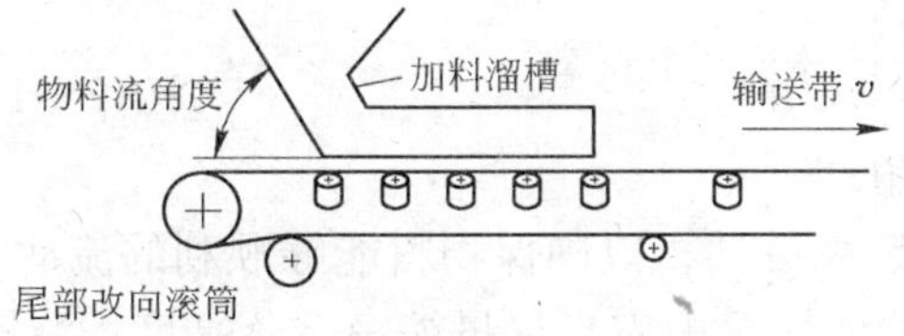

图12－2　典型的加料溜槽布置图

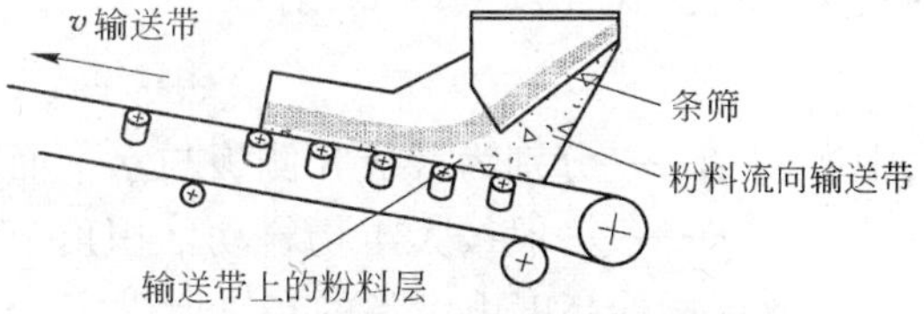

图12－3　条筛或筛分式加料溜槽

当带式输送机加料段倾斜时，物料冲击问题，特别是块料冲击问题应予以重视。

12.2　转载、加料溜槽和导料槽

如果加料溜槽和导料槽的设计和安装不合适，就会严重损坏输送带，因此对它们的设计应予以认真研究。溜槽和导料槽应固定牢固，以使它们在输送带上正确地定位。导料槽长度不能超过需要的长度，底边不能和输送带靠得过紧。当配有卸料器的带式输送机设有倾斜加料段时，导料槽应延伸到改向滚筒或竖向凸弧曲线段的第一组托辊处。这样做的目的是使输送带上的物料在到达曲线段的起点位置时仍然保持良好的装载形状。

导料槽应延伸到物料的速度达到带速，并已稳定的那一点上时物料所到达的位置。当向一个倾斜段加料时，需要较长的距离来使物料稳定。因此，向上倾斜带式输送机的加料段需要较长的导料槽。

12.2.1　物料的转载

转载系统设置在两条输送机之间以实现对散状物料输送方向的控制与衔接。在转载过程中物料随着下落的势能降低，物料速度大小和方向也会有所改变。在设计时需要考虑的问题包括：

（1）设备布置与建筑的考虑。在大多数情况下，转载站物料的下落高度取决于设备的布置以及建筑设计等因素，因而需要在满足转载设计所提出的最小高差的前提下尽量降低设备布置的高差。

（2）满足料流导向的要求，避免发生堵塞，保证合适的料流下降高度以使物料能够完成两次接近 90°的变向并顺畅地转载到另一条输送机上。

（3）满足转载料流量的要求。在转载站处设漏斗和溜槽，因料流速度受到限制，要求漏斗具有足够大的容积容纳物料。特别是在输送线停机过程中，受料输送机停机时间滞后于给料输送机时，应保证物料不产生堆积（必要时可设置旁路将卸载物料导引到输送机旁）。

（4）尽量减小物料对转载漏斗、溜槽等转载设施的磨损，保护输送带，降低或减小物料对输送带的磨损和冲击。

转载站主要由漏斗、下落区段和溜槽等部分组成。漏斗的基本作用是汇集物料，并且具有缓冲料流的功能，其基本形式见图 12－4，他们的差别在于是否带有集料板和挡料板。通常，对于滚筒直径较大、带速较高的输送机系统，漏斗采用带有集料板和挡料板的结构形式。滚筒中心到漏斗中心的距离随带速的增加而增大，而通过挡料板的设置有利于此距离的减小。当漏斗采用棱锥形时（见图 12－5），需要注意的是在棱锥上的最小倾角不是背板和侧板与水平面的夹角，而是棱锥的棱边和水平面的夹角，棱锥的棱边与水平面的夹角 γ 可由式（12－1）求出：

$$\cot\gamma = \sqrt{\cot^2\alpha + \cot^2\beta} \tag{12-1}$$

式中　α，β——分别为背板和侧板与水平面的夹角；

γ——一般按大于物料动堆积角 10°～15°来设计，以确保物料能够顺利的流动。

下落区段的高度由设备的布置所限定，在可能的情况下应当尽量缩短下落高度。溜槽部分将物料导向到输送带上，一些新型的溜槽大多采用曲线形式。表 12－1 为转载站的主要尺寸，其中 H、X 见图 12－6。

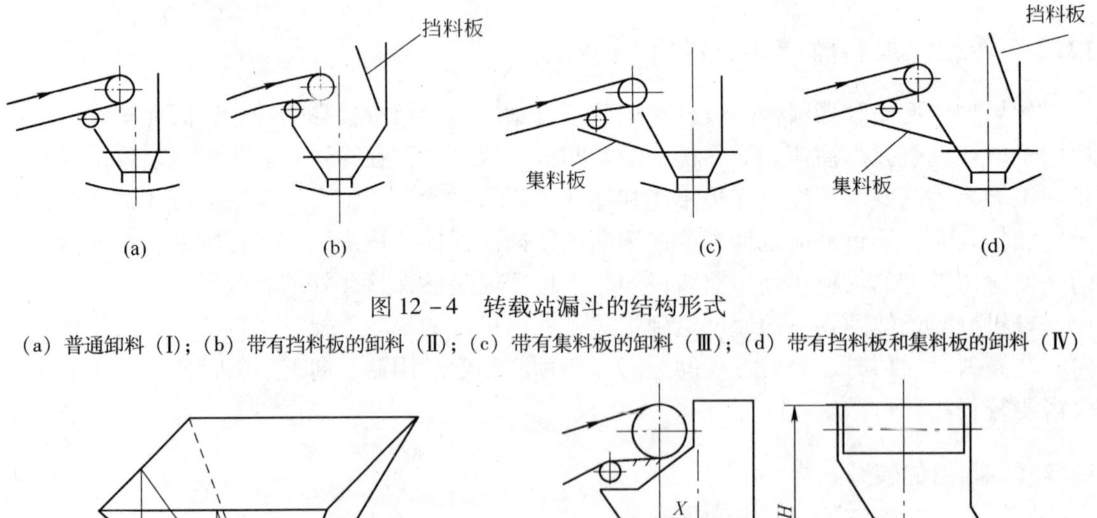

图 12－4　转载站漏斗的结构形式

（a）普通卸料（Ⅰ）；（b）带有挡料板的卸料（Ⅱ）；（c）带有集料板的卸料（Ⅲ）；（d）带有挡料板和集料板的卸料（Ⅳ）

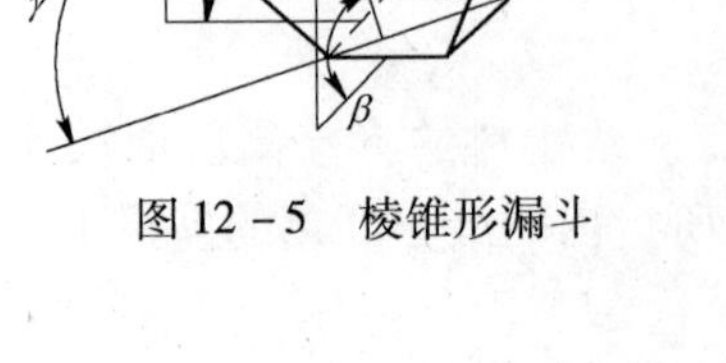

图 12－5　棱锥形漏斗

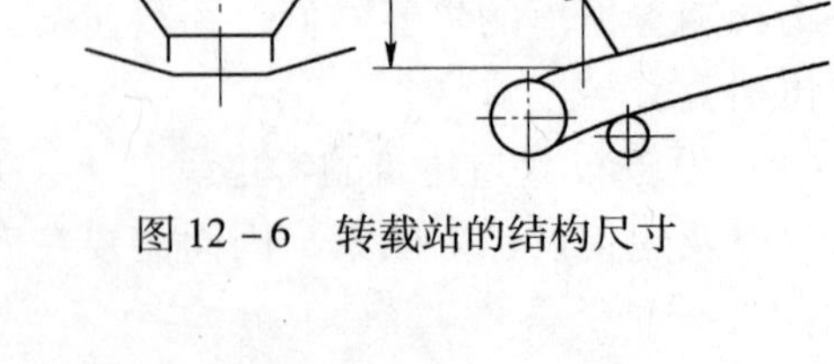

图 12－6　转载站的结构尺寸

表 12－1　转载站的主要尺寸　(m)

滚筒直径 D_{TC} /mm	类型	带速 v/m·s^{-1}															
		1.05		1.31		1.68		2.09		2.62		3.35		4.19		5.24	
		H	X	H	X	H	X	H	X	H	X	H	X	H	X	H	X
315	Ⅰ	1.8	0.35	—	—	—	—	—	—								
	Ⅱ	—	—	1.8	0.35	1.8	0.35	1.8	0.35								
	Ⅲ	—	—	—	—	—	—	—	—								
	Ⅳ	—	—	—	—	—	—	—	—								
400	Ⅰ	2.2	0.4	—	—	—	—	—	—								
	Ⅱ			2.2	0.4	2.2	0.4	2.2	0.4								
	Ⅲ	1.8	0.4	—	—	—	—	—	—								
	Ⅳ	—	—	1.8	0.4	1.8	0.4	1.8	0.4								
500	Ⅰ	2.5	0.4	—	—	—	—	—	—	—	—						
	Ⅱ	—	—	2.5	0.4	2.5	0.4	2.5	0.4	2.5	0.4						
	Ⅲ	2.0	0.6	—	—	—	—	—	—	—	—						
	Ⅳ	—	—	2.0	0.6	2.0	0.6	2.0	0.6	2.0	0.6						
630	Ⅰ	2.85	0.45	—	—	—	—	—	—	—	—	—	—				
	Ⅱ			2.85	0.45	2.85	0.45	2.85	0.45	2.85	0.45	2.85	0.45				
	Ⅲ	2.45	0.55	—	—	—	—	—	—	—	—	—	—				
	Ⅳ	—	—	2.45	0.55	2.45	0.55	2.45	0.55	2.45	0.55	2.45	0.55				
800	Ⅰ	3.05	0.40	—	—	—	—	—	—	—	—	—	—	—	—		
	Ⅱ	—	—	3.05	0.40	3.05	0.40	3.05	0.40	3.05	0.40	3.05	0.40	3.05	0.40		
	Ⅲ	2.65	0.65	—	—	—	—	—	—	—	—	—	—	—	—		
	Ⅳ	—	—	2.65	0.65	2.65	0.65	2.65	0.65	2.65	1.60	2.65	1.60	2.65	1.60		
1000	Ⅰ	3.55	0.60	—	—	—	—	—	—	—	—	—	—	—	—	—	—
	Ⅱ	—	—	3.55	0.60	3.55	0.60	3.55	0.60	3.55	0.60	3.55	0.60	—	—	—	—
	Ⅲ	3.15	0.80	3.15	0.80	3.15	0.80	—	—	—	—	—	—	—	—	—	—
	Ⅳ	—	—	—	—	3.15	0.80	3.15	0.80	3.15	0.80	3.15	0.80	3.15	1.90	3.15	1.90
1250	Ⅰ	4.15	0.70	—	—	—	—	—	—	—	—	—	—	—	—	—	—
	Ⅱ	—	—	4.15	0.70	4.15	0.70	4.15	0.70	4.15	0.70	—	—	—	—	—	—
	Ⅲ	3.75	0.90	3.75	0.90	3.75	0.90	—	—	—	—	—	—	—	—	—	—
	Ⅳ	—	—	—	—	—	—	3.75	0.90	3.75	0.90	3.75	2.20	3.75	2.20	3.75	2.20

转载溜槽设计需要的数据因应用的不同而不同，实际中需要的设计信息通常包括：所处理物料的信息，如块度、细粒分布、湿度、物料密度、堆积角、黏附特性等（建议参考几个从实践中获得的工程实例，包括湿度不同、大块物料和细粒的对比等，并通过料流特征测量已确认设计计算的精确性）；需要的输送量和两条输送带的速度；输送带的运行方向，两条输送带的垂直距离和水平偏距，转载距离，输送带、滚筒和托辊数据；确定所使用的缓冲方法，如短距离缓冲输送机，料箱或合适的缓冲结构；选择溜槽衬板材料；安

装后应便于更换，精心地考虑所存在的管路、电气管路、邻近的结构，粉尘的收集，在入口处便于安装和起重溜槽部件。尽管漏斗和溜槽等部件已经有系列化的型谱，但随工程应用的不同，仅采用传统的连续模型设计计算方法尚不能满足实际需求。

12.2.2　加料溜槽

加料溜槽的结构是值得认真研究的。在输送带沿着运行方向加料时，加料溜槽可做得十分简单。但在输送带的加料方向必须和输送带运行方向成一个角度时，加料溜槽结构就变得比较复杂。对高速带式输送机上的横向加料溜槽和导料槽需要进行十分精心和巧妙地设计。

显然，加料溜槽必须做成倾斜的才能使料流具有理想的前进速度。如果物料是细料并含有一些水分，加料溜槽的倾斜度必须足以使物料迅速滑动。但是，如果物料是块料，加料溜槽的倾斜角应限制到能使物料顺利滑动但又不会跳动和翻滚的程度。可以用在通路上装挡条或是悬挂链子来控制块料流动速度。

实际应用中可使用多角度溜槽、曲线溜槽和加内衬的溜槽来使物料均匀地向下滑动。如果不能给予物料足够的速度和适当的方向，那么必须降低受料带式输送机的速度。这样做可以取得料流前进速度与带速之间的最小差别。然而这样处理也可能会导致输送带加宽和成本提高。

加料溜槽可以用金属或其他材料制成。金属溜槽是最常用的，用于磨损性物料的溜槽可衬以抗磨的、可更换的钢板或其他材料，例如陶瓷衬板等。对于腐蚀性材料，可以采用抗腐蚀金属镀层、橡胶、合成纤维或玻璃衬板等。

（1）加料溜槽的宽度。加料溜槽的宽度应不大于受料输送带宽度的 2/3。当粒度均匀的块料占料流相当大的比重时，加料溜槽的内部宽度至少为最大块料尺寸的 2.5 ~ 3 倍。当物料是块料和粉料的混合料时，溜槽内部宽度应为最大块料尺寸的 2 倍。

这些比例关系对于输送带正常加料、防止溜槽卡料和料块跳动是十分重要的。因此，在某些情况下，加料溜槽的宽度决定着受料输送带的宽度。

（2）条筛或筛分式加料溜槽。当输送块料和粉料的混合料时，为使输送带所受的冲击力减少到最低限度，可采用以下两种方法：1）将溜槽布置得先向输送带装上一层粉料，然后再装块料；2）使用曲线或多孔溜槽底板，或条筛式溜槽，后一种溜槽有时称为筛分溜槽。向上倾斜带式输送机加料的条筛或筛分式加料溜槽如图 12 – 3 所示。

当向下倾斜带式输送机加料时，最好在装块料之前先装上粉料。因为如果在输送带上先铺一层粉料，然后再装块料，就可使块料埋在粉料层内，这样能防止块料跳动或从运行的下倾斜输送带上跌落下来。

（3）加料溜槽细节说明。加料溜槽的后板或底板应该安装在靠近输送带的地方，而且还应装上可以调节的橡胶边板，以防止粉料泄漏。橡胶边板还能防止块料跑到溜槽后板的下面或后面，并在后板与输送带之间跳动。

（4）积料箱加料。如果输送的物料具有严重的磨损性，而且受料输送带的速度缓慢的话，可把溜槽底部布置成一个箱子，在箱子里可以保存一部分物料，而磨损性的物料流在保存的物料上面通过，这样就能够避免物料对箱底的磨损。这种布置方式一般称作“积料箱”布置方式，可用于砾石和矿石的输送。图 12 – 7 所示是典型的积料箱加料溜槽。

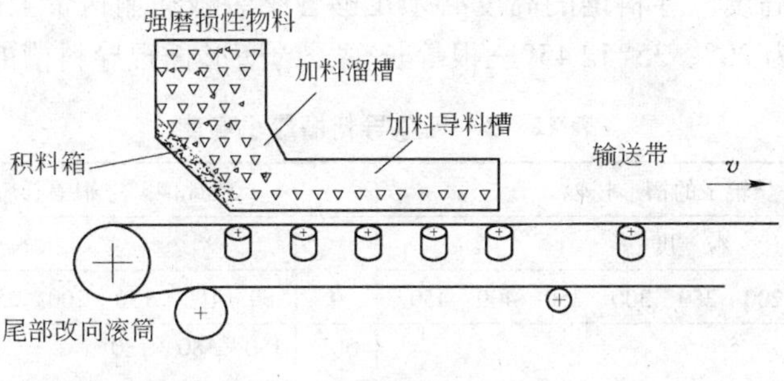

图 12－7　积料箱加料溜槽

12.2.3　导料槽

物料在离开溜槽之后和在达到带速之前，需要用导料槽将物料保持在输送带上。导料槽侧挡板通常是加料溜槽两侧的延伸部分，它们沿着输送带相互平行地延伸一定距离。导料槽一般是用金属制成的，有时也用木制的。导料槽底边与输送带的表面保持一定距离。导料槽底边与输送带表面之间的空隙用长方形橡胶板密封，橡胶板固定或夹紧在导料槽的外侧，如图 12－8 所示。

如果输送的物料里含有硬块料，特别是含有带锐边的块料，导料槽底边和输送带之间的间隙应沿输送带运行方向逐渐均匀地增大。挤紧在挡板下面的块料，当输送带运行时，就会很快自动离开，这样就不会磨伤输送带。

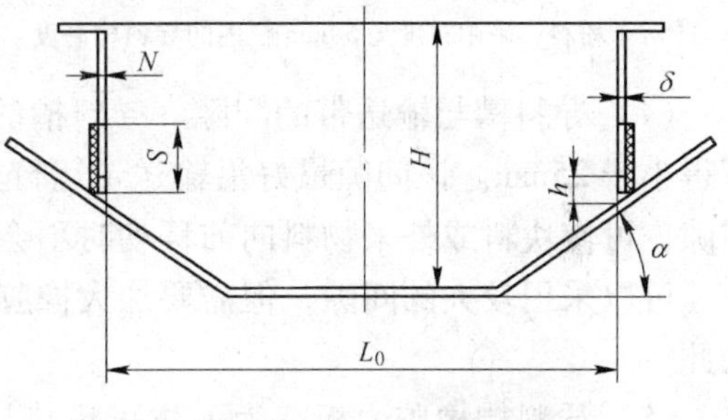

图 12－8　导料槽结构

当输送大块料和粉料的混合料或只输送筛分过的块料时，导料槽的侧挡板有时不是相互平行的，而是沿着输送带运行方向向外张开。这样布置可以防止块料塞在导料槽侧挡板之间。这种导料槽的后板经常做成弧形而不是平直的。向外张开的导料槽应尽可能做得短些，因为在起初安装和以后检修时，很难使橡胶边板紧贴在槽形输送带的槽形面上。

导料槽和长条状橡胶边板常用的尺寸比例及细节说明如下：

（1）导料槽挡板的间距。导料槽两侧挡板的最大间距通常是槽形输送带宽度的 2/3（0.667B）。如有可能，最好将导料槽侧挡板间距减小到槽形输送带宽度的 1/2（0.5B），特别是对于自由流动的物料，例如谷物等，更应如此。

在平形输送带上导料槽两侧挡板的间距，应根据输送带对中情况、输送带下面的托辊或承载板的支承情况以及橡胶边板密封效果来确定，可比带宽只小 25～100mm。上述导料槽侧挡板间距一般适用于输送潮湿的或制备好的型砂，或类似的物料，因为它们离开加料区端部时不会大量塌落。

（2）导料槽的长度。当加料方向和输送带运行方向相同时，导料槽长度通常随着加料速度（物料达到输送带时的瞬时速度）与带速的速度差而改变。对于速度差小的输送系统，每 0.5m/s 带速所需的导料槽安全长度为 600mm，但导料槽的总长不小于 900mm。导料槽末端最好位于托辊上面而不是在托辊之间。

（3）导料槽的高度。导料槽的高度必须足够容纳装载在输送带上的物料量。表 12－2 列出的是用于槽角为 20°、35°和 45°三根等长辊子的槽形托辊导料槽的合理高度。

表 12－2　无盖导料槽最小高度　（mm）

20°三根等长辊子的槽形托辊										35°和 45°三根等长辊子的槽形托辊									
带宽 *B*	粒度 50①	100	150	200	250	300	350	400	450	带宽 *B*	粒度 50①	100	150	200	250	300	350	400	450
500	125	125	125							500	180	180	180						
650	140	140	150	165						650	190	190	200	220					
800	150	160	180	195	210					800	220	220	240	260	275				
1000	170	185	200	220	240	250				1000	250	260	280	295	310	330			
1200	200	210	230	240	260	280	295			1200	280	300	320	330	350	370	380		
1400	220	240	250	270	290	310	320	340		1400	320	340	360	370	390	410	420	440	460
1600	250	260	280	300	310	330	345	360	380	1600	370	370	390	410	430	440	460	480	500
1800	270	290	300	320	340	360	370	390	410	1800	400	410	430	450	460	480	500	520	540
2000	320	340	360	370	390	410	420	440	460	2000	470	490	510	520	540	560	570	600	635
2200	370	390	410	420	440	460	470	490	510	2200	550	570	580	600	620	635	650	690	730
2400	420	440	460	470	490	510	520	540	560	2400	630	640	660	680	690	710	730	780	820

①对于粉料，采用粒度为 50mm 栏内的导料槽高度。

（4）导料槽与输送带的间隙。导料槽的金属（或木制）底边距输送带工作面的距离不得小于 25mm。该间隙最好沿输送带运行方向均匀地增大。如前所述，这种均匀增大的间隙，可使块料或外来物料向前移动时不会在导料槽底边与输送带之间卡住。

可以采用较大的间隙，但需要加大橡胶边板的宽度和厚度，特别是对于长导料槽更应如此。

（5）导料槽橡胶边板。为了防止粉料从导料槽底侧和运行输送带之间漏出来，通常的做法是在导料槽的外侧装上 10～12mm 厚的长条状硬橡胶板。这些橡胶板用螺栓固定或夹在导料槽侧挡板上，这样在最初安装时或在磨损以后，能将橡胶板调整到使其轻轻靠在输送带工作面上（见图 12－8）。

这种边板应采用硬橡胶，其硬度至少为 60～100 硬度计单位。为了不致因夹持磨损性颗粒使输送带覆盖胶磨损，橡胶边板不应带有纤维织物。旧的橡胶带绝不能用作导料槽的边板。橡胶边板的宽度取决于它在导料槽上的固定方法和允许的磨损量。

橡胶边板可以垂直安装，也可以安装成一定角度。由于承载的输送带在两个托辊之间会发生弯曲，橡胶边板装成一定角度能够起较好的密封作用。但是，对此必须进行精心设计，以便在输送带覆盖胶磨损最小情况下取得良好的密封效果。

如果物料特性（如物料粒度均匀，大于 25mm，不含有粉料等）允许的话，导料槽可以不用橡胶边板，但只有在导料槽侧挡板和输送带的边缘不是靠得很近的条件下才允许这样做。导料槽不用橡胶边板可以减少输送带覆盖胶的磨损和划伤。

当采用向外张开的导料槽时，橡胶边板压在输送带上的范围比较大，这样能减少输送带覆盖胶被磨出沟来的可能性。

导料槽的橡胶边板应经常调整，使其恰好接触到输送带表面。边板对输送带压得过紧，不仅能划伤输送带覆盖胶表面，而且还会增加输送带的运行阻力。在装有连续导料槽的带式输送机上，导料槽橡胶边板的压力过大会引起带式输送机驱动电机过载。

（6）导料槽盖。高度合适的导料槽加盖可以减少扬尘量。导料槽顶部边缘可以做成法兰，这样可以把盖固定在法兰上。

如果导料槽加盖，尤其是给上倾斜带式输送机的导料槽加盖，导料槽盖靠近加料溜槽的部分要有足够的斜度，以适应溜槽的布置。由于在加料处物料速度还达不到输送带运行速度，因而必须设有一个容积够大的料室，以避免料流在加料溜槽端部卡住。

（7）用于中间加料点的导料槽。在输送带长度内设有一个以上的加料点时，在中间加料点上的导料槽必须小心布置。因为物料在输送带上往往会摊平和扩展，所以这些中间加料点的导料槽必须设计得能让前面已装载在输送带上的物料在此处自由通过。中间加料点的导料槽相互间通常要靠近一些，其净高要比已装载的物料表面高度大得多。中间加料点的导料槽可以不装橡胶边板，因为没有什么用处。

由于开始加料时物料会发生跳动，因此导料槽即使设计得很精细，在中间加料点上还是会产生撒料。另外，在中间加料点上的扬尘几乎是不可避免的。

当中间加料点相互比较靠近的时候，在两个加料点之间使用连续导料槽往往比在中间加料点上随便使用比较短的导料槽要好。连续导料槽可以有效防止撒料。

使用比较宽的输送带或深槽输送带，有利于在中间加料点上加料，而且不会撒料。

（8）物料对导料槽的摩擦阻力。克服物料对导料槽的摩擦阻力和克服导料槽橡胶边板的摩擦阻力所需的力即为输送带的附加张力。

12.2.4 加料溜槽和导料槽的结构设计

（1）导料槽的设计（见图 12－8）。

CEMA 建议导料槽侧挡板间距 L_0 为

$$L_0 = \frac{2}{3}B = 0.667B$$

对易流动的谷物

$$L_0 = \frac{1}{2}B = 0.5B$$

导料槽长度 L 为

$$L = (1.25 \sim 2.3)B$$

一般根据计算后的长度调整为 1.5m，2.5m，3m，4m，4.5m，5m，5.5m，6m 等值，基本值为 1.5m，2.5m 及其组合。

导料槽挡板高度 $H(\alpha = 20°，25°，30°，35°，45°)$

$$H = (0.3 \sim 0.5)B$$

导料槽与输送带间隙 h 为

$$h \geqslant 25\text{mm} \quad （一般取 h = 25\text{mm} 或 h = 30\text{mm}）$$

$$h_{max} = 40\text{mm}$$

导料槽橡胶边板厚度 δ 为

$$\delta = 8 \sim 20\text{mm}$$

$B = 500\text{mm}$ 时，$\delta = 8 \sim 12\text{mm}$

$B = 650\text{mm}$ 时，$\delta = 10 \sim 14\text{mm}$

导料槽挡板钢板厚度 N 为

$$N = 6 \sim 10\text{mm}$$

（2）导料槽挡板加料段长度确定。如图 12－9 所示，物料由初速度 v_0 达到带速 v 所需的最小距离 $L_{\min}$，由运动学原理知

$$S = \frac{(v + v_0)t}{2}$$

$$L_{\min} = \frac{v^2 - v_0^2}{2g(\mu\cos\theta - \sin\theta)}$$

则导料槽的实际长度 L 为

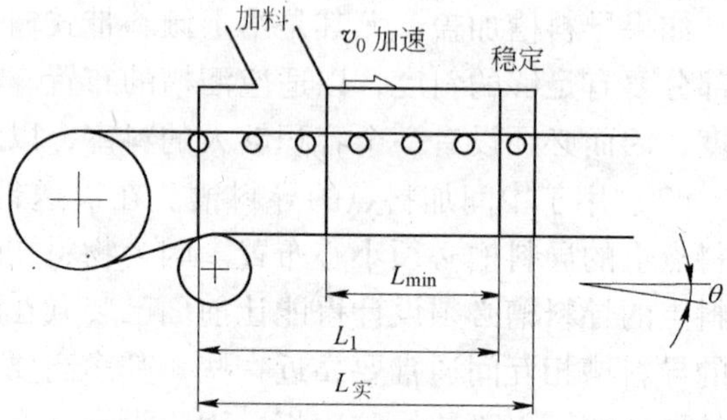

图 12－9　加料段长度分析

$$L = \left(\frac{1}{3} \sim 1\right)B + L_{\min}$$

即

$$L = \left(\frac{1}{3} \sim 1\right)B + \frac{v^2 - v_0^2}{2g(\mu\cos\theta - \sin\theta)}$$

式中　B——带宽，m；

v——物料稳定运行速度，m/s；

v_0——物料被装载时沿 v 方向的初始速度，m/s；

θ——对某种物料设计的输送倾角。

$$\mu = \min(\mu' \cdot \mu'')$$

式中　μ'——物料和输送带间的滑动摩擦系数；

μ''——由物料动堆积角决定，$\mu'' = \tan\beta$。

$$\theta \leqslant \arctan\mu,\ \varphi = \arctan\mu - 5°$$

则

$$\mu = \tan(\varphi + 5°)$$

式中　φ——对某种物料设计允许的最大输送倾角。

12.3　输送机卸料轨迹求解

物料从带式输送机端部滚筒卸下的路径称为物料的轨迹。这个路径的曲率是由端部滚筒的转速、半径和物料的重力决定的。

转运溜槽的结构形式（包括溜槽盖板及耐磨板的位置）取决于轨迹的形状。因此，必须尽可能精确地预测卸下物料的轨迹。

许多研究者及输送带和输送机制造厂编制的产品样本大部分都提供了物料轨迹的计算及作图方法。然而，通过对带式输送机卸下物料的实际轨迹的观察，其结果与采用这些方法计算的轨迹很不一致。

对于20°、35°、45°三个等长辊子的槽形托辊在各种不同的输送量和各种带宽情况下，已研究出一种确定输送带负荷重心高度的方法。而且也能容易地确定卸料滚筒中心的有效

半径。在建立了轨迹的中心线后，就可求出卸料路径上、下极限的近似值。

假如物料容重为 0.8t/m³ 或大于 0.8t/m³，并且粒度大致均匀，则物料路径的上、下极限将平行于物料从卸料滚筒中心线自由落下 2000mm 的轨迹中线。假如物料从卸料滚筒中心线自由落下高度为 2000～6000mm，物料路径的上、下极限可能稍有不同。

松散的轻质物料、高的带速和大块与细粒的混合料都会改变物料路径的上、下极限。在卸料滚筒处，物料顶部附近的块料在卸料滚筒处会被抛得较远。通过对这类块料各个轨迹的计算和作图就可求出它们的轨迹近似值。但松散的轻质物料从滚筒卸下时，空气阻力会使它们到处飞散，所以在确定这类物料轨迹的上、下和横向极限时应作相应地修正。

12.3.1　正常物料轨迹的计算及作图

使用正常物料轨迹的计算和作图方法要充分注意以下五个条件：

（1）质量中心。物料的质量中心就是负荷断面的重心，在这个点上，输送带与滚筒相切。

（2）速度。在达到输送带与滚筒相切的那一点之前，物料负荷与输送带以相同的线速度运动。当物料达到滚筒上的输送带弯曲部分时，物料断面重心处的物料切线速度，在任何给定的卸料滚筒转速下都与物料断面重心和滚筒中心之间的径向距离成正比。

（3）轨迹起始点。轨迹的起始点位于断面重心围绕滚筒中心所形成的圆周上的某一点，在该点的离心力等于在那一点的重力的径向分力。

（4）负荷形状。在即将到达输送带和滚筒相切的那一点的瞬间，槽形输送带上的物料负荷形状与弓形十分相似，如图 12－10 所示。在图中，弓形面积等于输送带正常槽形部分的物料负荷断面积。

确定平形输送带上的负荷断面重心，可参阅图 12－11。a_1 及 h 的高度值已在表 12－3 中给出（表中提供了从物料边缘到带边的标准距离）。

表 12－3　在卸料滚筒处负荷的高度及重心　（mm）

托辊形式	动堆积角/(°)	当物料边缘到带边的标准距离为 $0.055B+0.9$mm 时的 h 及 a_1 值											
			带宽										
			500	650	800	1000	1200	1400	1600	1800	2000	2200	2400
三个等长辊子的20°槽形托辊	0	h	28	43	53	68	79	94	104	120	145	170	196
		a_1	10	18	20	28	33	38	43	48	58	69	79
	5	h	36	51	66	81	99	114	130	142	173	200	229
		a_1	15	20	25	33	41	46	53	58	69	81	94
	10	h	41	61	79	94	114	132	152	170	206	244	282
		a_1	15	25	33	38	46	53	61	69	84	99	114
	20	h	56	79	97	122	145	173	191	216	264	312	361
		a_1	23	33	41	48	58	69	76	86	107	124	142
	25	h	64	89	114	137	163	191	216	244	295	343	391
		a_1	25	36	46	56	66	76	86	97	117	137	157
	30	h	69	97	127	152	180	208	239	269	323	356	414
		a_1	28	38	51	61	74	84	97	109	130	155	180

续表 12－3

托辊形式	当物料边缘到带边的标准距离为 0.055B+0.9mm 时的 h 及 a_1 值												
	动堆积角/(°)		带　宽										
			500	650	800	1000	1200	1400	1600	1800	2000	2200	2400
三个等长辊子的35°槽形托辊	0	h	48	69	89	109	127	152	170	188	229	267	305
		a_1	20	28	36	43	51	61	69	76	91	104	119
	5	h	53	76	97	122	140	163	188	206	254	302	350
		a_1	20	30	38	48	56	66	76	251	102	119	137
	10	h	58	81	107	132	155	183	208	229	279	330	381
		a_1	23	33	43	53	64	74	84	91	112	132	152
	20	h	69	99	130	155	185	213	241	272	330	360	417
		a_1	28	41	53	64	74	86	97	109	132	155	178
	25	h	76	107	137	168	198	231	262	295	353	391	455
		a_1	30	43	56	69	79	94	104	117	142	168	193
	30	h	81	114	145	180	213	249	282	315	378	445	510
		a_1	33	46	58	74	86	102	114	127	152	178	203
三个等长辊子的45°槽形托辊	0	h	56	79	102	127	152	173	196	218	267	312	358
		a_1	23	33	46	51	61	69	79	89	107	127	147
	5	h	61	86	112	137	163	188	213	241	290	340	391
		a_1	25	36	46	56	66	76	86	97	117	137	157
	10	h	66	94	119	147	178	200	229	259	310	366	422
		a_1	25	38	48	58	71	81	91	104	124	173	196
	20	h	74	104	137	168	198	231	262	292	356	419	483
		a_1	30	43	56	69	79	94	107	117	142	168	193
	25	h	79	112	145	178	211	246	277	312	376	416	508
		a_1	30	46	58	71	84	99	112	124	150	175	198
	30	h	84	119	152	188	224	259	292	330	396	439	518
		a_1	33	48	61	76	89	104	117	132	160	191	221
平形托辊	5	h	9	11	13	17	20	23	26	29	36	42	50
		a_1	3.5	4.3	5.1	6.8	8	9	11	12	14	17	18
	10	h	16	22	24	34	41	46	53	58	71	84	97
		a_1	6.6	8.9	9.6	13.7	16.5	18.5	22	24	29	34	43
	15	h	25	33	36	51	61	68	80	88	107	130	152
		a_1	10	13	15	21	25	27	33	33	43	53	63
	20	h	33	43	48	69	81	90	107	117	141	164	187
		a_1	13	17	20	28	33	37	43	47	57	68	78
	25	h	41	55	69	85	102	113	135	146	176	203	204
		a_1	17	22	24	34	41	45	54	59	71	84	96
	30	h	49	65	72	102	122	135	160	174	211	248	286
		a_1	20	26	29	41	49	54	65	70	85	100	116
	35	h	57	76	84	119	142	157	188	203	246	292	338
		a_1	23	31	34	48	57	64	76	82	99	118	146

（5）切线角的方向。轨迹的切线角方向是由作用在物料质量中心（即图12－10和图12－11中的断面重心）的各种力来决定的。

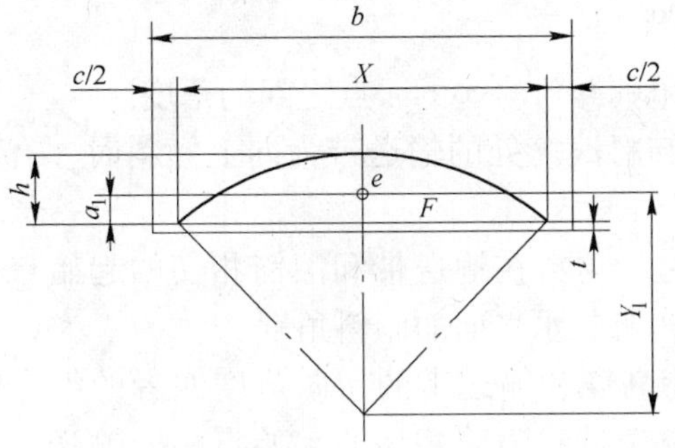

图12－10　物料经过滚筒的形状

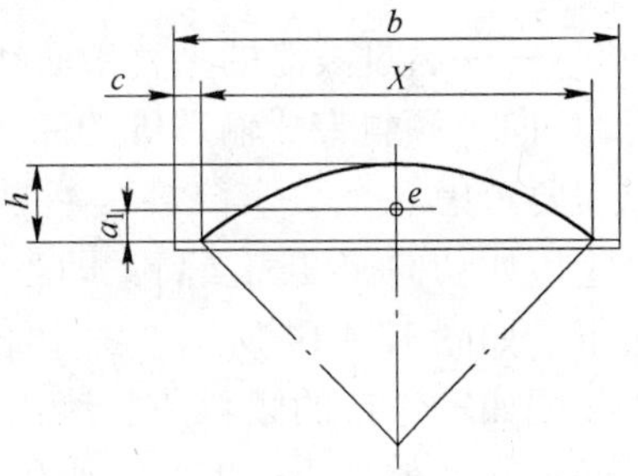

图12－11　平形输送带上负荷的重心

假如没有重力的影响，此轨迹的中线将是一条直线。正是这条直线（它与一个圆相切，此圆的半径为滚筒中心到物料负荷断面重心的距离）决定着物料轨迹的角度方向。见图12－12～图12－18。

（6）力和速度的基本关系式。假如物料切向速度为v_S；g是由重力引起的加速度；r是从滚筒中心到质量中心（即物料负荷断面的重心）的径向距离；W为物料作用在质量中心的重力，则作用在物料质量中心的离心力为

$$离心力=\frac{W}{g}\frac{v_S^2}{r}=\frac{Wv_S^2}{gr}$$

当离心力等于物料重力的径向分力时，物料将不再受输送带支承，并开始沿卸料轨迹运动。这个轨迹究竟从滚筒周围的哪一个位置角上开始，取决于卸料滚筒处输送机的斜度。现按下面三种情况说明。

1）水平带式输送机的卸料轨迹。假如带式输送机在卸料滚筒处是水平的，则有两种情况需要考虑。

①假如切向速度相当高（也就是离心力等于或大于W时），物料将在输送带与滚筒相切的起始点离开输送带（如图12－12所示），即

$$\frac{v_S^2}{gr}\geqslant 1$$

图中，e_t是物料离开输送带的起始点，下同。

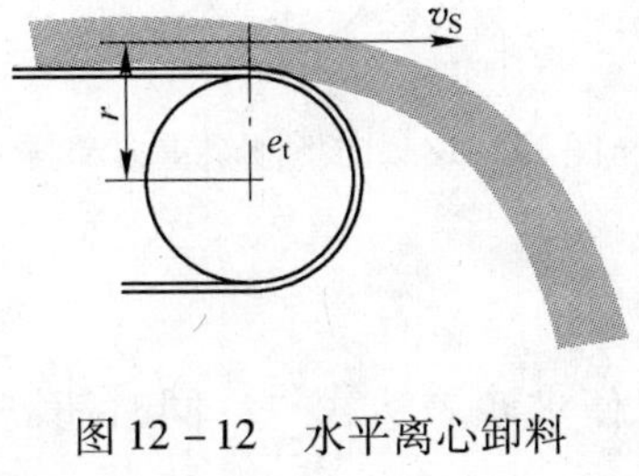

图12－12　水平离心卸料

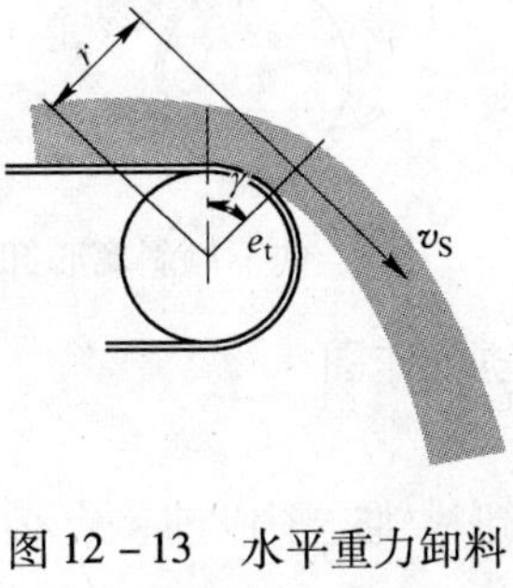

图12－13　水平重力卸料

②假如切向速度不够高，不足以使物料在相切的起始点离开输送带（也就是在 $v_S^2/gr<1$ 时），则物料将随滚筒走一个角度为 γ 的路程（如图 12－13 所示），即

$$\frac{v_S^2}{gr}=\cos\gamma$$

式中　γ——通过滚筒的垂直中心线到物料开始其卸料轨迹的 e_t 点之间的角度。

2）向上倾斜带式输送机的卸料轨迹。在卸料滚筒处的输送带为向上倾斜时，有四种情况需要考虑。

①假如切向速度相当高，即当 $v_S^2/gr>1$ 时，物料在输送带和滚筒相切的起始点离开输送带，如图 12－14 所示。图中 φ 是带式输送机与水平面的倾斜角度。

②假如输送带的倾斜角、滚筒直径、负荷高度和输送带的切向速度四者的组合能使 $v_S^2/gr>\cos\varphi$，但仍小于 1 时，则物料可能在输送带和滚筒相切的起始点离开输送带。然而，滚筒上的输送带弧形表面会影响物料的理论轨迹，物料可能继续和输送带接触，并随滚筒再走一段路程（见情况④）。

③假如切向速度为 $v_S^2/gr=1$，物料将在滚筒的垂直中心线处离开输送带（如图 12－15 所示）。

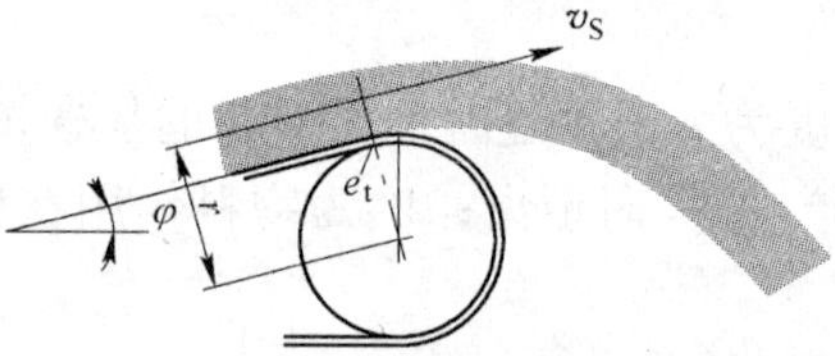

图 12－14　向上倾斜离心卸料

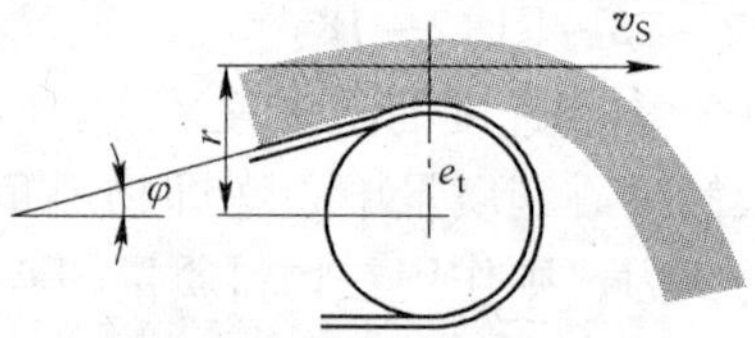

图 12－15　向上倾斜临界卸料

④假如切向速度相当低，即当 $v_S^2/gr<\cos\varphi$ 时，物料将随着滚筒走一个角度 γ，越过最高点到 $v_S^2/gr=\cos\gamma$ 的那一点时再离开输送带，如图 12－16 所示。

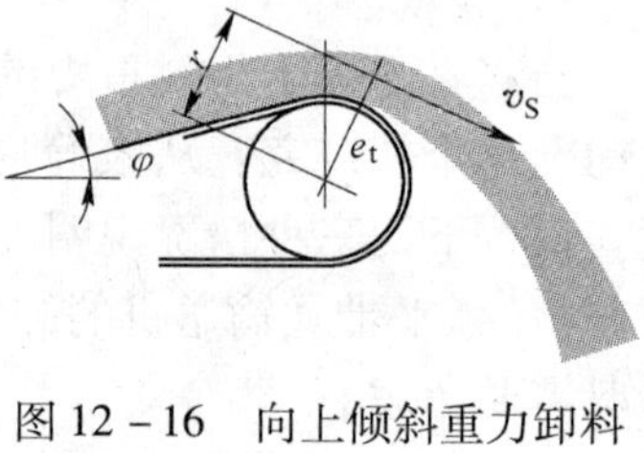

图 12－16　向上倾斜重力卸料

3）向下倾斜带式输送机的卸料轨迹。假如带式输送机在滚筒处是向下倾斜的，有两种情况要考虑。

①假如切向速度相当高，即当 $v_S^2/gr\geqslant\cos\theta$ 时，物料将在输送带与滚筒相切的起始点离开输送带，如图 12－17 所示。

②假如物料速度不足以使物料在输送带和滚筒相切的起始点离开输送带，物料将随滚筒走一段路程直到 $v_S^2/gr=\cos\gamma$ 为止，如图 12－18 所示。

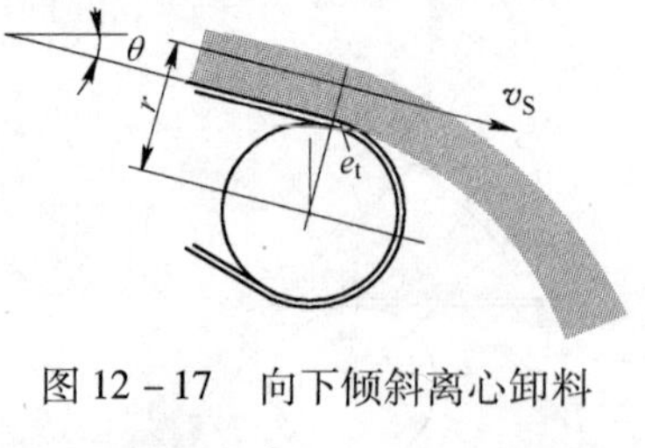

图 12－17　向下倾斜离心卸料

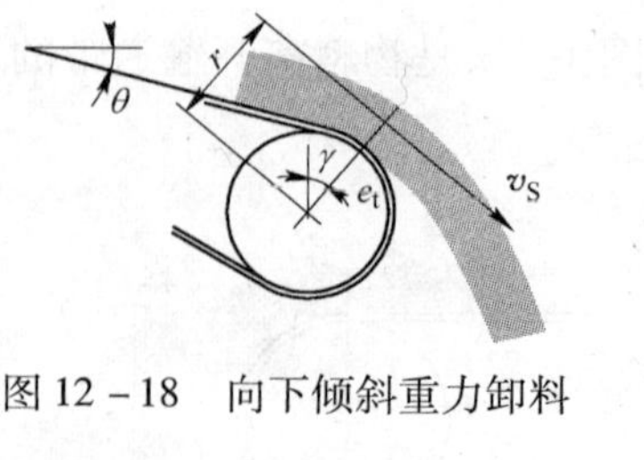

图 12－18　向下倾斜重力卸料

12.3.2　轨迹作图

在作卸料轨迹图以前，有必要计算 v_S 及 γ 值，以便求解表达式$\frac{v_S^2}{gr}$。同时还需要求出

物料在输送带上变平后的高度，以便能作图找出物料路径的上极限（参阅图 12－10 和图 12－11）。

假设：a_1 为在滚筒和输送带相切的点上，输送带上负荷的断面重心的高度，mm；h 为在滚筒和输送带相切的点上，输送带表面到负荷顶端的高度，mm；r 为从滚筒中心到弓形负荷断面重心的径向距离，mm。那么

$$r = a_1 + \text{输送带厚度} + \text{滚筒半径}$$

槽形输送带的载料边缘到输送带边缘的标准距离为 $0.055B + 0.9\text{mm}$ 时，各种带宽、各种托辊侧辊倾角和各种堆积角的 a_1 和 h 值见表 12－3。

切向速度 v_S 应按下式计算：

$$v_S = \frac{2\pi r \times \text{端部滚筒每分钟转数}}{60}$$

注：v_S 值不能按输送带的公称速度计算。

（1）切线位置角的确定。为确定直线与半径 r 的圆相切的位置角，必须求解下列表达式：

$$\frac{v_S^2}{gr} = \cos\varphi, \quad \text{或} \cos\theta, \quad \text{或} \cos\gamma$$

然后，由余弦确定角 φ，θ 或 γ 的值，当 $\frac{v_S^2}{gr} = 1$ 或大于 1 时，此角为 $0°$。

用此角度值求解物料离开输送带并开始其轨迹的 e_t 点，请参阅 12.3.1 节的“水平带式输送机的卸料轨迹”、“向上倾斜带式输送机的卸料轨迹”及“向下倾斜带式输送机的卸料轨迹”的相关内容。

为作轨迹图，要用适当的比例，画出滚筒轮缘、输送带厚、水平的或向上倾斜的或向下倾斜的输送带的路径，从滚筒中心画以半径为 r 的圆。在已确定的 e_t 点上，画一条直线与半径为 r 的圆相切（也就是垂直于由角度 φ，θ 或 γ 定位的通过滚筒中心的直线）。

（2）物料从切线的下落距离。重力的作用能阻止物料沿切线运动，故物料的轨迹将位于切线下面。在测量和绘制下落高度时，把受重力作用的物料下落时间分为每一间隔为 1/20 秒是较方便的。时间间隔为 1/20 秒时物料从切线上下落的真实距离如表 12－4 所示。

表 12－4　各时间间隔的下落距离

时间间隔/s	下落距离/mm	时间间隔/s	下落距离/mm
1/20	12.5	11/20	1480
2/20	50	12/20	1765
3/20	110	13/20	2070
4/20	200	14/20	2400
5/20	300	15/20	2750
6/20	440	16/20	3140
7/20	600	17/20	3540
8/20	785	18/20	3975
9/20	990	19/20	4380
10/20	1225	20/20	4910

（3）时间间隔长度的测量。根据计算的切向速度 v_S（在半径 r 处）确定沿切线方向的时间间隔长度。为了便于绘制轨迹图，假定在每 0.3m/s 的切向速度下，每隔 1/20s 时间的长度增量为 0.18m（见表 12－4）。

例如，计算的切向速度 v_S 为 0.3m/s，则从 e_t 点开始，在切线上量取 0.18m 为时间间隔长度；如切向速度为 0.63m/s，则量取 0.36m 为时间间隔长度；假如切向速度为 0.93m/s，则量取 0.54m 为时间间隔长度等。假如切向速度是 0.3m/s 的某个分数，则用 0.18m 乘这个分数并绘出相应的时间间隔长度。

从 e_t 点（切线与半径为 r 的圆相切的起始点）开始，在切线上绘出每个时间间隔长度，并依次给每个时间间隔编号，0 为相切的点（e_t 点），1 为第一个 1/20s，2 为下一个 1/20s，依次类推。

按照每个编号的时间间隔，直接在切线上绘出一系列具有适当长度的向下平行垂线（0 号除外）。以切线为起点，在这些垂线上绘出相应的下落距离。为此，需从切线上的每个编号点垂直向下量取。把这些下落点连起来作成一条平滑的曲线，这条线就是物料轨迹的中线。

（4）轨迹路径的极限。在轨迹的中线确定之后，按表 12－3 中（$h-a_1$）的距离值绘出轨迹的顶部轨迹线。（$h-a_1$）的值就是在每个下落点上面和周围画出的圆弧半径。一般物料轨迹的顶部极限就是与这些圆弧相切的平滑曲线。

物料轨迹的下部极限也应该是一条平滑的曲线，它与在每个下落点下面和周围画出的圆弧相切。这些圆弧的半径应等于 a_1。

关于从卸料滚筒上长距离下落的松散轻质物料或大块和细粒的混合物料的轨迹请参阅前述"卸料轨迹"相关内容。在设计卸料溜槽时必须考虑这类物料在轨迹极限上的差别。对于大块料的轨迹，可用 r 当作大块料中心到滚筒中心的距离。用下式计算块料切向速度 v_S：

$$v_S = \frac{2\pi r \times (\text{端部滚筒每分钟转数})}{60}$$

物料轨迹的宽度非常接近于图 12－10 和图 12－11 中弓形弦长 x。对于槽形输送带来说，这个值近似于 $B-0.055B-0.9\text{mm}$，而对于平形输送带来说，则近似于 $B-2(0.055B+0.9\text{mm})$。上述两式中，B 为输送带宽，mm。

（5）槽型断面几何质心计算。槽形带式输送机在物料到达头部滚筒卸料前，物料逐步向输送带的两边横向塌落，此时负荷断面形状实际上是一个近似弓形体，此弓形体的断面积等于输送机槽形部位上负荷的平均断面积。当物料到达滚筒时，物料上的作用力，必须取在质量中心，这实际上是负荷断面积的重心，如图 12－19 所示。

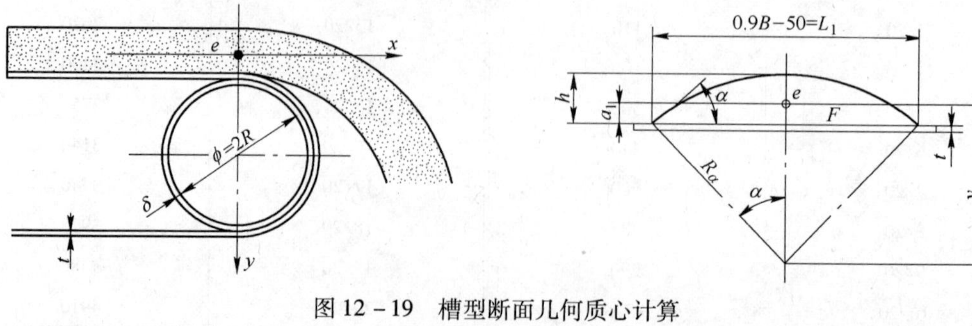

图 12－19　槽型断面几何质心计算

e 点速度 v

$$v=\frac{2\pi n(R+\delta+t+a)}{60}$$

式中　n——滚筒转数，r/min；

R——滚筒名义半径，m；

δ——滚筒包胶厚度，m；

a——e 点的质心高度，m；

t——带厚，m。

$$r=R+\delta+t+a$$

离心力

$$F=\frac{G}{g}\cdot\frac{v_e^2}{r}$$

抛卸位置求解：

1）对水平输送机

①当 $\frac{v_e^2}{gr}\geqslant 1$ 时，由输送带与滚筒头部相切点卸料。

②当 $\frac{v_e^2}{gr}<1$，即 $\frac{v_e^2}{gr}=\cos\gamma$ 时，在物料随滚筒走一个角度 γ 卸料。

2）对向上倾斜带式输送机

①带速相当高，$\frac{v_e^2}{gr}>1$ 时，由输送带与滚筒相切点处卸料。

②假如输送带倾角、滚筒直径、负荷高度和输送机的切向速度四者的组合能使 $\frac{v_e^2}{gr}>\cos\varphi$，但仍小于 1 时，则可能在输送带与滚筒相切的起始点处卸料；假如切向速度为 $\frac{v_e^2}{gr}=1$ 时，则物料在垂直中心处离开；假如 $\frac{v_e^2}{gr}<\cos\varphi$，即 $\frac{v_e^2}{gr}=\cos\gamma$ 时，则在 γ 角处卸料。

综合上述判断进行作图求解，由前可知：

$$h=R_\alpha\cos\alpha \qquad a=y_s-R_\alpha\cos\alpha$$

$$L=0.9B-50$$

$$y_s=\frac{L^3}{12F},\ R_\alpha=\frac{L}{2\sin\alpha}$$

$$F=\frac{L_2}{4}\left(\frac{\pi\alpha}{180}\cdot\frac{1}{\sin^2\alpha}-\cot\alpha\right)=\frac{(0.45B-0.025)^2}{\sin^2\alpha}\left(\frac{\pi\alpha}{180}-\frac{\sin^2\alpha}{2}\right)$$

根据已知离心力 F 和槽形截面积确定 α 值（用差值法），从而可得 a 值。

由 $y=\frac{gx^2}{2v^2}$ 进行作图求解（见图 12－20）。步骤如下：

①过物料与带面脱离点的质心 e 作滚筒切线，作为 x 轴。

②过 e 点作重力场方向为 y 轴。

③在 x 轴上取一定长度的线段，由 $y=\frac{gx^2}{2v^2}$，可求对应的 y 值。

④在 xoy 坐标系中，作出对应的（x，y）点，用圆滑曲线连接起来。

⑤再以物料流的厚度，沿渐开平行线作出质心轨迹的平行线，即可确定卸料轨迹。

卸料轨迹求得后确定转载溜槽相关尺寸。

$H_1 = h + 150 \sim 200$　或　$H_1 = h + a_{max} + 100$

$L = (2.5 \sim 2.7)a_{max}$　或　$L = (2.7 \sim 3.2)a_{max}$

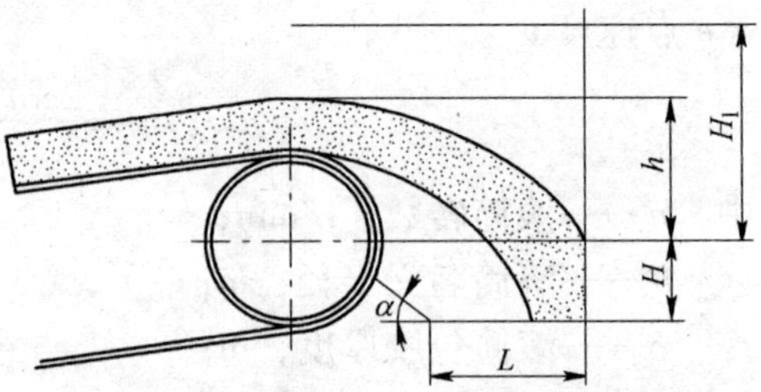

图 12－20　作图示例

第3篇

带式输送机的应用

13　带式输送机的布置设计

13.1　滚筒布置的尺寸关系

13.1.1　头部驱动滚筒包角布置计算

如图 13－1 所示为安装滚筒的三角架结构。在已知传动滚筒围包角及带面高度情况下，确定两滚筒水平中心距及竖直高度。

图 13－1 说明：

（1）三角架材质按 Q235－A（A_3），$\sigma_s=235\ N/mm^2$，$[\sigma]_{max}=81\ N/mm^2$；

（2）Ⅰ截面体为计算截面值，Ⅱ、Ⅲ截面体可采用 A 值比Ⅰ截面小一等级时的截面积；

（3）对载荷较大的三角架要在①②处加筋。

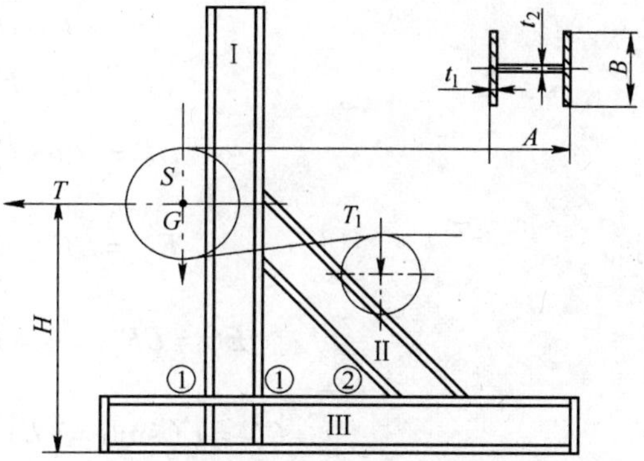

图 13－1　三角架结构

如图 13－2 所示，图中的坐标系和计算参数为：

（1）xoy 轴为输送机水平布置时坐标系，$x'oy'$为输送机具有倾角β时的坐标系；

（2）H 值为头部滚筒设计标高，mm；

（3）H_0 为输送机两带面的垂直距离，mm；

（4）R、r 分别为滚筒半径，mm；

（5）α 为输送机头部驱动滚筒围包角（设计要求）；

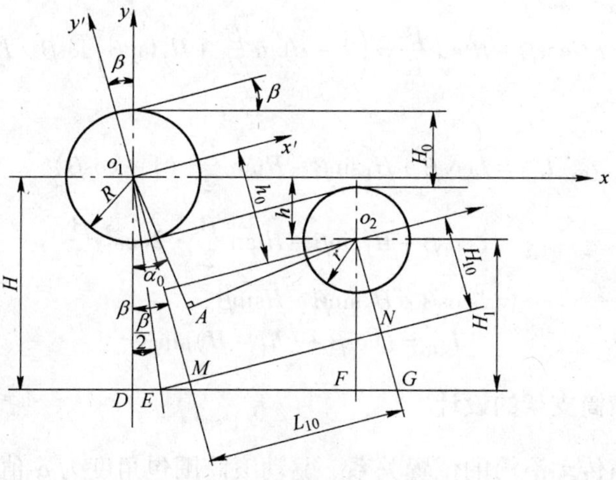

图 13－2　滚筒的位置关系

（6）$\alpha_0 = \alpha - 180°$；

（7）L 为两滚筒中心对 xoy 轴系的水平距离。

由图示可知

$$O_1B = \frac{O_1A}{\sin\alpha_0},\quad BC = \frac{h}{\tan\alpha_0} = \frac{h\cos\alpha_0}{\sin\alpha_0}$$

$$O_1C = O_1B - CB = \frac{O_1A}{\sin\alpha_0} - \frac{h\cos\alpha_0}{\sin\alpha_0}$$

$$O_1A = R + r$$

则滚筒中心距为

$$L = \frac{R + r - h\cos\alpha_0}{\sin\alpha_0} \tag{13-1}$$

$$h = H_0 + r - R \tag{13-2}$$

$$H = H_1 + h \text{ 或 } H_1 = H - h \tag{13-3}$$

$$DE = H\tan\frac{\beta}{2},\quad FG = H_1\tan\beta$$

则

$$EF = DF - DE = L - H\tan\frac{\beta}{2}$$

$$EG = EF + FG = L - H\tan\frac{\beta}{2} + H_1\tan\beta$$

$$GN = EG\sin\beta = \left(L - H\tan\frac{\beta}{2} + H_1\tan\beta\right)\sin\beta$$

又

$$O_2N = \frac{H_1}{\cos\beta} = \frac{O_2F}{\cos\beta},\quad O_2N = H_{10}$$

$$O_2N = O_2G - NG = \frac{H_1}{\cos\beta} - \left(L - H\tan\frac{\beta}{2} + H_1\tan\beta\right)\sin\beta$$

则

$$H_{10} = H_1\cos\beta - L\sin\beta + 2H\sin^2\frac{\beta}{2} \tag{13-4}$$

$$MN = EN - EM = EG\cos\beta - H\tan\frac{\beta}{2}$$

$$= EG\cos\beta - H\tan\frac{\beta}{2} = \left(L - H\tan\frac{\beta}{2} + H_1\tan\beta\right)\cos\beta - H\tan\frac{\beta}{2}$$

因为 $L_{10} = MN$

则

$$L_{10} = L\cos\beta + H_1\sin\beta - H\tan\frac{\beta}{2}\ (1 + \cos\beta)$$

$$= L\cos\beta + H_1\sin\beta - H\tan\frac{\beta}{2}\cdot 2\cos^2\frac{\beta}{2}$$

$$= L\cos\beta + H_1\sin\beta - H\sin\beta$$

所以

$$L_{10} = L\cos\beta + (h_1 - H)\sin\beta \tag{13-5}$$

13.1.2　地面驱动滚筒支架的设计

图13－3为地面传动滚筒的位置关系。驱动滚筒围包角度为 α 值时，确定两滚筒的水平及垂直距离（其中 $\alpha = 180° + \alpha_1 - \alpha_2$）。

由图示知

$$O_2C = \frac{O_2A}{\cos\alpha_2} = \frac{R+r}{\cos\alpha_2}$$

$$BC = O_2B - O_2C = H - \frac{R+r}{\cos\alpha_2}$$

$$L = O_1B = \frac{BC}{\tan\alpha_2} = \left(H - \frac{R+r}{\cos\alpha_2}\right)\Big/\tan\alpha_2$$

$$L\tan\alpha_2 = H - \frac{R+r}{\cos\alpha_2}$$

$$H = L\tan\alpha_2 + \frac{R+r}{\cos\alpha_2}$$

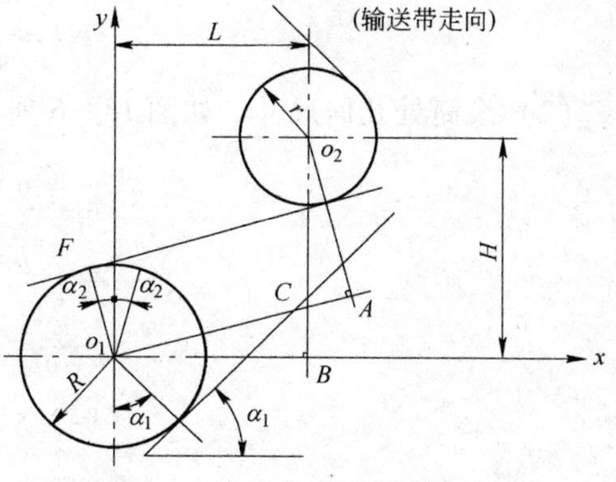

图 13 - 3　地面传动滚筒的位置关系

13.1.3　头部探头滚筒及增面滚筒的中心高与倾角关系

图 13 - 4 为头部探头滚筒及增面滚筒的几何关系，由图示可知

$$H_1 = H - Fo_1' = H - (Eo_1' + FE) \qquad (13-6)$$

由已知条件和图示可知

$$FE = Fo\tan\angle FoE = L\tan\beta \qquad (13-7)$$

$$Eo_1' = \frac{o_1'D}{\cos\angle Do_1'E} = \frac{B'o_1' - B'D}{\cos\beta} = \frac{Bo_1 - oA}{\cos\beta} = \frac{a}{\cos\beta} \qquad (13-8)$$

$$H_1 = H - \left(L\tan\beta + \frac{a}{\cos\beta}\right) = H - \frac{a + L\sin\beta}{\cos\beta}$$

（注：a，L，H，β 均为设计给定）

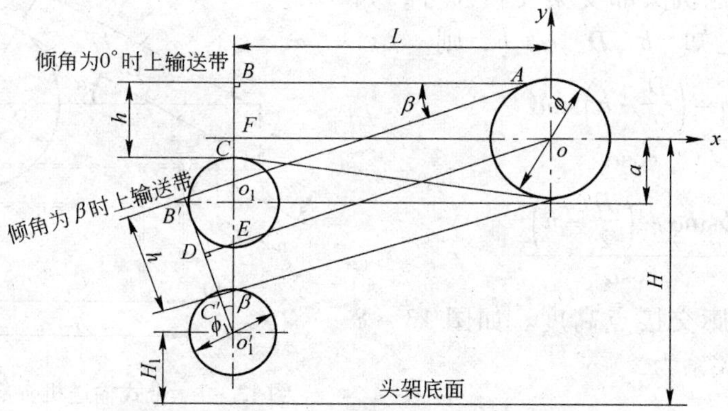

图 13 - 4　头部探头滚筒及增面滚筒的几何关系

13.2　带式输送机最高几何尺寸

（1）带式输送机形高几何尺寸。如图 13 - 5 所示，参数几何关系为

$$L = H\cot\alpha + \frac{R-r}{\sin\alpha}$$

$$l = \frac{L - (R-r)\sin\alpha}{\cos\alpha}$$

$$l = \frac{H}{\sin\alpha} + \frac{R - r}{\tan\alpha}$$

（2）滚筒处几何尺寸。如图 13－6 所示，参数几何关系为

$$a = \frac{D}{2}\tan\alpha$$

$$b = s - e$$

$$c = \frac{D}{2}\sin\alpha$$

$$\delta = \frac{D}{2}\cos\alpha$$

$$h = \frac{D}{2}\cos\alpha$$

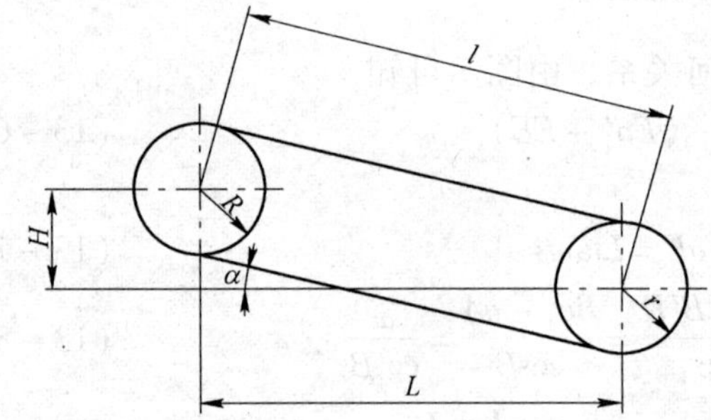

图 13－5　输送机整机简图

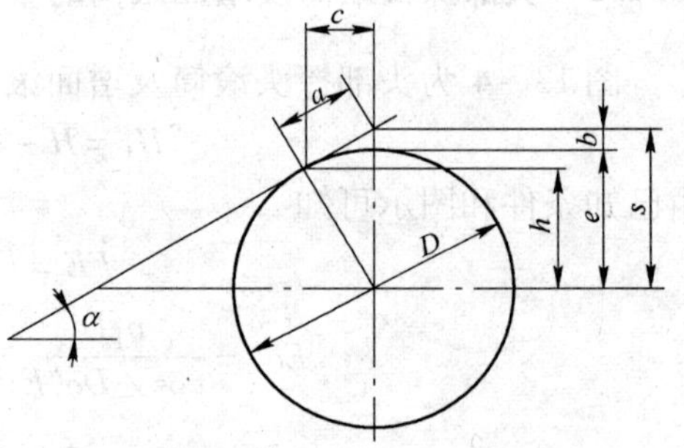

图 13－6　滚筒处几何尺寸

（3）带式输送机头部支架交接尺寸，如图 13－7 所示，已知：b，D，α，h，则

$$x = \frac{b - \left(\frac{D}{2} - h\right)\sin\alpha}{\cos\alpha}$$

$$y = \frac{b\sin\alpha - \left(\frac{D}{2} - h\right)}{\cos\alpha}$$

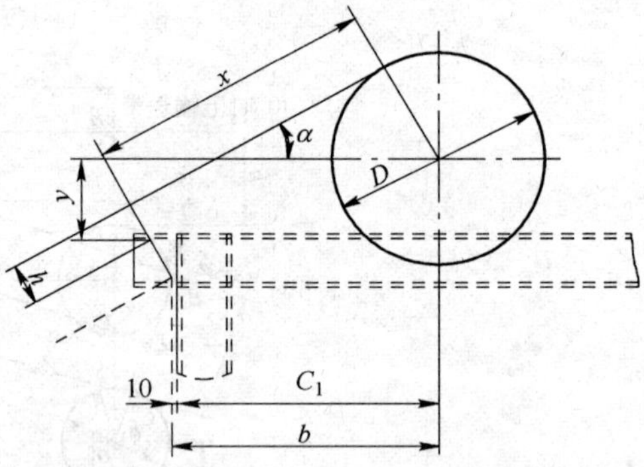

图 13－7　带式输送机头部支架交接尺寸

（4）倾斜走廊交接点高度。如图 13－8 所示，参数几何关系为

$$Z_1 = h_1 + S - \left(B_1\tan\alpha + \frac{A}{\cos\alpha}\right)$$

$$Z_2 = h_2 + S_2 + \left(B_2\tan\alpha - \frac{A}{\cos\alpha}\right)$$

（注：A 取 800mm，1000mm，1200mm）

（5）倾斜带式输送机中间腿的高度。如图 13－9 所示，几何关系式为

$$h_{cm} = h_1 + Z_1 \quad 或 \quad h_{cm} = H_1 - Z_2$$

$$Z_1 = l_1\tan\alpha,\ Z_2 = l_2\tan\alpha,\ H_1 = H + S,\ h_1 = h + S_1$$

（6）凸弧段输送带折点计算。如图 13－10 所示，几何关系式为

$$\begin{cases} l_n = 0.017453R_n\alpha \\ h_n = R_n(1-\cos\alpha) \quad n=1\text{ 或 }2 \\ l_n = R_n\sin\alpha \end{cases}$$

$$S_1 = (R-H)\tan\frac{\alpha}{2}$$

$$S = R_1\tan\frac{\alpha}{2}$$

（注：R、R_1、R_2 分别为输送带理论面、支架面、下输送带面半径）

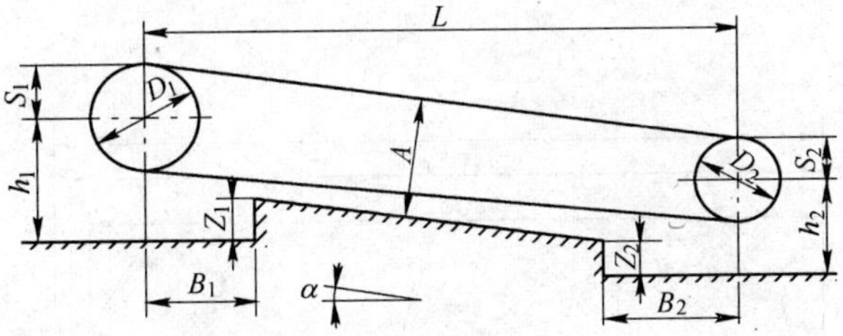

图 13－8　倾斜走廊交接点高度

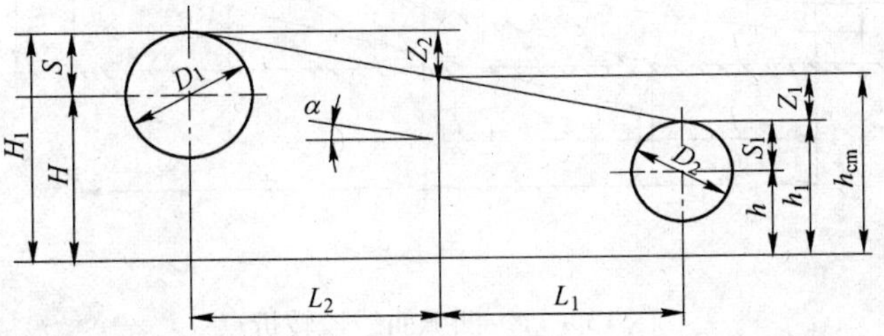

图 13－9　倾斜带式输送机中间腿的高度

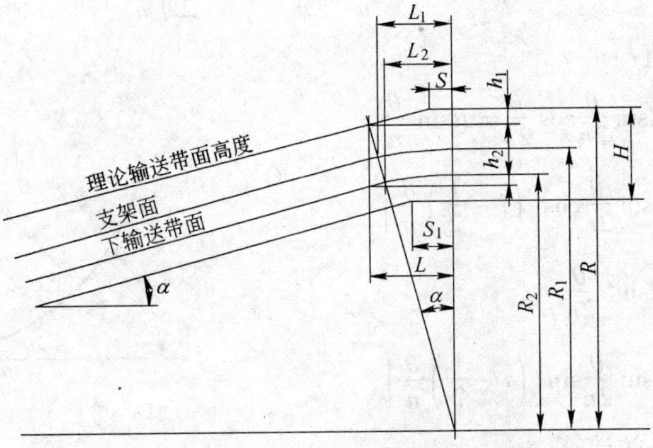

图 13－10　凸弧段输送带折点

（7）凹弧段输送带转折点计算。

1）带式输送机凹弧曲线段转折点计算。如图 13 - 11 所示，几何关系式为

$$l_n = 0.017453R_n\alpha \qquad S_n = R_n\sin\alpha$$

$$L = (R + h)\tan\frac{\alpha}{4} \qquad l_1 = (R + h)\tan\frac{\alpha}{2}$$

$$L_3 = 2L\cos\frac{\alpha}{2} \qquad H = R(1 - \cos\alpha) + h$$

$$H_1 = 2L\sin\frac{\alpha}{2} \qquad H_2 = L_1\sin\alpha$$

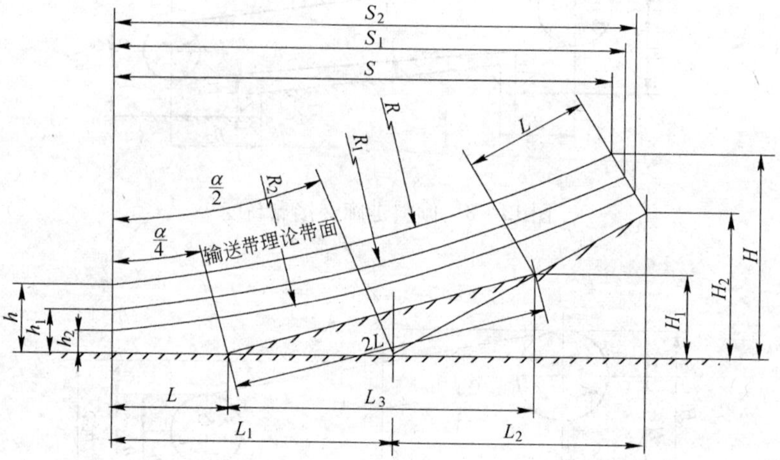

图 13 - 11　凹弧曲线段转折点

2）带式输送机凹弧曲线段曲线作图法。如图13 - 12所示，参数关系式为

$$\alpha_1 = (i - 1)\frac{\theta}{n} + \frac{\theta}{2n} = \left(i - \frac{1}{2}\right)\frac{\theta}{n}$$

第一点水平方向 x 值：

$$\begin{cases} x_1 = 2R\sin\dfrac{\theta}{2n}\cos\dfrac{\theta}{2n} = R\sin\dfrac{\theta}{n} \\ x_i = 2R\sin\dfrac{\theta}{2n}\cos\left[\left(i - \dfrac{1}{2}\right)\dfrac{\theta}{n}\right] \end{cases}$$

$$\begin{cases} y_1 = 2R\sin^2\dfrac{\theta}{2n} \\ y_i = 2R\sin\dfrac{\theta}{2n}\sin\left[\left(i - \dfrac{1}{2}\right)\dfrac{\theta}{n}\right] \end{cases}$$

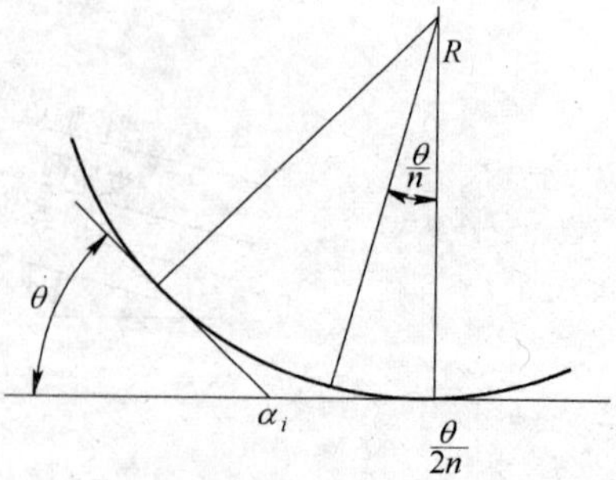

图 13 - 12　凹弧曲线段

在 θ 范围内弦长的计算：

已知：L 为弧长，K 为弦长，则

$$\frac{L-K}{L}\times 100\% \leqslant [\delta]\ \text{（}[\delta]\text{表示许用长度变化比）}$$

$$L=\frac{\theta}{n}\cdot\frac{\pi}{180}R$$

$$K=2R\sin\frac{\theta}{2n}$$

那么

$$\frac{\dfrac{\pi\theta R}{180n}-2R\sin\dfrac{\theta}{2n}}{\dfrac{\pi\theta R}{180n}}\times 100\% \leqslant [\delta]$$

即　$1-\frac{360n}{\pi\theta}\sin\frac{\theta}{2n}\leqslant[\delta]$ 或 $(1-[\delta])\frac{\theta\pi}{360n}\leqslant\sin\frac{\theta}{2n}$

弦到弧的距离为

$$\Delta=R\left(1-\cos\frac{\theta}{2n}\right)$$

3）凹弧段任意点高差计算。如图 13－13 所示，几何关系式为

$$H=R(1-\cos\theta)$$

$$L_1=R\sin\alpha$$

$$L=R\sin\theta$$

$$L_2=L-L_1$$

$$\cos\alpha=\frac{R-h}{R}$$

$$L_2=\frac{H-h}{\tan\theta}$$

$$h_1=H-h$$

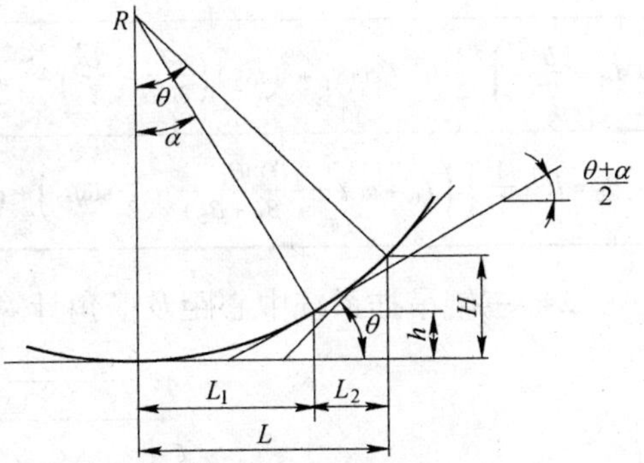

图 13－13　凹弧段任意点高差

13.3　吊挂托辊组吊挂中心距及槽角计算

（1）五辊吊挂系统中心距及槽角计算见图 13－14，计算式见表 13－1。

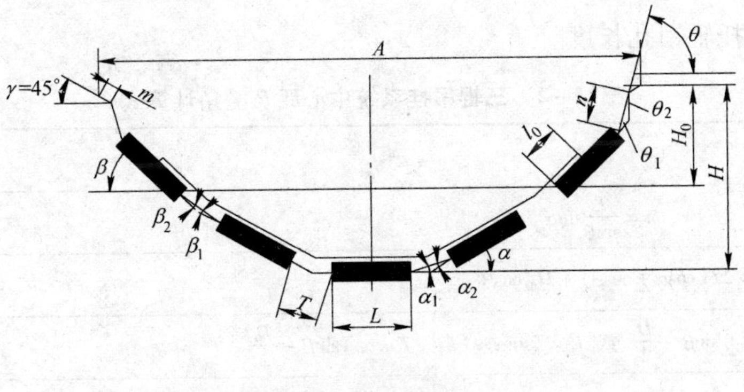

图 13－14　五辊吊挂系统中心距及槽角

表 13－1　五辊吊挂系统中心距及槽角计算式

$\tan\alpha_1 = \frac{1}{2}\tan\alpha$
$\tan\beta_1 = \frac{\sin 2\alpha}{2(3-\cos^2\alpha)}$　或　$\tan\beta_1 = \frac{3\tan\alpha_1 - \tan\alpha}{1+3\tan\alpha_1\tan\alpha}$
$\tan\beta = \frac{\sin\beta_1}{\cos\alpha\cos(\beta_1+\alpha)} + \tan(\beta_1+\alpha)$
$\alpha = \alpha_1 + \alpha_2$　　$\beta = \beta_1 + \beta_2 + \alpha$
$\tan\theta = \frac{\sin 2\beta}{2(5-\cos^2\beta)}$
$H = T[\sin\alpha_1 + \sin(\alpha+\beta_1)] + L(\sin\alpha + \sin\beta) + n\sin(\theta_1+\beta) + m\sin\gamma - \frac{D}{2}$
$A = 2\left\{L\left(\frac{1}{2} + \cos\alpha + \cos\beta\right) + T[\cos\alpha_1 + \cos(\alpha+\beta)]\right\} + n\cos(\theta_1+\beta) + m\cos\gamma$
$L_0 = \frac{B}{2} - \left[\frac{3}{2}L + (\sin\alpha_1 + \sin\alpha_2)\left(\frac{T}{\sin\alpha} - \frac{D}{2}\right) + (\sin\beta_1 + \sin\beta_2)\left(\frac{T}{\sin(\beta_1+\beta_2)} - \frac{D}{2}\right)\right]$
$H_0 = H - \frac{1}{2}\left[\left(L_0 + m + \frac{T\sin\beta_1}{\sin(\beta_1+\beta_2)} - \frac{D}{2}\sin\beta_2\right) + \left(L + \frac{T\sin\beta}{\sin(\beta_1+\beta_2)} + \frac{T\sin\beta}{\sin\alpha}\sin\alpha_1 - \frac{D}{2}(\sin\alpha_2 + \sin\beta_1)\sin\alpha\right)\right]$

（2）三辊吊挂系统中心距及槽角计算见图 13－15，计算式见表 13－2。

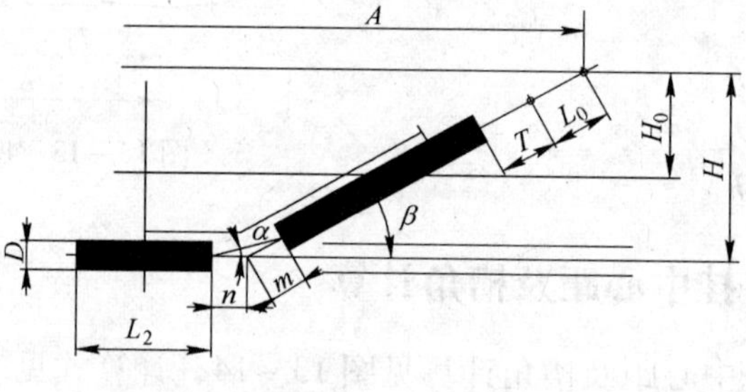

图 13－15　三辊吊挂系统中心距及槽角

图中，L_2 是托辊销孔长度。

表 13－2　三辊吊挂系统中心距及槽角计算式

$\tan\alpha = \frac{1}{3}\tan\beta$
$n = \frac{T}{\sin\beta}\sin(\beta-\alpha)$　　$m = \frac{T}{\sin\beta}\sin\alpha$
$A = L_2(1+2\cos\beta) + 2T(\cos\alpha + \cos\beta) + 2L_0\cos\beta$
$H = (m + L_2 + T + L_0)\sin\beta - \frac{D}{2}$　或　$H = T\sin\alpha + (L_2 + T + L_0)\sin\beta - \frac{D}{2}$
$H_0 = H - \frac{1}{4}[B - (L_2 + 2n - D\tan\alpha)]\sin\beta$

（3）三辊吊挂系统中心距计算见图 13－16，计算式见表 13－3。

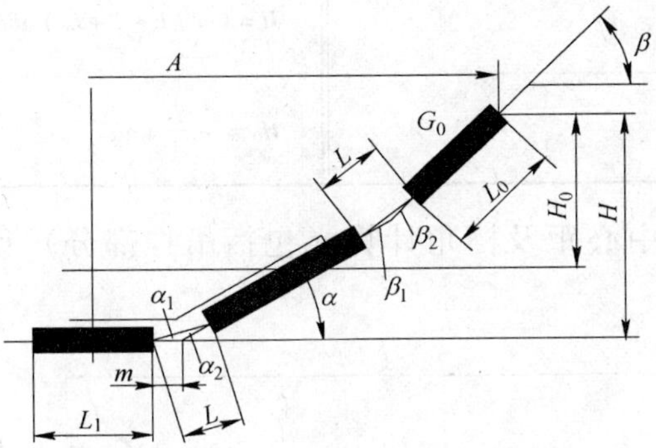

图 13－16　三辊吊挂系统中心距

图中，L 是托辊销孔长度。

表 13－3　三辊吊挂系统中心距计算式

$m=\dfrac{L\sin(\alpha-\alpha_1)}{\sin\alpha}$	$\alpha=\alpha_1+\alpha_2$	$\beta=\alpha+\beta_1+\beta_2$
$\tan\alpha=2\tan\alpha_1$	$\tan(\beta_1+\alpha)=3\tan\alpha_1$	
$\tan\beta_1=\dfrac{3\tan\alpha_1-\tan\alpha}{1+3\tan\alpha_1\tan\alpha}$	$\tan\beta=\dfrac{3G+G_0}{3G}\tan(\beta_1+\alpha)$	
由于 $3G\geqslant G_0$	近似取 $\dfrac{3G+G_0}{3G}\approx1$	
$A=L+2L\cos\alpha_1+2L\cos\alpha+2L\cos(\beta_1+\alpha)+2L_0\cos\beta$		
$H=L_0\sin\beta+L\sin(\beta_1+\alpha)+L\sin\alpha+L\sin\alpha_1-\dfrac{D}{2}$		
$H_0=H-\dfrac{1}{4}[B-(2m_1+L)]\sin\alpha$	$m_1=m-\dfrac{D}{2}\sin\alpha_1$	

（4）两辊吊挂系统中心距及槽角计算见图 13－17，计算式见表 13－4。

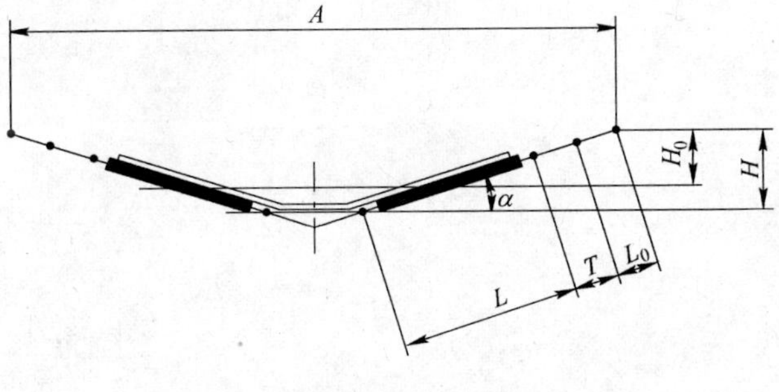

图 13－17　两辊吊挂系统中心距及槽角

表 13 - 4　两辊吊挂系统中心距及槽角计算式

$A=T+2(L+T+L_0)\cos\alpha$	$H=(m+L+T+L_0)\sin\alpha-\dfrac{T}{2\cos\alpha}$
$m=\dfrac{T}{2\cos\alpha}$	$H_0=-\dfrac{B}{4}\sin\alpha$

（5）两辊吊挂系统中心距及槽角计算（包括吊挂部分）见图 13 - 18，计算式见表13 - 5。

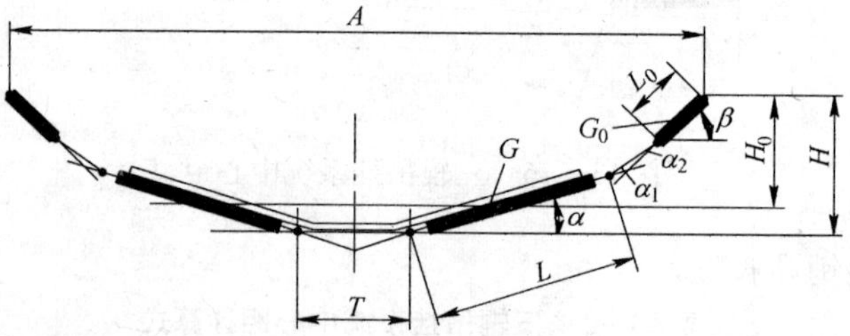

图 13 - 18　两辊吊挂系统中心距及槽角（包括吊挂部分）

表 13 - 5　两辊吊挂系统中心距及槽角计算（包括吊挂部分）

$\alpha+\alpha_1+\alpha_2=\beta$	$\sin\beta=\dfrac{G+G_0}{G}\sin(\alpha+\alpha_1)$
$\tan\alpha_1=\dfrac{\sin\alpha\cos\alpha}{3+\sin^2\alpha}$	$A=T+2L\cos\alpha+2T\cos(\alpha_1+\alpha)+2L_0\cos\beta$

14 机 架

带式输送机机架形式的选择取决于地形、气候、安全、环保等条件，以及输送物料的性质、输送机服务年限、移动或固定、运输方式、是否有冲击、辅助设备种类等因素。钢铁厂、矿山和发电厂的输送机机架与化工厂、食品厂的机架尽管看似相同，但在实际设计中却有很大的差别，因而在设计中应给予充分注意。

输送机机架是用于承载输送机各种机械装置和电器装置的主要部件。输送机机架采用可焊接钢结构。输送机是大型冗长设备，机架由不同的组件组成以方便机架的设计和运输。这些组件在放置现场直接安装组成整体输送机机架，除非在输送机长度较短如只有几米长的情况时才不需要组装。

输送机机架采用高质量的通用钢结构，只有可移动式输送机的某些组件采用高强度钢ST－52结构。用于寒冷气候下的输送机，机架的金属材料应满足使用温度条件。输送机机架的设计应满足强度（允许应力）和刚度（允许挠度）条件。一般来说，机架部分是焊接结构、部分是螺栓连接结构。运输和搬运原钢和钢板比运输和搬运组合机架要经济得多。因此在现场完成主要的组装工作是较为经济的做法。但是，在制造地用螺栓装配好机架再进行运输和搬运，在某些情况下也具有经济性。因此分配哪些在现场装配哪些在制造工厂装配是由总的装配工作量、现场有效设施、工作管理、交货时间、税金及职责、可行性和整体经济性决定的。这一决定将影响输送机机架接点的设计。

输送机机架可分为3类：固定输送机机架、可移动输送机机架和可迁移输送机机架。固定输送机是将输送机固定安装在一个地方。在没有特殊声明的前提下，输送机通常指固定输送机。可移动输送机指输送机在几个星期或几个月内改变布置位置，这种改变是系统的一个正常操作。可迁移输送机指输送机在不久的将来会被拆卸，并在其他的位置重新装配。可迁移输送机更适合使用车辆对其进行运输和搬运。

生产现场根据系统的功能需求决定采用何种类型的机架，一般不能互换，除非可以接受非理想的解决方案。

14.1 固定输送机机架

实际上，大部分的输送机是固定式输送机。这些输送机通过设计固定在相关的土建工程上，形成永久性安装。这种输送机终生位于同一个地方。固定输送机机架由头部机架、尾部机架、弯曲滚筒支撑架、纵梁、支腿、分层板、挡风板、输送带罩和导料槽等组成。挡风板和输送带罩等这些装置只在特别情况下采用。

14.1.1 头部机架

输送机头部机架安装于输送机的头部（前端），为头部滚筒、卸料挡板，卸料槽、外部清扫器提供支撑，同时也为处于输送机头部的其他滚筒提供支撑，其中包括增面滚筒，改向滚筒和其他传动滚筒。

输送机机架中，头部机架负载值最大。头部机架受到被其支撑的所有装置的重力，以及输送带在其上的合力作用，该作用力主要为水平方向。输送带张力的作用效果是使头部机架有倾倒的趋势。角钢、槽钢和工字钢可用于构成输送机头部机架。这些钢型材的选择将取决于头部机架的尺寸。例如，轻型负载的输送机头部机架整体为角钢结构。头部机架的装配也包括角钢在接点的铆焊工作、轴承的面支撑和脚支撑。

多数情况下，头部机架可为下列 3 种类型：

（1）普通头部机架。小型输送机常采用这种头部机架形式，其结构简单，用于支撑头部（传动）滚筒，卸料挡板和卸料槽。典型的布置形式如图 14 - 1 所示。

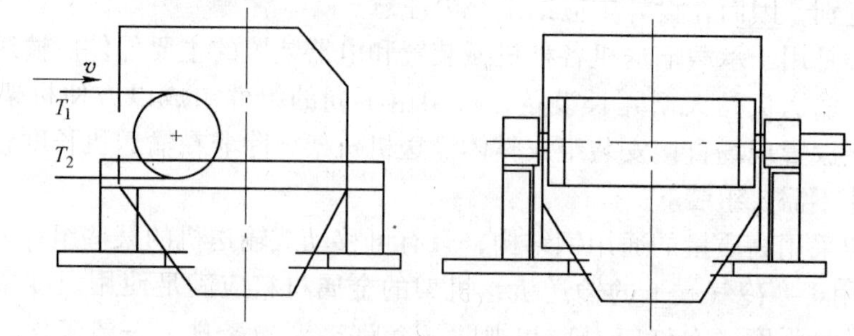

图 14 - 1　普通头部机架

（2）带增面滚筒的头部机架。典型的布置形式如图 14 - 2 所示。与普通形式相比，该布置形式增加了对增面滚筒的支撑。

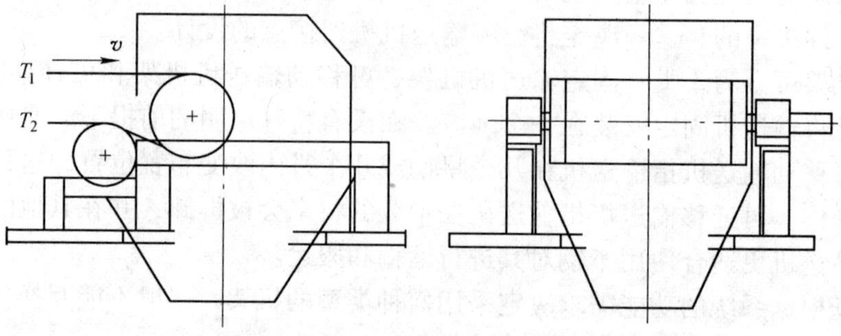

图 14 - 2　带增面滚筒的头部机架

（3）双滚筒驱动输送机的头部机架。头部双滚筒驱动典型的布置形式如图 14 - 3 所示。头部机架为 3 个滚筒、卸料挡板、卸料槽和外部输送带清扫器提供支撑（头部机架较大时可采用内置输送带清扫器）。

三角形机架的结构如图 14 - 4 所示，它是根据带式输送机驱动装置架的受力特点专门设计的，具有结构简单，受力状态和稳定性能好的特点，特别适用于大型带式输送机。

14.1.2　尾部机架

输送机尾部机架安装于输送机的尾部（后端），为尾部滚筒、缓冲/导向滚筒（如果设置）提供支撑。一般而言，尾部支架受到的负载大小仅次于头部机架，其受到所支撑装置的重力和输送带拉力的合力作用。输送带张力的合力多为水平方向，故输送带张力的

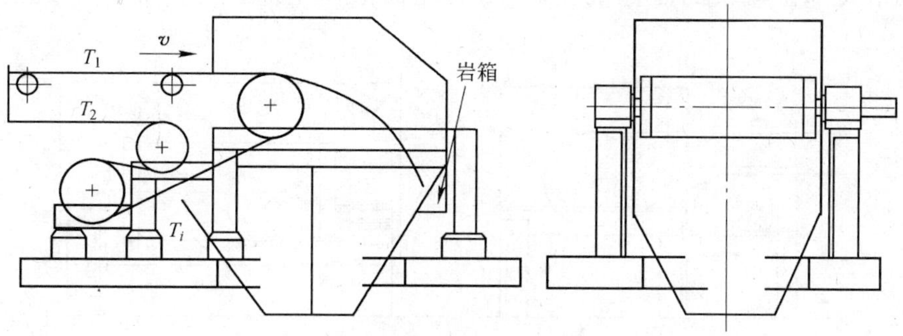

图 14－3　双滚筒驱动输送机的头部机架

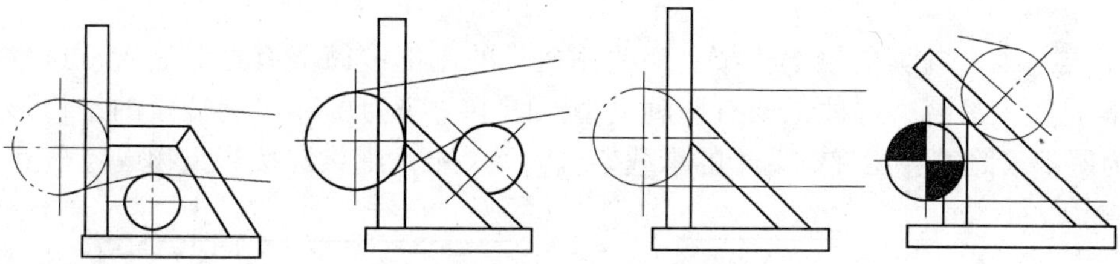

图 14－4　三角形机架

作用效果使尾部机架有倾倒的趋势。与头部机架相同，尾部机架也是由角钢、槽钢和工字钢梁及钣金装配而成。采用哪一种钢材取决于尾部机架的尺寸及负载的大小。小型输送机的尾部机架采用角钢结构。尾部机架通常需要安装金属丝网防护罩，尾部机架可分为下列3种类型：

（1）普通尾部机架。小型输送机常采用这种尾部机架形式，其结构简单，用于支撑尾部滚筒和四周的金属丝网防护罩。典型的布置形式如图 14－5 所示。

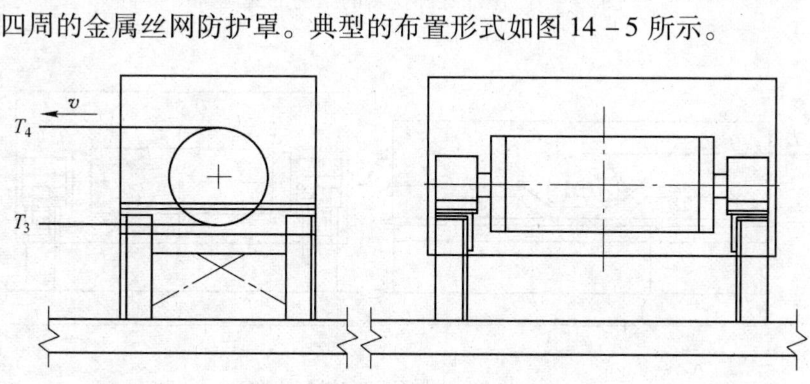

图 14－5　普通尾部机架

（2）带有增面滚筒的尾部机架。当尾部滚筒的直径大于去程带和回程带之间的间距且输送机尾部输送带张力较大时，尾部安装增面滚筒是必要的。如果没有增面滚筒，回程输送带的方向会受到托辊的影响，同时输送带也会对放置在该位置的托辊产生负载作用，这个负载可能超出托辊的承受能力。较小的托辊直径使输送带弯曲，会导致输送带寿命的减小（逐渐提升托辊的高度可代替增面滚筒的使用，但是这会增加托辊布置的复杂性，也会导致相关部位机架的非标准化）。带有增面滚筒尾部机架的布置形式如图 14－6 所示。

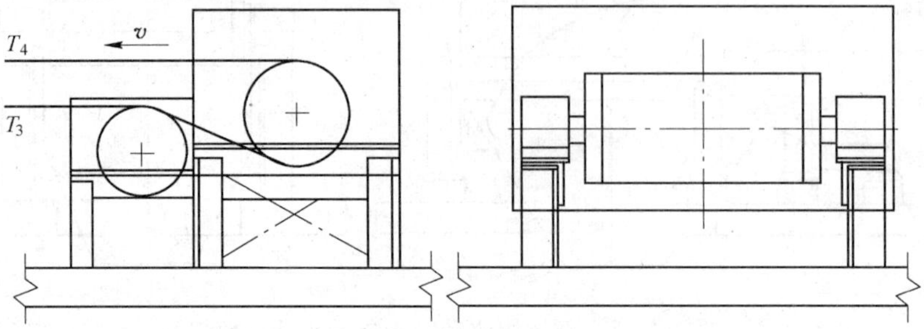

图 14－6　带有增面滚筒的尾部机架

（3）尾部水平拉紧的尾部机架。一些输送机的尾部滚筒上有拉紧装置，这意味着尾部滚筒也是拉紧滚筒。这种尾架有两种类型。图 14－7 为尾部螺旋拉紧的结构形式。图 14－8 为尾部滚筒安装在带有轮子的承载架上，另一端用绳索连接到重物或绞车上。

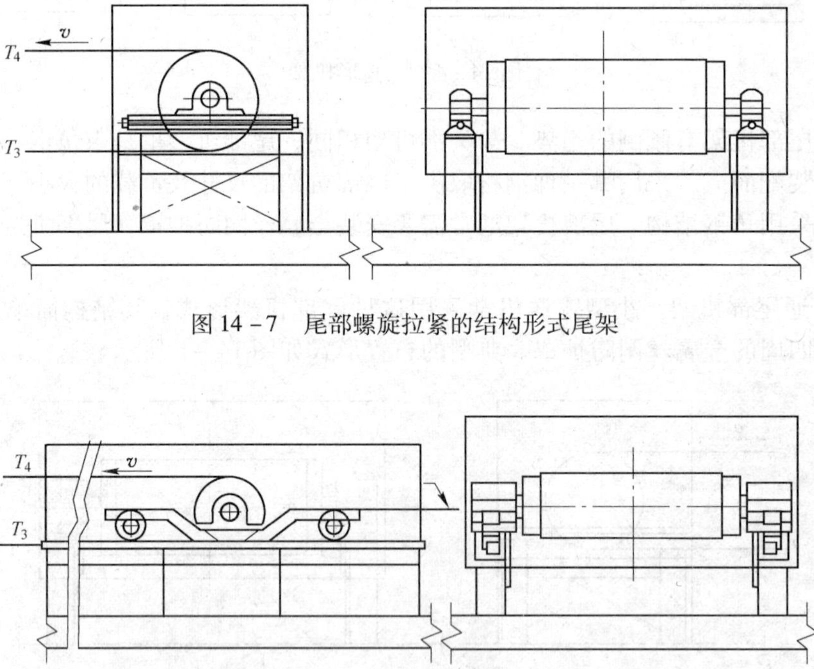

图 14－7　尾部螺旋拉紧的结构形式尾架

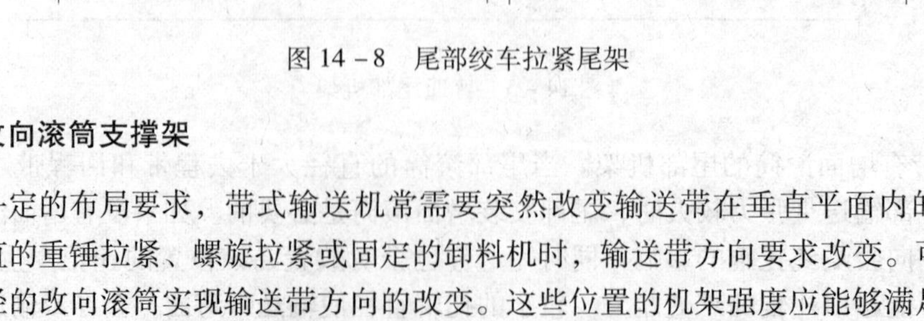

图 14－8　尾部绞车拉紧尾架

14.1.3　改向滚筒支撑架

基于一定的布局要求，带式输送机常需要突然改变输送带在垂直平面内的方向，例如，有垂直的重锤拉紧、螺旋拉紧或固定的卸料机时，输送带方向要求改变。可以通过使用合适直径的改向滚筒实现输送带方向的改变。这些位置的机架强度应能够满足对改向滚筒的支撑。这些机架称为改向滚筒支撑架。

一般地，输送机只有一个头部机架和一个尾部机架，但可以有多于一个的改向滚筒支撑架。图 14－9 所示为重锤处的典型的改向滚筒支撑架，图 14－10 为拉紧处典型的改向滚筒支撑架。改向滚筒支撑架也是由角钢、槽钢、工字钢和钣金及金属丝网保护罩装配而成。

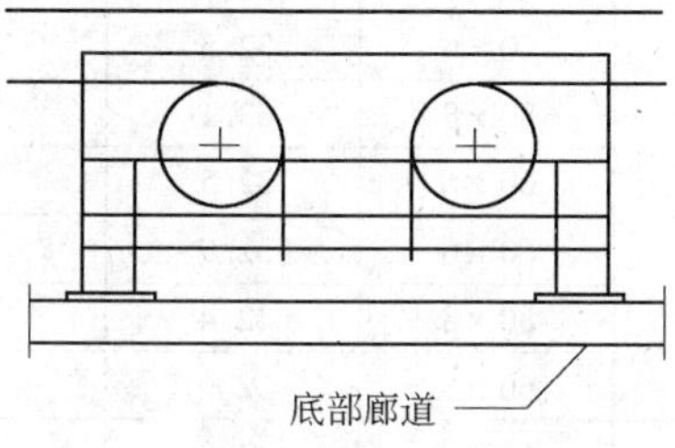

图 14－9　重锤处的改向滚筒支撑架

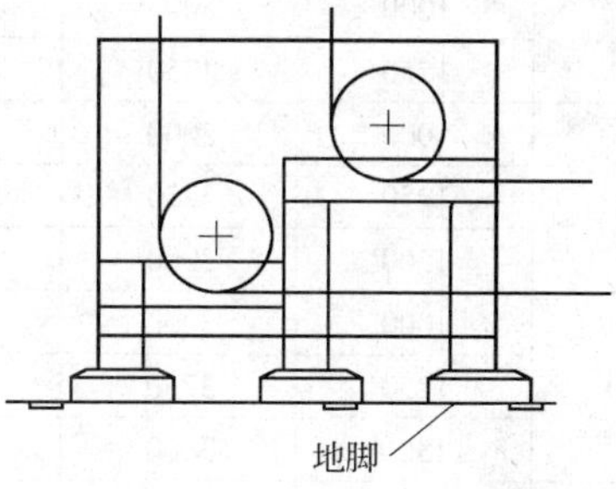

图 14－10　拉紧处典型的改向滚筒支撑架

14.1.4　中间架

输送机的两侧有两个钢构件，且在整个长度范围内都有这种结构，被称为输送机的中间架。中间架支撑去程托辊、回程托辊、盖板和输送机开关。中间架一般由槽钢制成。每段中间架的长度是支腿间距的两倍。所需长度槽钢在 x 轴方向和 y 轴方向进行了校直，槽钢件钻孔，以便于现场装配，用螺栓与托辊连接。图 14－11 所示为输送机的中间架、支腿的基本结构图。中间架翼缘上的用于托辊安装的孔，会降低截面强度，需要进行校核。表 14－1 为德国 KOCH 公司中间架规格参数，表 14－2 为带式输送机托辊间距与中间架、支腿的规格对应关系（DTⅡ），表 14－3 为中间架与输送带边缘横向距离（ISO）。

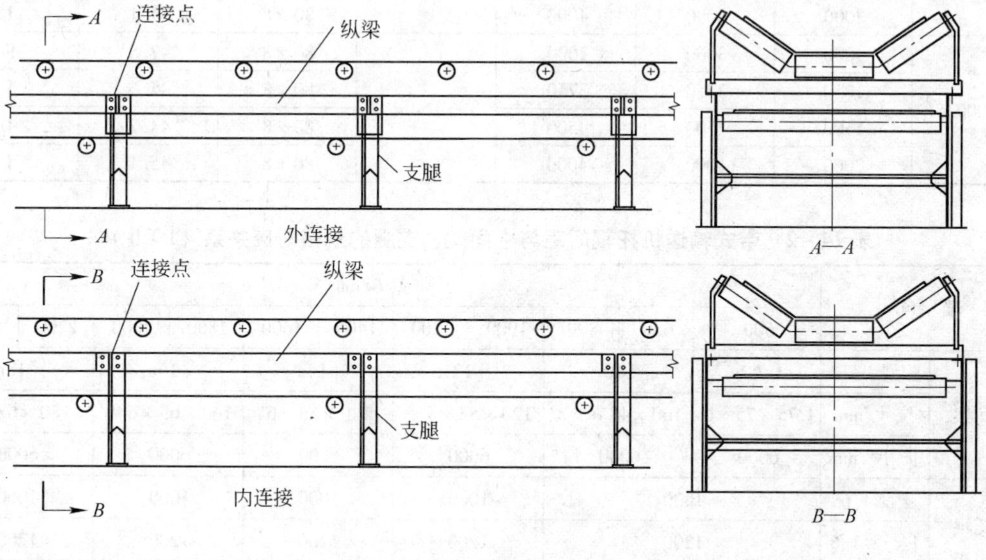

图 14－11　中间架

表 14 – 1　德国 KOCH 公司中间架规格参数

带宽 B/mm	上托辊间距 L_o/mm	下托辊间距 L_u/mm	支腿间距 A/mm	中间架型钢 U/mm	支腿型钢 W/mm × mm	重量 /kg · m^{-1}	中间架形式
500	1000	3000	3000	100	60 × 6	26.3	Ⅲ
	1250	3750	3750		80 × 8	27.0	Ⅱ
650	1000	3000	3000	100	60 × 6	26.5	Ⅲ
	1250	3750	3750		80 × 8	27.3	Ⅱ
800	1000	3000	3000	120	60 × 6	32.5	Ⅱ
	1250	3750	3750		80 × 8	33.1	Ⅱ
	1500	3000	3000		60 × 6	32.5	Ⅲ
1000	1000	3000	3000	120	60 × 6	32.9	Ⅱ
	1250	3750	3750		80 × 8	32.4	Ⅱ
	1500	3000	3000		60 × 6	32.9	Ⅱ
1200	1000	3000	3000	120	60 × 6	33.3	Ⅱ
	1250	3750	3750		80 × 8	33.8	Ⅱ
	1500	3000	3000		60 × 6	33.3	Ⅱ
1400	1000	3000	3000	140	80 × 8	41.0	Ⅰ
	1250	3750	3750		80 × 8	39.1	Ⅰ
	1500	4500	4500		80 × 8	37.9	Ⅰ
	2000	4000	4000		80 × 8	38.7	Ⅰ
1600	1000	3000	3000	140	80 × 8	41.4	Ⅱ
	1250	3750	3750		80 × 8	39.4	Ⅰ
	1500	4500	4500		80 × 8	38.2	Ⅰ
	2000	4000	4000		80 × 8	39.0	Ⅰ
1800	1000	3000	3000	140	80 × 8	41.8	Ⅱ
	1250	3750	3750		80 × 8	39.6	Ⅱ
	1500	4500	4500		80 × 8	38.3	Ⅰ
	2000	4000	4000		80 × 8	39.1	Ⅰ
2000	1000	3000	3000	160	80 × 8	47.8	Ⅱ
	1250	3750	3750		80 × 8	45.6	Ⅰ
	1500	4500	4500		80 × 8	44.2	Ⅰ
	2000	4000	4000		80 × 8	45.1	Ⅰ

表 14 – 2　带式输送机托辊间距与中间架、支腿的规格对应关系（DTⅡ）

项　目		带宽 B/mm										
		500	650	800	1000	1200	1400	1600	1800	2000	2200	2400
中间架	型 号	∟7.5	[10		[12		[14a		[16a		[18a	
	尺寸/mm	∟75 × 75 × 6	100 × 48 × 5.3		120 × 53 × 5.5		140 × 58 × 6		160 × 63 × 6.5		180 × 68 × 7	
	长 度/mm	6000	6000		6000		6000		6000		6000	
上托辊组间距	$r > 1.6$	1000			1000		1000		1000		1000	
	$1 < r \leqslant 1.6$	1200			1200		1200		1200		1200	
	$r \leqslant 1.0$	1500			1500		1500		1500		1500	

续表 14－2

<table>
<tr><td colspan="2" rowspan="2">项　目</td><td colspan="11">带宽 B/mm</td></tr>
<tr><td>500</td><td>650</td><td>800</td><td>1000</td><td>1200</td><td>1400</td><td>1600</td><td>1800</td><td>2000</td><td>2200</td><td>2400</td></tr>
<tr><td colspan="2">下托辊间距/mm</td><td colspan="11">3000</td></tr>
<tr><td rowspan="5">支腿</td><td>规　格</td><td colspan="3">∟6.3×6</td><td colspan="2">∟7.5×6</td><td colspan="2">∟8×8</td><td colspan="2">∟8×8</td><td colspan="2">∟9×8</td></tr>
<tr><td>间距/mm</td><td colspan="3">3000</td><td colspan="2">3000</td><td colspan="2">3000</td><td colspan="2">3000</td><td colspan="2">3000</td></tr>
<tr><td>种　类</td><td colspan="3">Ⅲ</td><td colspan="2">Ⅲ</td><td colspan="2">Ⅲ</td><td colspan="2">Ⅲ</td><td colspan="2">Ⅲ</td></tr>
<tr><td rowspan="2">理论高度/mm</td><td>800</td><td colspan="2">1000</td><td colspan="2">1200　1500</td><td colspan="2">1200　1500</td><td colspan="2">1500　1850</td><td colspan="2">1500</td></tr>
<tr><td>1000</td><td colspan="2">1200</td><td colspan="2">1850</td><td colspan="2">1850</td><td colspan="2">1850　2200</td><td colspan="2">1850　2200</td></tr>
<tr><td colspan="2" rowspan="3">凹弧段半径/mm</td><td colspan="3">80000</td><td colspan="3">80000</td><td colspan="4">80000</td><td>—</td></tr>
<tr><td colspan="3">120000</td><td colspan="3">120000</td><td colspan="4">120000</td><td>120000</td></tr>
<tr><td colspan="3">160000</td><td colspan="3">160000</td><td colspan="4">160000</td><td>160000</td></tr>
<tr><td colspan="2" rowspan="2">凸弧段半径/mm</td><td>12000</td><td colspan="2">20000</td><td colspan="2">28000</td><td colspan="2">40000</td><td colspan="2">50000</td><td colspan="2">60000</td></tr>
<tr><td>—</td><td>—</td><td>60000</td><td colspan="2">84000</td><td colspan="2">120000</td><td colspan="2">150000</td><td colspan="2">180000</td></tr>
</table>

注：中间架的许用挠度按不大于 $L/650$ 计算。

表 14－3　中间架与输送带边缘横向距离（ISO）

带宽 B/mm	最小间隙 C		
	单独障碍物/mm	所占比例/%	连续或重复相遇的障碍物
400～650	50	10	0.075B
800～1400	70	5	
1600～2000	100	5	
2200～2600	130	5	

14.1.5　支腿

角钢制作的支腿用于支撑中间架，其加工形式相同，可批量生产。支腿在中间架上等间距布置，在确定支腿间距之前应首先确定承载托辊的间距。支腿之间的距离应按照以下考虑因素仔细选择，因为这将影响输送机支架的设计结构以及输送机支撑结构的高度。

支腿间距确定为承载托辊间距的 2.0、2.5 或 3.0 倍。这需要在每个中间架上打一到两个孔，方便制造，存储和安装。回程托辊的间距与支腿的间距一般相同，也可以设计为支腿间距的 1.5 倍。高架结构常常需要在支腿空间内加设横梁结构以增强其支撑能力（提供整个长度范围内的连续横梁来支撑高架结构的支腿在成本上不合算）。较长的支腿间隔会减少支腿的总重，但会增加中间梁的尺寸，增加中间架的重量。因此支腿间隔的设计应该使中间梁、支腿和高架结构的总重量最小。

图 14－12～图 14－14 为常用的 3 种支腿、中间架及托辊安装的典型结构。

输送机上有时配备移动式卸料机或移动犁式给料机。这种输送机机架上装有整体轨道以安装这些移动式机械装置。图 14－15 所示为典型的带有轨道的机架结构。机架有两组中间架，内侧用于安装托辊，外侧用于安装支撑轨道。内外侧间距保持在 50～75mm，以

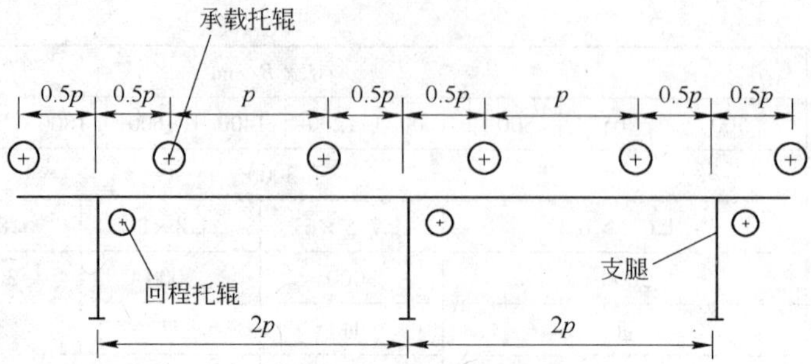

图 14－12　支腿间距为承载托辊间距的 2 倍

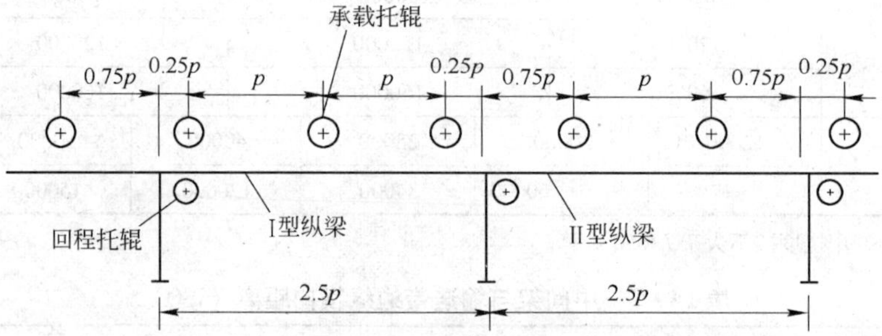

图 14－13　支腿间距为承载托辊间距的 2. 5 倍

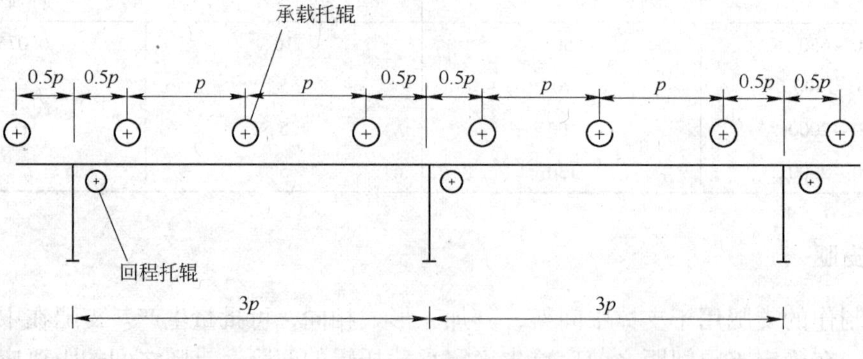

图 14－14　支腿间距为承载托辊间距的 3 倍

方便溢出物料的排除。普通输送机的重型支腿设计与图 14－15 类似。

桁架的基本图形形状是三角形，利用一系列这样的基本图形互相组成直杆系统，经典的桁架理论是假设它由无摩擦的铰汇合而成，铰称为节点，载荷由这些铰点上的集中力组成，杆件的重心线必须与系统线重合，杆件只受纵向力，这种纵向力可能是拉力或压力，因此一个桁架是由拉杆和压杆组成。

带式输送机的机架所使用的桁架大致可以分为梁架和平面架两种。平面架用于驱动装置的支撑，梁架可以作为露天的输送机机架，此架体可以在机架带人行道或不带人行道，设置卸料车用导轨、带防雨罩等情况下采用。图 14－16 是带单面人行道和防雨罩的结构。

当输送机在高空处布置时，需要设置支柱。支柱可以是直接应用型钢或钢管的简单结构，也可以是结构复杂的铁塔。选用什么样的结构由支撑的载荷大小所决定。一般地，中间支撑可以用结构简单的支柱，而端部的支撑需要用组合支柱。图 14－17 是 4 种典型的支柱。其中：图（a）是平面型，由于设有斜拉杆，可以用于较大的支柱；图（b）是双华伦型，可以用于宽度较窄的情况，具有节点少的特点；图（c）是 K 型桁架，它可以用于大型的支柱，K 型结构可以向上也可以向下；图（d）为加强杆型桁架，是一种应用越来越多的形式，它是为使压杆的长度减小而另设加强杆的结构形式。

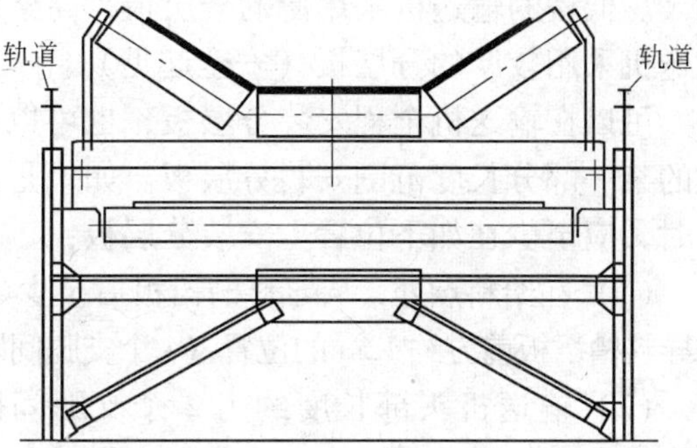

图 14－15　带有轨道的中间架支腿结构

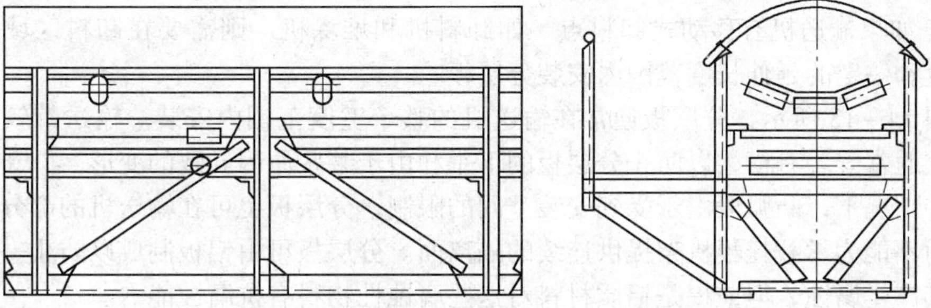
图 14－16　带人行道和防雨罩的桁架结构中间架

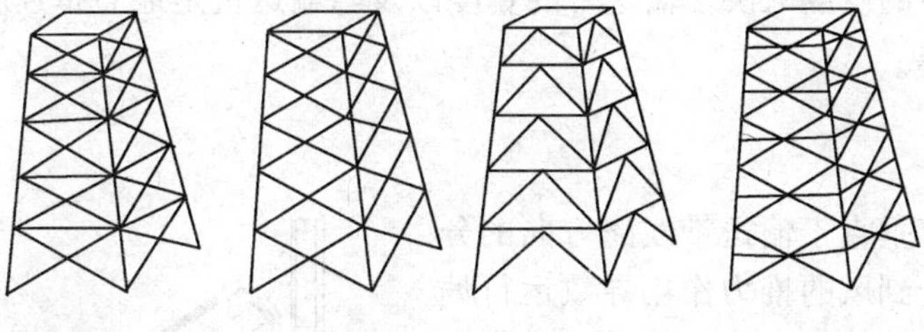

图 14－17　支柱结构

（a）平面型；（b）双华伦型；（c）K 型桁架；（d）加强杆型

14.1.6　分层板

钢板制成的分层板安装在中间架上以隔离承载托辊和回程托辊，防止意外发生物料的倾撒并掉落到回程带上，如图 14－18 所示。掉落在分层板的物料通过定期的清理工作除去。如果不设置分层板，掉落到回程带上的物料会被运输到输送机尾部，如果物料量较大，输送带清扫器无法清除干净，一些物料就会进入到托辊和输送带之间，对两者造成损坏，有时也会导致内置输送带清扫器的疲劳损坏。分层板是由厚度为 1.5mm、2.0mm、2.5mm、3.0mm 的钢板制成，经过适当的波纹处理可以在运输中保持形状不变。分层板的厚度取决于输送带的宽度、腐蚀裕度和保证人站在上面的安全性要求，尽管一般不允许载人。低矮的输送机采用薄的分层板，高架结构的输送机采用较厚的分层板（安全起见）。

可以在输送机全程安装分层板，也可以在输送机的某一部分长度范围安装分层板。如果是部分安装时，应至少在如下位置上安装分层板：

（1）在给料点处，从导料槽裙板后至少延伸 2m 到导料槽裙板前方约 12m 的位置（4 个支腿间距）。

（2）输送机头部长度约为 2 个支腿间距的范围内。

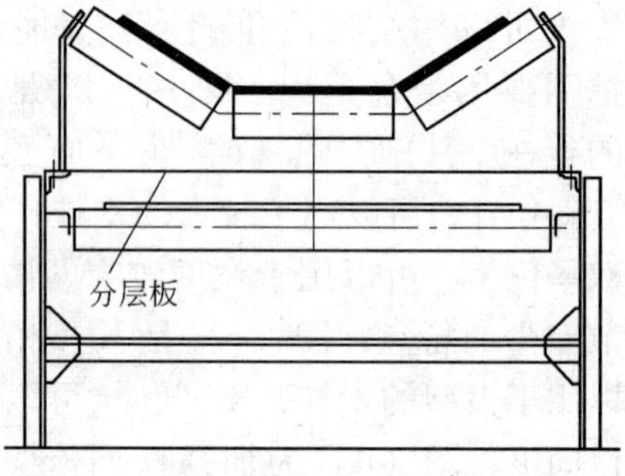

图 14 – 18 分层板

（3）如果输送机上有移动式给料机装置，例如叶轮式给料机或斗轮式堆取料机，则在移动式给料区域要安装分层板，分层板的延伸长度如上所述。

（4）如果输送机有移动式卸料点，如卸料机和堆垛机，则需要在卸料区域及输送带提升长度和一定的延伸长度范围内安装分层板。

如图 14 – 18 所示，分层板通常在输送机的整个宽度范围内安装。输送带较宽的输送机机架上通常安装有横梁以防止分层板的下垂和由于某些原因导致的变形。

有些情况下，凸弧段由于受到安装空间的限制，分层板也可在输送机的部分宽度上布置，因而不能为承载托辊机架提供连续的隔离面。分层板可由铝板制成以防止一些腐蚀性物料对其产生腐蚀，但前提是铝质材料对这些腐蚀性物料有抗腐蚀能力。

由风干木材制成的分层板用于运输腐蚀性物料也较为普遍，通常运输腐蚀性物料盐。木板通常有倾斜的搭接边，可防止经过的物料进入接合处。在高架位置处木板用螺栓连接在中间梁上。木板的厚度取决于输送带的宽度以及与输送机是地面布置还是高空架设布置有关的安全性考虑。

14.1.7 挡风板

当强风风速有垂直于输送带线路方向的分量时，输送带会受到风的推力作用导致运行偏移。在多风地点安放的露天带式输送机通常安装挡风板，如图 14 – 19 所示。挡风板的高度要求能够遮盖住承载段和回程段的输送带。挡风板一般由厚度为 0.6 ~ 0.8mm 的薄钢板制成，方便维修时的拆卸和改装。挡风板的支撑和夹持装置应能够牢固的将其固定住，防止风吹过程中产生摇摆噪声。

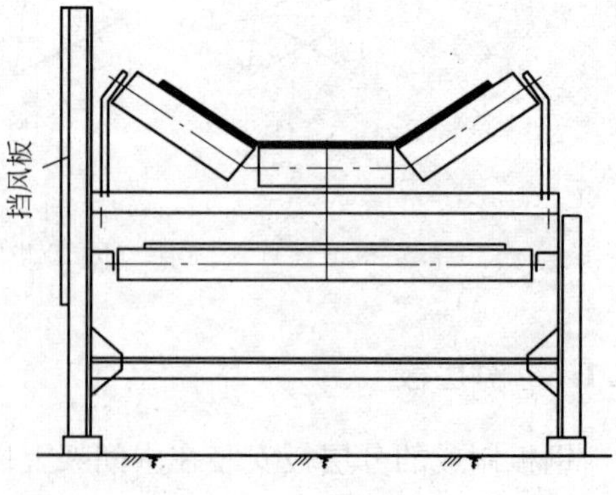

图 14 – 19 挡风板

14.1.8 输送带护罩

作为一种较为经济的方法，可以使用输送带护罩来保护输送带工作面与物料，以免其受到雨淋和阳光直接照射。输送带的非工作面位于输送机的背面，自然也受到了保护。图 14 – 20 为典型的输送带护罩布置示意图。为了保证有足够的强度和较轻的质量，以便维修时改装和拆除，输送带护罩一般由 0.6 ~ 0.8mm 厚的镀锌瓦楞板制成。镀锌瓦楞板表面有一层特殊的镀层，镀层所带来的良好耐腐蚀性、耐用性以及良好的性能表现是以高昂的代价换来的。

输送带护罩分为有侧盖和无侧盖两种。如果有侧盖且两边的侧盖均可打开，工作人员沿着过道进行每天的检查时将很容易地观察输送机的运行状态。如果想给输送机安装侧盖，则设计时应该考虑容易拆卸，可以改装而且不能有摆动噪声等要求。

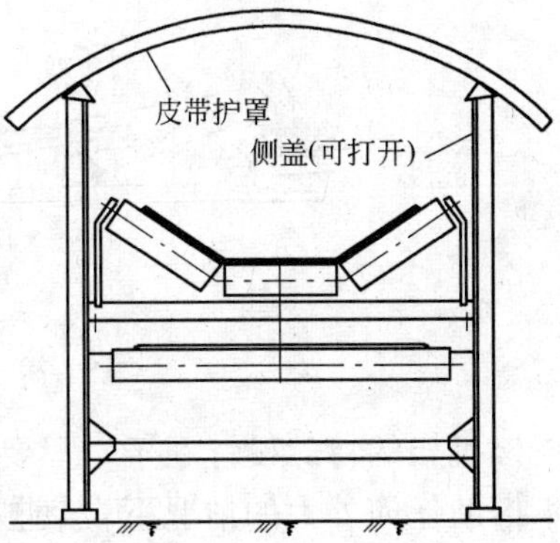

图 14－20 输送带护罩布置示意图

输送带护罩不可以安装于卸料机、堆垛机及取料机的运动部分。使用输送带护罩作为输送机的保护装置是比较经济的，但是与其他昂贵的输送机外壳保护设备相比还存在以下的缺点：

（1）输送带护罩会妨碍维护或者更换托辊、输送带等零件。

（2）如果工作人员需要在多雨、强光照或者寒风中对输送机进行维护，输送带护罩将直接影响维护的质量。

（3）输送带护罩不能在任何气候环境下都对输送带工作面与物料提供100%的保护。

14.2 可移动式输送机机架

可移动式输送机通常应用于露天煤矿或用于倾倒大宗废旧无用的散状物料，如燃过的炉料、灰尘等。废料的倾倒不需要有回收装置，这点与传统的物料储存需要有回收装置不同。

可移动式输送机一般应用在系统运行一段时间如几个星期（月）后，需要在几十米范围内快速调整的场合。在这种场合下不需要对输送机进行拆除并且能在最短的时间内完成输送机整个系统包括机械部分、结构部分及电器部分的组装是十分重要的。快速重新布置功能可以通过使用带有滑轨的独立式系统实现，即拖动滑轨实现长度上的移动（重量较大时可采用专门的装置完成移动）。

这种可移动功能要求输送机的机架具有特殊的设计，与固定式输送机机架不同。从以往的设计经验来看，以下机架的设计原则较好地实现了这个功能：

（1）整个系统由独立式装置或组件构成，无土建基础。

（2）这些装置或组件连接时，接合处允许在 x，y，z 轴方向有一定的活动空间。防止在移动和搁置时因个人安装而导致变形和损坏。

（3）装置或组件要有防滑功能和大面积的地面接触，以便于输送机在地面上操作时保持静止，便于应用时进行拖动。

（4）机架机构设计应考虑所有载荷的重力作用、设备的操作性，移动过程的应力和应变，不平整的地面等因素的影响。

（5）输送机机架应能在粗糙和苛刻的条件下工作。损坏和更换标准应该在行业传统可接受限度内（固定带式输送机机架一般不会损坏而无需更换）。

14.2.1 可移动式输送机机架的组成

可移动式输送机机架的组成如图 14－21 所示。其特殊结构允许机架依照运输的总长度和路线需要进行调节设置。机架还可以按照工作需要在汇聚点实现输送方向的改变。

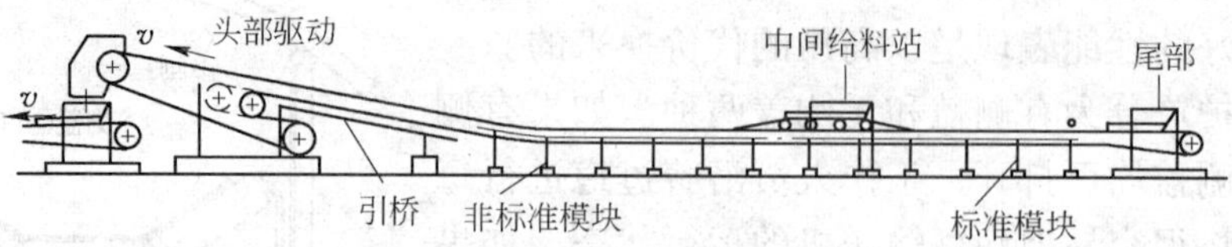

图 14－21　可移动式输送机机架的组成

该机架的特殊设计在于，只要将物料适当摆放，物料在一台输送机完成输送之后可以在不借助任何外力的情况下自动被输送至下一台输送机。该输送机机架设有内置“连接机制”，其前端与后端相互连接。连接机制的特殊设计可以实现即使在汇聚处 x，y，z 方向上有偏差，物料也可顺利输送；在不具备精准底座时，该系统也可以发挥作用。

此外，每台输送机的绝大部分构件是由大量标准模块构成的。使用者可以通过改变模块数量改变输送机的长度。因此使用者可以依据需要（取决于最大额定长度）任意决定输送机的长度。总之，可移动输送机在按照实际需要创造输送路线方面具有更高的灵活性且不必改变输送机的结构。输送机机架通常由以下部件组成：

（1）传动机头，即输送机前端。

（2）尾部，即输送机末端。

（3）机架模块，是构成输送机机架、连接传动机头和尾部的中间部分。

依据不同的规格，输送机机架还可能包括以下部件：

（4）引桥。凹形的传送带斜面足够长，适宜搭配较高的传动机头。二者间的协调一部分依靠头部完成，一部分则依靠与其相邻的引桥实现。

（5）中间给料站。当需要使用输送机的中间给料功能时，该系统可以添加中间给料站。

14.2.2　输送机前端传动机头

在输送机的头部装有输送带的驱动装置，常见的有以下3种类型：

（1）传动机头带有给料装置和拖曳牵引移动装置。

（2）传动机头带有给料装置和托起移动装置，移动时传动机头被自动可移动式履带爬行装置托起，然后放置到下一个工作位置。

（3）传动机头无给料装置但带有拖曳牵引移动装置。

14.2.2.1　传动机头带有给料装置和拖曳牵引移动装置

如图 14－22 所示，机头端放置在单个的浮桥上（和地面有较大的接触面积，并不是浮动的浮桥）。这种结构主要用于小型或中型尺寸的传动机头，其拖曳牵引装置可采用推土机，很明显所需推土机的重量与传动机头的重量成正比。在某些情况下，该工作形式是难以实施或不经济的。这可从以下关系式中得出。

可实施的拖曳牵引操作（忽略风的作用），需要满足以下广义条件：

$$m_2\mu_2 g\cos\theta > m_1\mu_1 g\cos\theta \pm (m_1 + m_2) g\sin\theta$$

即

$$m_2\mu_2 > m_1\mu_1 \pm (m_1 + m_2)\tan\theta$$

式中　m_1——传动机头的质量，闲置状态（当拖动力不作用在阻力区域的重心时，可以

理解为拐角处被拖动的有效质量);

m_2 ——推土机的质量;

μ_1 ——地面和浮桥之间的摩擦阻力系数;

μ_2 ——地面与推土机之间的摩擦阻力系数;

θ ——地面的倾斜角度。

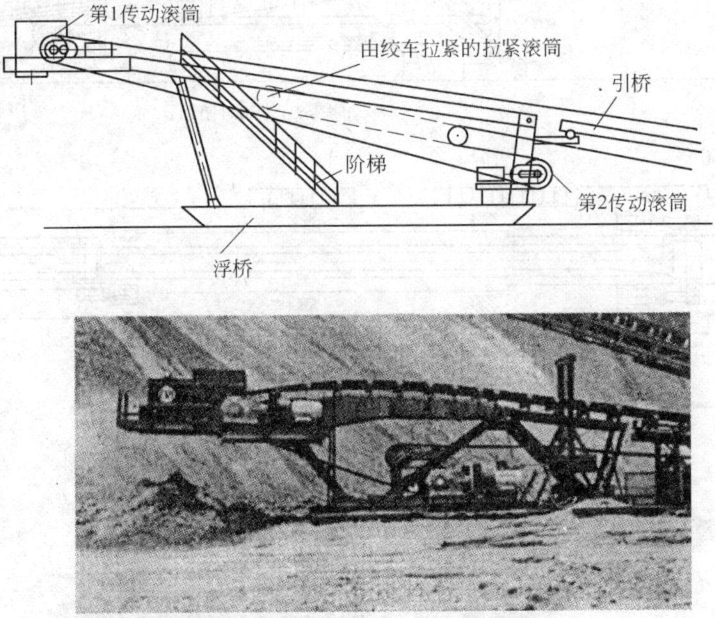

图 14－22　传动机头带有给料装置和拖曳牵引移动装置

该传动机头机架由浮桥、主体结构、走道、扶手、阶梯，保护装置组成。传动机头机架作为一个独立的单元，在运行和拖曳牵引过程中为头部滚筒、传动滚筒及卸料滚筒、下部的传动滚筒、带有导向的拉紧滚筒、拉紧绞车装置（自动/手动操作）、承载托辊、其他回程托辊、驱动单元（轴安装有滑环电机和液力偶合器）、带有挡板的给料槽（如导流板)、输送带和滚筒清扫器以及引桥前端支撑装置等部件提供支撑。

传动机头需要在输送机前端与输送带拉力相反的方向安装地面锚定装置。电控室与浮桥独立，放置在传动机头附近。这种传动机头适合小型或中型系统，与履带移动方式相比成本相对较低。履带移动方式适合于大型的传动机头。在拖曳操作前，拉紧绞车使输送带处于放松状态，锚定装置松开。传动机头和整个输送机的伸长是通过在横向方向上的一点一点反复操作实现的，保证在总的伸长距离上输送机的组装完好。

14.2.2.2　*履带移动方式传动机头*

履带移动方式传动机头形式适合于重型输送机系统，在此系统中，再使用类似推土机的拖曳装置是不实际的也是难以实施的。该传动机头形式如图 14－23 所示。

这种传动机头放置在两个有一定间距的浮桥上。当传动机头需要伸长时，绞车调整输送带使其处于松弛状态，松开锚定装置。安装的履带爬行装置称为移动履带车，放置在传动机头下、两个浮桥之间的位置。

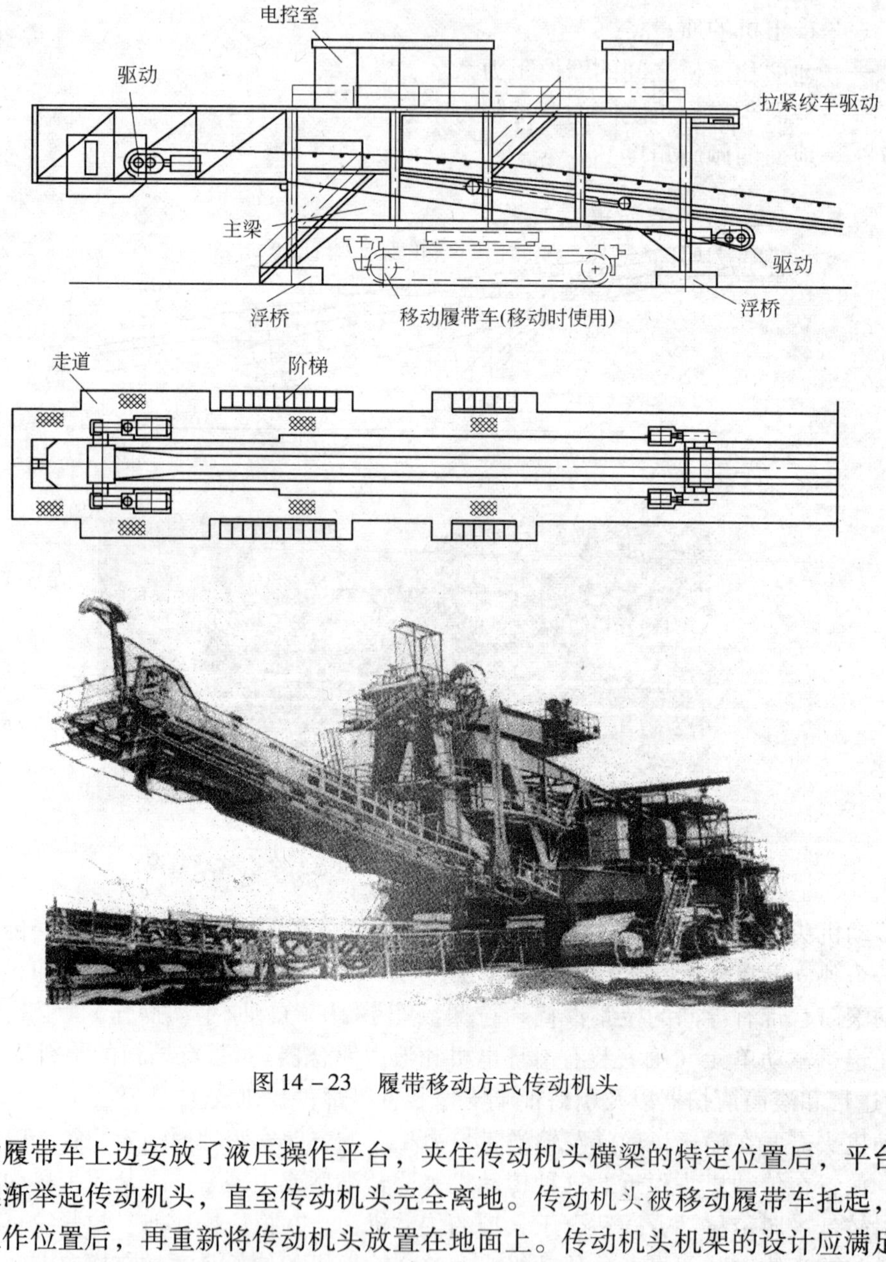

图 14－23　履带移动方式传动机头

移动履带车上边安放了液压操作平台，夹住传动机头横梁的特定位置后，平台以较慢的速度逐渐举起传动机头，直至传动机头完全离地。传动机头被移动履带车托起，移动到下一个工作位置后，再重新将传动机头放置在地面上。传动机头机架的设计应满足两个浮桥的支撑要求，同时也要适应托起过程中单个区域支撑的情况。传动机头要有一定的稳定性，保证在闲置状态、工作状态、伸缩操作状态以及在装配和维护过程中某些部件不管是否已经装配上的情况下都能保持稳定平衡。推土机用于引桥的同步拖曳工作。

该传动机头机架包括两个浮桥、机架主体结构，平台、走道、扶手、梯子、电控房的复合钢板结构框架、单一轨道和保护装置等。它作为一个独立的单元为以下部件提供支撑：头部滚筒、传动滚筒及卸料滚筒、第 2 传动滚筒、带有导向的拉紧滚筒、拉紧绞车装置（自动/手动操作）、承载托辊、其他回程托辊、驱动单元（轴安装有滑环电机和液力偶合器）、带有挡板的给料槽（如导流板）、输送带和滚筒清扫器、顶部的电控室和引桥前端支撑装置等。

传动机头需要在输送机前端与输送带拉力相反的方向安装地面锚定装置。移动履带车是一个力量巨大并带有各种控制器传感器以监控伸缩过程中的稳定性和安全性的装置。移动履带车上的承载平台可以通过上下运动和回转运动以使传动机头处于正确的位置和方向。

14.2.2.3 水平布置传动机头

可移动式输送机用于在平行其长度方向上倾倒物料时，不需要在头部放置给料装置。可移动输送机通过轨道式卸料器和履带式卸料器实现中间卸料，如图 14－24 所示。其机架包括浮桥、主体机架结构、平台、走道、扶手、小型梯子（台阶）和保护装置。传动机头需要在输送机前端与输送带拉力相反的方向安装地面锚定装置。传动机头的伸长是通过推土机在地面上的拖动实现的。电控室在另一个独立的浮桥上，放置在传动机头附近。

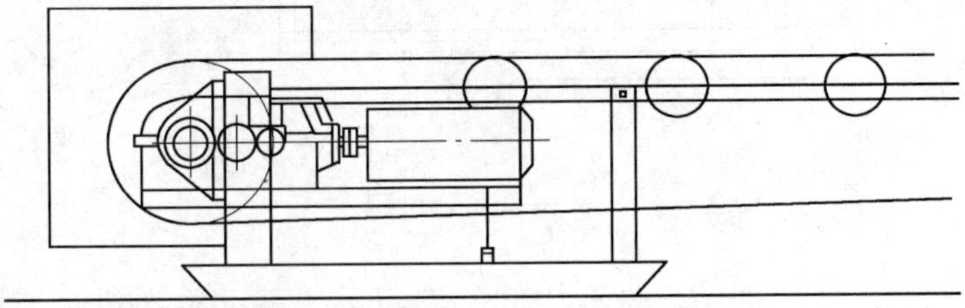

图 14－24 水平传动机头的组成

在可移动式输送机运行到中间位置时的卸料，可以采取以下方法：

（1）安装于可移动式输送机上的轨道式摊铺机，适合向输送机两侧距离较小的地方卸料，成本最低。这种电力驱动的摊铺机由可移动输送机上的随行电缆供电。

（2）轨道式卸料器和履带式摊铺机配套使用，适合远距离卸料和工作量较大的场合。卸料器由可移动式输送机上的随行电缆供电。卸料器通过灵活的连接方式为摊铺机供电。卸料器和摊铺机可以灵活地共同运动。

（3）履带式卸料器和履带式摊铺机配套使用。适合远距离卸料并可使输送机伸缩容易，因为输送机上没有安装这些机械装置。两者都是由随行电缆供电。这种机械运行缓慢，因为要与相关的倾倒工作配合（不需要像通用式推土机一样自由快速地随机运动）。该系统用于工作量较大的场合，价格较贵。

14.2.3 返回站/尾站

返回站在输送机的尾部，有两种类型，一种带有受料装置，另一种不带受料装置。传动机头的伸长是通过推土机在地面上的拖动实现的。

（1）带有受料装置的返回站。如图 14－25 所示，其机架包括浮桥、主体机架结构、走道、扶手、阶梯和保护装置等。机架上布置有：尾部滚筒、缓冲托辊、承载托辊、回程托辊、导向滚筒（如果使用）、导料槽裙板、进料斗（同溜槽作用，大口径可防止漏料）、驱动装置（根据输送机设计，某些情况下，尾部滚筒也是传动滚筒，该传动滚筒可能有两个驱动装置，分别放在滚筒的两侧。驱动装置可能是轴安装类型）、输送带和滚筒清扫器以及抵抗输送带拉力的锚定锁链装置。

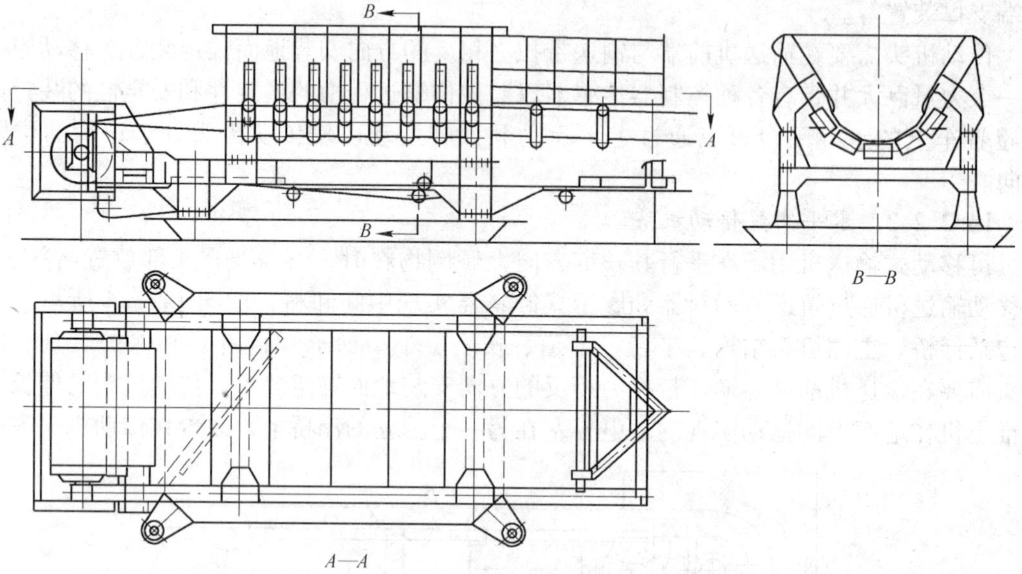

图 14－25　机尾

（2）不带受料装置的返回站。带有中间给料点的可移动输送机会采用此类型。其机架包括浮桥、主体机架结构、走道、扶手、阶梯和保护装置等。机架上布置有：尾部滚筒、承载托辊、回程托辊、导向滚筒（如果使用）、驱动装置（同（1））及输送带和滚筒清扫器等。

14.2.4　中间部分模块

传动机头和返回站中间的输送机机架是由模块构成。有标准模块和非标准模块两种类型。

14.2.4.1　标准模块

大部分长度上的输送机构件是由标准模块组成的。图 14－26 所示为可移动式输送机的标准模块，在输送机机架上没有安装可移动设备。

这些标准模块的放置互不接触，彼此之间留有空间。输送机长度方向上有连续的轨道，用于输送机的伸缩变形。如果输送机在两端都可移动，那么需要在输送机的两端都放置轨道。轨道和模块通过松插销口连接，允许一定的角位移，以防止轨道和模块的损坏。机架模块由以下部件组成：

（1）2 个槽钢中间梁，并有可挂承载托辊的结构。

（2）4 个工字钢梁制成的立柱用来支撑中间梁和回程吊挂托辊。

（3）2 个有 5～6mm 厚的结构钢板制成的枕座。枕座中空设有防水结构。立柱焊接在枕座上并安装必要的加固板。

（4）角钢制成的水平对角交叉撑条，在底部与四个立柱相连。角钢放置成屋顶形状以达到自我清扫的目的。交叉撑条交叉点处用 U 形夹固定可防止一定程度上的变形，不产生永久损害。4 个立柱通过交叉撑条在底部连接，与中间梁在顶部连接。这些连接形成标准模块的外形，并使得模块具有较好的稳定性和韧性。

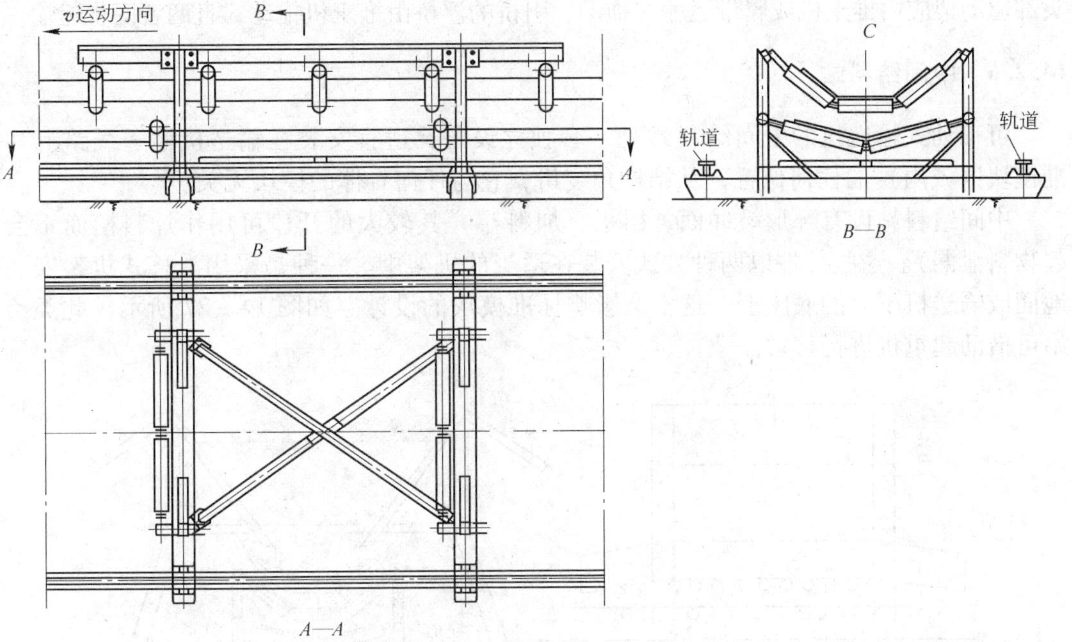

图 14－26 标准模块

（5）钢板制成的电缆架由中间梁和立柱支撑，电缆放置于其中。

（6）特殊的松夹装置夹住枕座上的轨道，防止移动。

（7）鱼尾板连接的轨道。

大量标准模块构成输送机机架。当标准模块两侧均放置有轨道时，则可用于支撑移动式机械装置。另外，轨道也用于输送机伸长操作。这些模块的滑板较长也较宽，可限制地面的压力负荷在一定的范围内，使其适应因轨道类安装机械对其产生额外的负载。模块的支腿之间可增设枕座，限制地面压强。枕座的宽度由机械装置的车轮距决定。

可移动输送机上的轨道类安装机械的特点是：具有非常低的车轮负荷和宽敞的轮安装接触面积，以适应轨道方向、横向以及竖向的偏差。轨道安装机械行驶的速度较慢。

14.2.4.2 非标准模块

非标准模块安装在传动机头和返回站附近，用以使输送带形成合适的外形（凹形输送机）来适应传动机头和返回站附近输送带位置的逐渐提升（该传送区域输送带垂直面内的方向改变）。

非标准模块不需要在其上安装移动式装置，因为高度提升时可能会与移动式装置产生干涉。非标准模块结构上与标准模块相似。通过拖动进行移动，轨道可有可无。非标准模块相对标准模块所占比例较小。

14.2.5 引桥

引桥的设计如图 14－22 所示。其末端由浮桥支撑，适宜由推土机拖动。其前端与头部驱动架的末端以铰链方式接合，从而确保具有固定的载荷/压力；并可以适应在物料输送过程中地面凹凸不平或存在相对角度运动的输送情况。

引桥由浮桥、主结构、通道扶手、梯子、台阶等部分组成。在运送整个系统的过程中，头部驱动架应由推土机或履带运输车拖动，引桥的浮桥由推土机拖动，且两者同步运输。

14.2.6 中间给料站

可移动式输送机的中间给料站是一套独立设备，适宜安装在输送机输送线路上（标准模块区域内）的任何位置，从结构角度讲，它与任何具体的模块无关。

中间给料站设有环形缓冲面、裙板、加料斗（其较大的开口可用作加料槽而不会引起物料泄漏）。这些部件以两种方式安装在适当的机架中。一种是采用滑移式机架安装在地面或输送机下方的底座上，这不会影响标准模块的设计。如图 14 – 27 所示，此类给料站可借助起重机进行移动。

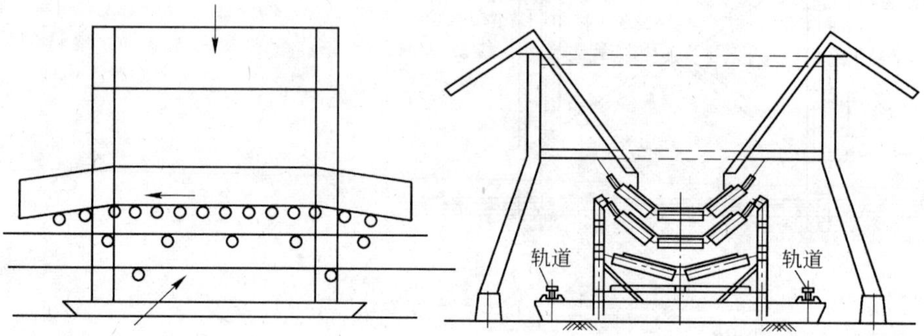

图 14 – 27 中间给料站

另一种中间给料站采用装轮式机架，该机架利用与模块一体的轨道进行移动。此类安装方式要求标准模块的两侧都要安装轨道（如图 14 – 26 所示）。该给料站依靠电力驱动移动车轮。电力驱动的能量可以来自与给料器相连的随行电缆。考虑到可能发生的错位问题，车轮经过独特设计后可以保证在轨道上有固定的载荷分布。给料站及给料器需要同步移动（按照需要）。

14.3 机架的计算

带式输送机机架的计算较之钢结构和建筑结构的计算是比较简单的，但是随着带式输送机的大型化和结构的增高，对其进行正确的计算则变得十分重要。有关带式输送机的结构计算的方法与其他结构计算原理相同，由于这部分的内容可以从有关钢结构的文献中得到，故这里仅给出一般计算内容和中间架计算实例。

14.3.1 计算的基本内容

（1）输送机的载荷。一般带式输送机需要考虑的载荷有：输送机机体的重力载荷、物料载荷、风载荷、雪载荷和地震载荷。

（2）应力计算。

拉杆：拉力产生的拉应力应满足许用拉应力条件；

压杆：压力产生的压应力应满足许用压应力条件和压杆的稳定性条件；

梁的挠度和应力的计算。

（3）连接计算，包括螺栓连接和焊接连接。

（4）动力学问题的计算，包括动应力和避免共振的计算。

14.3.2　中间架梁架计算实例

已知：输送物料为沙子；输送量为750t/h；带宽为900mm；带速为2m/s；梁采用125mm×65mm×6mm的槽钢。

（1）载荷的计算。中间架如图14－28所示，输送机机体的重力载荷包括输送带的重力和上分支、下分支托辊的重力，则单位长度上的重力为

$$P=g(q_B+m_{Ru}/a_{Ru}+m_{Ro}/a_{Ro})=9.8\times(24+30/1.2+16/2.4)=560\text{N/m}$$

其中，输送带单位长度质量为24kg/m；上托辊的质量为30kg/组，托辊间距为1.2m；下托辊的质量为16kg/组，托辊间距为2.4m。

物料的单位长度重力为

$$G=gq_G=g\frac{Q}{3.6v}=\frac{750\times9.8}{3.6\times2}=1040\text{N/m}$$

梁所受的载荷为

$$W=P+G=560+1040=1600\text{N/m}$$

由于有两根梁，故每根梁所受的载荷为

$$W'=W/2=1600/2=800\text{N/m}$$

根据如图14－28所示的托辊布置，对于一组中间架，由于中间托辊架的长度为4.8m，可计算出每个集中载荷 W_V 为

$$W_V=\frac{4.8\times800}{4}=960\text{N}$$

（2）应力和截面计算。如图14－29所示，根据 $\sum M_B$ 可以计算出 A 点的反力 R_A 为

$$R_A\times4.8-960\times4.2-960\times1.8-960\times0.6=0$$

所以

$$R_A=9216/4.8=1920\text{N}$$

由 $\sum Y=0$

$$R_A+R_B-3840=1920+R_B-3840=0$$

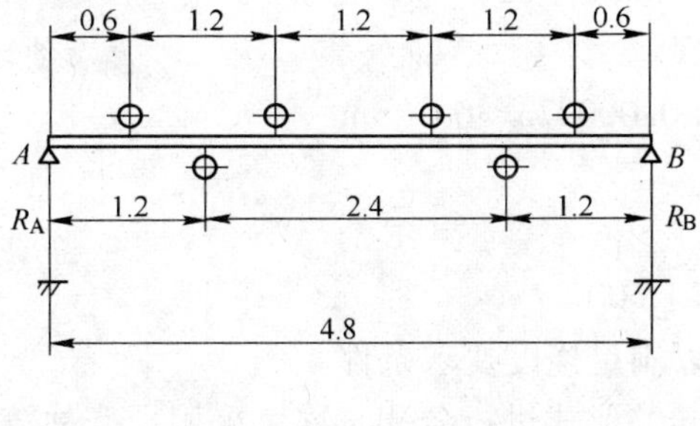

图14－28　计算结构简图

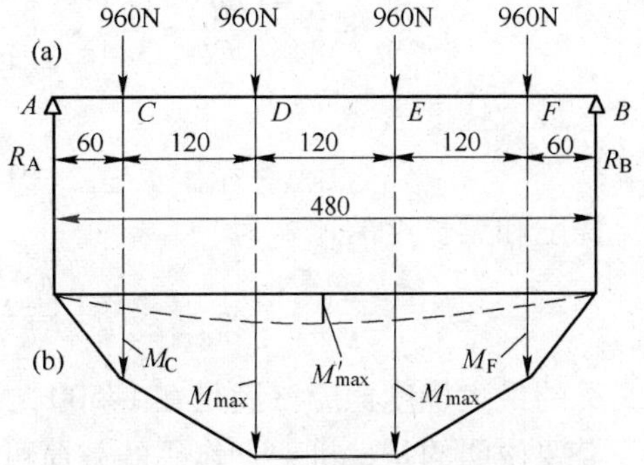

图14－29　受力简图和弯矩图

（a）受力简图；（b）弯矩图

所以
$$R_B = 3840 - 1920 = 1920\text{N}$$

各点弯矩为

$$M_C = R_A \times 0.6 = 1920 \times 0.6 = 1152\text{N} \cdot \text{m}$$

$$M_D = R_A \times 1.8 - 960 \times 1.2 = 1920 \times 1.8 - 960 \times 1.2 = 2304\text{N} \cdot \text{m}$$

$$M_E = M_D,\ M_F = M_C$$

最大弯矩处是 D 点，其数值为

$$M_{max} = M_D = 2304\text{N} \cdot \text{m}$$

求自重产生的最大弯矩。此时的最大弯矩发生在梁的中点，其数值为

$$M'_{max} = \frac{qgl^2}{8} = \frac{13.4 \times 9.8 \times 4.8^2}{8} = 386\text{N} \cdot \text{m}$$

其中，梁的单位长度质量为 13.4kg/m。

因为这两个弯矩的方向相同，则其合成弯矩为

$$M = M_{max} + M'_{max} = 2304 + 386 = 2690\text{N} \cdot \text{m}$$

图 14－29（b）中的虚线表示梁自重的弯矩。

又知截面的抗弯模量系数为 $W_z = 68 \times 10^{-6}\text{m}^3$，则

截面上的最大应力为

$$\sigma = M/W_z = \frac{2690}{68} \times 10^6 = 3.96 \times 10^6\text{Pa}$$

因为材料的许用应力为 $1.2 \times 10^7\text{Pa}$，所以满足强度条件。

（3）挠度的计算。如图 14－29 所示，在本例中尽管载荷是 4 个点的集中载荷，但不是等间距的，不能直接利用 4 个点等间距的计算式。因而可将梁等分，重新分配载荷以应用 4 点集中载荷的计算式。

由前可知集中载荷 $W_V = 960\text{N}$，自重载荷 $W = 134\text{N/m}$，钢的弹性模量 $E = 2.15 \times 10^{11}\text{Pa}$，截面惯性矩 $I = 4.25 \times 10^{-6}\text{m}^4$，梁的长度 $l = 4.8\text{m}$，集中载荷的间距 $l/5 = 0.96\text{m}$，则

集中载荷所产生的最大挠度为

$$f_{1max} = \frac{63}{1000} \times \frac{W_V l^3}{EI} = \frac{63}{1000} \times \frac{960 \times 4.8^3}{2.15 \times 10^{11} \times 4.25 \times 10^{-6}} = 0.00693\text{m}$$

梁自重所产生的最大挠度为

$$f_{2max} = \frac{5}{384} \times \frac{Wl^4}{EI} = \frac{5}{384} \times \frac{134 \times 4.8^4}{2.15 \times 10^{11} \times 4.25 \times 10^{-6}} = 0.000973\text{m}$$

总最大挠度为

$$f_{max} = f_{1max} + f_{2max} = 0.00693 + 0.000973 \approx 0.008\text{m}$$

挠度和梁长度的比 δ 为

$$\delta = \frac{f_{max}}{l} = \frac{0.008}{4.8} = \frac{1}{600}$$

梁的最大挠度比应该满足在 1/500 之下，所以满足挠度要求条件。

需要说明的是，机架上作用的载荷可以按不同的形式进行分配，这里采用了一种较简单的载荷分配方式，从而减少了计算工作量，但在工程上已经具有足够的精度。当然也可以采用更精确的模型，只是实际的计算工作量也会大幅度地增加。

15　输送机的安装与调试

15.1　安装

带式输送机的安装按《连续输送设备安装工程施工及验收规范》（GB 50270—1998）及图纸上的有关规定进行。安装前，应编制施工方案，参照有关安装技术规范、说明书及图样上的技术要求，制定切实可行的安装质量标准，排定安装顺序。

15.1.1　安装准备

安装前，应对安装人员进行技术培训，使他们切实熟悉设备各个组成部分的有关图样、技术规范、安装顺序及质量标准等。

准备好安装器具：推土机、汽车、吊车、电焊机及其他安装用工具。

准备齐全必要的检测工具：经纬仪、光学水准仪、水平仪、千分表、转速表、测隙规、钢琴丝线、重锤、钢卷尺、钢直尺等。

根据总装箱单、装箱单，结合施工图，详细清点到货零部件是否齐全，是否有缺、错、漏及损坏，提前发现，提前解决，防止影响施工进度。

检查和验收所安装设备的基础、桁架、转运站等施工情况，是否符合国家有关施工及验收规范的规定。设备底板要平整，基础要牢固，对于发现的问题要及时修整。设备安装前，必须将设备基础面上的脏物和预留孔中的杂物除去，并用水冲洗干净；二次灌浆面应凿成麻面，被沾污的混凝土应除去，以保证灌浆质量。

15.1.2　整机安装

（1）根据施工人员的多少，可从头、中、尾齐步进行；也可以从一端开始逐步安装。

（2）到货检查，去除要安装零部件表面的污物，特别应除净地脚底面上的油污。

（3）确定头部滚筒、尾部滚筒的位置，再确定出带式输送机的中心线，以此为基准进行安装。

（4）带式输送机的安装，既有在桁架上安装，也有部分为先地面安装再到桁架安装，还有部分为地面安装。

在桁架上安装的顺序如图 15－1 所示。地面和地面到桁架的安装顺序如图 15－2 所示。

安装精度要求：

（1）输送机机架（桁架）中心线直线度符合表 15－1 的第 1 项，并应保证在任意 25m 长度内直线度为 5mm。

（2）托辊辊子（调心辊子除外）上表面应位于同一平面上（水平面或倾斜面），或者在一个公共半径的弧面上（输送机凹弧段或凸弧段上的托辊）。其相邻三组托辊辊子（中间辊）上表面的高低差不得超过 2.0mm。水平高度的波动见表 15－1 中的第 2 项。

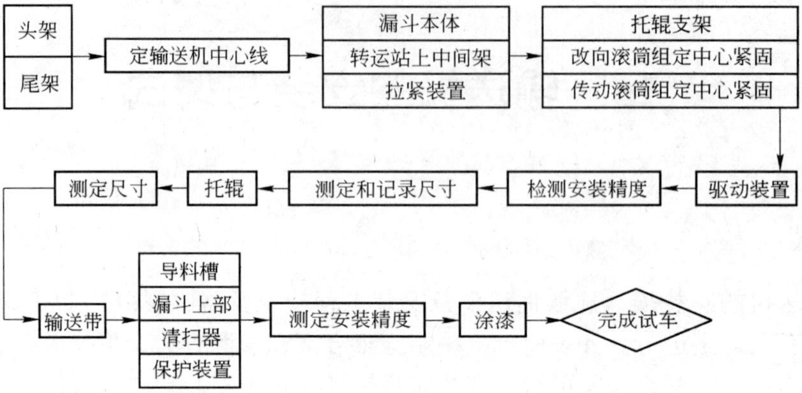

图 15－1　在桁架上安装的顺序

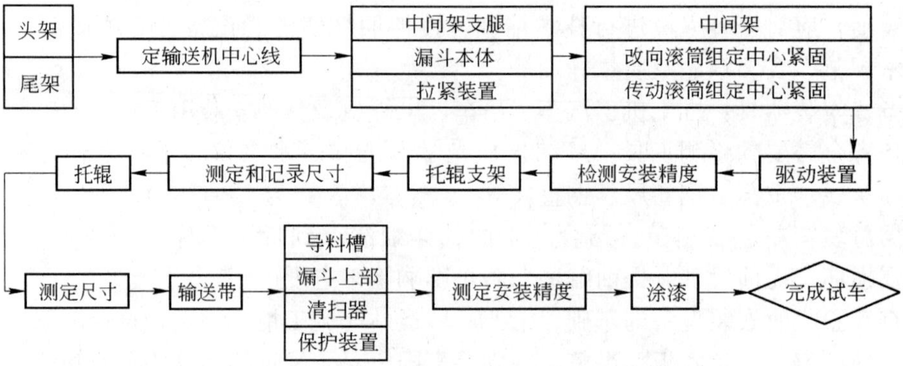

图 15－2　地面和地面到桁架的安装顺序

表 15－1　带式输送机安装精度表　　(mm)

序号	测定项目	测定部位及方法	允许误差值	测量工具
1	带式输送机轴线中心	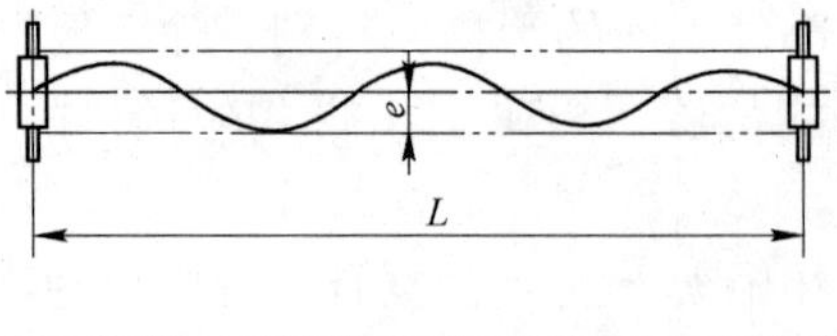	L/m　e 100　10 以内 300　30 以内 500　50 以内 1000　80 以内 2000　150 以内	经纬仪 钢琴丝线 重锤
2	托辊水平高度的波动	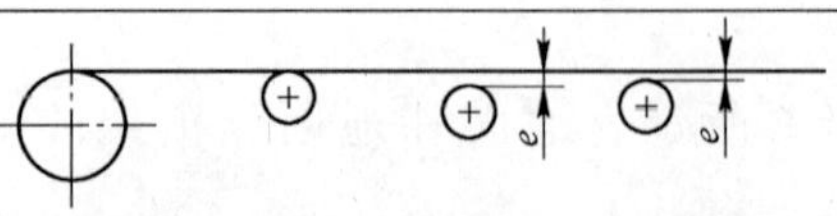	每 100m　±5 以内	钢琴丝线 重锤 直尺
3	中间架对角尺寸差	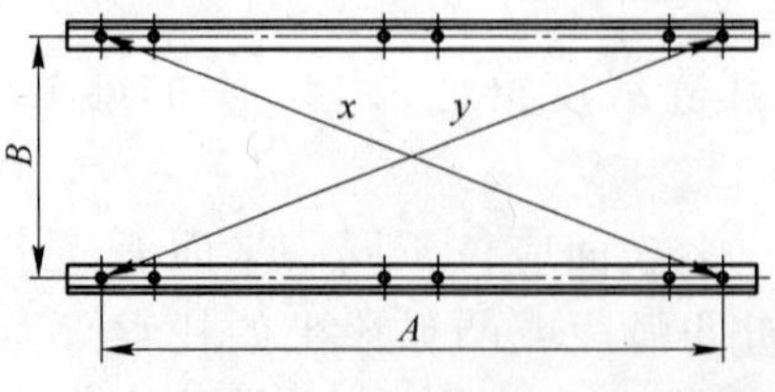	B　$\|x-y\|$ <1600　<2 ≥1600　<3	钢琴丝线 钢卷尺

续表 15-1

序号	测定项目	测定部位及方法	允许误差值	测量工具
4	中间架水平差	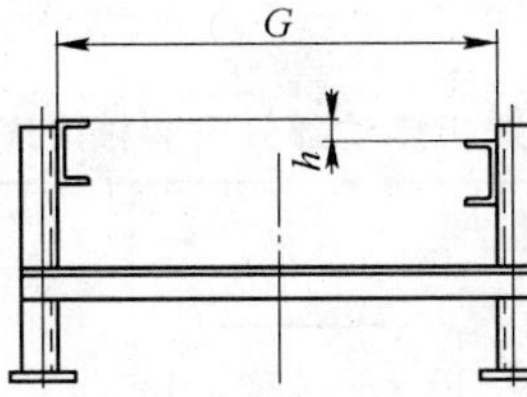	G　　h <1600　<2 ≥1600　<3	光学水平仪
5	托辊安装孔	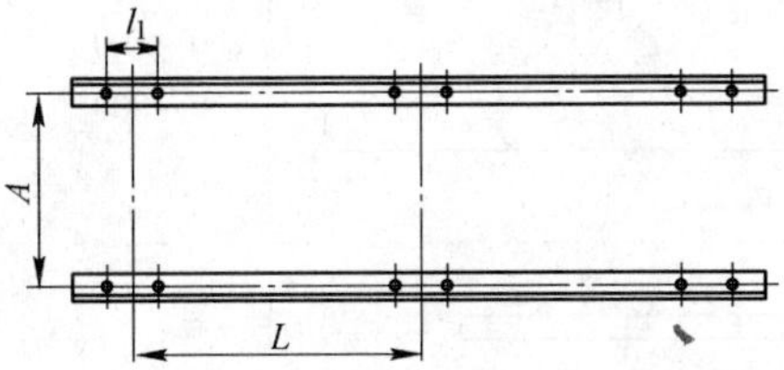	B≤1200　B≥1400 A　　2　　3 L　　±3　　±3 l_1　　±3　　±3	钢卷尺
6	托辊安装孔对角尺寸差	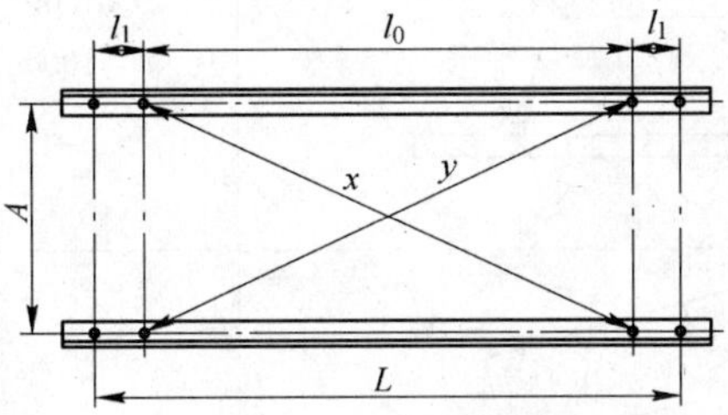	L/m　　$x-y$ <10　　<5 10~20　　<7 >20　　<10	钢琴丝线 钢卷尺

（3）输送带连接后应平直，在10m长度上的直线度为20mm。

15.1.3 部件安装

15.1.3.1 驱动装置安装

驱动装置有四种形式，大部分在生产厂已组装完成，只有个别因发运原因需解体到现场组装。不论是整体到货还是解体到货，在试车前必须重新检查电机轴与减速器轴的同心度（直联形式除外），达不到要求者必须重新调整。

驱动装置安装顺序如图15-3所示。

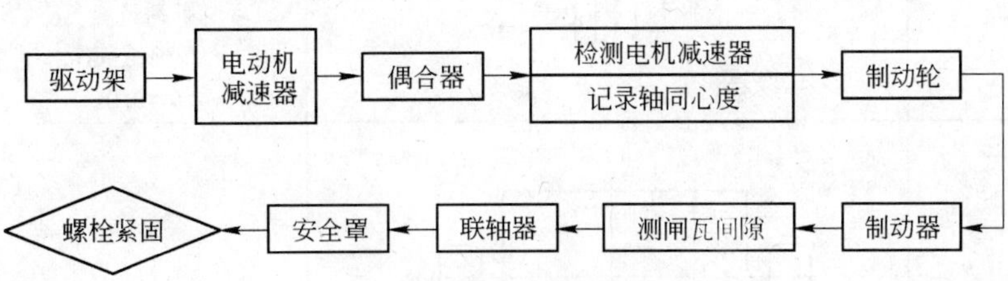

图15-3 驱动装置的安装顺序

安装注意事项：电机、减速器、制动器的地脚螺栓开始安装时不要紧固，留有调节余地；偶合器安装时，不准用铁锤击打铝合金零件。安装完毕，经检测，均达到安装精度后，将螺栓、顶丝最终紧固。

安装精度：电机与减速器的同轴度要求见表 15－2 中的第 1 项；制动轮与闸瓦间隙，测对应 4 点相同，且不大于 0.8mm；联轴器的两轴线径向位移与许用角向补偿量按联轴器的安装标准。

表 15－2　带式输送机传动部分安装精度表　（mm）

序号	测定项目	测定部位及方法	允许误差值	测量工具
1	电动机与减速器的同轴度	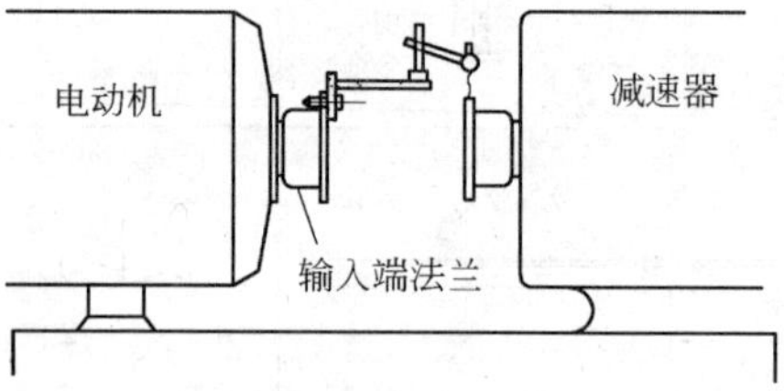	测量处最大外径 200～500 500～800；径向跳动 0.12；端面跳动 0.11	千分表
2	带式输送机中心线与滚筒轴线的直角度	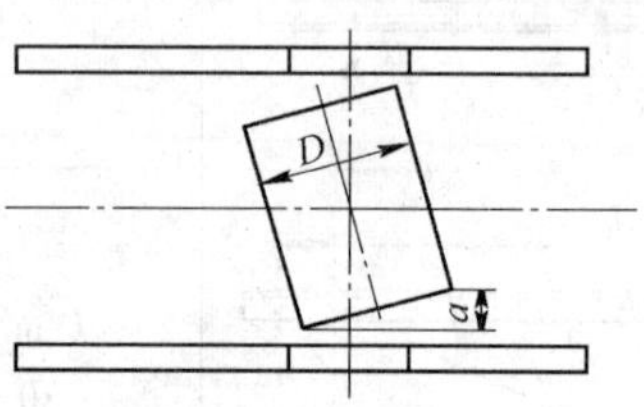	$D<1000$　$a\leqslant 1$ $D\geqslant 1000$　$a\leqslant 1.5$	钢琴丝线 直尺
3	滚筒的水平度	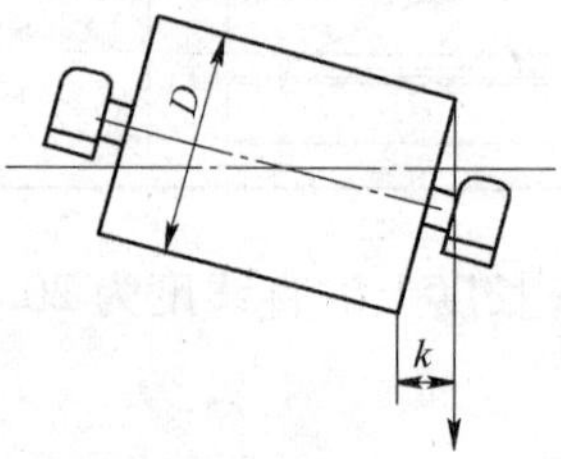	$D<1000$　$b\leqslant 1$ $D\geqslant 1000$　$b\leqslant 1.5$	重锤 直尺
4	联轴器轴心偏差和端面偏差	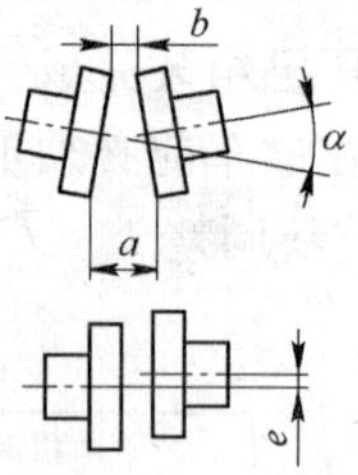	法兰联轴器： $e\leqslant 0.05$ $a-b\leqslant 0.05$ 液力偶合器： $e\leqslant 0.05$ $a-b\leqslant 0.05$ 链式联轴器： $e\leqslant$2%链间距 $a-b\leqslant 0.05$	千分表 直尺
5	传动滚筒中心线平行度	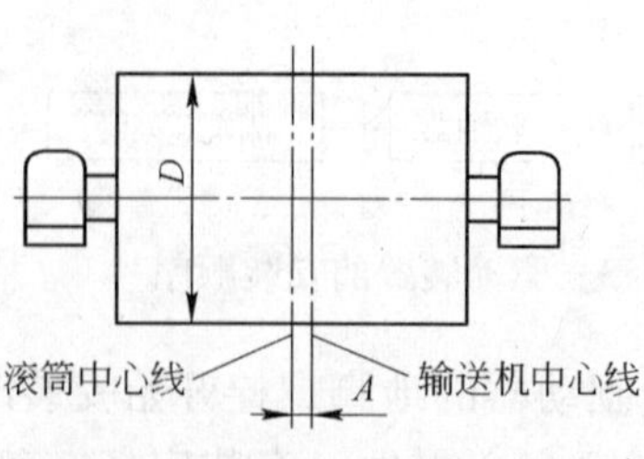	A　±5	钢琴丝线 直尺

15.1.3.2　滚筒组安装

滚筒组在生产厂已组装完成，只需装于相应的支架上。滚筒组安装的优劣，将直接影响着输送带的跑偏程序，因此必须正确安装，使其达到规定的精度要求。滚筒组调整时可用顶丝调整水平度，用垫片调整垂直度，必要时也可将滚筒所在的支架重新安装调整。

滚筒组安装精度：滚筒轴线与带式输送机中心线的垂直度要求见表 15－2 的第 2 项；滚筒的水平度要求见表 15－2 的第 3 项；两传动滚筒轴线的平行度为 0.4mm。

如果轴承座拆下清洗重新安装，请按图 15－4 所示顺序组装。

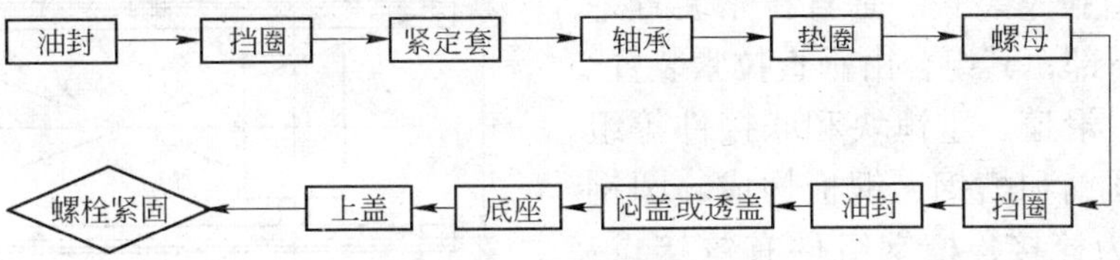

图 15－4　轴承座重新安装的顺序

以上为无间隙带紧定套轴承的轴承座安装顺序。如果轴承座需有间隙，只需不装挡圈即可；闷盖用于单出轴，透盖用于双出轴，轴承座各零部件安装顺序如图 15－5 所示。

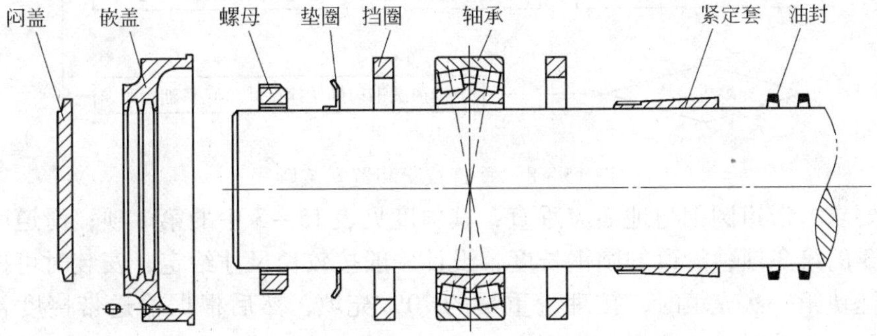

图 15－5　轴承座需有间隙的安装顺序

15.1.3.3　托辊组安装

托辊组主要安装在桁架的上台面和中间架上。先装托辊支架，再进行螺栓初装（不紧固），之后装托辊，检测尺寸，达到要求后，紧固螺栓。

托辊组的种类较多，按图 15－6 所示不要装错，特别是前倾托辊组，托辊架上的箭头方向应与输送带运行方向一致，绝对不可错。

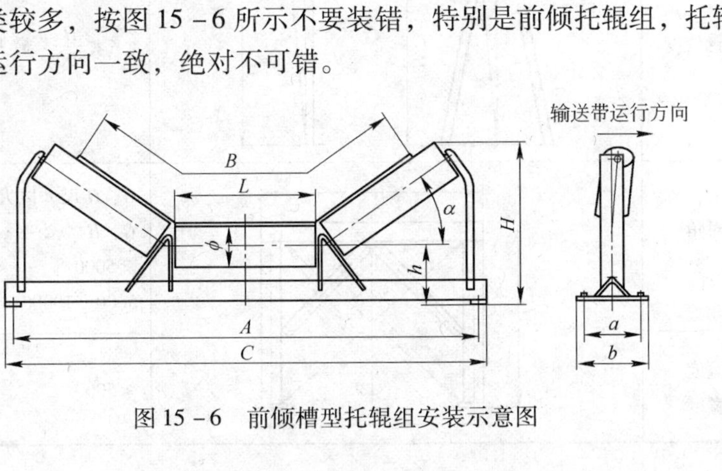

图 15－6　前倾槽型托辊组安装示意图

托辊组的安装精度和要求：托辊安装调整好后，应转动灵活；托辊水平高度的波动见表 15 - 1 的第 2 项；托辊轴线中心偏差，当测量长度不足 10m 时在 ±5mm 以内，当测量长度在 10m 以上时在 ±9mm 以内。

15.1.3.4　拉紧装置安装

（1）螺旋拉紧装置。安装在尾架上，滚筒组放在初始位置。装配时，框架滑轨与轴承上下凹槽两侧间隙要均匀。

两框架应满足要求：当 A 值不足 5m 时，$|x-y| \leqslant 4$mm（如图 15 - 7 所示）。

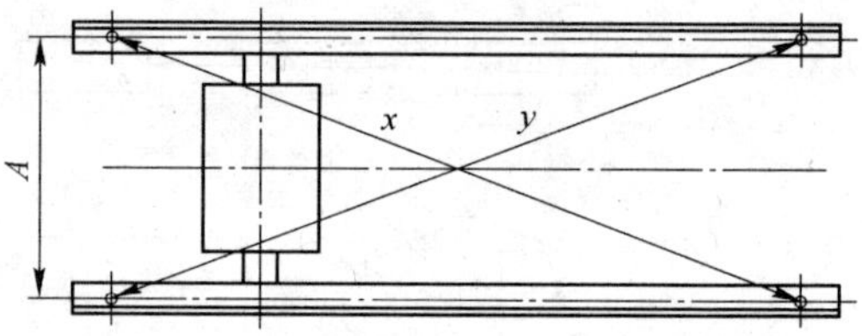

图 15 - 7　螺旋拉紧的安装尺寸关系

（2）垂直拉紧装置。垂直拉紧装置一般位于桁架下部，其组合由垂直拉紧装置、改向滚筒组、滑道、重锤块和联接件等组成。滑道由圆钢和槽钢、钢板构成，圆钢组件与槽钢为栓接，槽钢组件有铰接点，在调整好后与桁架焊接。重锤块为带提手的矩形铁板块，每块重 20kg。安装顺序如图 15 - 8 所示。

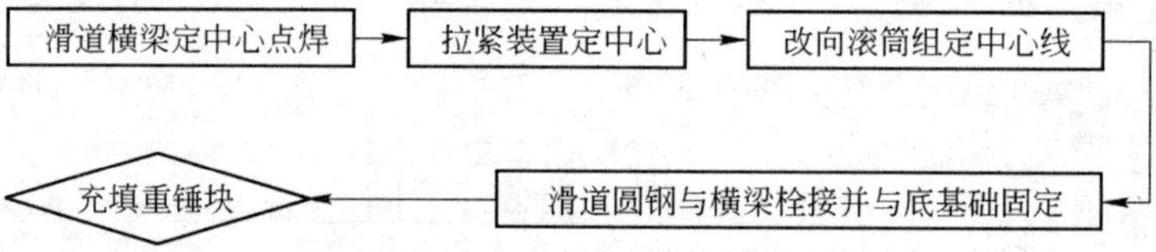

图 15 - 8　垂直拉紧装置安装顺序

安装要求：滑道圆钢与地面应垂直，其斜度见表 15 - 3 中的第 1 项；滑道两圆钢宽度见表 15 - 3 的第 3 项；滑道的圆钢长度，设计一般按较长尺寸给定，安装时可按需要长度截取；重锤块第一次充填时，按理论重量的 70% 充填，然后根据输送带挠度补填，达到最佳充填量。充填时，应按层整齐摆满。

表 15 - 3　带式输送机机房及操作台安装精度表　　（mm）

序号	测定项目	测定部位及方法	允许误差值	测量工具
1	立柱圆钢斜度	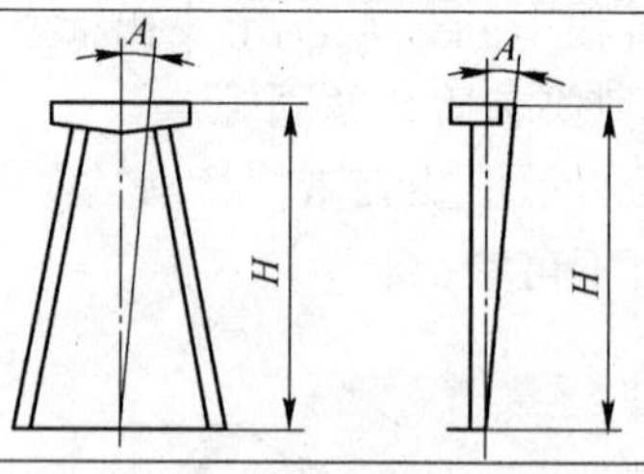	$A \leqslant \frac{H}{600}$　最大 20	重锤 钢琴丝线 直尺
2	支柱对角尺寸差	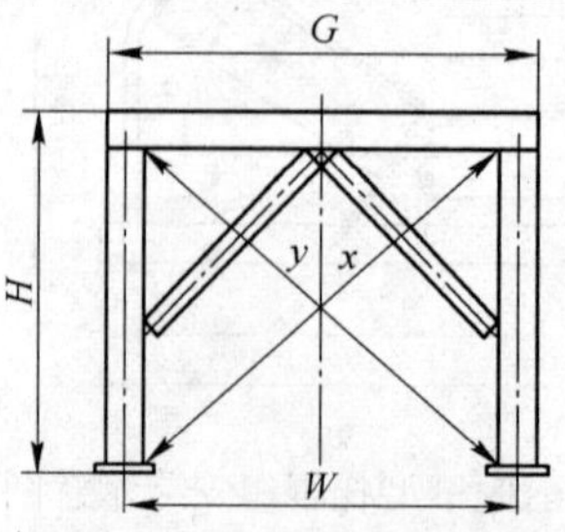	G、H 尺寸以大的为主 G、H　$\|x-y\|$ <5000　<4 5000 ~ 10000　<6	钢琴丝线 钢卷尺
3	柱脚宽度 滑道宽度		<5000　< ±4	

续表 15－3

序号	测定项目	测定部位及方法	允许误差值	测量工具
4	对角尺寸差	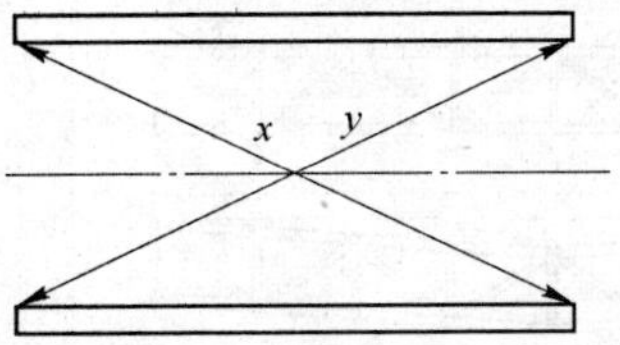	$\|x-y\|$ 3 以内	钢琴丝线 直尺
5	钢轨面 高低差	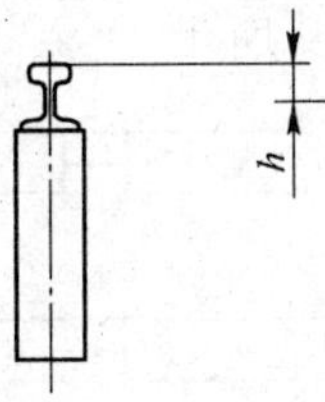	$h \leqslant 1$	经纬仪
6	底面对角尺寸差	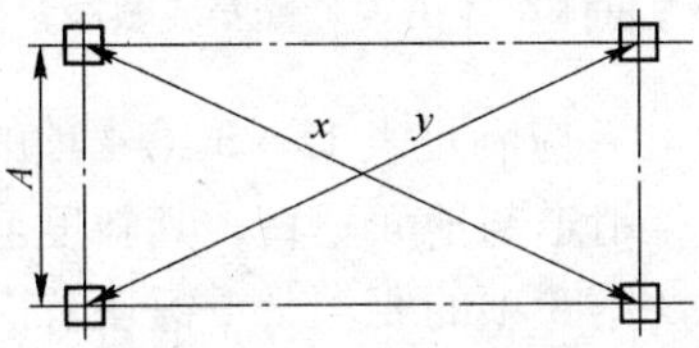	A/m　$\|x-y\|$ <5　4 5～10　6 10～20　8 >20　12	钢琴丝线 钢卷尺
7	立柱对角 尺寸差	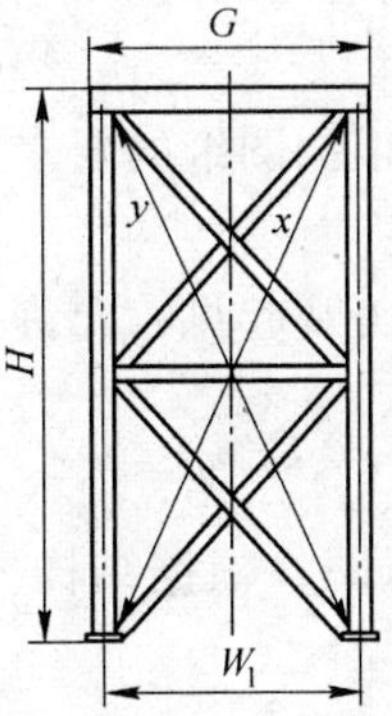	G、H 尺寸大者为主 W_1、H　$\|x-y\|$ <5000　<4 5000～10000　<6 10000～20000　<8 >20000　<12	钢琴丝线 钢卷尺
8	柱脚宽度 W_1		<5000　< ±4 5000～10000　< ±6 >10000　< ±10	钢琴丝线 钢卷尺
9	桁架断面 对角尺寸差	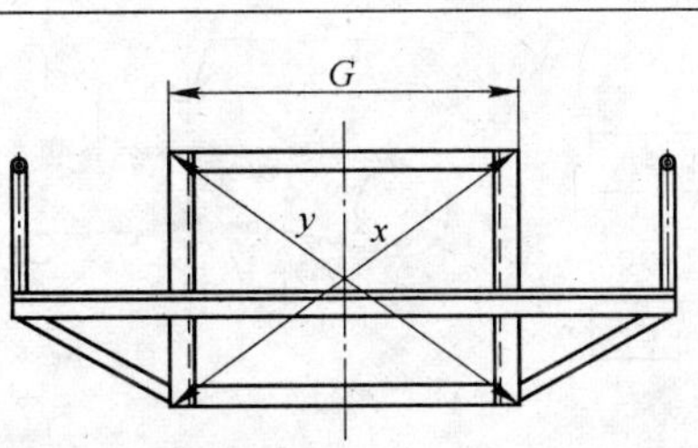	$\|x-y\|$ <5	钢琴丝线 钢卷尺
10	跨距 L 宽 A 孔距 a	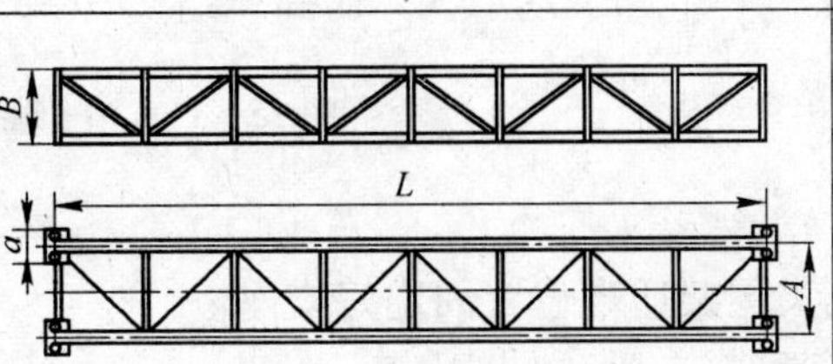	L<10m　< ±6 L=10～20m　< ±8 L=20～30m　<10 A　< ±4 a 圆孔 ±2　长孔 ±4	钢卷尺

续表 15－3

序号	测定项目	测定部位及方法	允许误差值	测量工具
11	弯曲度 X	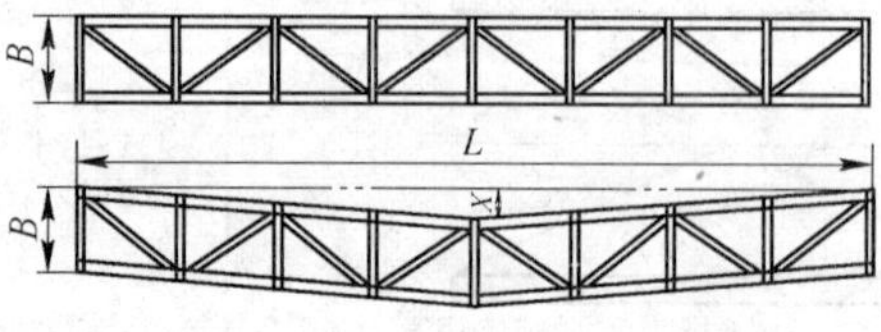	L/m　X <10　$< \pm 6$ >10　$< \pm 10$ 通廊　± 20	钢琴丝线 钢卷尺

（3）重锤车式拉紧装置。安装顺序如图 15－9 所示。

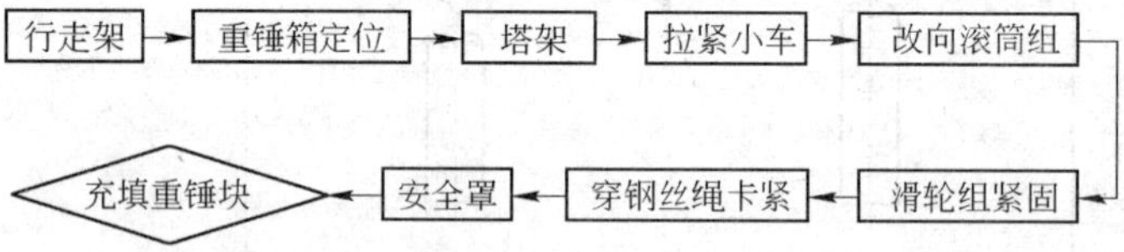

图 15－9　重锤车式拉紧装置安装顺序

安装要求：行走架两钢轨对角尺寸差应满足表 15－3 第 4 项的要求；行走架两钢轨高低差应满足表 15－3 第 5 项的要求；塔架滑道与地面垂直，其斜度应满足表 15－3 第 1 项的要求；塔架两滑道的宽度要求见表 15－3 第 3 项的要求。重锤块首次充填时，应按理论重量的 70% 充填，然后根据需要逐步充填，至达到最佳充填量为止。充填时，应按层整齐摆满。

15.1.3.5　导料槽安装

导料槽的零部件解体运到现场后，应根据图纸的要求进行组装。安装顺序如图15－10 所示。

安装调整好后，若支腿长度过长，为美观起见，允许去掉多余部分。安装后，各密封橡胶板应与输送带平齐，不齐部分应切除。

15.1.3.6　清扫器的安装

图 15－11 所示为清扫器安装位置示意图，根据结构要求，清扫器的形式和数量可以超越示意图的范围。

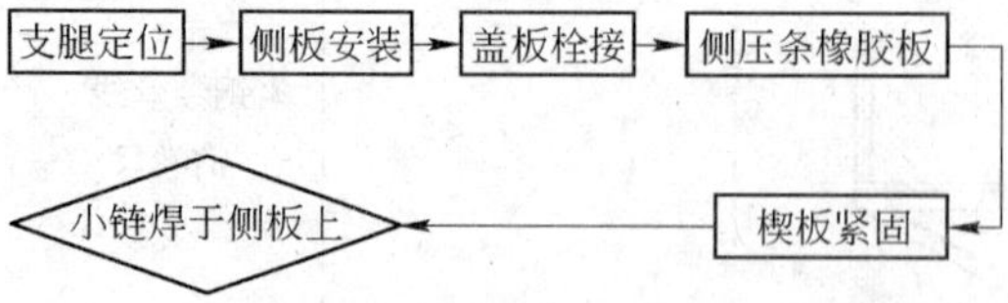

图 15－10　导料槽的安装顺序

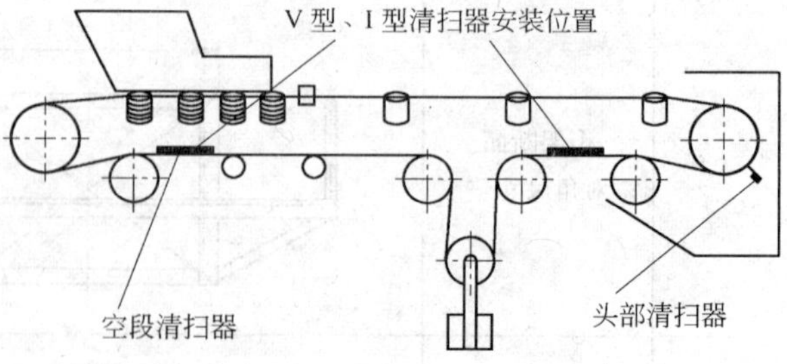

图 15－11　清扫器安装位置示意图

清扫器安装顺序为：

（1）在漏斗两侧开口处或头尾架适当位置固定好支座。

（2）在支座上设置穿轴夹紧器，进行初步固定。

（3）将刮刀均衡地与输送带接触，刮刀位置应在头轮或尾轮的水平中心线下，同时刀头必须指向头轮、尾轮；刮刀位于输送带下方且垂直于带面；固定夹紧器。

（4）刮刀与输送带接触时，调整杆应低于水平线，而后拧紧调整杆的固定螺钉。调整杆下倾可便于上拧调整螺钉以调整刮刀的压力。一般调整螺钉上拧2.5～3圈，调整杆上升5～5.25mm（上顶输送带高度），刀片对输送带的压力约7～8kg。

（5）调整好后，拧紧调整螺钉的锁紧螺母。

V型、I型清扫器的安装位置如图15－11所示。

安装精度和要求：弹簧清扫器的合金刮片应与输送带面紧紧接触，其接触长度不小于带宽的90%；安装V型清扫器时，人字头必须指向输送带运行的反方向；I型清扫器必须成对安装，且与输送带所成夹角对称；V型、I型清扫器根据安装空间需要，允许移动位置，以达到最佳安装状态；V型、I型清扫器的刮板与输送带接触要平齐，接触长度不小于带宽的90%。

15.1.3.7　保护装置的安装

跑偏保护：安装时，应将引线出口端远离输送带一侧；跑偏开关立辊轴应与输送带边垂直，且应保证输送带位于立辊高度的1/4～1/3处；立辊与输送带边缘距离一般以自然运动量外加50～100mm为宜；跑偏开关应成对、对称安装。

拉绳开关：安装时，应使本产品低于输送带，并沿线固定在带式输送机两侧，每台拉绳开关的距离以40m左右为宜；拉绳开关分别系在开关体的摆臂上，用绳夹固定，并先在开关两侧就近处分别安装托环，托环间距以3m为宜；在满足开关正常使用的前提下，尽可能减少拉绳的悬垂度；对于倾斜带式输送机，应酌情缩短其拉绳长度和开关距离。

15.1.3.8　钢结构件安装

钢结构件是指构成带式输送机的钢结构及附属件。如头架、尾架、高架支腿、桁架、转运站、中间架、中间架支腿、带式输送机罩、落矿挡板、溜槽、拉紧台架等。它们大多用型钢、板材先在制造厂组焊成图纸要求的组件和部件，然后在使用现场用螺栓连接或焊接成所需要的整体。

在安装体积大、重量大的钢结构件时，要注意安全，必要时应加辅助支撑和临时拉筋。安装检测是必要的，并要作出记录，供验收所用。

钢结构件具体安装方法如下：

（1）基础检测（见图15－12）。

（2）带式输送机钢支架地面组合（见图15－13）。

（3）脚架安装（见图15－14）。

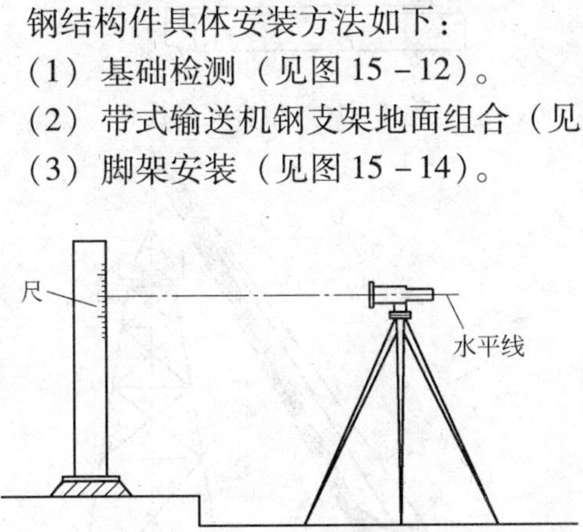

图15－12　基础检测

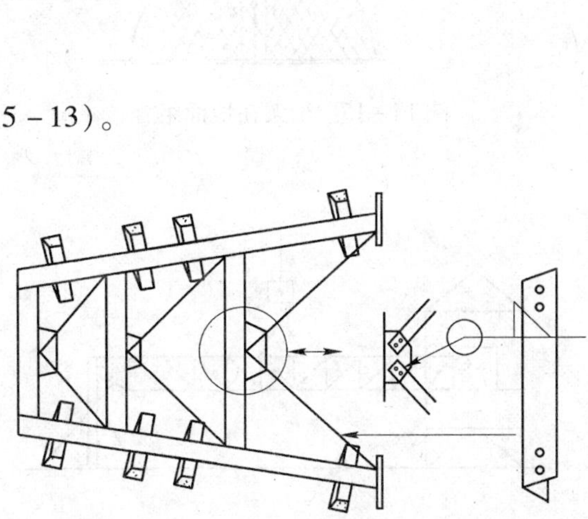

图15－13　带式输送机钢支架地面组合

（4）桁架在地面组合（见图 15－15）。
（5）组合完成桁架（见图 15－16）。
（6）桁架吊装（见图 15－17）。
（7）桁架安装（见图 15－18）。

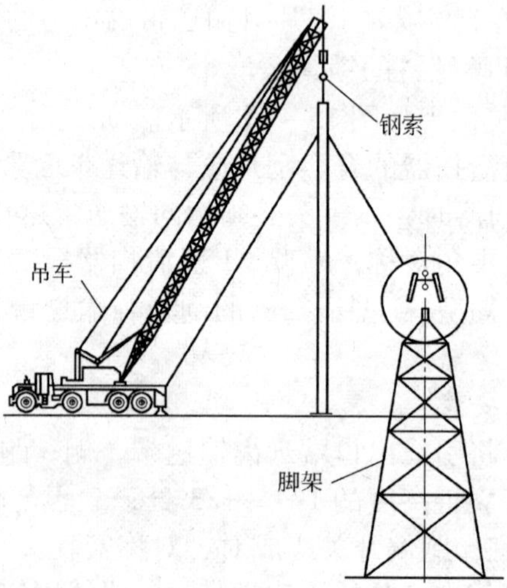

图 15－14　脚架安装

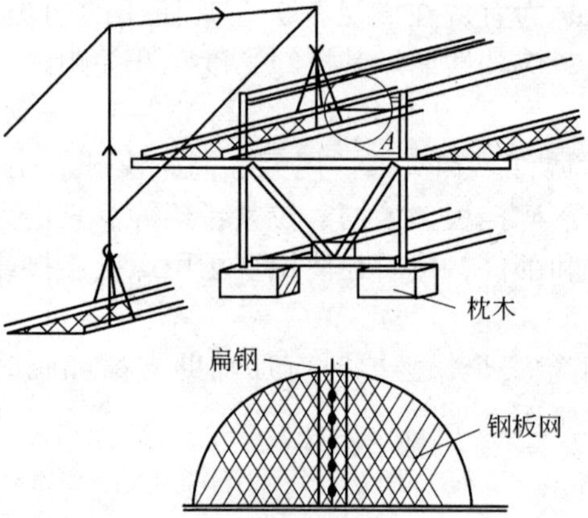

图 15－15　桁架在地面组合

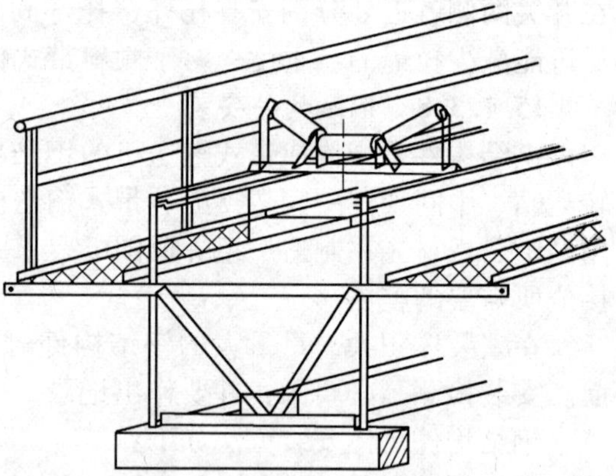

图 15－16　组合完成桁架

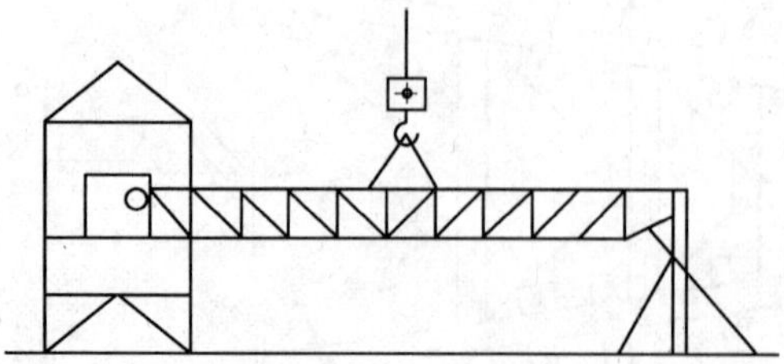

图 15－17　桁架吊装

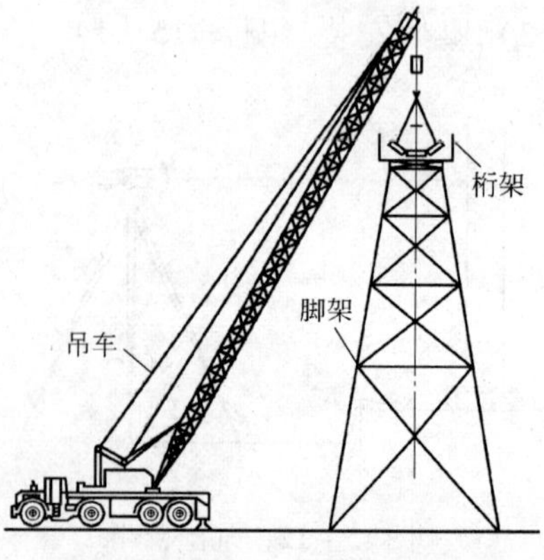

图 15－18　桁架安装

(8) 输送机塔支柱安装（见图 15－19）。
(9) 转送塔横梁安装（见图 15－20）。
(10) 输送塔平台完成（见图 15－21）。
(11) 转送塔转架完成（见图 15－22）。

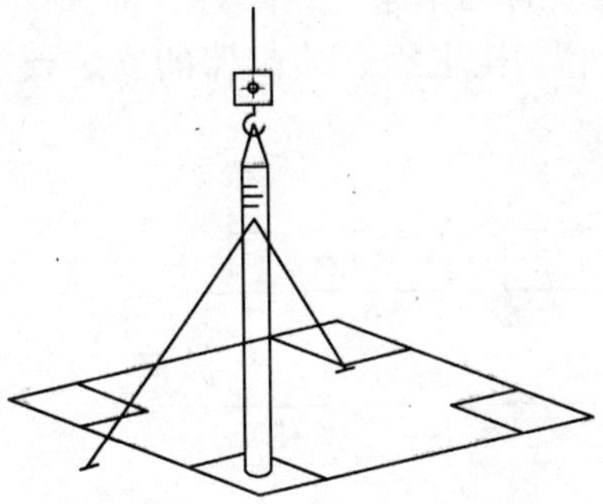

图 15－19　输送机塔支柱安装

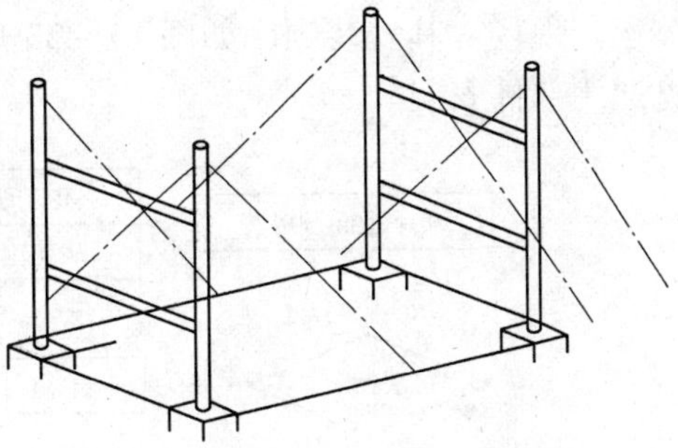

图 15－20　转送塔横梁安装

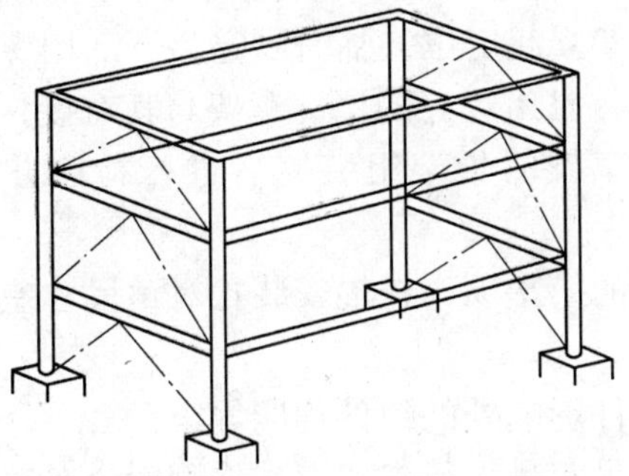

图 15－21　输送塔平台完成

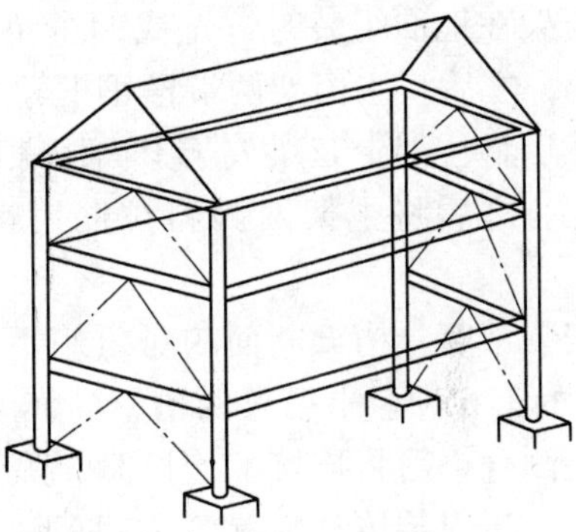

图 15－22　转送塔转架完成

安装精度和要求：

(1) 高架支腿和转运站立柱的斜度要求见表 15－3 第 7 项；
(2) 高架支腿和转运站立柱的宽度要求见表 15－3 第 7 项；
(3) 转运站立柱地脚对角要求见表 15－3 第 6 项；
(4) 桁架的弯曲度 X：当跨度不足 10m 时，$X < \pm 6$mm；当跨度大于 10m 时，$X < \pm 10$mm；
(5) 桁架截面对角尺寸差见表 15－3 第 9 项；
(6) 桁架跨距 L、宽度 A、安装孔 a 的要求见表 15－3 第 10 项；
(7) 桁架上托辊安装孔对角尺寸差见表 15－1 第 6 项；
(8) 中间架对角尺寸差见表 15－1 第 3 项；
(9) 中间架水平差见表 15－1 第 4 项；
(10) 中间架托辊安装有关尺寸要求见表 15－1 第 5 项；
(11) 头架上横梁如与漏斗安装相干涉，现场可根据实际需要切割；
(12) 带式输送机罩过于凸弧或凹弧时，可用标准固定机罩改造，使该部位过渡结合，不留有空档；

（13）与基础栓接的孔均比螺栓直径大10mm，上垫有特制圈。当调整紧固时，该垫圈应焊于相应的架上；

（14）当调好头尾架的挡块后，应将其焊牢。

15.1.3.9　移动配仓小车

移动小车因运输原因，都是解体运到现场再组装；有的车架已组焊好，但大部分也是解体运到现场。其安装顺序如图15－23所示。滚筒组、托辊组、清扫器的安装要求和精度见通用部件安装。

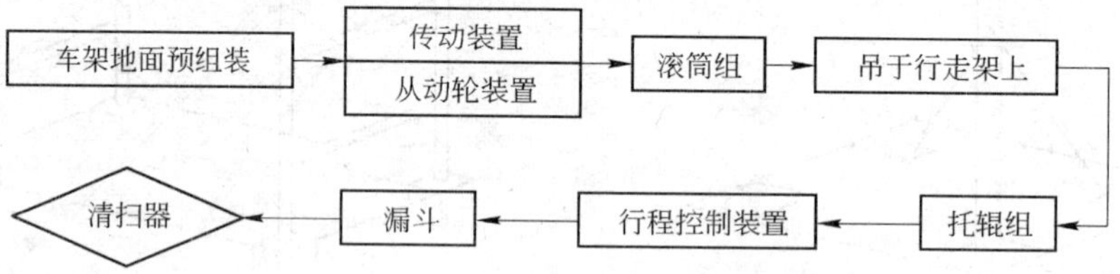

图15－23　移动配仓小车安装顺序

车架在地面组装时，先找四个垫块将车架下弦梁垫平，下弦梁最底面距基础不小于100mm，之后将主桁架两端槽钢框架及中间几个框架立起定位，临时固定，下部用螺栓连接，然后将主架上弦梁放于上面用螺栓连接好。再将已组焊好的尾部车架与其对接，用螺栓连上，之后将主架两侧斜拉筋用螺栓连接好。车架的骨架组装完后进行检测并做好记录。

安装精度：桁架断面的对角差要求见表15－3的第9项；托辊安装孔对角尺寸差见表15－1的第6项。上弦梁两槽钢高低差应小于2mm。

检测合格后将连接螺栓拧紧，除受安装内部部件影响外的组件均应焊牢。

下一步组装传动装置、从动车轮、滚筒组。用吊车吊于行走架上，检测四个车轮着地情况，调整使四个车轮均与钢轨接触，轮沿与钢轨间隙相等。两传动链轮在一条线上，且链轮、链条接触良好。

组装漏斗时，先装漏斗1，然后装漏斗2，再装漏斗3，最后装头盖。

在安装行程控制装置时，应将行走架上的行程开关调到位，碰撞适度，既不能撞坏开关，又不能使开关不动作。两头的限位开关安装也应如此。将车轮两边的橡胶刮板调好拧紧。

最后检查一次，螺栓再拧紧，漏焊地方进行补焊。均达到要求后，涂一遍面漆。

15.1.3.10　输送带

普通带式输送机所用的输送带主要为棉帆布输送带，尼龙、EP输送带及钢丝绳芯输送带。输送带均需在使用现场用硫化接头的办法连接起来。

接头质量是至关重要的，直接影响到输送带的跑偏程度，甚至断带。

接头质量应符合以下要求：接头强度不小于母体强度的90%。输送带连接后应平直，在10m长度上的直线度为20mm。输送带硫化胶接的施工要领见输送带厂的施工要求。

15.1.4　安装后的检查

输送带安装结束后，输送机系统的主体部分基本安装完成，应进行一次全面检查，检查内容如下：

（1）用人工检查转动部件是否顺利转动。

（2）检查销类是否正确打入，正确安装。

（3）检查所有螺栓是否松动，余留长度可否达到要求。

（4）检查在安装作业中所使用的工具、器具、余料是否从输送带上清除；检查上下输送带是否已清扫。

（5）检查各滚筒的顶丝是否装好。

（6）检查各种托辊是否装齐，是否安装正确。

（7）检查走台、扶手是否有漏焊，是否焊牢。

（8）检查拉紧车位置是否正确，移动距离是否宽余。

（9）检查钢丝绳的张力、长度是否左右相等。

（10）检查钢丝绳夹的数量及安装方法等是否按图纸施工。

（11）检查导料槽的橡胶板与输送带之间的间隙是否适当。

（12）检查导料槽的安装中心是否在输送机中心上。

（13）检查清扫器安装是否正确。

（14）检查驱动装置的电机、减速器、偶合器及联轴器等是否达到图纸要求。

（15）检查制动轮与闸瓦间隙是否正确、均等。

（16）检查输送带接头是否合格，输送带是否有损伤。

（17）检查滚筒与输送带间有无杂物，输送带和其周围结构物是否有足够的间隙。

（18）检查所有需润滑机件的润滑油是否加足，油种是否正确，是否有漏油现象。

（19）检查油漆是否全部涂刷，是否有漏涂地方。

（20）检查安全装置是否完备，有否漏装、错装。

15.2　输送机的调试

（1）输送机试车项目。

1）驱动电机的绝缘测试。

2）制动器装置的电源检视。

3）驱动电机无负载运转。

4）输送机空车运转。

5）输送机负载运转。

（2）试车准备。

1）配备齐检测人员、监视人员（在主要部位均配置）和抢修人员。

2）配备齐必要的通讯工具和检测仪表（报话机、有线电话、转速表、温度计、电流表、电压表等）。

3）准备必要的检修工具和材料（氧气、乙炔、焊机、铁锹、灭火器等）。

（3）试车之前最后确认项目。

1）检视各部位润滑油、黄油是否全部添加。

2）检视基础灌浆无裂缝。

3）检视所有螺栓是否全部紧固。

4）检视输送机上是否存有异物，人员是否全部离开。

5）检视试车必需的工具、仪器是否已全部到齐。

6）检视驱动装置是否正确。

7）用手转动各转动部件应无卡住现象。

8）分配所有工作人员至试车定位，通常输送机每20m需有一人观察试车情况。

9）训练及交代所有工作人员使用旗子做信号，例如可以启动、有问题勿启动、修护中勿启动等旗号。

10）确认所有电气接线及送电均无问题。

11）利用对讲机或厂内通话工具通话，确认一切是否正常。

（4）开始无负载试车。完成上述检查后，确认机器的安装、调整及各连接处地脚螺栓紧固情况完好无误后，方可进行试运转。试运转时，首先将联轴器脱开，先点动电动机，确认旋转方向无误后，接上联轴器，再进行单机点动，确认无卡住现象后，方可进行连续空载试运转。空运转时间不少于4h。

空运转期间应观察和检查如下内容：

1）瞬动5～10s，要求所有人员观察有无异常，输送带有无跑偏，电动机、减速器及联轴器等运转是否平稳，有无异声和冲击声，地脚螺栓是否牢固可靠，传动滚筒轴承传动有无问题。存在上述问题点及异常点均应查明原因并予以消除。

2）观察安全保护装置、制动器、开关等动作是否可靠。

3）检查清扫器刮板与输送带的接触情况，托辊是否转动灵活，拉紧力是否合适。

4）电气控制是否灵敏。

5）检查制动瓦与制动轮间隙是否相等。

6）瞬动20～60s，再次观察启动及输送带运转状况，并测量启动电流，再次矫正所有异常点，此步骤重复3～5次。

7）无负载运转20min，观察各部位运转状况。

8）无负载运转4h，观察各部位运转状况，测量电流、轴承温度等并记录。

9）单机空负荷试运转合格后，开始与系统的其他输送机做联动运转试验。联动试运转不低于1h，在此期间可观察操纵、联锁、制动、限位以及各项安全保护装置等工作情况，检查沿途通讯信号的灵活可靠性，操纵开关、信号标志均应与实际作用相符。

（5）开始做负荷运转试验。当空运转合格后方可进行负荷试运转。

先按间断给料方式给料，使物料逐段通过各转载点，监视人员要观察物料是否位于输送带中央，各转载点是否畅通，输送带有无跑偏等。

间断给料顺利通过后，再按约50%额定负荷进行连续加载，无异常后再逐渐增大到80%、100%。负载试运转的连续运行时间不小于8h。

负载试运转时，应做好如下监视和记录：

1）观察拉紧滚筒位置是否合适，并做必要的修正调整。

2）观察拉紧小车位置是否合适，并做必要的修正调整。

3）观察物料是否位于输送带中央，并做必要的修正调整。

4）漏斗、导料槽是否畅通，落料是否对中，并做必要的修正调整。

5）输送带是否跑偏，并做必要的修正调整。

6）驱动装置有无异常声音，检查电动机、减速器和高速轴的温升情况。

7）滚筒轴承、托辊等转动部件有无异常声音，滚筒轴承座温升是否正常。

8）用肉眼观察输送带有无损伤，运行是否平稳。

9）托辊、托辊架有无物料黏着或堆积，托辊有无卡死，并做必要的修正调整。

10）各清扫器清扫效果如何，清扫器有无振动。并做必要的修正调整。

11）导料槽的橡胶裙板是否牢固，与输送带的间隙是否合适，漏斗和导料槽处有无溢料现象，并做必要的修正调整。

12）输送带通过的全程有无间隙过小的部位。

13）电气联锁有无误动作现象。

14）拉紧钢丝绳拉力是否合适，并做必要的修正调整。

15）所有紧固螺栓包括顶丝是否松动，并做必要的修正调整。

16）增加负荷量至100%，检视运转情形。最重的有如下几项：

① 检视负荷流量是否稳定。

② 检视原料是否会喷溅至输送带之外。

③ 检视输送带清扫器是否正常，并调整。

④ 检视输送带是否跑偏，并调整。

17）做必要的测量记录，主要测量内容包括：轴承温度测量；输送带速度测量；电流测量量；电动机温度测量；减速器温度测量。

（6）调整。在试运转过程中，发现问题均应及时解决，使其达到安装标准。

输送带跑偏原因：

①安装机架不水平，造成输送带全部偏向高的一边。

②托辊支撑架不水平，造成输送带偏向托辊较高一边。

③托辊支架未固定紧，造成松动偏斜。

④托辊转动不灵活，摩擦力增加而造成输送带偏斜。

⑤托辊的椭圆度不够，或托辊上附着异物而造成托辊不圆。

⑥滚筒安装未能与输送带成90°角，造成跑偏。

⑦滚筒本身偏心不圆。

⑧滚筒上因附着异物而偏心不圆。

⑨张紧滚筒安装不当或导杆不垂直，造成张紧滚筒升降障碍。

⑩输送机的附属装置如裙板、清扫器等安装不当，造成输送带跑偏。

⑪输送带接合不当而造成纵向长度不一、张力不一而跑偏。

⑫输送机给料点不正，造成输送带跑偏。

⑬输送带拉紧力不够造成跑偏。

⑭屋外型输送机因受风力作用，而偏斜。

⑮滚筒及托辊被水或油浸湿，张力不一而造成跑偏。

1）输送带跑偏调整。

①在头部附近跑偏，调整头部滚筒和传动滚筒的轴承座方向，拧松螺栓和顶丝，加垫片或调整顶丝，方向如图15－24所示，调好后紧固螺栓。

②在尾部附近跑偏，检查两根拉紧钢丝绳的拉力是否一样，查清后给予解决，或调整拉

紧滚筒轴承座方向，方法同①（螺栓拉紧时调螺杆的松紧），调整方向如图 15 – 25 所示。

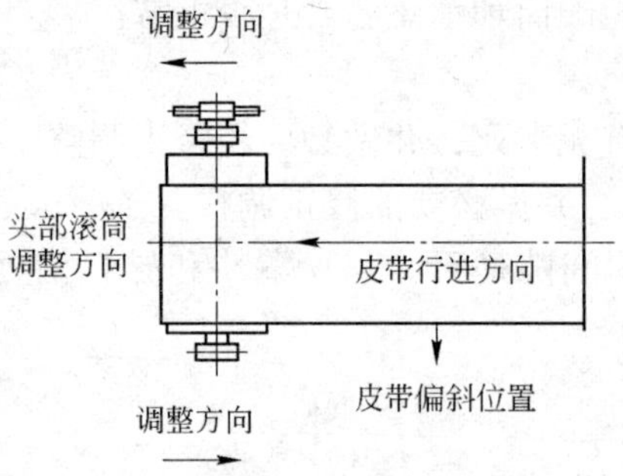

图 15 – 24　头部附近跑偏的调整

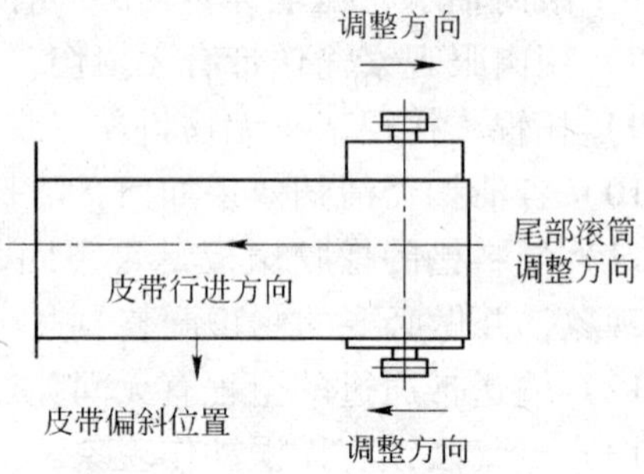

图 15 – 25　尾部附近跑偏的调整

③在中部跑偏，调跑偏区域上托辊组。按图 15 – 26 调跑偏区域托辊组。

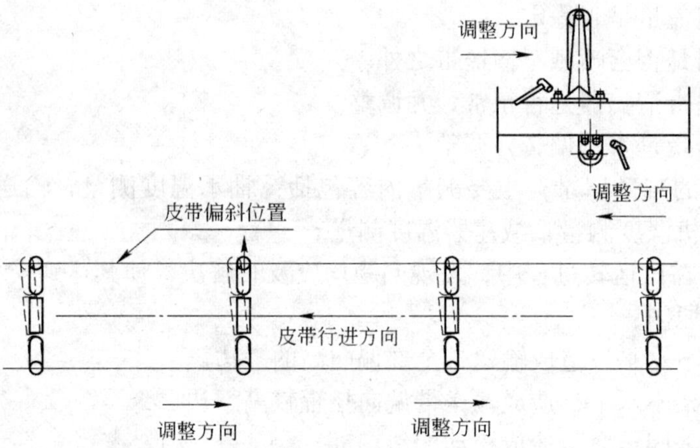

图 15 – 26　中部跑偏的调整

④如果调整无效，就需检查输送带的制造质量和接头质量，是否存在喇叭口和接头不平直。

2）导料槽处有物料溢出或橡胶裙板在输送带上压得过紧，需要调整，使橡胶裙板与输送带间隙合适。

3）清扫器的调整，应使合金刮片紧紧与输送带面接触，其接触长度不小于 85% 的带宽。刮片与输送带的压力为 5 ~ 7kg。压力调整时可用弹簧秤拉刮片，以刮片刚离开输送带面时的读数作为调整的依据。

4）拉紧力的调整，应使输送带在托辊间的垂度不大于托辊间距的 2.0%，通过拉紧钢丝绳的卷起和释放来实现；或通过拧紧螺旋拉紧装置的螺杆来实现；或通过向重锤箱充填重锤块来实现。

5）跑偏开关的安装位置，应能保证输送带在偏出托辊外端前停机。正常情况下输送带跑偏应不大于带宽的 0.05 倍。

6）给料偏载，可在漏斗口处加适当的挡板。由现场技术人员来确定。

7）托辊超过标准高差时可加垫片组调整。

8）输送带通过处间隙过小，应除去障碍，加大空间。

15.3　吊运及保管

15.3.1　货物到达现场后的装卸和运输

货物到达现场后，其装卸和运输应按下面的要求进行：

（1）首先组织有关人员制定卸货和运输方案，清理好库房和露天货场，根据货物种类、编号、安装顺序统一安排存放地点，力求减少搬运次数。

（2）认真做好具体工作人员的技术培训和安全教育工作。

（3）准备好各种合适的起吊和运输设备工具等。

（4）对于需要小心装卸的货物，在搬运和起吊作业中应根据货物的包装标记及要求进行。

（5）卸货前要认真检查火车（汽车、船）上各货物捆绑和装车方法，确保在移动捆绑材料时不致引起货物的损坏。

（6）要认真熟悉设备的装箱单及其要求，按设备的总装箱单所分解的包装单元，做到文明卸货，轻吊，轻放，不准随意扔摔。

（7）在装卸作业中，应避免货物与货物之间、货物与运输工具之间、货物与其他建筑物之间的磕碰现象，不得损坏油漆表面、加工表面，必要时应加木垫，钢丝绳应加胶套或使用专门的吊装工具。

（8）起吊作业注意事项：吊绳应拴挂在标有起吊标记的地方。对于加工表面用木料衬托等保护的货物，为了防止损伤货物，吊绳应拴挂在衬托处。无起吊标记时，吊绳须挂在设备适当的部位，应先试吊，找好重心后方能起吊，严防损伤设备和发生事故。

（9）利用其他运输工具作业时应严格按照各有关规定进行装运作业。

（10）对于要求保持干燥和室内储存的货物，遇有阴雨天气时应停止作业，并蒙好苫布看管起来。

（11）货物在搬运过程中，应有完善的固定措施，严防在运输过程中发生滚动或滑动，以免发生设备的损伤或事故。

15.3.2　现场的存放和保管

货物到达现场后，存放和安装会间隔一段时间，为了防止设备在这段时间中锈蚀或损坏，以避免安装时出现故障和困难，因此对货物的存放和保管提出下列要求。

（1）一般要求：

1）无论室内还是室外存放，也无论包装形式如何，所有货物都应放在木枕上。避免货物与地面直接接触，货物底部离开地面的高度不得小于150mm。

2）存放货物应选择在排水、通风良好，无有害气体的地方。

3）室外存放，如果使用苫布遮盖，雨后应及时处置，以防苫布上积水，并应注意通风，保持干燥。

4）对于钢结构件，吊装安放时要小心，严禁扭弯，要按照有关要求放于木枕上。

5）对于一般机械的加工表面、螺纹等应按要求涂防锈油。

6）减速器是经过防锈处理后交货的，一般不要随意打开，如果打开，则必须重新做防锈处理。

7）所有货物在装卸、运输和入库过程中遇有油漆剥落，应及时按要求修整补涂。

8）保管期间每月一次，检查各包装件有无异常现象，发现问题及时处理。保管过程中，每半月进行一次抽检，并做好检验记录。特别是遇异常天气、台风及雨季时，更需注意保管。

9）下列货物应避免接受太阳光线直射：输送带、滚筒胶层、缓冲托辊（胶圈）、梳型托辊（胶圈）、各种电缆、各种清扫器、导料槽用橡胶板及其他橡胶制品等。

（2）仓库的存放和保管。仓库是具有防雨雪、防风沙、防潮湿的设施。要确保其通风良好，无水浸蚀。

1）如果要把货物堆积起来，原则上堆积的层数不得超过两层，大件在下层，小件在上层，两层之间用垫木隔开，垫木长度不短于下箱。应做到大不压小，重不压轻。当通过计算和其他方法确认对下层货物无损伤的情况下，根据需要也可堆成三层。

2）重量大于 3t 的包装箱和物体不应堆积存放。

3）货物安放时，要让标牌的一面面向通道，以便于查找。

4）电气设备和控制设备（包括各种保护装置的电气控制开关）均应存放在专门的库房里，要保证温度和湿度符合要求。

5）货物经开箱后，再要入库存放时，要把它恢复到开箱前的状态。

（3）简易库房的存放和保管。简易库房的地面需重新平整，房顶和四壁要临时遮盖，避免阳光、风、雨雪等进入。

1）货物的放置应具有良好的通风条件，放置的方法和要求参照前面的(1)和(2)有关各条。

2）严密注视地面的积水并及时疏通排泄。对已受潮货物应及时处理。

（4）露天货场的存放和保管。露天货场应设置在灰尘少、湿气小、通风良好的地方。

1）需要用帆布遮盖保护的货物，即使是运输中临时存放或已经做好防腐处理的设备和材料，仍需用防护帆布遮盖保护。用防护帆布遮盖货物时应注意防止设备的钢结构件的凸出部分或边缘部分将帆布刮破。

2）经常检查货物表面油漆是否起皮或脱落，加工表面是否锈蚀，结构件是否发生扭曲变形等，发现问题要及时处理，并要清除隐患，以确保产品质量不变。

3）放置的方法和要求参照前面的(1)和(2)的有关规定。

（5）各类货物的存放场所。

1）下列货物应存放在库房内：封闭式包装箱；所有电气元件及控制设备，各种保护装置；各种仪表、阀、开关、控制表盘、液压设备、仪表箱等；螺栓、螺母、垫圈、销子等紧固件；各种润滑系统的管件；各种输送机的托辊；各种弹簧清扫器、空段清扫器、各种橡胶板等；小的机械加工件；钢丝绳，小链等；各种备件；各种电动机，减速器及驱动装置等。

2）下列货物可存放在简易房中：各种电缆；输送带；各种滚筒组；各种托辊组支架等。

3）下列货物允许存放在露天货场，但必要时应用防护帆布遮盖好或架设临时防雨棚：输送机的各种中间架，中间架支腿；各种机座，头架，传动滚筒支架，尾架，拉紧装置架等；各种输送带机罩、漏斗、落矿管等；转运站、高架支腿、桁架、输送带秤框架、配仓小车主架等；各种走台、栏杆、跨越梯等；各种护棚、护罩等。

（6）存放和保管需要特殊注意的货物。

1）托辊和托辊支架：除按上述有关规定存放和保管之外，原则上这些货物仅在安装前才开箱。如果因故被打开了，也需再包装放到原箱中；搬运时一定要小心，不要因跌落而损坏。托辊支架应在存放期内避免磕碰、掉漆、变形等现象发生，发现掉漆应及时修补；如果保管期较长时，每3个月要抽检一次，发现问题要及时处理，每6个月对托辊两轴头加工表面涂一次防锈油脂。

2）滚筒组：搬运时滚筒的下表面不允许与运输车辆的底板直接接触，应垫枕木；保管期较长时，每月检查一次，看滚筒是否转动灵活、润滑脂是否干燥变质，发现问题及时处理。每6个月对滚筒轴加工表面外露部分涂一次防锈油脂，并用油纸和塑料布包好。

3）输送带：吊装运输时应首先让吊运轴通过包装中心，然后把吊索悬起，或使用专门吊具，不允许吊索与输送带接触，否则用木块或软垫隔开；除避免阳光直接照射、雨雪浸淋之外还应保持清洁，严禁与酸碱、油类、有机溶剂等影响输送带质量的物质接触，并距离发热源2m以外；储存时库房的温度应保持在-15～+40℃之间，相对湿度保持在50%～80%之间，放置时应用垫木垫牢，以防输送带卷滚动；储存期间，产品不应堆置过高，须成卷放置，严禁折叠，若放置时间过长，则应每季翻动一次。

4）驱动装置：电动机、减速器的轴伸及制动轮等均涂防锈油脂，并用油纸和塑料布包好，以防雨水和腐蚀剂进入；存放期较长时，每6个月对上述加工表面涂防锈油脂一次，并应经常检查其表面有无锈蚀斑迹，发现问题要及时处理，在雨季时应每周检查一次。

5）所有露天货场存放的货物（包括用防护帆布遮盖的货物）其机械加工表面必须每6个月涂刷一次防锈油脂。

露天货场存放货物的表面应每年涂刷一次防锈漆；简易库房存放货物的表面应每18个月涂刷一次防锈漆；正式库房存放货物的表面应每两年涂刷一次防锈漆。

（7）拆箱注意事项。

1）原则上启封的时间应按安装先后顺序进行，因清点货物而必须开箱时，待清点完毕后应将物品重新放回原箱中，做好防锈处理，把箱封好待安装时再开箱。

2）不能强行打开木板，应起出铁钉后，再打开上盖。

3）打开包装箱时要防止货物损坏，特别是涂特殊标记的货物更应注意。

4）开箱后首先除去固定货物用的绳子、钢带和铁丝等，再解除固定设施，然后按上、下、小、大，轻、重顺序取出货物，不允许将货物倒出。

5）为防止小件丢失，运送时可用纸箱，木箱，塑料袋等存放。

15.3.3 安装期间的存放和保管

设备在安装期间，应根据安装工地的具体情况，参照前述要求，制定工地临时存放和保管措施，以确保设备在安装时完好无损。

（1）为了避免在安装工地存放时间过长，各设备根据安装工作计划和具体进度，分批运往工地。

（2）如果设备运往工地后，短期内不能安装，应将设备仍运回原库房或在工地临时库房中存放，在存放期间应经常检查有无锈迹、变形等现象，发现问题及时处理，并应注意来往车辆靠近货物时有无损伤产品的可能性。

（3）其他要求均应符合现场存放和保管要求。

15.3.4　安装后至验收前期间的维护

设备安装后到最后验收前尚需一段时间，因此安装后的维护是十分必要的，特别是所有电力设备、传动部件、转动部件及有特殊要求的部件更应定期检查并作必要的处理。

（1）减速器、联轴器、制动器及制动轮等：要注入规定的润滑油；每月动作 1 ~ 2 次，每次不少于 30min；每 6 个月涂一次防锈油脂；每次开动时应注意检查制动器的灵活性、可靠性并注意各部件运转是否正常，发现问题及时解决。

（2）各种轴承，绳轮，车轮等：在安装试运转前应清洗润滑油，换上现场实际使用的润滑油种类；每月开动一次，存放时间较长，不能正式运转时应用防护帆布或其他遮盖物遮盖整个设备，以防阳光直接照射或雨水浸入，使润滑油脂变质失效。

（3）主电机和行走电机：每隔一个月开动一次，时间不得少于 30min；每隔三个月检查一次绝缘情况；电机应按临时要求保持干燥。

（4）各种保护装置：按临时要求进行修整和涂刷油漆；每隔 3 个月检查一次各电气元件的绝缘情况，检查各转动部分的活动情况；安装后的放置时间一般不应超过 6 个月，否则应从主机上拆下，放回库房中存放保管。

（5）输送带：从硫化到试运转的时间若超过 15 天，应将输送带放松放置。如果超过 6 个月，就不能硫化，输送带应在仓库中储存；安装完的输送带，在露天部分，运转前应用防护帆布遮盖或用其他方法使阳光不能直接照射在输送带上，也免受雨雪的浸淋。

（6）托辊：安装在室内的各种托辊每月应运转一次，每次不少于 30min；安装在室外的各种托辊每月应运转两次，如果从安装到运转时间超过 6 个月，就应把托辊卸下装箱放回仓库中保管，或用防护帆布沿整机遮盖好；托辊外表面有明显锈迹时应清洁、除锈、涂漆。轴头的加工表面安装后重新涂防锈油脂。

（7）钢丝绳：每一个月检查一次是否有生锈现象，每 45 天涂一次“钢丝绳油脂”。

（8）所有裸露的加工表面、润滑系统的管道、制动器、联轴器的外表面，安装后均应全部清洗，并重新涂防锈油脂，以后每 6 个月涂一次。

（9）转运站桁架、支架等所有钢结构架、结构件以及设备的外表面，均应修整和涂刷防锈漆，并经常检查，发现锈蚀和异常变化应及时处理。

（10）在这期间里，各条输送机及其附属设备，每月至少启动运转一次，时间不少于 30min，要认真检查各部件的运转是否正常，有无异常现象发生，发现问题要及时处理。

（11）其他未尽事宜按每个部件的专用说明书及现场的现有规范执行。

16 输送机的操作、使用与调整

为确保设备安全运行，现代输送机都设有检测保护装置。但操作人员千万不能因有保护装置而麻痹大意，操作失误依然是很危险的。

设备的使用寿命固然取决于设备本身的结构和性能优劣，但在很大程度上也取决于使用情况。操作者的任务是正确使用、精心维护，以确保设备安全运行，减少修理工作量，降低维修费用，防止设备“未老先衰”。这就对操作人员提出了很高的要求：既要熟悉设备的结构、性能，懂得使用维护、安全技术方面的知识，又要有高度责任感，严格按安全操作规程进行操作，做好设备保养，及时发现事故隐患并立即排除，防患于未然。

16.1 安全操作的要求

（1）操作人员方面。

1）带式输送机操作工应通过安全操作资格考核，持有操作合格证，严格执行操作规程。做到用好、管好、维护好设备，会正确操作、会合理保养、会检查和排除故障。

2）坚持安全生产的方针，严格按安全操作规程进行操作。

3）坚守工作岗位，不擅自离岗。

4）建立交接班制度，并做好交接记录，交接班必须在现场进行。

5）应有巡回检查制度，发现问题逐级上报，及时解决，并做好记录。紧急情况时，根据设备操作要求进行操作。

（2）设备方面。

1）不得使用带式输送机来完成设计规定以外的任务。

2）使用中不允许超载运行。

3）应使各安全报警装置处于完好状态，定期检查保护装置，使之灵敏、可靠。

4）各转载处、机房应有足够的照明设施。

5）人易接近的狭窄处（如滚筒）、转载点（漏斗）和重锤式拉紧装置下部等处应设防护栅。

6）走廊、走台、通道、过桥应无障碍物，保持畅通。

16.2 安全技术操作规程

正确操作带式输送机是保证安全生产的重要条件。需要注意的是，带式输送机的正确操作程序及方法同输送机的类型、控制方式（单台，联动）、输送物料的种类（煤、矿石、矸石等）以及操纵方式（手动、半自动、自动化）有关。

在开机前应做好的准备工作，包括：按巡回检查图表检查一遍，查看各种紧固件是否完整、紧固、齐全；各种保护装置、连接装置、信号闭锁系统等是否齐全、牢固、灵活可靠；传动系统的油质、油位是否符合规定；机头、机尾清扫器是否符合要求；输送带张紧情况是否符合规定；输送带全长是否与结构架接触；各种传动滚筒、改向滚筒、各种托辊是否完整齐全，转动灵活；信号是否可靠；各种电缆吊挂是否整齐符合要求；清除输送带上及机道内的杂物。

开机过程：接通带式输送机电源，利用通讯器发出开机问讯信号，当听到机尾及有关岗位发出的开机信号后，先点动试车，确定无问题再正式开机。操作应遵循下列要求：

（1）单机负荷启动时，必须待其下游各机启动后再启动。

（2）联动或单机启动前，应用广播或铃声进行预告，听到铃声，操作人员或其他人员应迅速离开危险区。

（3）在带式输送机稳定运行后方可供料，供料要均匀，防止出现偏载和超载现象。

（4）停机前应先停止供料，然后各机按料流方向顺序停机。

（5）正常情况下，禁止带式输送机在负荷工况下停机（长距离带式输送机由于装载和卸载的时间较长，在具有可靠的保障措施条件下允许带载停机）。

（6）运行时禁止进行润滑保养，除非设备润滑部位备有安全保护栅，且又无危险的场合下才允许在运行中进行润滑保养。

（7）运行中，严禁操作工在接近转动部位的狭窄处进行检修作业。

（8）输送带、滚筒、托辊和清扫器的检查、调整、维护和清扫作业应在停机并切断控制回路后进行。

（9）机电设备的调整，尤其是安全装置的调整，应由专职人员进行。

（10）控制室工作人员应正确记录电机工作电流、停机次数及故障部位。

（11）操作人员应做好设备维护保养；认真填写运行日记和故障事故记录；修理人员做好修理记录。

（12）出现事故停机，在重新启动前，应查清停机原因并及时排除。

（13）发生事故后，应立即停机，保护现场并及时上报。

（14）检修时，须先切断电源，挂上“有人检修、禁止合闸”的牌子，再由专人进行检修。检修后应做到“工完场清”，对设备确认无误后，才能开机。

（15）工作或检修时，严防人或工具掉入料斗或输送带上。

（16）运行时，所有人员一律不得从输送带下穿行。

（17）可运动部件下方及重锤下方严禁站人。

（18）操作者要熟悉系统的操作规程，熟知每台设备的操作要领。系统的操作规程可详查电气总说明书；每台设备的操作要领可查每台设备的电气说明书。

16.3　设备安全检查

设备安全检查的目的是了解设备的技术状态，及时发现问题，提出修理和改进措施，防止零件发生急剧磨损和突发事故。设备检查是管好、用好、维护好设备的一项基础工作。设备检查可分为日常、异常、定期和性能检查几种。

（1）日常检查。日常检查是指操作工通过视、听、嗅、触等感觉器官及简单工具，对设备进行巡回检查，以便及时发现设备运转中的异常部位，待停机后处理，这是一项积极的预防措施，要求做到经常化。

日常检查可分为交班检查和班中检查两类。

1）交班检查。交班前15～20min由交班人员按表16－1列举的交班检查项目逐一进行检查；若设备长期停运后，检查时间应适当延长。应由交班人员填写运行日记并向接班人员交代本班中发生的情况。

2）班中检查。按表16－1列举的班中检查项目逐一进行检查。对输送带、滚筒、托辊、清扫器、转载溜槽更要特别留心观察有无异常，如发现托辊卡死，输送带损伤严重，应当立即停机，并向上级报告，及时处理。

（2）异常情况下的检查。

1）当遇台风或10级以上大风时，应停机并做好防（台）风安全工作，放下输送机与移动装卸机械衔接处的输送带防飘压辊，将凹弧段输送带用索具绑住。

2）台风或大风后，及时松开防飘压辊，拆除防飘索具，认真做好设备检查，确认无误后方可开机。

3）输送机机侧操作应在切除电气保护装置情况下进行，除维修需要外，一般不宜采用。机侧操作时应做到：事先与控制室及有关单位取得联系，并对设备进行仔细检查；机侧启动时需班长在场，由1~2名操作工监视，并做好意外情况下的急停措施；机侧操作时应先点动；机侧操作完毕，把机侧开关复位，做好记录，通知控制室。

（3）定期检查。专业维修工在操作工的配合下，按表16－1的项目进行定期检查，即定期（一个月、三个月、半年、一年）用携带式诊断仪器和工具对设备进行检查（包括对设备零件进行检查测量），如测定制动器闸瓦磨损量、减速器齿隙和齿厚、输送带磨损量、胶面滚筒磨损量、清扫器刮板磨损量、联轴器轴线同心度、拉紧装置的行程、电气绝缘电阻等。其目的是检查零部件的实际磨损程度，预测零部件的使用寿命。设备检查的发展方向是在设备运转过程中进行动态监测，如对电流、温度、噪声、振动，油污的测定，以便为及时修理提供可靠依据。

表16－1　输送机各部件日常、定期检查项目

部件	日常检查		定期检查				检查内容	允许使用限度及排除方法
	交班	班中	一个月	三个月	半年	一年		
输送带	○	○					空段输送带有无掉入异物、物料	增设清扫器或落料挡板
		○					输送带有无跑偏	跑偏量不得超过托辊、滚筒端面
	○						托辊架、地面有无输送带残留粉末	找出严重跑偏原因，及时排除
		○	二天				有无物料黏附	调整清扫器
		○					有无纵向划伤、磨损痕迹	检查导料裙板，溜槽处有无异物卡住
			二天				硫化接头有无异常损伤	
			一周				输送带表面有无新裂纹或层间剥离	
			一周				有无露芯、断芯	
					○		磨损量测量	

续表 16-1

部件	日常检查		定期检查				检查内容	允许使用限度及排除方法
	交班	班中	一个月	三个月	半年	一年		
电动机		○					有无异常声音	
		○					有无异常发热	F级绝缘允许电机最高温升90℃
		○					有无异常振动	检查连接螺栓有无松动
				○			外壳有无漏油	更换油封
				○			绝缘电阻测定	应大于0.5MΩ
					○		散热叶片检查、清扫	
液力偶合器		○					有无异常振动	
		○					有无异常声音	
	○						有无异常发热	检查油量，有无过载
	○	○					密封面有无漏油	漏油严重时，及时更换密封件
				○			螺栓、螺母有无松动	
				○			油量检查	缺油时，加油补足
					○		易熔塞有无漏油、损伤	
减速器		○					有无异常声音	
	○	○					有无异常发热	温升不大于40℃
		○					有无异常振动	检查连接螺栓有无松动
	○	○					有无漏油	
			○				油量检查	在规定油标范围内
					○		减速箱内有无进水	
						○	齿面有无过量磨损	高速齿轮节圆齿厚磨损量为原齿厚10%，其他齿轮为20%
链轮联轴器		○					有无异常声音	
					○		链条磨损检查	磨损严重或破损应更换
				○			外壳有无漏油	严重时更换密封件
液力推杆制动器及逆止器		○					有无异常声音	
		○					有无异常发热	允许电动机温升75℃，液压油温升55℃
		○					有无异味	
			○				制动轮表面有无缺损	制动轮表面应无大于2mm凹痕
			一周				制动轮及闸瓦有无沾油	清洗或更换闸瓦
			○				液压推杆有无漏油	更换油封

续表 16-1

部件	日常检查		定期检查				检查内容	允许使用限度及排除方法
	交班	班中	一个月	三个月	半年	一年		
液力推杆制动器及逆止器			○				各转动销轴有无卡住或异常磨损	
			○				闸瓦与制动轮间隙	0.7~0.8mm
			○				制动器主弹簧长度	调整主弹簧，其长度应在设计给定值内
			○				推杆行程检查	应符合液压推杆性能要求
					○		制动轮有无异常磨损	制动轮厚度磨损 1/3 时应更换
				○			闸瓦磨损	闸瓦磨损至即将露出铆钉时应更换
					○		液压推杆油面检查	
					○		逆止器拉杆有无损伤	
				○			逆止器油面检查	
传动（改向）滚筒		○					有无异常声音	
	○	○					有无异常发热	轴承温度不允许超过 80℃
	○	○					改向滚筒有无黏附异物	停机时清除，并检查清扫器
				○			滚筒轴承座螺栓有无松动	
						○	滚筒有无裂纹、破损	
						○	传动滚筒胶层磨损、剥离损伤情况	胶层沟槽磨平或磨去厚度的 80% 时，重新包胶
						○	改向滚筒胶层磨损情况	滚筒局部磨至钢筒体外露时，重新包胶
						○	轴承座有无损伤	
托辊		○					有无异常声音	对异常托辊做好记录，加强监视、及时更换
	○	○					托辊有无脱落或缺损	
		○					有无卡死	空载运行时，输送带摩擦力不能使托辊转动，表明阻力大，负荷运行时，应加强监视
			二天				托辊支架处有无堆积物料	及时清扫
		○					空载托辊有无物料黏附	调整清扫器
							密封件有无轴向窜动或破损	更换密封件

续表 16-1

部件	日常检查		定期检查				检查内容	允许使用限度及排除方法
	交班	班中	一个月	三个月	半年	一年		
托辊							自动调心托辊转动是否灵活	定期保养
							缓冲托辊有无损伤	修理更换
							托辊胶环有无破损	修理更换
							托辊筒体有无严重磨损、锈蚀	筒体允许磨损 2mm
清扫器		○					硬质合金清扫器与输送带接触情况	应均匀接触
		○					橡胶刮板清扫器与输送带接触情况	接触长度不小于 85%
		○					有无异常声音和振动	
			一周				空段清扫器与输送带间隙是否合适	两者应接触，最大间隙不大于 2mm
			一周				清扫器连接螺栓有无松动、脱落、缺损	
	○	○					清扫器有无黏附物料	及时清扫
			○				硬质合金清扫器有无磨损	硬质合金残留 1mm 时应更换
			○				空段清扫器橡胶板磨损	橡胶板磨至调节极限时更换
			○				橡胶刮板清扫器橡胶板磨损	橡胶板厚度残留 1/3 厚度需更换
拉紧装置		○					拉紧小车轨道有无黏附粉尘	及时清扫
		○					滑轮、拉紧小车车轮有无卡死	卡死时应检修保养
			○				钢丝绳有无异常锈蚀	锈蚀严重应更换
			○				钢丝绳断丝检查	允许一个捻节距内断丝数不大于总丝数的 10%
					○		钢丝绳卡是否拧紧	
				○			拉紧小车配重行程余量检查	
				○			检查输送带挠度	定期调整拉紧螺杆张力
						○	塔架、导向槽油漆是否良好	
						○	塔架、导向槽件有无弯曲	

续表 16－1

部件	日常检查		定期检查				检查内容	允许使用限度及排除方法
	交班	班中	一个月	三个月	半年	一年		
物料转换装置	○	○					溜槽有无堵塞	联动运转时，下游输送机应后停机
		○					落料是否在输送带正中	增设挡料导板
		○					物料有无外溢	均匀供料，物料对中
			○				旋转溜槽动作是否可靠	
			○				导料橡胶裙板磨损情况	磨至极限位置需更换
			一周				导料橡胶裙板紧固件有无松动	
				○			转载溜槽挡板、衬板磨损	磨至衬板连接螺栓露出时更换
机架		○					有无异常振动	检查连接螺栓有无松动
		○					有无物料堆积	停机后及时清除
				○			受压杆件有无压弯	
				○			焊缝有无裂纹	留心观察截面变化处焊缝
						○	基础下沉量测量	机架左右水平差与带宽关系 $B<1600$mm 时，为 2mm $B \geqslant 1600$mm 时，为 3～4mm
						○	油漆是否完好	
						○	机架立柱是否垂直	垂直度允差 $H/600$，H 为立柱高
安全保护装置		○					动作是否可靠	
		○					电铃是否完好	缺损时及时更换
			○				检测装置动作确认	
			○				安装螺栓有无松动	小锤检查
					○		触点接触是否良好	
					○		急停拉线开关绳索是否过于松弛	
洒水水洗装置		○					喷嘴洒水是否良好	
		○					洒水量是否适宜	物料最终含水量应小于6%
		○					水洗清扫器有无异常振动	
		○					配管有无漏水	
				○			电磁阀动作确认	
				○			手动阀动作确认	
				○			水表是否完好	
					○		水洗清扫器磨损	
					○		控制洒水量的压力传感器确认	

续表 16-1

部件	日常检查		定期检查				检查内容	允许使用限度及排除方法
	交班	班中	一个月	三个月	半年	一年		
集尘装置		○					空气换向阀动作是否良好	破损、漏尘应及时修补
		○					吸风机有无异常振动	
		○					吸风机有无异常发热	
		○					空压机按日常检查项目检查	
			○				空压机按定期检查项目检查	
				○			集尘袋有无破损	
			○				旋转阀粉尘流动情况	
		○					螺旋输送机有无异常发热	
		○					螺旋输送机有无异声	
						○	吸风机解体清扫	
控制箱		○					指示灯是否完好	
			○				电气触点接触是否良好	
防风板防风罩				○			紧固件有无松动	
				○			有无损坏、脱落	
落料挡板				○			有无缺损、掉落	
				○			连接螺栓有无松动	
扶手走道		○					走道有无障碍	清除
				○			有无缺损	
				○			连接螺栓有无松动	

注：○表示应检查的项目。

表16-1列举的检查周期是针对三班制连续作业，年工作5000h左右的输送机而言的。由于各单位所用设备质量、使用条件、设备利用率各不相同，故应根据设备故障频率对检查周期做适当调整。

16.4　维修、润滑与清扫

16.4.1　维修

如果说检查是发现问题，那么维修、保养才能解决问题。但两者不能截然分开，只有做到预防维修，才能减少设备故障。

维修人员应由思想、技术水平较高的工人、技术人员担任。对检查中出现的问题，根据生产、维修力量和配件情况做好计划修理。修理时应做到：修前有记录，修后有检查。进行预防修理时，对那些即将失效的零件应及时进行更换，以减少设备突发故障。

16.4.2　润滑

设备润滑的目的是通过润滑油膜减少机体磨损和阻力，延长使用寿命以及通过润滑油散发摩擦热。使用中，应做好润滑工作，防止润滑不良而发生破损、磨损、咬粘、腐蚀及过热。

对机械设备各转动部位进行定期润滑是日常保养中的重要内容。润滑油脂运转后会氧化、消耗、污染和进水变质，故需定期补充和更换。表16－2列举了各润滑部位所用润滑油名称、牌号、润滑补油周期及换油周期，可供使用时参考。但需指出：润滑油脂的使用寿命随使用条件的不同有很大差别，若使用温度在80℃以上时，温度每上升10℃，更换时间相应缩短1/3。

减速器齿轮的润滑大多采用飞溅润滑，也有用循环润滑的。循环润滑装置装有滤油器、安全阀、油液观察孔以及流量开关和报警装置，并与减速器驱动电动机联锁。减速器轴承润滑采用润滑油或润滑脂；用润滑脂润滑时，除装配时需先在滚动轴承内添加润滑脂外，使用中也需定期补充。

滚动轴承除一般采用油枪加油外，也有采用集中润滑装置的。后者用手动或电动油脂泵，定时定量补给。

拉紧螺杆、链式联轴器、钢丝绳采用手涂润滑。

润滑要做到"五定"，即：定点（规定注油处）、定时（规定加油时间）、定质（规定油脂牌号）、定量（规定加油量）、定人（指定专人负责）。

液力偶合器加油量应按设计要求添加，否则会改变启动力矩，影响驱动装置的启动性能。

新减速器第一次换油时间：渐开线齿轮为200～500h；摆线、行星齿轮、蜗轮为半个月。电动滚筒首次换油时间为10天，第二次为1个月。排出的油经150目滤网过滤后仍可使用，以后按表16－2换油周期定期换油。

表16－2　输送机各部件润滑油（脂）牌号及润滑制度

润滑部位	润滑、补油周期				换油（脂）周期		润滑油（脂）牌号	加油量	备注
	一周	半个月	一个月	三个月	半年	一年			
JZQ减速器					○		夏季　HL－30齿轮油	油面应在油针（标）上下两刻度线之间	SY 1103—77
							冬季　HL－20齿轮油		
ZL减速器					○		70～150号工业齿轮油		SY 1172—77S
NGW行星齿轮减速器					○		$v<5$m/s　HL－20齿轮油		SY 1103—77
							$v>5$m/s　HL－30齿轮油		
摆线针轮减速器					○		HL－40齿轮油		
							90号工业齿轮油		SY 1172—77S
直交轴减速器						○	90号工业齿轮油		
蜗轮减速器					○		120～150号工业齿轮油		
电动滚筒					○		HJ－30机械油	2/3滚筒半径	GB 443—64
液力偶合器				○		○	20号汽轮机油	按设计规定	或6号、8号液力传动油

润滑部位	润滑、补油周期				换油（脂）周期		润滑油（脂）牌号	加油量	备　注
	一周	半个月	一个月	三个月	半年	一年			
液压推杆、电磁制动器				○		○	> -10℃　Y25号变压器油	油孔高度	SY 1351—76
							< -10℃　Y10号航空液压油		SY 1181—76
逆止器				○		○	32号汽轮机油	油标上下两刻线间	SY 1201—78
							ZL-2锂基润滑脂	适量	SY 1412—75
电动机轴承						○	ZL-2锂基润滑脂	1/2~3/4轴承座空间	
滚筒轴承		○					ZL-2锂基润滑脂	加油时将旧油脂挤出	
链式联轴器						○	锂基润滑脂	适量	
钢丝绳				○			锂基润滑脂	适量	
滑轮				○				注油至旧油脂挤出	
拉紧小车车轮		○							
装载卸料小车车轮		○							
托辊							ZL-3锂基润滑油	1/3~1/2轴承空间	或矿用托辊锂基脂
各转动销轴、拉杆	○						HJ-30机械油	适量	GB 443—64
各连接、调整螺杆				○			回收废油脂	保持一层润滑脂	防锈蚀

换油前应使工作油充分循环，使油搅拌均匀后再放油；添加新油时，最好先注入较稀的润滑油，对零件进行充分冲洗后放出，再注入新油以发挥换油效果。

润滑油脂存放应保持清洁，不得混入尘埃、水分和异物，并做好加油设备的清洁工作。润滑油应经过沉淀过滤。加油时，不得将油脂沾在电气元件、制动器摩擦副和输送带上。

集中润滑装置应定期检查配管有无破损、松动、堵塞，确认分配阀指示棒的动作，定期对配管上的过滤器进行清洗。检查润滑装置贮罐内的油面高度，在油面降至下限前应及时补充油脂。补充油脂时不要卸下泵的上盖，用手把油脂加入贮罐内，以防空气、异物混入造成不良后果。

表16-2列举的润滑油换油周期是针对三班制连续运转而言的，严格来讲，应根据油液清洁度、黏度等性能参数的变化来确定换油周期。

16.4.3　油液性能测定

（1）润滑油黏度。可用两支相同的试管（或细瓶），一支装标准黏度油，另一支装被测油样。使两者油面高度相同，并将管口堵塞后倒置，观察试管内气泡上升快慢、气泡上升快，油的黏度小；反之，油的黏度大。

（2）油液清洁度。将被测油样放入试管或瓶内，按一个方向旋转摇动，静置后观察旋转中心有无悬浮物，瓶底有无沉淀物。若悬浮物和沉淀物呈水珠状，则含有水分；若悬浮物和沉淀物呈纤维状或固体颗粒，表示含有机械杂质。对黏度大，色深的润滑油，可用清洁煤油将其稀释，按相同方法测定油液清洁度。油样应在停机后从循环油中立即提取，以减少抽样误差。

（3）润滑脂清洁度。取少量试样在玻璃片上抹成薄层，然后仔细观察有无不均匀颗粒和纤维；一般润滑脂呈黄色、褐色，如颜色变黑结胶表示氧化。

也可采用 SJY－1 型机油快速分析器。它能迅速测试油液黏度、酸值是否超过允许限度；油液中实际含水量；与图谱对比，可了解油液污染程度。通过油质分析，为确定油液更换周期提供更为可靠的依据。

16.4.4　清扫

清扫的主要目的是：防滑、防碰，以确保人身安全；溜槽部位及时清扫，以防落料不正造成输送带跑偏甚至引起溜槽堵塞；及时清扫可使一些隐藏裂纹缺陷及时暴露；防止扬尘，对电气设备尤为重要；提高保养作业效率。

清扫是保养工作的重要内容，不可疏忽。对清扫工作量大的部位，可配备辅助工协助完成。清扫时，不得用压力水直接冲洗电器元件、电动机、限位开关、托辊和轴承座端面，以防进水；并要防止清扫物料掉入空段输送带上。

16.5　输送机调整

16.5.1　导料槽的调整

导料槽因经年累月地接受物料冲击，故常易破损，在单独输送物料的场合可以考虑采用积料箱式结构，如图 16－1 所示。但在输送多种物料时，通常为避免污染，不建议设计积料箱式结构，而采用耐磨衬板结构。耐磨板因常受到输送物料强烈的冲击，需要在一定时间后观察其磨损状况，并定期予以更换。

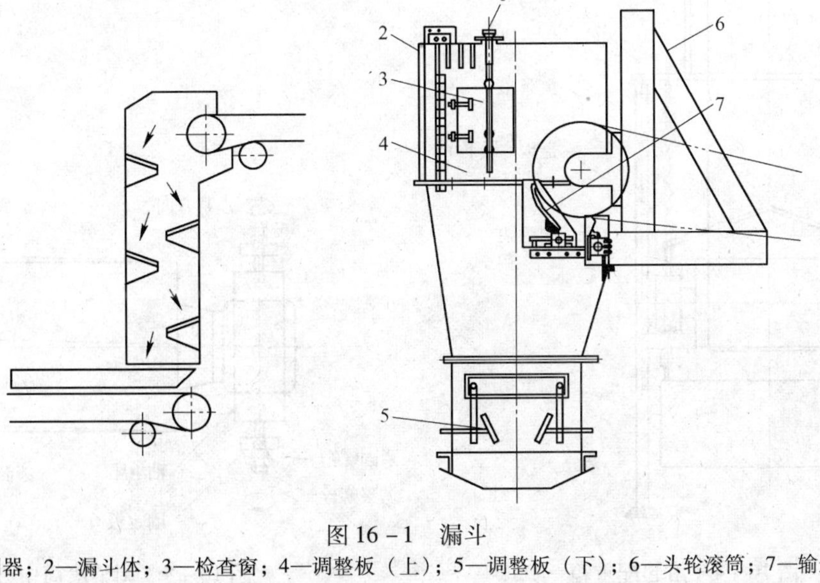

图 16－1　漏斗

1—料流检测器；2—漏斗体；3—检查窗；4—调整板（上）；5—调整板（下）；6—头轮滚筒；7—输送带清扫器

检查漏斗的料流检测器是否正常，安装位置是否正常，落料点是否正确，并进行调整（参见图16-2）。调整板的调整方法见图16-3。

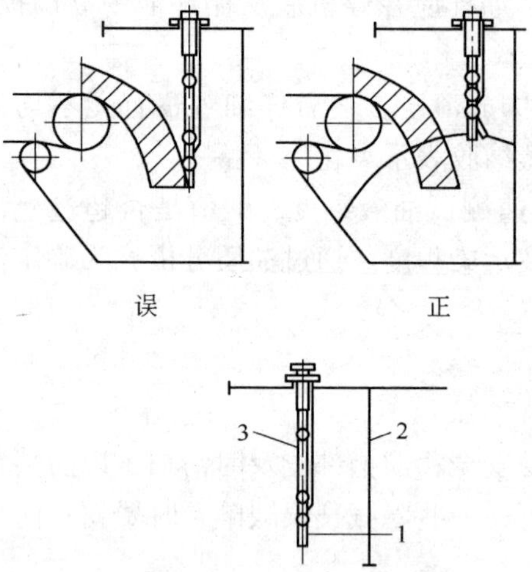

图16-2　漏斗的料流检测器调整法
1—料流检测器；2—漏斗体；3—电源线

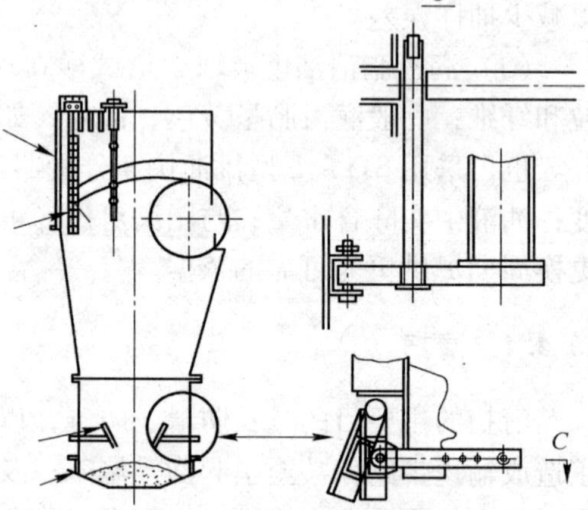

图16-3　调整板的调整方法（调整落料至输送带中心为止）

16.5.2　拉紧滚筒的调整

调整、保养或更换滚筒时，须先将配重箱吊起来，使输送带放松，如图16-4所示，再利用图16-5所示的方法调整滚筒的中心。

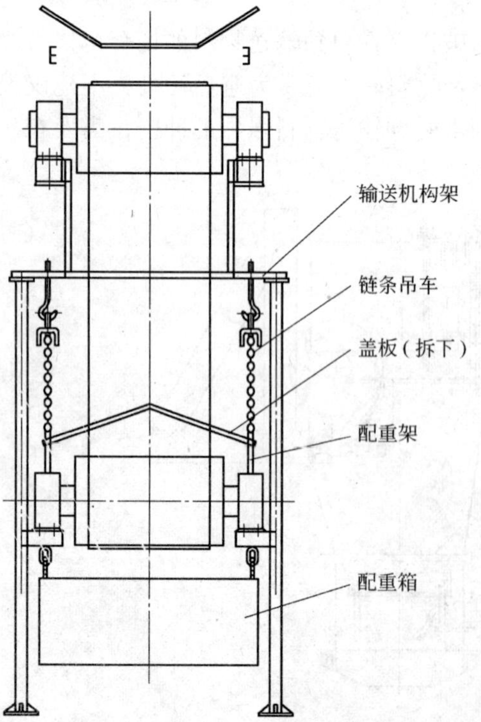

图16-4　吊起配重箱

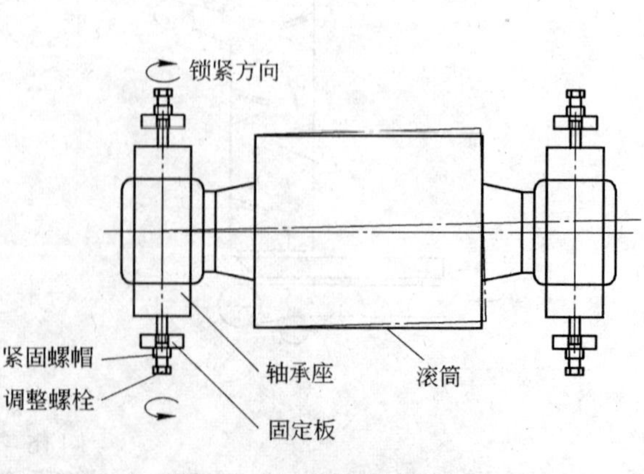

图16-5　调整滚筒中心

16.5.3　裙板的调整

裙板为输送机中一个十分重要的元件，它具有减少空气污染，防止细料外泄及引导良好落料的功效，其构造如图 16－6 所示。

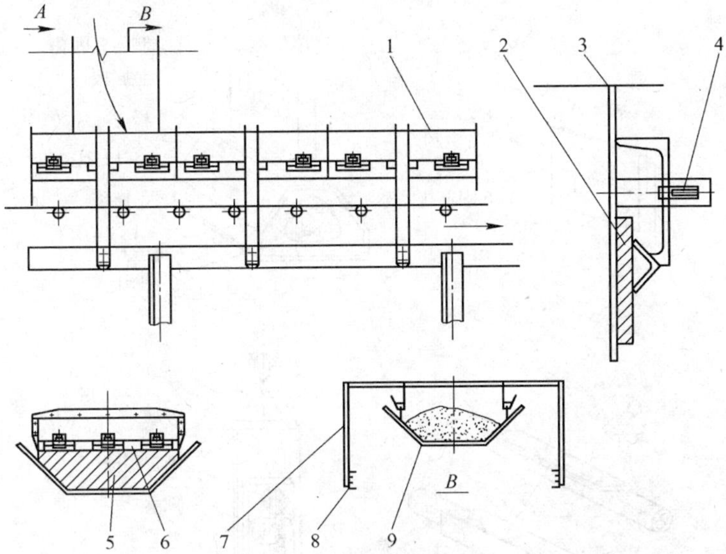

图 16－6　裙板的结构

1—裙板盖；2—裙板橡胶板；3—边板；4—插销；5—尾端橡胶板；6—尾端板；7—裙板支撑架；8—输送机机架；9—输送带

此类裙板通常仅更换裙板橡胶板，故抽出插销，退出破损的旧橡胶板，装入新橡胶板并调整齐平、固紧即可。

16.5.4　输送带清扫器的调整

（1）承载侧清扫器。承载侧清扫器的结构如图 16－7 所示，其安装基准为：

1）单向带式输送机设定 $\theta=85°\sim90°$；

2）逆式带式输送机设定 $\theta=90°$；

3）刮刀稍稍与输送带平均接触，如图 16－8 所示；

4）查看所有螺栓是否全部固紧。

图 16－9 所示为刮刀和输送带的正确角度关系。

当刮刀使用一段时间以后，可能会产生压力降低的问题，利用压力调整螺栓将压力调高，使清扫器刮刀的安装角度后退 10°，如图 16－10 所示。

当刮刀已严重磨损时，更换刮刀并重新调整至设定位置。

（2）空段清扫器。空段清扫器的结构如图 16－11 和图 16－12 所示。空段清扫器的磨损远较承载段清扫器的小，橡胶板磨损之后，拆下更换橡胶板即可。另外，操作期间每隔几个月应对插销接合的部位加油润滑几次，且应时常观察橡胶板与输送带是否完全接触，所有固定螺栓是否全部锁紧。

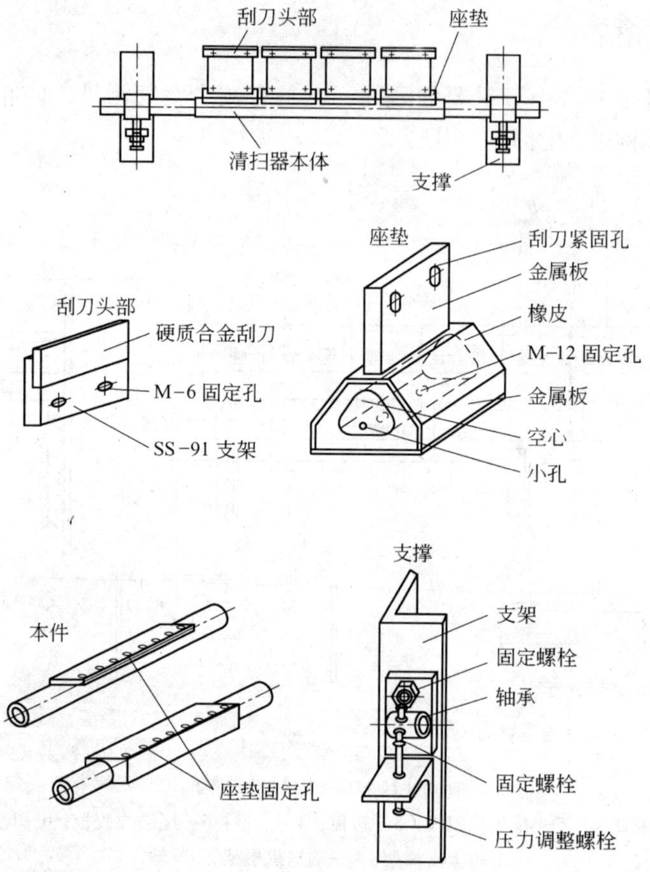

图 16-7　清扫器的结构

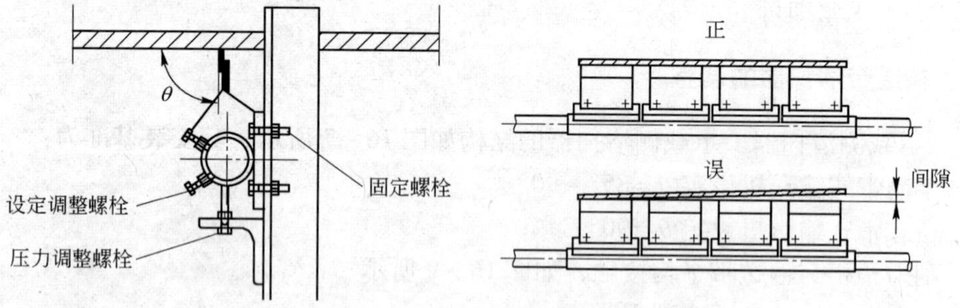

图 16-8　刮刀与输送带均匀接触

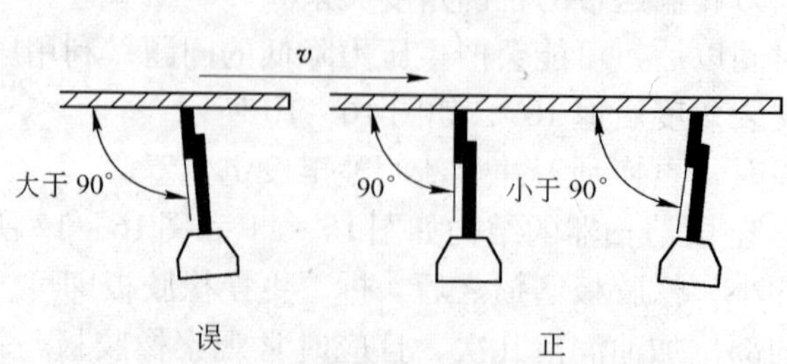

图 16-9　刮刀和输送带角度关系

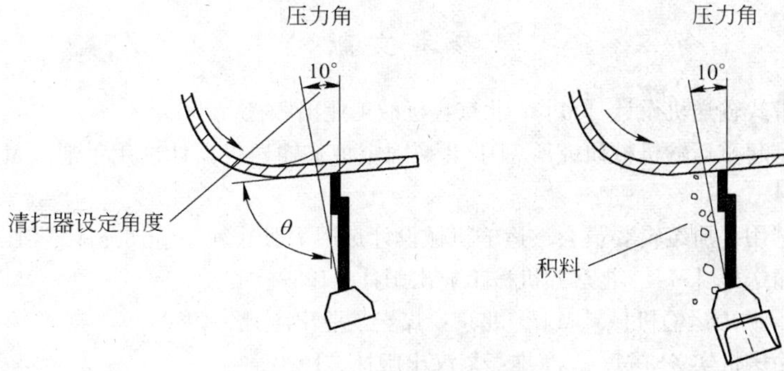

图 16－10 压力的调整

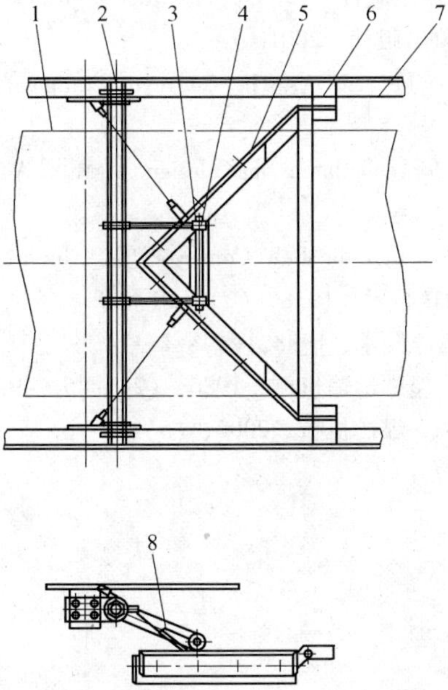

图 16－11 V 型空段清扫器用于单向带式输送机

1—输送带；2—固定支架；3—拉杆；4—插销及紧固螺栓；
5—清扫器橡胶板；6—侧边挡板；7—固定架；8—安全链条

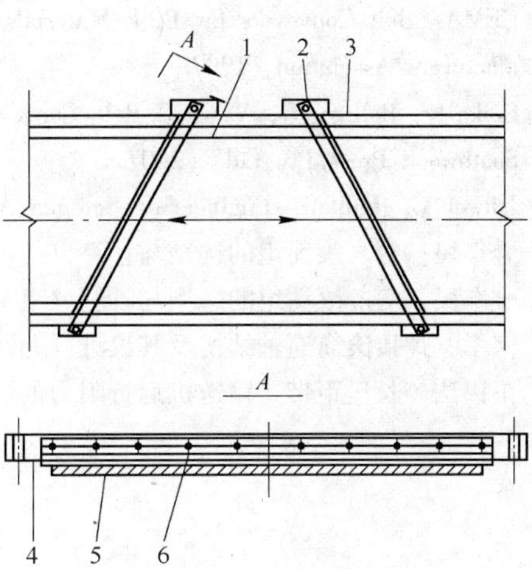

图 16－12 单向型空段清扫器用于可逆式胶带机

1—输送带；2—插销；3—插销支架；4—固定架；
5—清洁器橡胶板；6—固定螺栓

参 考 文 献

[1] 宋伟刚. 通用带式输送机设计 [M]. 北京：机械工业出版社，2006.

[2] 机械工业部北京起重运输机械研究所. DT Ⅱ型固定带式输送机设计选用手册 [M]. 北京：冶金工业出版社，1994.

[3] 运输机械设计选用手册编辑委员会. 运输机械设计选用手册 [M]. 北京：化学工业出版社，1999.

[4] 汪宗华. 带式输送机 [M]. 北京：机械工业出版社，1989.

[5] 中国矿业学院. 矿山运输机械 [M]. 北京：煤炭工业出版社，1980.

[6] 吴万益. 皮带输送机实务 [M]. 高雄：复汉出版社，1990.

[7] 杨复兴. 胶带输送机结构、原理与计算（上册）[M]. 北京：煤炭工业出版社，1983.

[8] 梁庚煌. 运输机械手册（第 2 册）[M]. 北京：化学工业出版社，1983.

[9] 薛晓光，贡杏云. 带式输送机操作工 [M]. 北京：气象出版社，2001.

[10] CEMA. Belt Conveyors for Bulk Materials (Fifth Edtion) [M]. USA: The Conveyor Equipment Manufacturers Assciation, 1997.

[11] Golka K, Bolliger G, Vasili C. Belt Conveyors: Principles for calculation and design. [M]. Australia: Southwood Press Pty Ltd., 2007.

[12] Ishwar G. Mulani. Engineering Science And Application Design for Belt Conveyor [M]. India, 2002.

[13] 金丰民，等. 滚筒组的选型与计算（Ⅰ）[J]. 连续输送技术，1998，(3)：19 ~ 20.

[14] 金丰民，等. 滚筒组的选型与计算（Ⅱ）[J]. 连续输送技术，1998，(4)：2 ~ 14.

[15] 宗孝. 焊接滚筒通轴结构及其设计 [J]. 许心华，译. 起重运输机械，1986，(2)：45 ~ 49.

[16] 王锡法. 长运距带式输送机运行阻力的计算与分析 [J]. 煤矿机械，2000，(5)：4 ~ 6.

冶金工业出版社部分图书推荐

书　　名	作　者	定价(元)
现代振动筛分技术及设备设计	闻邦椿　等著	59.00
机械振动学(第2版)(本科教材)	闻邦椿　主编	28.00
机电一体化技术基础与产品设计(第2版)	刘　杰　主编	46.00
现代机械设计方法(第2版)(本科教材)	臧　勇　主编	36.00
机械优化设计方法(第3版)(本科教材)	陈立周　主编	29.00
机械可靠性设计(本科教材)	孟宪铎　主编	25.00
机械故障诊断基础(本科教材)	廖伯瑜　主编	25.80
机械电子工程实验教程(本科教材)	宋伟刚　主编	29.00
机械设备维修工程学(本科教材)	王立萍　等编	(估)20.00
现代机械强度引论(本科教材)	陈立杰　等编	(估)30.00
机器人技术基础(本科教材)	柳洪义　等编	23.00
机械制造装备设计(本科教材)	王启义　主编	35.00
液压与气压传动实验教程(本科教材)	韩学军　等编	25.00
电液比例与伺服控制(本科教材)	杨征瑞　等编	36.00
电液比例控制技术(本科教材)(中英文对照)	宋锦春　主编	(估)30.00
起重与运输机械(本科教材)	纪　宏　等编	35.00
炼铁机械(第2版)(本科教材)	严允进　主编	38.00
炼钢机械(第2版)(本科教材)	罗振才　主编	32.00
轧钢机械(第3版)(本科教材)	邹家祥　主编	49.00
冶金设备(本科教材)	朱　云　主编	49.80
冶金设备及自动化(本科教材)	王立萍　等编	29.00
环保机械设备设计(本科教材)	江　晶　编著	55.00
污水处理技术与设备(本科教材)	江　晶　编著	35.00
炼铁设备及车间设计(第2版)(高职国规教材)	万　新　主编	29.00
炼钢设备及车间设计(第2版)(国规教材)	王令福　主编	25.00
机电一体化系统应用技术(高职高专教材)	杨普国　主编	36.00
采掘机械(高职高专教材)	苑忠国　主编	38.00
矿山固定机械使用与维护(高职高专教材)	万佳萍　主编	39.00
矿冶液压设备使用与维护(高职高专教材)	苑忠国　主编	27.00
液力偶合器使用与维护500问	刘应诚　编著	49.00
液力偶合器选型匹配500问	刘应诚　编著	49.00
液压可靠性与故障诊断(第2版)	湛丛昌　等著	49.00
DT2(A)型带式输送机设计手册	张尊敬　等著	120.00